# 建筑与环境艺术造型的 形·景·境·情

刘永德　主著

罗梦潇　李丽　刘晨晨　等参著

U0299779

中国建筑工业出版社

**图书在版编目（CIP）数据**

建筑与环境艺术造型的形·景·境·情 / 刘永德主著.
北京：中国建筑工业出版社，2014.11
ISBN 978-7-112-17313-6

Ⅰ.①建…　Ⅱ.①刘…　Ⅲ.①建筑设计－环境设
计　Ⅳ.①TU-856

中国版本图书馆CIP数据核字（2014）第226281号

　　本书以形为母题，全面阐述了涵纳于形内的景、境、情的深层意蕴，具有知识面宽、信息量大、多学科交叉渗透、有益扩展思路、开发创新思维、文图并茂、理论与实际紧密结合等特点。

　　全书分三篇阐述。第一篇为形的表面形象——形态构成基础，主要阐述了形论、形构和形变；第二篇为形的意象层面——环境景观营构，阐述了形具神生、景自心成，建筑的景观构成，环境组景及景观中介等；第三篇阐述了形的意蕴层面——意境与情感内涵，主要介绍了意境浅释、建筑与环境的意境、形式心理感应与意境创造、现代人的时尚之境及情感与形式等。

　　本书适用于建筑学、城市规划、景观设计等专业的初学者启蒙与练习作业，又适合作为课堂教学的课件与课外参考教材。

责任编辑：王玉容
责任校对：李欣慰　陈晶晶

建筑与环境艺术造型的

# 形·景·境·情

刘永德　主著

罗梦潇　李丽　刘晨晨　等参著

\*

中国建筑工业出版社出版、发行（北京西郊百万庄）

各地新华书店、建筑书店经销

北京京点图文设计有限公司制版

廊坊市海涛印刷有限公司印刷

\*

开本：880×1230 毫米　1/16　印张：26¼　字数：805千字
2015年6月第一版　2016年6月第二次印刷

定价：78.00 元
ISBN 978-7-112-17313-6
（26092）

# 前　言

在我们生活的世界中，既充满着由动物（包含人）、植物、矿物、生物构成的自然形态和由人工塑造的物质形态；也包含着由天象（风云雷电日月星辰）、气象（气温、气压、气湿、阴、晴……）、地象（气场、磁场等）构成的亦虚亦实的虚拟形态；以及由社会规范、伦理道德、价值观念、象征符号、事件关联、人际关系、生产方式、礼仪习俗等隐性而无形的意识形象。这些形态作为环境的要素，都与人发生着刺激与反应、诱因与动因、主体与客体、内因与外因的相互作用。特别是在我们的行为环境中，自然与人文的可视形象，对于景观的构成、空间的围合、场所的营构、环境氛围的塑造，以致整个城市的容貌，都起到直接的作用。然而，这些可视的形象，除含有形状、大小、数量、肌理、质地、色彩等物理特性之外，还涵纳着自然与人为赋予的社会属性，作为一种文化和信息的载体，与人产生意义与情感的交流。因此，当我们进行空间、场所、环境的创造时，既要重视形象的表面魅力和物性之外，还要把注意重心转移到形象的内在意蕴方面。将自己的理想、意志、情感注入作品中去，使建成环境承载更多的文化信息，以最大化地发展建筑与环境的社会效益。

作为艺术创造，和其他物质产品的生产一样，究竟创造了什么？根据物质守恒定律，我们人类不能创造任何物质，只能改变物质的存在形式。其空间与时间也是一种物质的存在，我们也只能改变它的存在形式。所以，形式是艺术创作的母题，既是创作的原点，也是创作的终点。

人们对于自己所居住的环境，充满无限的期待和期盼，要求景观能够达到赏心悦目；空间要自由、温馨而舒适；环境能使人畅神愉悦，心旷神怡；居住社区能真正成为诗意栖居的精神家园；行为场所能方便交往，符合人性；整个城市都变成人间的天堂。当然，上述理想目标的实现，还有待于社会的政治、经济、技术、文化，以及设计者的素质进一步提高之后方能逐步体现。同时，艺术的形式也不是万能的，其作用也是有限度的。但是，我们应当充分认识到在形式的物理层面之外，隐含着深远的哲学和意蕴层面，正如易经中所说："形而上者谓之道；形而下者谓之器；化而裁之谓之变，推而行之谓之通"；以及"形乃生之舍"，"生乃形之君"之古训，可见"形"兼有本原和载体、外在与内涵、躯壳与灵魂、功利与非功利的双重品格。

凡事预则立，不预则废。在建筑、环境、园林、景观艺术创造中，如果能从形式层面延伸至深层次的意蕴中去，把构型与组景，造境、寓情有机地融合为一体，将会有效地提升艺术作品的境界与品质。使形式真正成为认知的先导，传递意义与情感的媒介，行为和角色的道具与导演，感官体验的知觉对象，从而避免片面地追求视觉的冲击，无意味的几何体堆砌。事实上，艺术的造型，不仅表现形式美，也包含艺术美、生活美、技术美、空间美和自然美。特别是在拥有博大精深文化传统的中国，已把形神兼备、写意、象征、神韵、意境、抒情，作为一种审美的趋势。而且在建筑、园林、书法、雕刻、绘画等领域中，不论在理念、方法或创作技巧方面都为我们留下了极其宝贵的精神。

　　本书在编写过程中，因烦事干扰，几经暂停。现在得以脱稿全靠诸多学友的热情帮助与支持，从各地发来两万多张自拍的图片供作筛选。所以，才有现在的图文并重的成果。其中罗梦潇（在读博士）全程参与文稿的校对、增补、图例选编和全书的最后校稿；李丽副教授除负责第二篇文字的汇总外，还对多处引录进行了校对；刘晨晨副教授负责第一篇文稿的汇总；李昊、蔺宝钢、周庆华、林源教授，曹志伟、那日斯、屈培青、杨安牧、甘恕非、苏超辉、惠光永等高级建筑师，中国青年建筑师郑启皓，马纯立、常海青副教授将自拍的大量图片无私奉献；王伟博士和乔甄、马晓鸣、董洁硕士也在整理文稿、打印编排等方面做了大量工作。因此，本书的最后成稿是师生们共同合作的结果，除感谢之外，特予说明。此外，还要感谢刘晓航、郝汝莹、刘艳晖、罗云、熊笃强的热情关照与支持。

　　最后，还应说明，为排版方便，书中提供图的作者署名作了以下简化：李昊——（昊），曹志伟——（曹），那日斯——（斯），张天琪——（张），杨安牧——（杨），罗梦潇——（潇），刘晨晨——（刘），屈培青——（屈），常海青——（常），郑启皓——（郑），林源——（林），蔺宝钢——（蔺），马纯兰——（马），苏超辉——（苏），惠光永——（惠），周庆华——（周）。

# 目　　录

# 第一篇　形的表面形象——形态构成基础

塞维利亚古城中心广场多功能地标建筑
设计：Jurgen Mayer H

鸟瞰　　　　　　　　　　　　　　　　创意原型

（作者描绘）

　　万物皆有形，不论自然生长之形，还是人工创造之形，都是按自然法则和人文法则而存在的一种物质形式。其形不一，各有其态。就自然形态而言，按《易·乾卦》所说"云行雨施，品物流形"，即是说自然形是由天地自然蓄养万物，并由天地造化而流布成形。对于人造之形也可以看作是效法自然，并附以人自身之所需，秉物成形。但是，从人居环境的创造角度，不论自然形和人造之形，都以"人性"作为参照，将一切物性，可以解析为物理（功能）和社会（精神）两种属性，即易经所说的"形而上者谓之道，形而下者谓之器"。其中的"道"和"器"，即反映形的两个层面和两种属性。所谓"生之具也"，"生之舍也"，即把形分为载体和精神两部分，统一于形。因此，建筑与环境的创造，从构思到建成体验都是在做形式的"道"与"器"这两者相互依存，相互区别的文章。本篇着重讨论如何提高对"形"的认识：了解形态构成的一般规律；掌握形态变化的基本途径；进一步熟悉和掌握造型艺术创作的基本理论与方法。

# 第一章 形 论

形，每人每天都与形打交道。看到的、听到的、身体接触到的，嗅到的、尝到的、想到的等等，都不能须臾离开"形"这一要素。但是，真正到达较高满意度，符合"宜居"要求的，以及可持续发展和能够再生之形，却是永无止境的。特别是在造型艺术创作中，常常是眼高手低，心有余而力不足。

凡事都是开头难，难在如何对事物进行全面的分析、认识、理解，建立正确的概念、理念、意象定位上。为了提高对形的认识，本章着重讨论"形"的内涵、性质及其效应。

## 1.1.1 形的认知

### 1 视觉心理的五种形象

外部物理世界中的形象——自然形象或人造形象，均以一定的外在表面形式而存在。但人们在观察这些形象时，却由于知觉存在的整体性、选择性、连贯性（或者叫恒常性）、理解性、联觉性以及观察者个人的生活经验、文化素养、阅历深浅、专业与兴趣、爱好、年龄差异、视力强弱、当下心境、实践目标等有所不同，而有各种不同的反应。因而，同时观察一个同样的物象，却会产生不同的形象。

在认知世界中存在五种形象，可以概括为：

**物象：**指外界客观存在的图像，是不以人的意志为转移的实际形象，亦称物理图像。

**心理图像：**也称作视觉形象，是指以光为中介，外物先由视网膜成像（或称原始图像），经视觉神经元的脉冲传递，由大脑产生心理机制，经辨识、归类、比较、概括、确认而形成的感知形象。此像虽然源于客体，但经过大脑加工，对原有图像已作了取舍、过滤、筛选等主观反应，带有一定的主观色彩，是被选择了的图像。心理图像往往因人而异。

**表象（或意象）：**人们对常见的物象，经过反复地体验，使某种图像在头脑中形成一种比较稳定的概念性认知，贮存在头脑中的永恒记忆中。当我们在观察眼前的物象时，这种记忆贮存无形中会参与到当下的感知过程中，所以眼之所见才得以辨识。然而这种图像，完全是一种抽象的，舍弃了许多细枝末节，没有具体的色、形、质、量的区分，而只是作为一种主要特征的概念贮存在大脑中。心理学上称此种图像为表象（亦可称作意象）。这种表象，对我们认识外部世界和进行艺术创作十分重要。因此，在传统审美理论中十分强调意象积累的重要性，没有经过生活和实践的观察与体验，就不可能有较大的创造潜力。不论由联想生成的再造性形象和由想象生成的创造性形象，都是没有根基和生命源泉的。世界上不存在无源之水，无本之木。这种概念元素，在规划与设计中会经常出现，诸如点、线、面、空间、"场"等均属于不含具体的质与量的抽象概念。

**艺术形象：**艺术造型是源于生活、高于生活的再造性与创造性的形象，可以用具象与抽象，再现与表现来加以区分。具象与再现都是以表现生活原型为基础，只是把生活原型更加典型化、生动化，经艺术加工使之更具真、善、美的艺术感染力。然而，中国的写意画、外国的抽象画、印象派画家的艺术作品，虽然也是取材于生活，但经过艺术加工却表现在神韵、气韵、意蕴等方面，需要思而得之，不可直观，要求欣赏者能从生活层面进入审美的意境层面进行欣赏。

**符号之形：**凡是利用肢体语言和象征、隐喻等符号来表达的形象之外的意义之形，均属此类。符号之形是借助约定俗成的印象，用某种形象表述形以外的涵义。中国人常称为境生象外，言外之意，弦外之音，画外之韵。

以上五种形象，常成为意义和审美交流中的常用语汇出现在我们的生活中间，形成一定的图式关系，见下图。

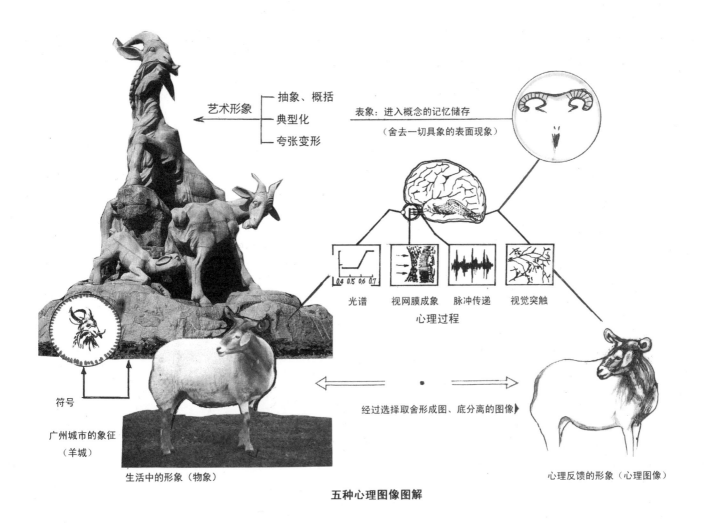

五种心理图像图解

## 2　图、底分离

什么是图、底分离？在我们的日常生活环境中，充满着各种自然的和人造的物体形象，千姿百态，互相混杂，对我们产生复合的视觉刺激。如果没有轻重、层级、主次的差异，全景吸收，我们将会眼花缭乱，无从入目。但是，我们对世界的认知却总是以选择性的特征，根据我们的需要、兴趣、专业、实践、爱好、视力，在某一单位时间内只注意我们所需要看清的物象，将视点聚焦于某一部分或某一点的形象中，以看清形象的仪态、表情、肌理等。其中，被注视的部分，即视线聚焦点（视点），变成所谓的"图"或"形象"。除此以外，呈现在视野中的大部分形象，只是一种模糊不清的影像，即所谓的"底"、"背景"、"地"。这种图、底分离现象随时出现，不足为奇，这是一种有意注意所产生的感知现象。但在艺术构成中，有些艺术造型（如雕塑、小品、建筑、装饰、纹样）也总是位于多种形态的复杂环境中，如何才能强化、突出它的艺术形象，使它从背景中突出，成为我们无意注意的焦点，显示其形态的魅力呢？

相反，当一种形象不雅，或干扰整体形象，有碍观感；或体量笨拙，使人压抑的图像，如何使它们从视野中消逝或淡化呢？皆可应用图、底分离原理，加以相应地处理，使其轻者所轻，重者所重，改善视觉环境。

下面举例说明：厦门某一小区，建筑的间距较小，五层楼高的两栋建筑，几乎紧邻道路，只有门前一小块前庭。但是，设计者将小型庭院空间，以小尺度栅栏、小溪流、袖珍式绿化，以曲折多变的手法灵活地组成一个极富情趣的景观通道。当人步行其中，所有的视觉注意力全被吸引在小庭中间，而两侧的多层建筑却淹没在背景中，并没有丝毫的压迫感。为保持底层住宅的私密性，窗玻璃选用了镀膜反射玻璃，解决了白天室内外视线的通透，并与庭园连为一体，夜晚则用幕帘保护室内的私密性。

日本世田谷美术馆，馆区后毗邻一座垃圾处理厂，一座高大的烟囱耸立在美术馆的景框之内，并十分显眼。为改善美术馆的视觉环境，当局曾向广大居民征集解决方案，有上万件的方案几乎均以模糊原理进行构思，最后选出了一种具有"迷彩"、"迷你"效果的蓝天白云方案加以实施，结果使原有烟囱的形象被淡化、模糊，使其消逝在天穹之中。

另外，还可以采用黑白对比、附加边框、聚焦、光影、洞景和两可图形等办法来凸显某一局部，使之成为图像，将其他部分置于背景之中。

总之，图、底分离随时都出现在我们的视野之中。一是基于有意识地进行主观选择；二是依靠景物的自身表情和表现从背景中脱出，呈现在无意注意之中。

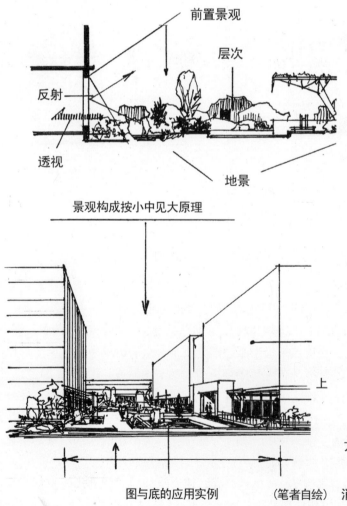

景观构成按小中见大原理

图与底的应用实例　　　（笔者自绘）

（笔者自绘）

（上）日本世田谷美术馆　采用"迷彩"、"迷你"方法解决原有烟囱争夺视线的实例

（左）厦门某小区利用转移视觉注意中心办法，消除建筑压抑感

### 3　形何以制胜

我们所在的城市空间，高楼林立，人头攒动，车辆拥塞，广告云集，色彩斑斓，还不时传来嘈杂的噪声，我们在无意注意的情况下，究竟哪些形象能被吸引，成为我们关注的焦点，从背景突出成为图，从而构成视觉注意中心呢？按一般人的心理反映，可以采用：

**第一，以奇制胜。**人人皆有好奇之心，奇特的景观可以诱发人的好奇驱力。奇有超常的魅力，是构景的一境。如何以奇造景？奇，从一般、普通、平常、普遍中脱颖出来，进入超常、不凡的个性表征，使人获得好奇的满足。"奇"从常中来，那么对常态的事物加以变幻，使之产生"奇异"出来。超常、反常，不一般，而且还能让人产生原型的联想。通常的做法是对事物的个别属性加以夸张变形，如多—少，正—反，上—下，左—右，高—底，有—无，虚—实，美—丑，浓—淡，黑—白，明—暗等等。

**第二，以有利位置取胜。**在一组环境背景中，位置居中易于突出；在前后关系中，前者较为突出；在偏正关系中，正者突出；在上、下关系中，两相等体量，上者显重；在左右关系中，左者易于引起人们的关注；处于高位的易产生崇高感，处于低位的易产生渺小感。

**第三，形自身的表现力（形状优势）。**根据一般人的形式心理反应，首先映入眼帘并引起无意注意的元素当属色彩，特别是红、黄色相。彩度越高越醒目。其次是在静态的背景中如果有动态的景物飞过眼前，或在对位的前方出现闪动的强光（如霓虹灯）也可引起人们的关注。再次是力度感较强的景物和量感，以及强对比度的景物。故能够具有醒目性、诱目性的形与色，可以起到情绪的唤醒，形成视觉张力的作用，其顺次应是色彩—动感—力度量—强对比度—微差。因此，对于瞬间接触的标志性景观、动态观赏的景点，由于需要快速识别与解读，可以参照上述情况有选择性地构景。但是，对于静态观赏的景物，这种顺序性排列，并无太大意义。因此瞬时效应是以情绪激活为主，而继时效应则应以内在的涵纳为主。事实证明，情绪是一种暂时的神经联系，维系的时间较短，其反应是暂时的，激动的越快，消逝也越快。消逝的次序与上述顺次正好相反。

**第四，统摄群集。**重复、阵列、量的聚集、成组、成团，对于视线有强烈的聚合效应。在生活中常用"铺天盖地"、"星罗棋布"、"郁郁葱葱"、"层层叠叠"等来形容眼前的景象，说明利用簇团组景的方式，可以形成压倒一切的气势，收到聚焦和增强视场的作用。对于有足够场地和视野空间的环境，可以适当地利用这种造景方法，突显景观的艺术魅力。

**第五，量感效应。**物理量和心理量是两个概念。物理上，体量的大小可以引起场强的变化。由于自身的形态率与周边景物形成较大对比，可以得到视场的强化作用。但是，过分地扩大体量，处理不当也会带来压抑、堵塞、憨笨等负效应。所以，此处强调的是心理上的量感，是指由内部生长的有机性，形体的组合表现一种能量的集聚，体块的和谐统一，组合匀称。既有强烈的视觉冲击（张力），又符合生命的逻辑形式。俗话说："秤砣虽小压千斤"，即使体量不大，由于具有内在的爆发力，也会产生以一两拨千斤的效应。

试用图例来解释形的隐显如下：

动静相比，动者为胜　　前后相比，前者显重　　偏正相比，居中为胜　　彩度不同，高者制胜

平尖相比，尖者聚焦　　　对角线原理：向上斜减轻感　　一般与个别相比，变异者占优　　明暗相比，光亮者突出
　　　　　　　　　　　　　　　　　　向下斜加重感

不同造型，圆曲者突出　　　虚实相比，虚空者聚焦　　　凸凹变化，凸者突出　　　曲直相比，曲线凸显

## 4　距离与感知

　　人的空间与时间的感知觉，取决于两方面因素：一是主体的感觉器官的生理限度；二是环境的参照系统。两者相互作用相互影响。

　　古诗中有"暗淡遮山远，空濛著柳多"（唐·杜牧《江上雨寄崔碣》），"野旷天低树，江清月近人"（唐·孟浩然《宿建德江》），以及"直视千里外，唯见起黄埃"等描写空间境界的词句。说明光照、气雾、尘埃，景物配置相互对比，都可以干扰人对空间尺度和距离的判断。直视与缓冲视有很大的区别。传统街巷，因为路窄，房低，树多，感觉街道比较幽深；一旦拓宽后，两侧房屋规整高大，就显得街景变短了。例如西安南大街改造后，钟楼与南门的距离感一下拉近很多。

　　另外，人的时空认知感，还受到心态和事件关联影响，形成主观上的误判。人在焦急等待时，会有时间延长的感觉；人在陌生空间行走时，会有距离增加感；去程比返程要漫长。

　　从生理角度，人们用各种感觉器官接受外部信息刺激，经头脑的神经机制形成反应。但各种感觉器官均有自己的生理界限。比如味觉，只有品尝才有感觉，而且要求要有相当多的分子含量才能品出味道来；嗅觉比较敏感，只要空气中散发少数分子量就可以感觉得到，但在1.2m以外就不会闻到对方的体味，3m之外就闻不到足臭；听觉的范围稍大，人在正常听力下交谈可达到3m，高声喊话，顺风时可达到10余米，再远就只闻其声，不闻其语；唯有视觉可以看到两公里以外的人和物，在30m内可以看清人的表情；触觉比较特殊，因为反复的经验积累对于物体表面的光滑与粗糙、坚韧与柔软并不一定亲手去触摸，只要能看清纹理、质地、肌理就可以间接感受。

　　人们在观察环境景物时，一般都会形成近、中、远三种景深。近者可以观形，中者可以观群，远者可以观势。所以，古人有"远观其势，近察其质"，"大者观其轮廓，小者观其细部"之说。然而大象无形，景象超过人的有效视野后连轮廓都看不清楚了。在影视中常有全景与特写之分，也有利用不同景深来识别总体与局部。所以古有"百尺为形，千尺为势"的"形势"理论，可以帮助我们确定步行环境中的景点间隔和大的景区界限。所谓百尺，实为23m左右，千尺约在230m左右。古代的司马道（神道），石像生间距大约都在20m范围，使人们在漫步行进时，对已经消逝的石像有一种残留记忆，对正在观视的集注视线，对未来的怀有模糊的期待，这样在过去时、现在时和未来时中产生脱俗净化、时空延续、进行精神感染。

不同的空间距离，有不同的社会效应：

**个人身体的防卫距离**（相当于人体周围的自我防卫空间）约在35cm内；

**双人交往的社会距离**约在1.2m左右；

**公共交往的距离**（会议、讨论、授课）约在3～10m左右；

**远距离的识别距离**可以达到百米以上；

在地面与高层建筑进行空间对话时，两层以下可以直接交流，五层以下可以喊话。

一般情况下，未经专门训练，人们的时空感知很难准确定量。因为环境干扰和生理局限，常会形成视觉扁度（远处天体由圆变扁）和透视衰减（10m以外距离，趋前与延后）。根据经验，在布置室内外景物时，由于参照系统的变化，有人曾提出了八分之一和十分之一理论：即在室内的陈设为一时，放到空旷的室外，要想取得相似的实感则要放大8～10倍。当然，这只是一种粗略的提示。实际配置时，如果景物周边有建筑和绿化、丘陵等围合，虽然置身于室外，还要以周边环境的同时对比作为参照。

在现实的空间体验中，面对封闭感较强的水泥丛林，常会引起压抑的封闭感。据观察，人直视壁面，如果超过30°仰角，即开始形成封闭感。所以在进行环境设计时，要从形态率（人眼与建筑轮廓形成的视锥角）、天空开口度（可看到天空的视域，包括上空和建筑间隙）、光照条件、透视性（可透过实体的架空层与透明维护）和心理距离（人与建筑的归属性）等综合考虑，加以适当地调节。

按正常视力和常态环境条件下，人的距离感知综合如下图表。

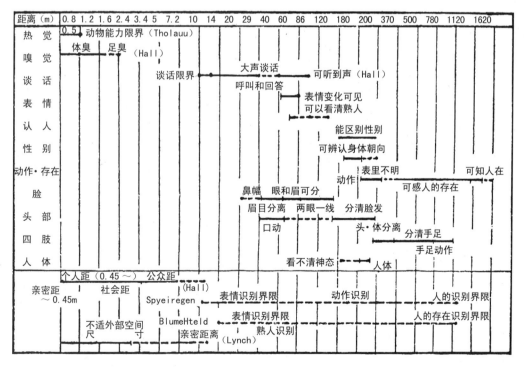

距离与感知图表　　　　　　（笔者综合）

注：（表中人名为测试者）
　　选自日本设计资料全集　只供参考

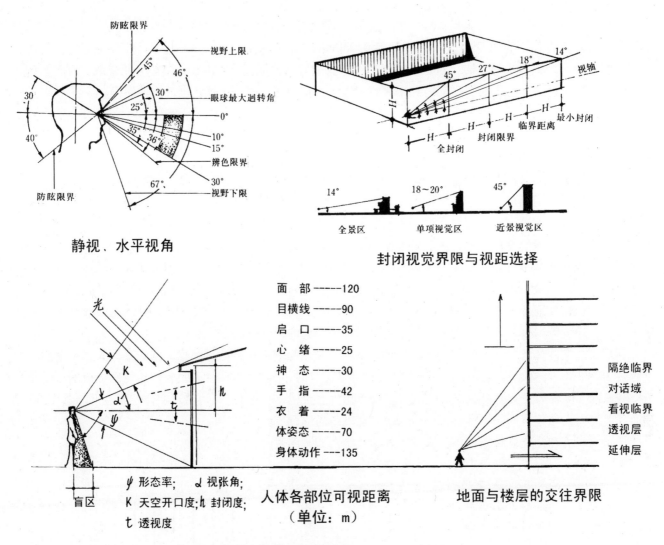

静视、水平视角

封闭视觉界限与视距选择

面　　部 ——120
目横线 ——90
启　　口 ——35
心　　绪 ——25
神　　态 ——30
手　　指 ——42
衣　　着 ——24
体姿态 ——70
身体动作 ——135

人体各部位可视距离
（单位：m）

地面与楼层的交往界限

决定开放与封闭的影响因素

## 5　综合刺激与复合反应

　　所谓环境，是指以人为主体，除自身以外（包括其他人），所有与人有关的、和对人施加影响的、有形与无形的要素的总和。其中有形、有声、有味、有色的则要更为直接。它们对人的刺激总是以一种多要素、立体的，全方位的、历时性的展开。因此，人通过各种生理感官接受这些刺激，形成的心理反馈也必然是一种综合性的体验，形成一种总体印象。而接受器官不会关闭一部分，开启一部分，形成所谓"闭目塞听"、"充耳不闻"、"视而不见"。所以，无论是单位空间、局部环境，还是区域环境，都应注重整体环境的和谐美好，提升整体环境和景观影响的品质，消除死角和盲点。

# 1.1.2　广义的多视角论形

## 1　自然形的审美价值

　　人生活在地球上，生息于自然生态环境之中，享受自然所赐予的恩惠。所谓自然，包括大气、阳光、山、石、水、绿色植物、动物及一切生物。而一切自然物，都是遵循"物竞天择"、"优胜劣汰"、"相互依存"、"相生相克"的自然法则而生存的。其形状都是在风力、水力、地心引力和地壳运动、光照以及自身生长力的作用下形成的。大自然的鬼斧神工，造就了山川湖海、戈壁沙漠、平原旷野、海纳百川、沟壑纵横、溶洞地坑、悬崖峭壁、繁枝绿叶、奇花异草、锦毛丽羽，可谓阳刚阴柔，仪态万千，色彩纷呈。

　　从美学角度，自然界的万物，其自身并非有目的地按美的法则而生存，都是按生命的持续和繁衍的原则而进化的，也是具有生命意义的有机体。一切自然美皆美在自然，毫无人工之雕琢；美在和谐，是生物群落互相依存，进化而来的；美在力量，美在特异，非人力可企及。比如，一颗独立生长的树木，为了光合作用和争取雨露及通风，必定向上空和四周延伸，故多呈现繁茂的华盖；而靠近水岸的树木，由于水陆交接的气候和生长空间的疏密，往往向水中倾斜。被大风吹过的沙地、丘陵起伏，被海水侵蚀过的岩石斑驳奇异；松柏横漫，柳枝袅娜，梅影横斜，山花烂漫，霞光异彩，云雾缥缈，雷电霹雳，霜雪纯净，明月皎洁……这一切的一切，并非物性之有意所为，皆是自然生成。但是人们按自身的生命价值和意义，可以赋予自然以人性的品格，进行自我关照，寓情于景，感物抒怀。故自然之美，乃艺术美，社会的一种反衬和投射。按道家的观点，认为自然之美，美在纯真质朴，是天下的大美，并且是由自然之道所生成。人类当以自然为原型，道法自然，先天地生，自然混成。所以，艺术的创造，可以效法自然。不仅表现大自然对人类有利的一面，还包括狂风、暴雨，飞沙走石，汹涛骇浪，天昏地暗，雷鸣电闪，猛虎野兽……都可以按人性附着于万物，如诗如画，加以艺术的再现。

　　事实上，自然界存在的许多现象，都可以作为模拟的对象，入诗、入画、入景、入境、入情，而且是取之不尽、用之不竭的创作原型，在诗歌、绘画中屡见不鲜。这正是"酒不醉人人自醉"，"道是无情胜有情"。我们可以利用自然之道，进行缩微、模拟、同构、再现、取意、神似等手法加以利用，进而创造出艺术美和社会美。

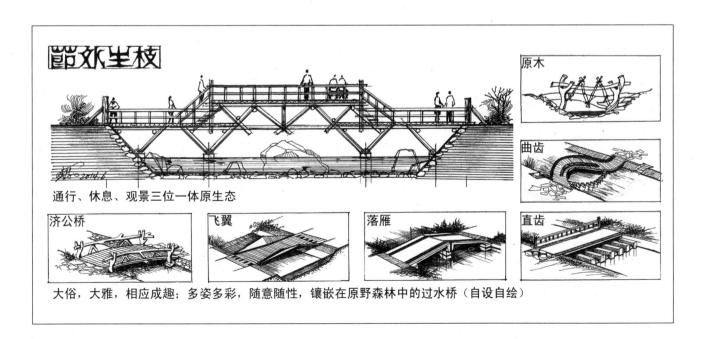

通行、休息、观景三位一体原生态

大俗，大雅，相应成趣；多姿多彩，随意随性，镶嵌在原野森林中的过水桥（自设自绘）

　　自然美，美在自然，鬼斧神工，天地造化，无矫揉造作，无刀斧遗痕，群体共生，优胜劣汰，根脉相承，循环再生。吾人造型，道法自然，当为至法！

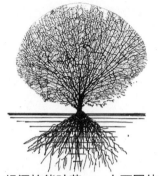

A 根深始能叶茂——上下同体

一切植物皆根植于土壤中，上下同体，根深叶茂

B

一切动物皆以内在骨骼作为支撑，形成象生，始有外貌

峰石
云石

C 藏于土下，水下者为体。
露出土上，水上者为脉。

一切矿物都以晶体结构，内聚外敞，层积立峰

以风作为雕塑师，形成的秦岭松

天池

新西兰火山坑景观

天然石景

细水长流，随遇而安，巧适湾岛相拥

直视千里外，极目楚天舒

（本页图皆为周庆华所摄和提供，原载于中国摄影出版社）

## 自然形的审美价值

## 2　生命的逻辑形式——有机生长之形

自然界的一切有机物体，都是受基因的控制由内部来调节平衡，并由内向外地进行生长运动，或由细胞增殖形成体膨胀，或由茎节秩序沿线性增长，都处于不断的生长变化之中，静止是相对的，运动是永恒的。而且在整个生命运动过程中都是由胚胎开始，再发育、成长、壮大、衰退，直至消亡，进行有节奏的变化。另外，生命体为了健康成长，延长生命的周期，均具有直接吸收营养和节约能量的本能，并以最直接的渠道，将营养分配给周身的各组织、器官，并力求减少能量的消耗，以期永续的成长。

相比之下，在造型艺术的创作中，我们则完全可以借助仿生学的原理，将形式创造成与有机生命体相似的性状，赋予形式以生命的活力。所谓逻辑形式是指虚幻的，不是实际存在的。那么，究竟按什么样的方式和规律，才能达到这一境地？苏珊·朗格在《艺术问题》和《形式与情感》一书中作了许多生动的描述，可以作为借鉴。概括地说，就是要体现以下几个方面：

**一、有机体是整体的。**如人的肌体是由消化、呼吸、神经、循环、泌尿、生殖、运动七大系统构成。各系统之间既有分工，又有合作，相互联系，构成一个整体；其他生命体也与之相似。

**二、生长性。**强调形体是从母体中自然生长出来的，而不是赘余附加的，体现一种量感效应，由内部生长机制自然形成的，是与整体发生血肉联系的组成部分。譬如，中国传统的大木结构，构件相互间均有榫卯相连，咬合紧密，而且均有自身的功能，整体共同受力。另外，那些与自然生态、本土文化、气候特征、生活习俗、地域经济、技术结合得十分紧密的乡土建筑；植根于高台、山体上的清代陵寝建筑，利用山形地势"托体同山"（陵墓图）；一些被环境山水环抱，相互依托融合的邻山近水村落；其他如建筑能与环境共生共荣，显得山重水复，绿阴环绕，倒影低垂，云影徘徊，也都无不显示其蓬勃生机；就连那些自然形成的山体、河流也蜿蜒曲折，主脉相连。

**三、运动性。**是指形体具有空间的位移；或造成视觉的趋向性，呈现延伸、滑移、旋转、错位等似动感应（不动之动）。或因人们在观察外物时，由于景物形成散点聚焦，而使人产生一种视线游离状态，不能聚焦某一视点之形象。或是因图像给人留有想象和发展的空间，具有再创造的可能性等，均是一种动态发展的影像。例如诗词中的"疏影横斜"，"暗香浮动"，"江流天际外，山色有无中"，"对影成三人"……都是以静写动。形在于神，动在于心，生命在于运动。运动是永恒的，静止是相对的。

**四、节奏性。**一般是指一种有规律的交替变化。而此处的节奏则特指一种事物、一种形态，在由量变到质量，由一个过程转化为另一过程时，处于拐点中的那一环节。即前一过程刚刚终结，后一过程刚刚新生的那一瞬间，是一种一纵即逝，交接转换的"节"点。故在空间组合中常用"节"这一概念，将冗长的形体，划分出一段一段茎节，即所谓的长向短分，以及造成一种链环结构，以分节秩序形成变化。

除以上四项之外，有机生长之形还应体现在生态效应和简约性方面。生态是一种永续的、可循环再生的，是体现天、地、人和谐共生的。自然是生命之源，人类如果由于过度开发，从根本上破坏了生态平衡，是自取灭亡。而简约性则表现生命体所具有的精干、简洁，富有"精、气、神"的外在风韵，去除繁杂臃肿，才显露生命的本质。

强调生命的形式，是因为人们在观赏外部景象时，总是以自身的价值作为观照。人的本质在于创造，客体所有的品格应与主体的审美情结相互投射，以形成相互对话的关系。艺术作为情感的符号，其内涵应与人的生命意义相谐调。

总之，整体性、生长性、运动性、节奏性、简约性，都是建筑与环境艺术创造所要遵循的基本原则和设计要领，做到这几项就可以避免杂乱无序、生硬呆板、繁复拥塞、相互抗衡等弊病。而一旦能将上述五种要素用好，用活，并能创造性地发挥，就可以由必然王国，做到得心应手，尽情发挥！

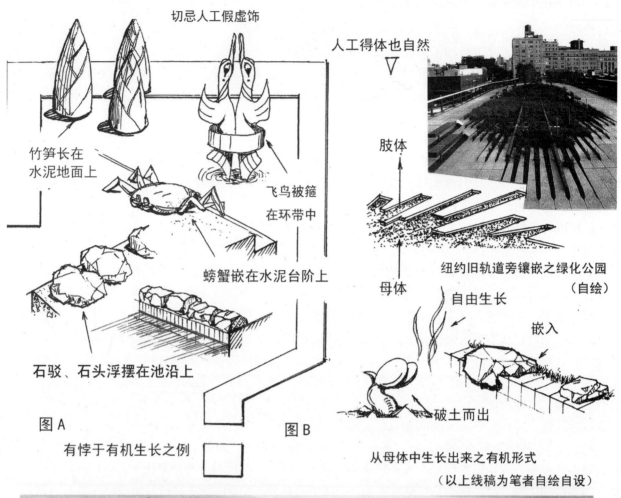

切忌人工假虚饰

人工得体也自然 ▽

竹笋长在
水泥地面上

飞鸟被箍
在环带中

肢体

母体

螃蟹嵌在水泥台阶上

纽约旧轨道旁镶嵌之绿化公园
（自绘）

自由生长

嵌入

石驳、石头浮摆在池沿上

破土而出

图A

图B

有悖于有机生长之例

从母体中生长出来之有机形式

（以上线稿为笔者自绘自设）

没有人工雕凿的边痕　植根于水和土壤之中　参差不齐　凹凸穿插　　　（摄影：罗梦潇）

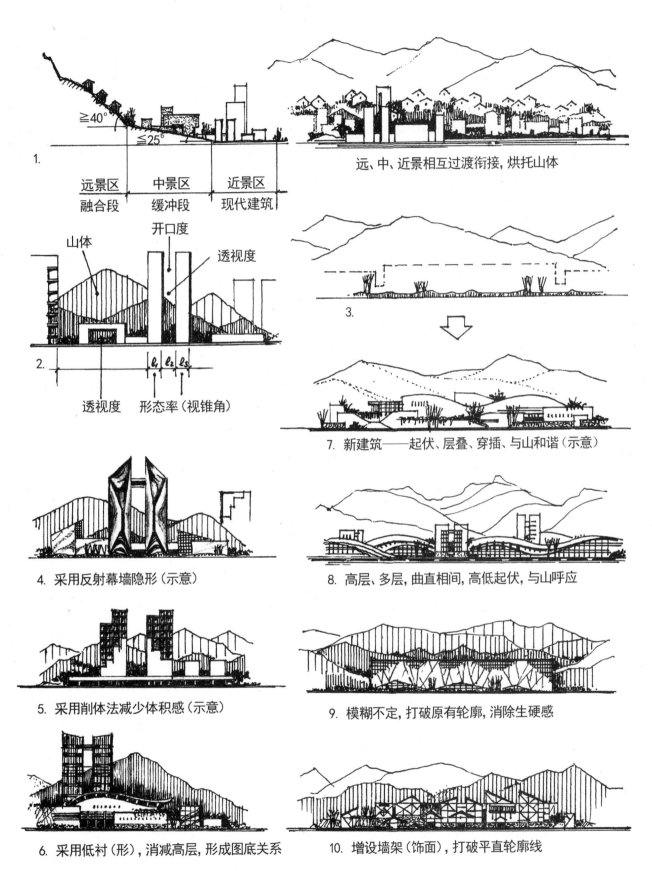

1.

| 远景区 | 中景区 | 近景区 |
|---|---|---|
| 融合段 | 缓冲段 | 现代建筑 |

远、中、近景相互过渡衔接, 烘托山体

2.

透视度　　形态率（视锥角）

3.

7. 新建筑——起伏、层叠、穿插、与山和谐（示意）

4. 采用反射幕墙隐形（示意）

8. 高层、多层, 曲直相间, 高低起伏, 与山呼应

5. 采用削体法减少体积感（示意）

9. 模糊不定, 打破原有轮廓, 消除生硬感

6. 采用低衬（形）, 消减高层, 形成图底关系

10. 增设墙架（饰面）, 打破平直轮廓线

**建筑融入自然之中——邻山建筑风景营构举例**（作者绘）

## 建筑与环境的组合关系，直接表现其建筑与自然关系，也体现有机生长性的程度

建筑组合，涉及外向与内向，封闭与开放，融合与共生，领域与归属，节地与节能，生长与僵硬，场所与生态，灵活与呆板，发展与凝固等多种矛盾，应统筹兼顾。

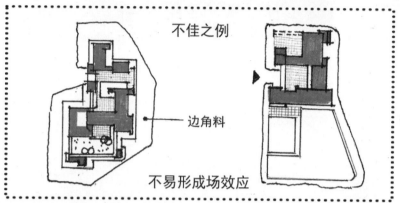

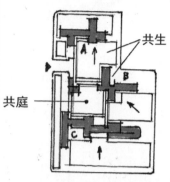

建筑独霸，周边场地皆带状边角料，内陆空间分割零碎。封闭性内向组合

建筑与环境各自分离，相互独立。建筑规划与环境设计宜同步

按领域归属关系组构，建筑与环境共生，各庭园可有不同的主题

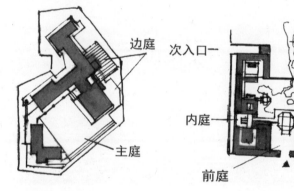

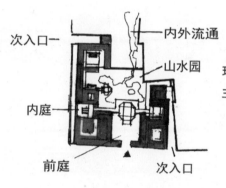

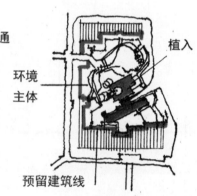

建筑走势与地形结合，外向与内向兼顾组合

外实内虚，包孕式，廊院结合，建筑拥抱自然（苏州博物馆）

往环境植入建筑，建筑融入自然

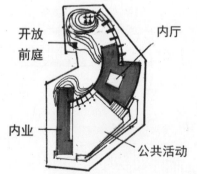

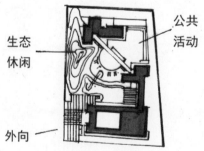

随形就势，内外兼顾，疏密相间，相拥相抱

集中与分散结合，自然形与几何形结合，厅廊组合

自然包围建筑，建筑融入自然，化整为零，序列展开，成组成团

（本页图由作者创绘）

14

## 3　由视觉建构的完形——格式塔之形

"格式塔"是由德国心理学家厄棱费尔首先提出的一个名词（Gestalt）。其涵义是指客观世界的一组图像，所以能被人们从环境背景中一眼看出，成为人们视线聚合的焦点（即所谓的图底分离），是因为该组图像具有一种内在的组合关系，形成一种结构化的整体，诸如由对称性、相同性、相似性、相近性、连续性、重复性，可以形成一个"视觉感知单元"，犹如看北斗七星一样。同时，人的头脑有一种凭借先验进行视觉建构——即类聚、群化、联想等功能，所以使这种图形具有区别于环境背景其他形象的整体性和完整性的特征，国内常译为"完形心理学"。

由德国一批心理学家，以韦特默（Maxwetheimer）、苛勒（wolfgangkohler）、考夫卡（kurt koffka）为首，包括鲁道夫·阿恩海姆（Rudolf Arnheim，《艺术与视知觉》、《视觉思维》作者）和苏珊·朗格（Susanne K. Langer，《艺术问题》、《情感与形式》作者）在内，形成一个格式塔心理学派。他们对"形"、"似动"等理论研究，形成了一系列独特的见解，为我们打开通往造型创作的一扇大门，特别是对"直觉感受"、"感性显观"、"情绪反应"、"意境生成"提供了理论上的依据。

格式塔之形，除"图底分离"之外，还有哪些特点？（1）格式塔之形，具有与系统论和结构主义相同的整体性和变调性特点。即图像是由各个局部按相互依存关系，构成一种与数学相加迥然不同的有机综合体——整体。其中，主要成分决定了形象的性质，而次要成分则起烘托、陪衬作用，并非可有可无，也是整体的组成部分。然而，局部可以有自己的方位、大小、正反、色彩等变化，但不管怎样变化并不影响整体。（2）格式塔之形，强调的是简约之形，强调概括、表现形的基本特征，去除赘余附加部分，纯粹的形才是"简约合宜"之形。赞赏有如儿童画所表现的明确概念，删去枝节，抓住主干，简约、单纯，一目了然。（3）强调审美主体（主观世界）和审美客体（物理世界）之间，存在着异质同构关系；强调人的头脑具有视觉建构功能，可以依靠先进的经验，清楚地判定视觉对象，将那些具有内在结构关系的图像，从背景中分离出来。同时，外界之形态由于其形、状特征可以引起人们的心跳、脉搏、情绪、情感的变化，产生紧张、松弛、欢悦、恐惧、烦躁、舒适之心理反应；认为物理世界和心理世界，虽有天人之别，但存在异质而同构的关系。关于"同构"理论，在中国汉代董仲舒的"天人感应"（唯心论），以及"物我同格"、"心物不二"、"天人合一"的哲学思想中，也早有预见。（4）将物理世界之"力"、"场"的概念，直接引入形态构成中来，强调环境组景中的"动力配位"，"场的诱发作用"，"形与力的直接关联"；运用力的趋向性运动形成"似动"、"动势"，以及由"不完形"产生的"完形压强"，导致"完形趋向律"形成视觉的参与等。继而由"场论"引发一系列的"视场"、"空间场"、"引力场"、"气场"、"气流场"、"心理流"、"社会场"等派生的概念，赋予形以内在的物理属性和社会属性。这些内涵，也使我们对形的认识拓展了思维和视野。

诚然，任何一种理论都不可能尽美尽善，格式塔之形所涉及的主客体对应反映只是一种机械的对应。而人在与环境景象交往时，总是与当下的心态、经验、素养、实践、兴趣、识别能力等因素相关联，主观能动作用不可忽视，有意注意和无意注意大不相同，反映各异。

格式塔心理学认为，人在观察外物时，在视野中可以看到多个刺激形象。由于视觉的建构功能，可以按相似、相近、连续、封闭、重复法则以及完形趋向率，将其相关的元素作为一种结构化的整体和趋向于完形的感知。而其他元素弱化为背景。

相似法则、相近法则、对称法则、连续法则、封闭法则、重复法则，具有内在结构关系，并被感知觉建构而成的视觉单元，从背景中脱离成为感知的形象——格式塔

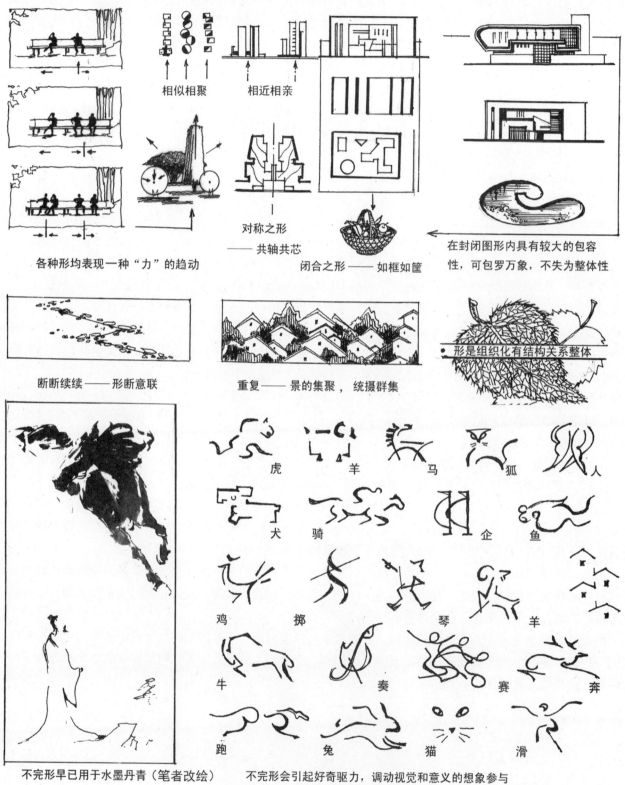

相似相聚　　相近相亲

对称之形
—— 共轴共芯

闭合之形 —— 如框如筐

在封闭图形内具有较大的包容性，可包罗万象，不失为整体性

各种形均表现一种"力"的趋动

断断续续 —— 形断意联

重复 —— 景的集聚，统摄群集

● 形是组织化有结构关系整体

不完形早已用于水墨丹青（笔者改绘）　　不完形会引起好奇驱力，调动视觉和意义的想象参与

虎　羊　马　狐　人
犬　骑　　　企　鱼
鸡　掷　　琴　羊
牛　　奏　赛　奔
跑　兔　猫　滑

**视觉归位与格式塔形的图解及应用** （以上线稿均为笔者自绘自设）

**同向聚集，统摄群集，母题重复，数量叠加，简而不单，形成组团，矩阵蓄势**
为避免繁杂，零散，景象单一，主题不突出，视场虚弱，气场耗散，在造景中常常采用重复法则造势。

芒市允燕佛塔——白光光、金灿灿、塔层层、直冲冲

盈江的允燕佛塔

会稽山下大禹姒姓家族村同形同构聚落组构——一枝独秀不是春，万紫千红花满园。独木不成林，枝叶浓郁山遮顶。

母题重复式的教堂屋顶

梯田的水平云集，气势恢宏

同向集聚

（以上三张图片均由杨安牟提供）

以束林形成环抱之树

千手观音——舞蹈·群

庄严肃穆的美国烈士陵园
（日本著名设计师设计）

犹太人大屠杀纪念馆

方阵·网格

矩阵

温哥华岛图腾小镇——邓肯之百态图腾，形似而象异

吴哥——单体建筑重檐

**以重复韵律积零为整构景造境举例**　　（以上图片由马纯立提供）

兰——环艺景观

雕像 毕加索

解构、裂变、重组、片段、
不完形、促进联想、想象、
参与解读、生趣、反思、
再造

警示——借题发挥（原为三根柱子）

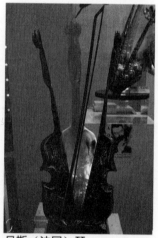

雕像 爱因斯坦

（作者 南斯拉夫 德拉戈．马林．萨林纳）

"生命"在母体孕育，
在自身细胞分裂中生长

尼斯（法国）琴

变异、分解、解剖，增加信息，
引起视线集注，形成张力

仿制加工

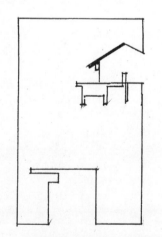

片段引起联想，产生完形趋向

（本页线稿由笔者自绘自设）

烛光晚餐——形、光、色的极度夸张——激情四色
（拉斯韦加斯 LVUSA）

　　不完形是一种残缺之美，承载着历史的辉煌与记忆，蕴含着苍古之境，也易诱发好奇驱力，导致视觉参与和意义追踪。

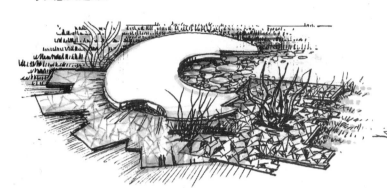

残阳如血，弯月如钩

流

景隔

门——　　　　　　示警

国外某例修剪

紫宸殿遗址保护展示项目——纪录片《拯救大遗址》剧照

缅怀

**不完形形成意义追踪与联想举例**
（本页线稿由笔者自绘自设）

多态

四坡水 复层　　　　　层叠　　　　　错落

提升　　　　　纵横

湘西民居

**形的衍生——三角形的母题衍生体**

　　一切变化皆源于本源，植根于传统。传统演化产生变化，而万变不离其宗

（本页线稿由笔者自绘自设）

## 4  不受内容约束的形式自主——有意味的形式

从古至今，建筑一直被视为是功能的载体。在维特鲁威的"适用、坚固、美观"三原则中，功能（内容）被看作是最基本的元素，占主导地位。人们对建筑功能的需要与满足一直成为促进建筑发展的动力和本源。因而，"形式追随功能"、"形式附属于功能"的观念根深蒂固。直到19世纪后期，法国学院派曾将建筑的形式定格在功能类型的固定模式中，为各类建筑勾画出不同的脸谱，用固定的造型语汇供大家效仿。

但是，随着社会的发展和科学的进步，人们对物质生活的需求得到满足之后，精神生活的需求和艺术的审美需求则日益增强，随之人们的观念也发生了巨大的变化。首先，作为功能载体的建筑空间不能恒定不变，必须由"量体裁衣"走向"弹性适应"的灵活变化，以致可以复用和再生。其次，作为围合建筑空间的物质技术手段和装饰材料也为这种变化提供了较大的可能性。存在决定意识，人们开始动摇了"形式追随功能"的信念。首先，密斯提出"功能追随形式"，认为"建筑本身要比它的功能更长久"。路易斯·康则认为"形式唤起功能"。结构主义艺术家伯纳德·屈米则更进一步地主张"形式追随幻想"。透过以上的口号和定义看其实质，不外乎认为，在"适用、坚固、美观"三要素中，更加强调形式美的重要性。形式的表达可以完全脱离物质功能而独立存在。从现实条件看，由于科技的进步，不断更新发展的新结构、新材料、新技术可以为形式的跨越提供物质技术方面的充分保证。

除建筑领域之外，在绘画领域，受印象派绘画的价值、理念、技法的启迪，英国形式主义美学家贝尔经过研究也认为，有些艺术品，也可以通过抽象的线条、色彩、构图及元素间的排列组合来发挥其艺术感染力，并且可以借助这些本无意义的点、线、面、色彩、质地、肌理、结构关系等来传递一定的意义、信息和情感，从而提出"有意味的形式"这一名言。这里所说的意味，并不是指我们日常所说的意义，不是由具体的物象、象征、符号、词语、约定俗成的生活逻辑与社会逻辑作为题材构成一般性的意义，而是指完全由抽象的形式构成来体现的。"形式"作为艺术创作的直接对象和本原，完全脱离建筑的功能、类型、性质、具体象征与内涵，完全依靠形式与人产生视觉及心灵的沟通。

事实上，建筑艺术的表情性与表意性，并不像其他艺术那样可以直接制造情结，直接而具体地表达某种意义。所以在立面与形体创作中，也有意与无意地运用一些形式构成手法，不与具体的功能、类型、性质相对应，而使建筑艺术创作处于表皮化状态。

我们从当下的建筑实践中，看到不胜枚举的类似于"有意味的形式"的艺术作品。它早已经步入了艺术创作的殿堂，成为多元建筑文化的一员，被人们所接纳。（本节根据罗梦潇原稿）

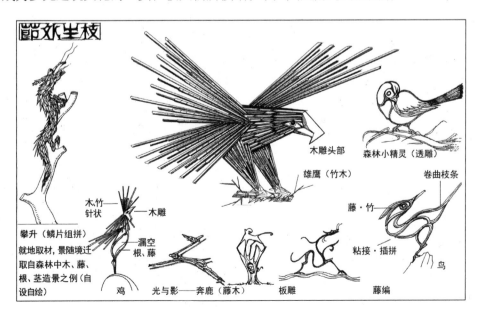

**与纵横坐标相关联的线构成示例** （作者自创自绘）
（以相应坐标系为参照构架容易形成结构）

旋转、扭曲成型

蓬皮杜梅斯中心网格构成的复层大屋顶（木质网格结构）结构分析

灵感来自作者在中国购买的油纸糊面的中国斗笠

梅斯中心模型

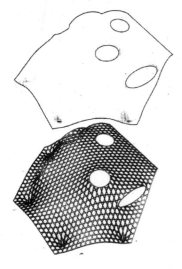

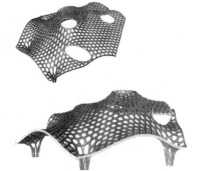

六边形钢柱支撑

蓬皮杜文化中心梅斯展馆的网罩屋盖实例

（设计：日本 Shigern Ban
　　　法国 Jean De Ganstines）

大屋顶结构形态　　　充满趣味的灰空间

23

## 由点、线、面组合成的建筑肌理（一）

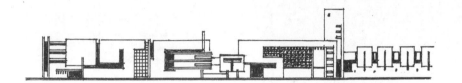

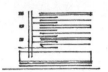

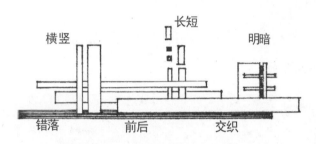

板条组合

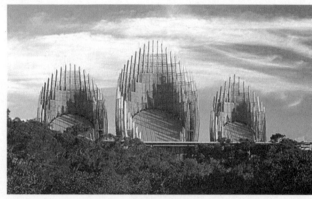

奇芭欧文化中心——编织结构——线构成（昊）
（图设计：皮亚诺）

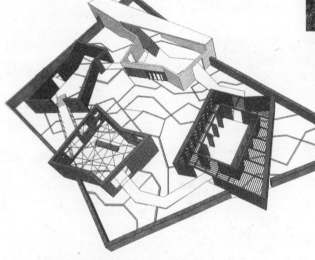

西安世界园艺博览会建筑构成

利用条纹编织的建筑形体
及装置艺术

有色彩组合的室内壁饰

## 由点、线、面组合成的建筑肌理（二）

点作聚焦，形成画龙点睛之笔；线与条构成结构纹理；面作为基底；相互配搭，构成一幅既有变化又很统一的立面造型。其常被看作是别具一格的艺术造型，虽不表达具体含义，但所呈现的几何之美，也传递一定的形式之美和某种意味。

（昊）

（曹）　　　（昊）

（张）　　　（昊）

（昊）

### 5　形的记号性与符号性

首先要了解什么是记号和符号？

在心理学和文化符号学的理论中均有详细的阐述，这里只做概略的解释。

记号，是指人与动物皆有的，是以单纯的条件反射来取得一对一的心理反应。山是山，水是水；用哨音、暗号代表行动的指令；物象只代表本身的意义，别无所指。

符号，是以文字、图式、形象、语言等文化语汇，传递自身以外的涵义信息，与人进行意义的沟通。因此，它只有灵长类动物——人才会自由的运用。即是说符号是用象征、隐喻等替代性形象语汇，表达形之外的涵义。如玫瑰用于人际交往时，已由"花"的概念进入到"爱情"、"示爱"的情感表白。它比记号更深刻，更富有文化内涵。当然，符号既然是传递自身以外的信息进行意义交流，就必定是"约定俗成"的，能让受众所理解的，否则它就毫无意义。

相比之下，在建筑与环境艺术创作中，也有记号与符号之分。

一切仿古的，只是摘取传统形式的一些局部图式，或略加更改直接贴附在现代造型的本体之上，使人直观地感受"这就是传统"，简单地传递某种单一信息。这种做法固然可以取得观赏者文化认同，但它的艺术价值是不高的，对创作者和欣赏者均可以按直觉轻易感受到的体验。但是，这只能是历史的重复，而且是形式与内容脱离，缺少时代气息，与现代科技、生活、审美、信息传播相距甚远，不宜大力提倡，只能作为一种表现形式而已，上不到多元共生的"元"的高度。

---

作为创新，一切艺术均是生活的艺术，来自于生活而高于生活。生活是现实的，当前的社会已进入全信息时代，人们的生活节奏、时空观念、人生价值、科技成就、新结构、新材料、新工艺、新方法大量的涌现；如果还应用传统形式，岂不是开历史的倒车？定格在某一时代而故步自封，是与社会发展背道而驰。所以，创新才是光明之路。创新，是一种与时俱进，是一种开拓，一种顺应潮流的大势所趋。但是，讲创新不是完全否定传统，而是以传统为本原，用新材料、新工艺、新形式、新结构、新方法去代替已有的习惯性做法，加以更迭、置换、重构、脱颖而出。从而从根本上提升生活品质，使形式承载着更多、更新、更具时代活力的精神与艺术属性，应是我们这一代人毋庸置疑的历史使命。

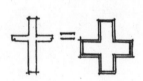 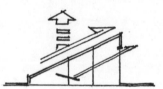  

作为符号　二者相同　　　　　作为符号，喻示向上、通天、到达天国之天梯

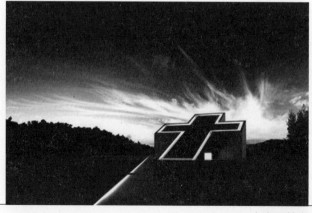 

十字形教堂　挪威Vaaler

## 符号的传情表意

　　人生活在由象征和符号传达的意义世界中。作为符号，它可以是有声的语言，有形的肢体和图像，也可以是无声的文字，也可以是什么也不似的物件组合。但是，它们可以借助人们丰富联想与想象，赋予它一定的涵义。因为，所有意义都是来自于自我生命和情感的关照，人授义于形，再赋形达义，完全产生于主观理解。所以，造型艺术中符号便是最常用的意义传媒。

| 李姓 | 王姓 | 张姓 | 刘姓 | 陈姓 | 杨姓 | 赵姓 | 黄姓 | 周姓 | 吴姓 |
| 徐姓 | 孙姓 | 胡姓 | 朱姓 | 高姓 | 林姓 | 何姓 | 郭姓 | 马姓 | 罗姓 |
| 梁姓 | 宋姓 | 郑姓 | 谢姓 | 韩姓 | 唐姓 | 冯姓 | 于姓 | 董姓 | 萧姓 |
| 程姓 | 曹姓 | 袁姓 | 邓姓 | 许姓 | 傅姓 | 沈姓 | 曾姓 | 彭姓 | 吕姓 |

**中国最早采用的符号（姓氏）**

中国上古时代，每个部族都有自己的图腾，后来不少图腾演变为姓氏

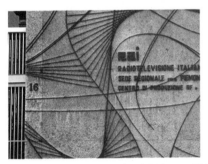

以线表达之意味——轻歌曼舞 （昊）

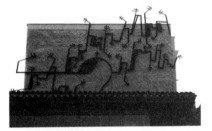

由线形纹理显示的——温文尔雅（曹）

镶嵌——玉石瑕斑 （昊）

以形体组配表达——迷彩斑斓（昊）

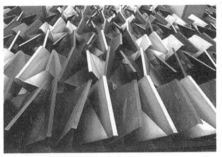

以薄板杂拼产生的——斑驳陡峭（斯）

**以形表意的图例**

## 6 传统审美理论的形论

在中国的传统审美理论中，围绕"形"这一中心，引发出有关"气"、"韵"、"神"、"生"、"逸"、"妙"、"能"、"阴阳五行"等相关的命题。

首先，表现在形神论方面，最早在先秦时期就已讨论，在《庄子·知北游》中，"昭昭生于冥冥，有伦生于无形。精神生于道，形本生于精，而万物以形相生"，认为有形之万物，是由无形之"道"或"气"生成的。认为"美在于神，而不在于形"。到汉代，《黄帝内经》云，"心伤则神去，神去则死矣"，"得神者昌，失神者亡"，将隐藏于形中的神看成是主宰命运的根本。到东晋时，顾恺之等人则认为传神很重要，但不否认形似之关键，认为失去形似，则神亦不存在。待到北宋时，苏东坡等人则强调"重神似，而不求形似"，他在《书鄢陵王主簿所画折枝》一诗中说："论画以形似，见与儿童邻；赋诗必此诗，定知非诗人"，从而使绘画史开创了写意的先河。在此同时，也有主张形神并重的，如欧阳炯曾说："六法之内（指绘画六法），惟形似，气韵二者为先，有气韵而无形似，则质胜于文；有形似而无气韵，则华而不实"[①]。在后来的明清，主张神形兼备的也大有人在。认为"形谢而神灭"。总的来看，在造型艺术中，应看重惟妙惟肖，神与形必须相互结合，并力求以形传神，否则形胜神衰，会使社会效益大打折扣。

其次，气与韵的相互贯通。"气韵"一词，一是彰显儒、道、阴阳等学派，均把"气"看作是生成万物之本，如东汉何休在《公羊解诂》中说："变一为元，元者气也。无形以起，有形以分，造起天地，天地之始也"，把看不见的"气"与说不出的"道"，都看作万物生成之本。认为有形与无形皆是气之聚散，"太虚无形，气之本体；其聚其散，变化之客形尔"（宋·张载）。清戴震则提出"道犹行也，气化流行，生生不息，是故谓之道"，认为整个宇宙就是一个气化流行，生生不息运转的天体。将来自文学、诗歌之韵合在一起，即将表现于外在的风韵，隐含于内在的气韵。风韵与气韵合一的神韵，与气相连，构成中国造型艺术的核心价值——**气韵生动**，作为构形之最高准则，正好切中古典美学所强调的写意传神的画理，构成了华夏美学的生命内涵。正是基于"气韵生动"这一审美意识，则将虚、灵、情、静、神等概念皆拢入其中。涵盖了儒、道、禅的精神内涵。

第三，逸、神、妙、能名曰四品，自成一体，成为道、禅和唐、宋书画的审美诠释。在《老子·一章》中，"'无'，名天地之始；'有'，名万物之母。故常'无'，欲以观其妙；常'有'，欲以观其徼。此二者，同出而异名，同谓之玄。玄之又玄，众妙之门。""妙"也是庄子哲学的重要范畴。把妙与道看成是相通的，妙是道的一种属性。对于"神"，《孟子·尽心下》中说："大而化之之谓圣，圣而不可知之谓神"。易经中说："阴阳不测谓之神"，即是说能掌握技艺之无穷变化可以称之为神。至于"逸"，可以看作是归隐、飘逸、栖逸、潇洒。而"能"字，泛指形象之生动，形之能动作用、功底、笔力、能耐。然而对于一件作品而言，能不及妙，妙不及神，神不及逸，以逸格为最佳。

总之，在中国的传统美学理论中，把形分为两个层面，一是可见的，一是内隐的，不是为了形式而形式。在造型中，既要重视形的外在表达，更要在内蕴精神上，狠下功夫，并力求以神写形，以形表意，和以意领形，寓神于形。

---

① 《叁州名画录·蜀八卦殿壁画奇异记》。

**形的精、气、神——显现于外的为形、为象、为态；隐之于内的为生、为气、为精、为神**

一笔画是以貌取神的概括技巧，适用于构思草图

图的外部轮廓决定了体态特征，简化也需从清廓正形开始

象（封闭）
态势（整体性）
形

结构　肌理
（注：大象则无形）

（以上线稿由笔者自绘自设）

中国文字，取材于自然。是自然精华之浓缩和升华，可以单独构成艺术形象和以原型为孵化

形的内在结构，表现风骨神韵
形的特性图解

万物皆有性，形式各不同；
造型重在"道"，道通变无穷

注：本图仅以动物造型为例，其他造型，其理相通，参看后续内容

中国的书法、绘画艺术家利用中国文字创造出千姿百态的艺术形象
（原创：书画名家尤泽周）

**艺术构成之形**

### 7 拆解、重构的解构之形

世间的事物，从辩证的观点看，是没有绝对的，只有相对的。物极必反，相生又相克，相反相成，对立统一，此消彼长。结构主义和解构主义，即是一对这种矛盾，其一是着眼于从整体上认识事物，强调系统间的相互依存，但也承认主导因素和主导方面起支配作用；另一是强调对整体结构的拆解、重组，可以用构件之间的关系，用部件来表达某种意义。解构主义的建筑家，认为建筑的主要问题是意义表达，用整体建筑来表达意义常常是模糊的，会产生误解误读。建筑只是"文章的本体"，需要其他因素，比如语法、句法、语音、语义等使之具有意义。所以，解构主义建筑是运用相贯、偏心、反转、回转、断裂等手法，使之呈现一种不安定的动态感和视觉冲击。其实，解构主义也并非主张支离破碎，杂乱无章，而是通过打破传统的手段去寻求一种新的秩序。其最大的转折点是反中心，反权威，反二元（传统与现代），反非黑即白。

解构主义作为一种哲学观念和设计风格，兴起于 20 世纪 80 年代。其理论则源于 1967 年由哲学家德里达（Jacque Derrida 1930～2004）基于对语言中的结构主义批判提出"解构主义"理论。在建筑创作上伯纳德·屈米所创作的法国拉·维莱特公园即是一种对解构建筑的诠释。近年来，由丹尼尔·里伯斯金设计的柏林犹太人博物馆和战争博物馆则将建筑形态作为一种直观的意义表达。前一实例，用历史的创痕和消逝的文化断裂来进行意义的阐释，后一实例则直接用爆炸的碎片组构的建筑，直接表达战争的残酷。与此相对应的，在许多雕塑小品中，这种用断裂、拆解、重组等手法构成的作品，已经遍布世界，屡见不鲜，构成了造型语汇的一个分支。解构主义的建筑语汇，是用现代主义造型技巧，进行拆解、断裂来改变现代主义造型，进行重组、重构。

  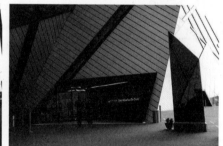

解构主义构成手法（以上图片由曹志伟提供）

## 8　艺术中的人与自然

从自然的角度看，人类是与动物、植物、矿物、生物、天象、地象共同组成的生态链中依靠维系平衡而生存的，物竞天择，优者胜。人是自然之子，是自然的一部分，一切艺术创造都维系着人与自然的完美和谐。

在形态方面，自然形是指未经过人工修饰雕凿的原始形态。然而这些形态除本身的结构、组织、肌理、质地受内在的生长规律所制约外，其外貌也受制于大气环流、地心引力、地壳运动、环境种群、地理位置、气候特点、水力冲刷、海水腐蚀、太阳辐射等影响，发生性与形的变化。在这些物态中，它本身并无美与丑的意识反应，都是按自然之道客观地存在着。

从美和艺术角度，自然界的山川地貌、风花雪月、雷鸣电闪、丘壑纵横、山峦层叠、花鸟鱼虫，都与人的生活、劳作、生命运动、气场、心里场、心里流发生密切联系，都可以进入意义的世界，产生审美效应，都可以入诗入画。从古老的岩画、生活和礼仪所用器皿的纹饰、建筑上的雕刻、山水诗、山水画、山水园、家具陈设，无一例外地都以反应自然的景象为母题。而许多自然景象皆可把人带入雄、奇、险、秀、幽、旷、奥、秘的境界，并可使人从自然中获取智慧的灵感、开阔的胸怀、奔放的性格、高雅的气质、静谧的情怀、舒畅的心境、愉悦的情感。

自然之美，美在自然、美在纯真、美在力量、自然造化、鬼斧神工、浑然天成。同时，也是经过人们认知筛选出来，符合生命意义，表现人与自然和谐的一面。然而，自然却有另一面，如天崩地裂、海啸狂风、洪水猛兽、泥石流、森林大火、滑坡、地震、地陷……如果用于艺术则只能是以警示、缩写的方式出现。

在艺术创作中，人们总是以自身的生命意义与价值进行定位，通过模拟、象形、移情等方法赋予外物以审美的价值。我们通常将儒家的"比德"美学观，把自然形象转化为人格化的自然。对自然形态中的光、影、形、音、线条、体态，与人的心态、品格、志趣相对照，形成具有欣赏、体验价值的原型加以再现性创作，寄物咏志，感物抒怀，从物象中直观自身。所以说，自然之形乃天之造化，自然的审美价值由人授意。我们在进行艺术创造时，可以充分利用自然形态所具有的原生性、清纯质朴、自然混成、不加虚饰、天籁之音等特点，融入自然，与自然同在。正如道家所崇尚的恬淡无为，返璞归真。将自然之形视为模拟的对象，启发创作灵感的原型。中国园林艺术中并把"法天地、师造化"，"道法自然"，"虽为人造，宛自天成"奉为"无法之法，乃为至法"。因此说：艺术中的人与自然，是以和谐为主旨，是精神境界内的真正"天人合一"。正如诗人所形容的"千岩竞秀，万壑争流，草木葱笼其上，若云兴霞蔚"（《世说新语》顾长康所云）；"日月叠璧，以垂丽天之象；山川焕绮，以铺地理之形，此盖道之文也"（《文心雕龙·原道第一》）；刘勰将物象概括为"自然之道"。宋代郭熙在《林泉高致》中说"君子之所以爱夫山水者，其旨安在？丘园，养素所常处也；泉石，啸傲所常乐也；渔樵，隐逸所常适也；猿鹤，飞鸣 所常亲也。尘嚣缰锁，此人情所常厌也"[①]；"横看成岭侧成峰，远近高低各不同"等，均取自然形式的仪态之美，是经过筛选净化的符合人性的自然形态，是诗人反观自身塑造出来的形式美和艺术美。孔子并以"智者乐水，仁者乐山"来概括人与自然的同格同构。在艺术创作中，作者先以自己对自然的观察和感悟，将之融入生命世界，再以生命的活力注入自然对象之中，画龙点睛，生动地再现，还原于自然。

具体地说，艺术中的自然是人格化的，将人性赋予物性，并抽取精华予以再现，远非自然之原貌，是经过否定之否定而生成的精神升华。所以，欣赏者也必须由生活自我、社会自我升华为精神自我，才能在艺术创作与艺术欣赏之间取得共鸣。此时的"自然"与"人"已经达到天人合一的境界。

---

① 《中国美学史资料选编》下，第12页，第14页。

艺术中的人与自然——创作与欣赏，人与自然的"天人合一"

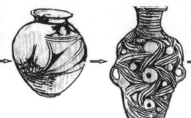

拉克斯岩画《受伤的野牛》为了自身的生存，在恐惧、敬畏和展示力量中刻下了记忆的符号，并已具有艺术美的雏形

"埏埴以为器"；"无之以为用"（老子《道德经》十一章）

尖底取水

开始改变自然物的存在形式，并赋以一定的形象，出现了取自物象的抽象几何形体作为纹饰，进入实用与艺术相结合，将形分为"器"与"道"两种层次

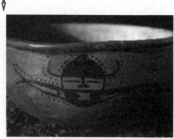

农业社会，艺术描绘对象，转入植物（图为甘肃彩陶）

半坡的鱼纹图案

物我同格，对花、鸟、鱼、虫的典型抽象，人格化的自然

以神造境，用"龙"、"梅"两大文化元素，以龙魂、梅韵的气质，表达得淋漓尽致（作者：白杨）

经化裁、嫁接、重组、优化变形之龙凤

写意山水：纳四时之精华，吸天地之灵气，大气磅礴，气韵生动；漱涤万物，牢笼百态；已非生活中的自然，乃源于自然，高于自然。人在欣赏时也要由生活自我、社会自我进入到精神自我，才能感到精神内涵，达到"天人合一"

作者：李可染

凝练、升华、以形传神，突显精神内涵的写意丹青

（本页线稿由笔者自绘自设）

## 1.1.3 形的功效性

### 1 形是有组织结构化的整体

没有结构，难以成形。物理世界中，各种物体均有自己的体与形。表现为内聚式样的称之为形。表现于外在表面的称之为象。形之为形，皆因各组成元素之间都以一定的关系相互结合成为一个整体，这种组合关系称为结构。结构是支撑物体的骨架。一片叶子有叶面与叶脉两部分，由叶脉支撑着叶片，共同构成一种形态。其中叶脉多呈枝状，分主次、粗细、长短，有聚合，有辐射，相互排列组合，很有秩序。设想一下，如果没有这种组合秩序，将会是什么样子？或者散乱不堪，或者是一堆乱麻。

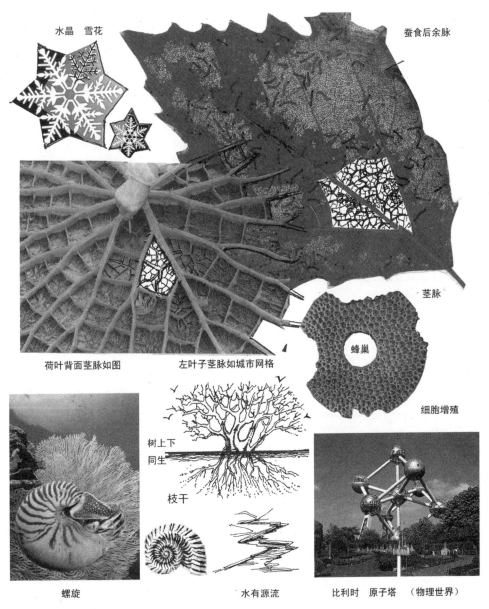

世间的一切物质（有机与无机）构以一定的结构，生长秩序、节奏在发展运动中，景观形态也应引以为鉴，仿效自然

（本页图片由罗梦潇提供，
线稿由笔者自绘自设）

**形的结构化示例**

结构＝结合＋组构　关联.　纽带.　骨骼.　根脉.　化合价.　组合关系.　依存之通义

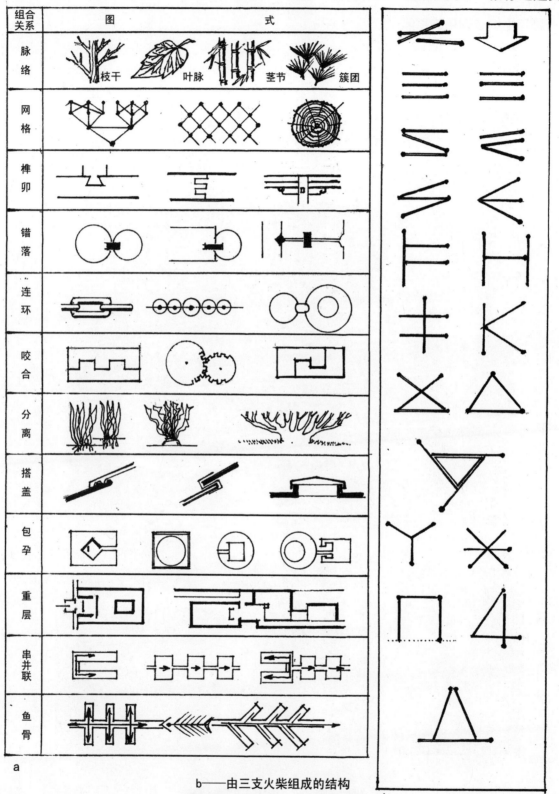

| 组合关系 | 图　　式 |
|---|---|
| 脉络 | 枝干　叶脉　茎节　簇团 |
| 网格 | |
| 榫卯 | |
| 错落 | |
| 连环 | |
| 咬合 | |
| 分离 | |
| 搭盖 | |
| 包孕 | |
| 重层 | |
| 串并联 | |
| 鱼骨 | |

a

b——由三支火柴组成的结构

**图形的组合关系——结构图形**

a——常见图形；

（本页线稿由笔者自绘自设）

## 2 表情性与表意性

首先要了解什么是意义？意，泛指心之所想：如计划、意料、意识、意想、意念、意向、意蕴、寓意、疑虑、立意、注意等；意义，则专指行为所体现的价值、旨趣、乐趣，有意味的付出，对社会的反馈、回报，理想的实现，对往事的记忆，对未来的憧憬与期待，自我的满足，精神的寄托，境界的展现……它是一种主观意识，是生活中的一种体验，是由人的本质进行自我观照产生的心理过程。所以，意义是人生中不可或缺的目标追求，生活的动力，生命的价值。

其次，意义相伴人的一生，渗透在生活中的每一细节之中，成为一种文化的内涵。正如 M·韦伯所说："人是寻求意义的动物"。克利弗德·吉尔茨（Geertz C）说："人类是为自身编织的意义之网束缚的动物"。意义是一种文化的表征。吉尔茨认为，"所谓文化，就是这样的网络"，"象征和意义的系统"；是"揭示意义的解释科学"，就是"具有意义的象征的秩序群"。人生活在由语言、文字、图式、肢体等符号和象征编织的意义网络世界之中。

含义，为我们打开认知的门户，人脑具有与生俱来的对万事求解的天性，尤其是以儿童最为突出。一种追求问题解答的张力，导致对意义的追踪，始终在探求是什么？为什么？做什么？

意义之于生活，如影随形，须臾不离左右。如生活中的柴、米、油、盐、酱、醋、茶；文化中的琴、棋、书、画、诗、歌、酒；职业角色中的工、农、商、学、兵、政、医等；都是衍生意义的温床和载体。"现实世界大多也是集体的语言习惯所限定的意义世界"。[①]

对于造型而言，"一切艺术形式的本质，都在于它们能够传达某种意义。任何形式都要传达出一种远远超出形式自身的意义"[②]。造型的目的，不是止于形式本身，而是在于传递更深层次的含意。庄子曾说"可以言论者，物之粗也；可以意致者，物之精也"；说明涵义比物象更加重要。所以，中国传统艺术理论，特别强调意象的积累（以往经验在头脑中的贮存）；在创作构思中重视立意与立象，强调"意在笔先"，"以意领形"；创作中讲究"意到笔随"，"意在笔端"，"下笔如有神"；反应在作品上则是重"写意"，重"意蕴"，将自己的理想、意志、文化修养、个人品格凝练于作品之中，表现一种气韵生动，吸天地之灵气，纳四时之精华，铸灵魂于形内，表境界于象外的恢弘气势。无论绘画、雕塑、诗词，还是建筑空间与实体，都蕴含着东方的神韵，都是传递意义，表达情感的符号。在建成环境中充满着时代的、地域的、民族的、宗教的、民俗的意义信息。特别是把建筑看成是综合的象征艺术，在建筑上贴满了吉祥如意、趋吉避凶、团圆美满、幸福安康的标签，用以表达生命的涵义。因而，建筑借助于雕刻、绘画、楹联、匾额、题字、题名，加上象征和隐喻，表现一种多义性的品格。曾有人做过实验，将原来的图文分解后重新组配时，竟有半数以上尚能自圆其说，说明人可以从不同角度赋予形式以意义。所以，欲达到形能尽意，必须在建筑与环境创造中，首先要了解人的需求、行为、心理、价值、自主意识，尽量贴近生活，使形象与人发生紧密的联系。如果不与人的日常生活相关联，它只是自在之形，丝毫不能引起人们的心理反应，也就没有意义可谈。

如上所述，意义既来自于生活，又赋予形象之中。那么，如何有效地发挥形的表意性，就是我们所要关注的焦点，怎样来强化形的意义内涵？

鉴于人是在自己的生活中直观自身，故一切须以人为本，按照：

**识别原则：** 建筑是以象征、隐喻、符号系统表达意义，非直观所能诠释的，故必须建立在约定俗成，可理解的前提下，否则难以达到预期效果。

**认同原则：** 建筑与环境，都要以符合乡土气息的地域性；符合民俗、语言、民风的民族性；符合文化心态、社会规范、伦理道德的文化性和符合时空观念、生活节奏、价值取向的时代性作为准则，产生认同感。

---

① 《文化人类学理论构架》，P248。
② 鲁道夫·阿恩海姆：《艺术与视知觉》，P74。

**参与原则:**意义属于一种生活和情感的体验,只有身临其境,体验其中,才能产生意义。所以,建筑与环境,要促进社会交往,提供参与活动的机遇。

**归属原则:**拉近主体与客体的心理距离,增强场所意识,形成"家"的观念。中国人素有认祖归宗,寻根觅祖,留恋故乡的习惯,故须唤醒自主意识,形成荣辱观,树立爱国爱家的核心价值观。

### 3  用于空间的限定

**空间限定:**采用围合的方法,从无限的自然空间中按活动的性质和活动的需要划分出有限的建筑空间。不同的活动内容,要求不同的限定方法和限定程度。

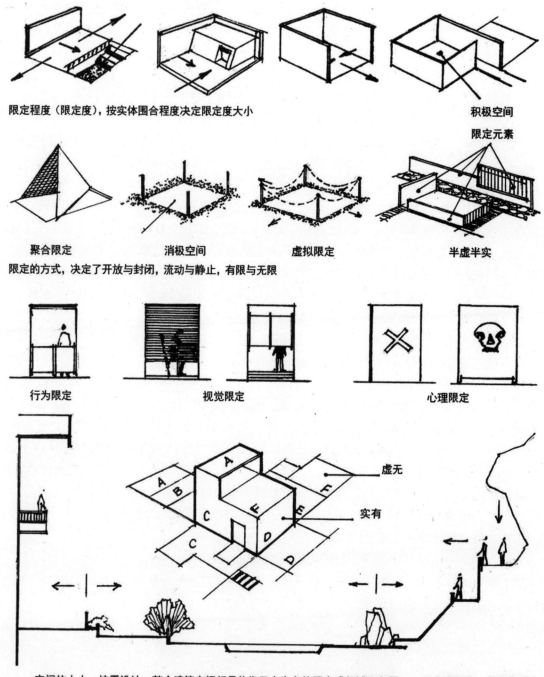

限定程度(限定度),按实体围合程度决定限定度大小

积极空间

限定元素

聚合限定　　　　消极空间　　　　虚拟限定　　　　半虚半实

限定的方式,决定了开放与封闭,流动与静止,有限与无限

行为限定　　　　　视觉限定　　　　　心理限定

虚无

实有

空间的大小,按需设计。整个建筑空间都是依靠无中生有的限定成领域和归属,一旦去除围合,它就会成为弥散的自然空间。所以,建筑空间是一种虚幻的。生成与消亡都是依靠人为的限定　　　　(作者自设自绘)

## 4　形的力感与动感

人们在观察外部形象时，总是由形体的外部轮廓向中心聚集，形成一个明确的视觉注意中心，在焦点位置上停驻，形成视点。但是，当外部形态存在一种不完全均衡情况时，这个视焦点并不静止于某一固定的点位，而多少有向某一方向转移的趋向，形成一种趋向性的运动感。这一现象在日常生活中经常会遇到，比如看到一个四边形，就有向两边运动的趋向；看到一个锐角的图形，总有向尖部聚焦的现象。究其原因，这是因为人在接受外部刺激时，其心理世界与物理世界存在着相互感应的关系。正如格式塔心理学所说的"异质同构"。

形式所产生的心理感应，在物理方面有冷暖、进退、大小、远近、上下、左右；在社会心理方面，有上天、入地、尊卑、崇高、轻渺、平和、亲近；在形式心理反应方面则有收与放、缩与扩、聚与散、刚与柔、均衡与抗衡以及雄、奇、险、秀、幽、旷、奥等视觉感受。其中，心理所产生的力感，与物理学中的力有相同的效应，皆有方向的趋势，强弱的差别，着落于某一部位，即方向、大小、着落点三要素。其力度感越强，引起的视觉张力越明显；趋向性越显著，则动感与动势越突出。一切形，均含有力的倾向，人在观赏时收到视场引力的诱导，将注意力投向形的某一部位，产生聚焦。所以在造型时，可以按力的原理进行形的组构。

对于运动而言，实际的运动总是以单位时间所产生的位移来评价的，可分为慢速、中速、高速以及等速、匀速、变速、加速的差异。但对于建筑与雕塑等空间艺术来说，除少数的因旋转、摇摆、老化以外，呈现出真实运动之外几乎均属静止的、没有真正的位移产生。然而，其动感、动势又在头脑中确实存在，其原因是因为"似动"在起作用，即"静物显动"。

似动，是指视觉感应中的一种趋向性运动和视觉的闪光融合。在现代生活中，我们所看到的电影、电视、动画、霓虹灯、影像、幻灯片，原本都是静止的画面，但当摄影与放映时均以 1/17 ~ 1/24 秒的间隔播放，由于人的视觉反应存在着视觉残留（视觉后像）。即当视线转移的瞬间，已经消逝的物象在头脑中还有瞬间虚影，所以可使两张静止的，而且有微差的画面融合为一种连续的影像，心理学称为闪光融合。从而形成一种动态的映像，即所谓的似动。

在当前，现代信息传媒与数字技术的高速发展，可以导演出千姿百态，绚丽多彩的似动影像，亦可将平面图形转化为了 3D 影像，使之更加立体化、形象化，趣味盎然，大大丰富了我们的视觉和情感的体验。在动势、动感图形的塑造中，可以应用触发词法，利用动的相关同义词：如摇、晃、移、滑、飘、摆……进行相应的形象设计。我们生活在一个万有引力的宇宙之中，万物都承受来自外部的重力、风力、引力、水力作用；内部则受生长力的作用。所以我们常用脑力、视力、听力、体力、智力、想象力、生命力、能力、气力、爆发力等名词来形容自身的能量。同样，在客观存在的物象中，也潜藏着力的内涵态势。

在形态构成中，我们可以通过景物的相互配置、结合关系、形体的态势、构图重心，引发视觉上的聚合、发散、游移、流动等趋向性运动，即可形成一种力的感应。

我们把力的概念引入造型艺术之中，主要是把力看成是"势"与"动"的基因。运动是一切有机生命体的重要体征，象征着永恒，使形态更富活力；同样，在静态中我们也追求一种动态的平衡、（均衡）稳定，富有内聚的力感和量感。

在中国传统的艺术理论中，很强调"气韵生动"，注重生命是在生生不息、热情涌动中体现的。造型设计中常常赋予形式以飞腾奔舞、飘洒自如的风韵，其中最有代表性的就是龙、凤、飞天、云纹。

| | | | |
|---|---|---|---|
| 静态平衡 | 视线倾移 | 侧向双分 | 延伸 |
| 重力稳定 | 锐角聚合 | 上扬 | 轻（左）与重（右） |
| 聚焦 | 向心竖向聚焦 | 抗衡 分离 | 右左 各自独立 |
| 重复·群化 | 图式 | 力的概念 | 扭曲 |
| 扭转 | 旋转 | 飘动 | 离析旋转 |
| 刚劲上冲 | 柔软 旋涡 | 呼应 | 飞腾 |

**力与形图解之一**

笔者自绘自设

38

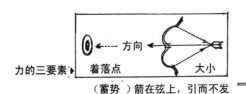

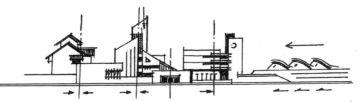

力的三要素 → 方向　着落点　大小

（蓄势）箭在弦上，引而不发

世间一切形，都生于宇宙间。都在各种力的作用下生存，因而一切形都有力的趋向。力，或均衡，或抗衡，或静力，或动力，都体现生长性，运动的趋向性，并表现一定的势态。力是内在的集聚潜能，势是外在的表现姿态

太极　阴阳　气旋　大气流行

离心力，旋转加速

纽约牛　全身皆力

貔貅造型

（中国创造之一）

暴发力——眼圆瞪，口大开，头回仰，身后躬，腿前蹬后躬　尾出挑

整体造型：丰满、圆实、凶猛、自信，内在有机生长活力

奔流直泄，势不可挡（动势）

泾渭分明雕像

有蓄势待发之力感，然而固着于基座上不如下图之舒展，力度感减弱

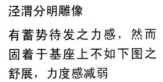

形似浮云，飘然欲升——漂浮力

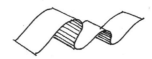

"尺蠖之屈　以求信也"

蠕动的虫子，以躬曲的身躯，后脚着地，用力前伸，形成跃动

名为《沙漠舞娘》的摄影作品

描述了大动边界无形的特性，瞬息万变、形无踪迹，动感十足

生长之力：一切有机生命体皆有旺盛的生命活力

日本关岛南太平洋公园雕像

两翼由地面隆起，上羽腾空欲飞

**形、力、动、势关系**

（本页线稿为笔者自绘）

真动表现为位移。借助风力、气压、水流形成运动。动态景观具有变化之动感，增加魅力。

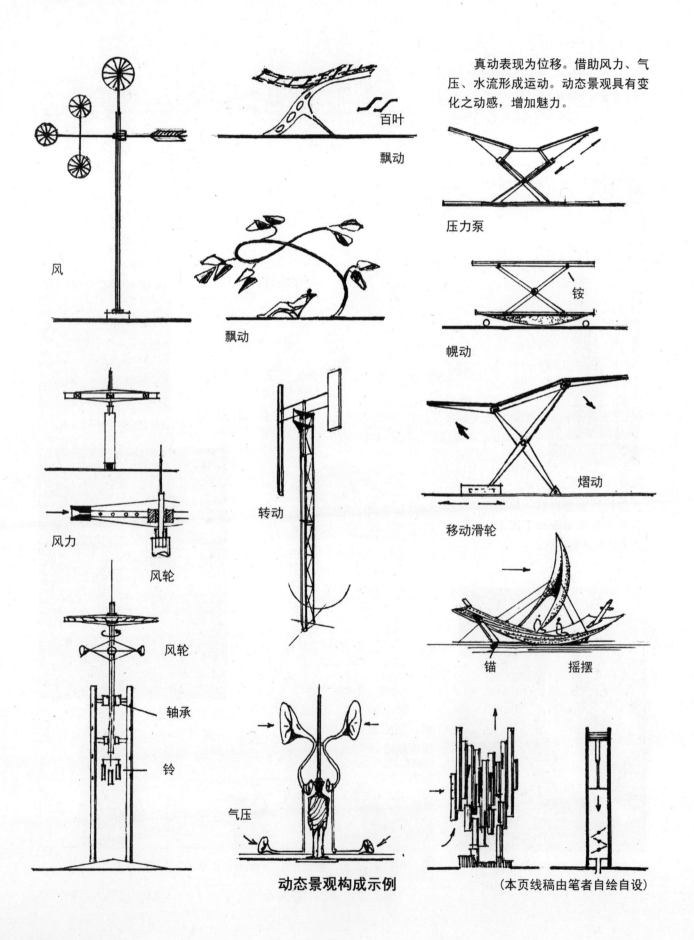

风

飘动

百叶

飘动

压力泵

铵

幌动

风力

风轮

风轮

转动

熠动

移动滑轮

轴承

铃

气压

锚　摇摆

**动态景观构成示例**

（本页线稿由笔者自绘自设）

## 5　形对行为的影响

形具有行为的指向、诱导、转换、期待、迟疑、选择、滞留、回避、却步、恐惧、通畅、陌生、惊险、艰难、愉快等心理暗示和明示。因而，一定的空间形态，影响着人们的判别、选择、方向、速度、疲劳感和心态。

作为滞留的空间，应强调场效应，提供依靠设施，创造逗留的活动内容和场所，提供交往的契机和条件，以期达到流连忘返的效果；作为平稳流动的空间，应具有明确的方向感，沿线性展开的路径，或直或曲，按序列展开，形成一定的节奏性韵律。人们却步心理往往发生在悬崖峭壁、河流湍急、坡度太大、通路狭窄而幽暗、三岔路口、空间杂乱、车辆穿梭、索桥栈道、流石翻落等地段。特别是在疲劳的情况下，"宁走十里平，不爬半里坡"的心态十分明显。快意、轻松的心态，是指走在熟路、到处有景、能体现个人价值、引起历史回忆、可以获得较多信息、整洁明亮、夏有绿阴、冬有阳光、充满清新自然氛围的空间。对于心情受堵、环境脏乱、气味异常、地势险峻、无谓的环绕迂回、景物单调、路径生疏、存在安全隐患、人车混杂、堵车严重的地段，人们会产生逃避、绕路而行的心理。形，构成路径和场所，形成城市与单位空间。不同的组合形式与结构布局，会产生不同的行为导向和路径选择。

## 6　形的信息涵纳

首先我们应理解世间万物都是信息的载体，都具有发射信息的能力，即所谓的信源。故在心理学中，把客体与主体的关系看做是刺激与反应，诱因与动因，外因与内因的关系。实际上，我们对外界物象的认知不仅依靠眼、耳、鼻、舌、皮肤五种器官去接受外界物象的信息刺激，并把这些接收到的信号传递给大脑，即所谓的信道（传送通道）；还要经过大脑的辨认、解读、确认，形成感觉与知觉，即所谓的信宿（信息诠释的归宿）。用哲学术语说，就是存在决定意识。

其次，客观的景物，不仅向我们传递不同的信息，如是什么？大小？方位？性能？质地？用途？等具体的信息；同时也含有我们瞬间无法辨认的，含有不确定因素的信息需要我们进行思考、解读、确认。对象中所含有的不确定性因素经过解读之后，我们终于明了了外物的属性，形成理解。在信息论中，把我们所能理解的不确定性因素之多少称之为信息量。也就是说，物象所含不确定性因素之多少说明所含信息量之高低。对于十分确定的物象，一看便知，也就不含任何新的信息，我们无须辨认。反之，物象所含不确定性太多，也会产生信道超载和解读混乱，即通常所说的"目不暇接"、"眼花缭乱"、"晕头转向"等学术名词则称为视觉噪声。正如老子所说"五色令人目盲，五音令人耳聋；五味令人口爽……"清楚地指明了多必杂乱，多必迷惑的道理。所以要适度、适宜。近代画家艺术大师齐白石先生也曾说过"太像则俗，太不像则假"和艺术创作要在"似与不似"之间回旋的教诲。

那么，如何增强形象的有效信息含量呢？首先要讲的是不定性，其次是不完形，以及新、奇、异等特殊形象。

不定性。是指涵义、形态、边界、界面、方向、大小等处于游移状态，界域模糊，模棱两可，亦是亦非……表现一种趋向性运动，不能准确定义、定性和定位的事物。物象存在不定性，促使我们去选择、思考、探寻，动用身体器官和大脑去参与解读，以及影响行动的选择。所以，在形态构成中，可以适当地运用不定性原理增加空间的融合、渗透、包容、交错、叠合、镶嵌的多变性。提高观赏时参与性和趣味性。在中国传统建筑空间中这类图像不乏实例。

不完形。是指在现代构图中，出现许多片断、残缺、不完整的图像。当人们观看这些图像时，因为它超越普通常见的形态，不能一目了然，必然引起我们再看再想，并用自己的头脑已经形成的思维定式和知觉恒常性，去进行补充和定位。这种心理状态的形成，我们可以用"意义追踪"、"想象参与"、"浮想联翩"来形容。格式塔心理学派则把它说成是，由于不定形可以引起头脑中产生向完形归位的趋向性运动（倾向力所使），而产生一种向完形归位的"完形压强"，即用认知想象去弥补。事实证明，建筑与环境艺术创造中，如能恰当地利用不完形这一技巧，可以取得很好的艺术效果。当然，同时也要注意适量、适度，多用则滥。

　　超常之形。一般人都存在"求新"、"求变"、"求异"、"求精"的心理。所谓"意料之外，情理之中"，"精、气、神"，都是指在"纵观其势，细察气质"中来感受形之艺术魅力。所以对"出神入化"、"巧妙精细"、"神采奕奕"、"炯炯有神"、"惟妙惟肖"之形，总会留住人们的眼球，仔细品味，从中获得艺术的享受，情绪与情感受到感染，从中发现更多的内涵。

## 信息涵纳

　　信息，是获取知识、解读未知、调动情趣、确定决策的认知源泉，对景观设计尤为重要。那么，信息来自何方？熟视无睹、似曾相识、司空见惯、平庸呆板之形，肯定是毫无信息可谈；而能够引起人们产生"出类拔萃"、"妙趣横生"、"百看不厌"、"耐人寻味"、"变幻莫测"、"意味深长"、"形简意赅"、"脱俗超群"、"不同凡响"……之形，必然信息多多。

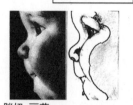

胖妞 丽莎
（英）彼得.N.琼斯摄 妙趣横生

憨态可掬 耐人寻味

动物涂鸦 似与不似

完全成熟的高丽参
惟妙惟肖

家马与斑马混合种——双倍信息

一图多兽 图底混乱

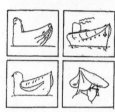

柯布西耶 朗香教堂
手 帽子

漏透瘦绉现代变形 一形多态

　　本图仅为个例，信息涵纳所有形中，增强的途径很多。书中所有较优秀的实例都是多信息的载体。

 人头 / 马

 狮子 / 向日葵 吹萨克斯者 / 吸烟人 熊 / 瓶

 弹奏 / 鱼

 牛仔 / 女人

 形的不确定性（接受者不同，解读不同）猴 / 桃

 惠安女 / 瓶

 藤叶 / 人头

 海马 / 人

 竹叶 / 女人 古装女 / 鱼

 夹子 拥抱 钳子

利用两可图原理绘制的不确定性

 鸡

 带铃的狗

 羊

 虎

 兔

  鼠

利用不完形增强信息量，调动参与

**形的信息涵纳** （本页线稿为笔者自绘自设）

## 7　多元与共生

当今社会正处于由"传统与现代"、"高雅与通俗"、"世界与民族"、"艺术加工与原生态"、交叉渗透、共生共存的多元文化转型期。

就传统而言，中国文艺理论历来重视以写意为主，强调"形神兼备"，并认为神高于形，曾提出"形乃生之舍"，"神乃形之君"的主张，把形看作是"生"和"神"的载体。"形"除本体所包含的形、色、体、表等特征之外，还肩负着承载"生生不息"、"变化莫测"、"出神入化"的任务。同时认为形式是很重要的，必须做到"形具而神生"，否则"形谢而神灭"。在绘画、诗词、雕刻、建筑、装饰、园林艺术中都十分强调以写意为主。认为作品中如果缺少神韵，就是下品。只要有神，则不求形的逼真，所谓"谨毛失兽"。如果过分追求形之相似，反而影响神之内蕴。

究竟神为何物？并无明确的质与量的界定，可以模糊地认为是指意蕴、精神、气概、变幻莫测、超群、不落俗套、气势磅礴、大气流行、气韵生动等等。

新中国成立之后，对于"形似"与"神似"也曾展开过热烈的讨论。

如何才能达到"神"呢？苏东坡曾说过"读万卷书，行万里路"，"读书破万卷下笔如有神"，要求作者要有深厚的文化底蕴和业务素养，方能运用自如。刘勰在《文心雕龙·神思篇》中也强调"文之思也，其神远矣"，"思理之妙，神与物游"，"神居胸臆，而志气统其关键"。强调构思要奇妙，方能呈现风云变幻之景象，使得精神能与外物相交接。认为"神"自"思"中来，要人去构思和创造。

进入 21 世纪之后，艺术已从艺术家的殿堂走向了大众普及，更明显地体现雅俗共赏。高雅的因曲高和寡，能享受的人群不多。通俗的流行的却受到公众的追捧。所以，应运而生的是人人都能感受和体味的行为艺术和普及艺术。包括流行歌曲在内，裸露的、直白的、不加包装的艺术形式大行其道，与追求传统写意的高雅艺术形成明显的对比。有些形式并直接受到商业大潮的冲击，如人体模特直接进入汽车广告，电影电视业介入广告宣传、街头涂鸦、橱窗展示、汽车广告、人体彩绘、文化衫，都成为这类艺术的载体，几乎辐射到整个生活领域。其商业化、娱乐化倾向十分突出，有些竟是低俗化。越来越多的由数字形成的动漫、虚拟影像、3D 图形也纷纷出台，也可以说当前的形式五花八门，八仙过海各显其能。面对这种局面，想一家独荣是极不现实的，至于如何评价这种人间万象，也很难有统一标准，简单地肯定与否定都不恰当。但从艺术创作角度，仍须坚持以健康的、有益于公众向上进取的、促进社会和谐的、符合人性的、满足精神愉悦及提升生活品质的为主要价值取向。

美育的教育是必要的，坚持艺术创作的主流方向有利于整体提升大众的审美素质，也是促进精神文明建设必不可少的责任。

在建筑与环境艺术领域，应以多样性、多元性来满足公众的多层次性、多选择的需要。

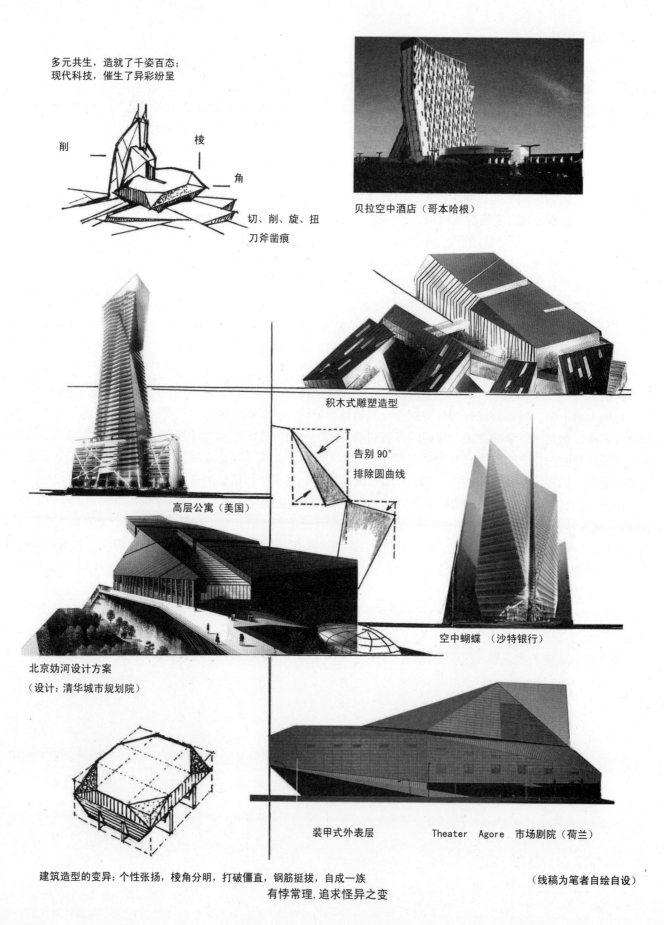

多元共生，造就了千姿百态；
现代科技，催生了异彩纷呈

削　　棱
　　　角
切、削、旋、扭
刀斧凿痕

贝拉空中酒店（哥本哈根）

积木式雕塑造型

高层公寓（美国）

告别90°
排除圆曲线

空中蝴蝶 （沙特银行）

北京妫河设计方案
（设计：清华城市规划院）

装甲式外表层　　　Theater Agore 市场剧院（荷兰）

建筑造型的变异：个性张扬，棱角分明，打破僵直，钢筋挺拔，自成一族
有悖常理，追求怪异之变

（线稿为笔者自绘自设）

## 8  形的多层次性

形、景、境、情的不同层次及其相对效应

艺术的创造与艺术的欣赏，既是不同主体的相互交流与转化，也是主体与客体的相互交流与转化。不论主体的人和客体的形象，都表现出不同的层次，并且是以对应的原则发生互动关系。例如文化层次不同的人，欣赏水平也不同，艺术造型的内涵不同引起的情感反映也不同。为做对比性的说明，列表如下：

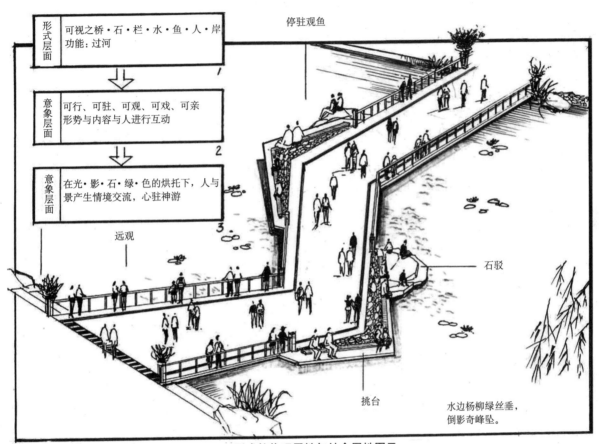

形式的物理属性与社会属性图示

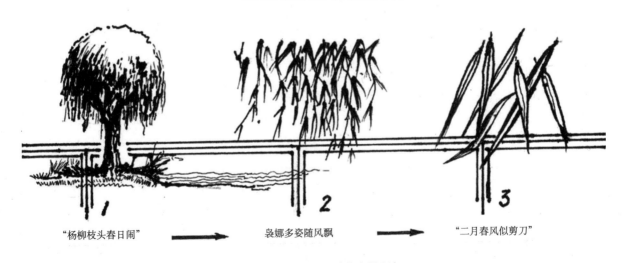

"杨柳枝头春日闹"　　　　　袅娜多姿随风飘　　　　　"二月春风似剪刀"

一草一木栖神明（作者绘制）

## 形的层次性

| | | 第一层级 | 第二层级 | 第三层级 | 注 |
|---|---|---|---|---|---|
| 形的承载 | | 形自身，外在层面：形、象、器 | 形的内涵（意象层面）：形之妙与能，与风韵相连 | 形的意蕴层面：形之精、气、神（意境、情感） | "形而上者谓之道，形而下者谓之器" |
| 形所引发的情感效应 | | 认知前导、情绪激活——前向情感 | 认知过渡，审美泛化——后随情感 | 情感参与，移情于景——移入情感 | 艺术与情感的符号 |
| 形象的艺术表达 | | 写实：物象的真实写照，典型概括 | 再现：抽象、变形、在原型基础上加工 | 表现的与写意的：脱颖而出，进入创新 | 虽皆以原型为参照，但表现完全不同 |
| 对自然和生活原型的转化 | | 模拟自然，仿照自然，缩微与扩展 | 虽为人造，宛自天成，象征，人格化的自然 | 心灵感悟，隐喻、想象，冥想自然，像外之象，话外之音。禅念、顿悟等 | 源于生活，高于生活 |
| 意境的三种层次 | | 始境（情胜）：心灵对客体的直观反应（初始印象、激情） | 又境（气胜）：生命价值的体现，直反自身，"生气远出"渐入佳境 | 终境（格胜）：人格、情感、品德的映射，境由心生 | 身与物接境生，身与境接情生 |
| 艺术创造的理念构成 | | 微观上，对于景点的元素提出，形态构成，景观组构 | 中观上，对于景区的结构、系统、序列构成，以综合环境艺术观为依托 | 宏观上，以大的生命观、生态系统、时空观、自然观、价值观、科学观为战略决策 | 任何艺术创造皆是创造者的理想、意志、性格、文化素养、价值取向的外化 |
| 人对环境艺术的体验 | | 直接与形象接触，形成刺激与反映 | 目之所瞩、身之所及、心之所入，产生欣赏、品味，感官的体验 | 意之所游，畅神而愉悦，情感的体验，尽兴、尽情，目力虽穷，情脉不断，意犹未尽 | 目入不如身入，身入不如心入；心入不如神入和情入；激动不如感动 |
| 普通人对艺术欣赏的三层次 | | 本能地对内容的直观反应：是什么？像什么 | 意义：与日常生活相联系，相互对照、联想，产生好奇和意义追踪，进行解读 | 形成构成的内在逻辑，知者甚少，只有专业人士来解读 | 内容人人皆知；意义少数人可以理解；形式对大多数人皆是个谜 |
| 人格与社会角色对艺术欣赏的影响 | 弗洛伊德① | 原我：（伊德：欲我、本我）受快乐原则支配，下意识，未经变化，原型 | 自我：受现实支配，个人欲望满足。及时行乐，不虚掩；不受社会约束，即满足又无痛苦 | 超我：文化自我，受至善原则支配，道德化的自我 | 三种人格（主体）与客体（自然与环境艺术的载体）交往，因文化素养不同，感受也不同 |
| | 威廉·詹姆斯② | 物质自我：自身衣着，家族所有的自豪感，自卑等；自我有追求，欲望，爱家 | 社会自我：对自己名誉、地位、亲朋、财产估计；引人注意，讨好别人，追求爱情、名誉、竞争、有野心 | 精神自我：自己智慧、才能、价值、道德优越感、自卑感；有信仰、良心、道德、宗教上的追求 | |

---

① 西格蒙德·弗洛伊德（Sigmund Freud，1856.5.6～1939.9.23），犹太人，奥地利精神病医生及精神分析学家、精神分析学派的创始人。

② 威廉·詹姆斯（William James，1842～1910），美国本土第一位哲学家和心理学家，也是教育学家，实用主义的倡导者。美国机能主义心理学派创始人之一，也是美国最早的实验心理学家之一。西格蒙德·弗洛伊德（Sigmund Freud，1856.5.6～1939.9.23），犹太人，奥地利精神病医生及精神分析学家、精神分析学派的创始人。

# 1.1.4　形的创造

形是一切事物在时空中存在、并得以被感知的载体，所谓"生之具也"、"生之舍也"。事实上，在进行艺术创造的过程中，我们并没有创造出任何新的物质，而只是改变了物质在时间、空间中的存在形式。因此，形式是艺术创作的母题，既是创作的原点，也是创作的终点。

## 1　艺术创造了什么

建筑、雕塑、绘画、景观小品、诗歌、音乐、舞蹈、书法……都属于一种用形象表达的艺术。不论是时间的艺术（文学、音乐），或是空间的艺术（建筑、雕塑），或是以肢体和语言表达的艺术（舞蹈、戏剧、相声），均属一种存在的形式，是用形象来传递意义与情感的。所以，艺术与其他物理的、化学的、生物的物质一样，人们能够创造的不是物质本身，而是它的存在形式，这是物质不灭和能量守恒定律决定的。就建筑与环境艺术而言，也只能运用色彩、线条、建筑材料，通过一定的组合方法，运用适当的比例、尺度，合理地配置，形成空间、形体、场所的存在形式。

## 2　形式是艺术创作的母题

作为艺术的形式，并非一般的存在形式，它是经过加工、提炼、更加典型化的形式，而且是蕴涵着形自身以外的内容、意义、意境、意蕴、精神、情感的形式。它是创作者将自己的意志、理念、情感、文化积淀、技巧注入其中，物化了的形象。在艺术形式中，映射创作者自身的素质，是一种生命意义和情感的再现。

## 3　艺术创作是自由想象的发挥

艺术创作不同于科学创作，不按逻辑的推理判断、假定假设、实验求证、科学检测和有目标导向的控制性想象来完成的；而是凭借自由想象的形象思维来展开创作的。但是，自由想象并非漫无边际的遐想。因为艺术是反映生活的艺术，源于生活，高于生活，而生活又是以社会为依托的。所以艺术创作中的自由想象同样要遵循生活逻辑和社会逻辑，一旦脱离生活就会失去艺术的生命力，成为没有灵魂的躯壳，无源之水，无本之木。犹如平常所说的"行尸走肉，呆若木鸡"。

同样还应看到，无论联想或想象，科学想象或艺术想象，都需要表象参与和原型启发。所以，要想自由想象力能够充分发挥，必须注意文化的积淀和意象积累。艺术创作虽然不依靠逻辑思维，是以直觉的创作冲动来体现的，但是也基于文化素养和思维的开发，以及平时的逻辑思维作铺垫，也需要分析与综合的能力作基础。

## 4　艺术创造需要激情与灵感

激情、情感对于创造者和欣赏者都十分重要，这方面问题请参考第三篇相关论述。

什么是灵感？灵感是一种无须经过繁复的推理判断而由直觉产生的一种特殊心理过程，不按一定的思考程序，没有先兆，不期然而然，不分时间与场合，不受个人主观意愿所左右，在百思不得其解时，受到偶然事件的启发，突然间擦出智慧的火花，形成顿时的感悟。因此说，灵感不是一时的心血来潮和情感冲动；也不是什么都可以"眉头一皱，计上心来"；也不是人人都能像牛顿那样，一看到苹果落地就发现了万有引力。国内外的经验表明，灵感远离思想懒惰的人，只光顾那些有恒心、有毅力、孜孜以求、竭思百虑、有恒定目标追求的人。当然，灵感也与个人的天赋有一定的关系。但是灵感总是以九分勤奋和一分天赋构成的，所谓十月怀胎，一朝分娩。值得注意的是，灵感虽然是在长期耕耘的基础上及认真思考的基础上产生的，却往往不是在头脑绷得太紧的时候出现的，正如刘勰在《文心雕龙物色》篇中所说"或卑微而造极，或精思愈疏"，越紧张反而会阻塞了思路，轻松反而调动潜能。所以，在日常的座谈中、聊天中、散步中、观景中、餐桌上、

　　思想放松，兴奋中心转移到自由释放时，反而容易受到某种启发，在外界传媒中，构架一种求解与解答的桥梁。因此，"文武之道，一张一弛"，既需紧张的思索，又需必要的放松。

　　灵感一旦出现，异常兴奋，就会享受到"天道酬勤"的意外奖赏。所以，要想有灵感，则要多思，要专注，要对实践的任务有浓厚兴趣，有集注攻关的目标，注意生活观察，所谓"处处留心皆学问"。艺术灵感，虽属形象思维，也必须来自于生活，依靠手脑合一来实现，要善于养脑、用脑，根据自己的体验，形成不断的跨越。

　　艺术的生命旨在创造！
　　创造，不在于是否产生世上从来没有的物质，而在于物质的存在形式。形无定式，变化万千，永无止境。
　　正如世界上没有绝对相同的树叶与面孔一般，只要独创就没有雷同。雷同皆产生于抄袭模仿。
　　世界需要创造！而且存在创造的可能性。

生活中的形：羽翼丰满，肌体健全　　　艺术中写实之形：典型、概括、提神　　　艺术中写意之形：夸张、特写、传神

　　创造，首先需要有激情，有理想，有目标，有追求，才有动力、方向、兴趣和毅力；同时还要有开阔的思维，既敢想、会想；还要有聚合、收敛。思维在分析的基础上，能找出主要矛盾和矛盾主要方面，进行结合，确定主攻方向与策略，找准切入点。即所谓"动力、扩力、结力"三者缺一不可。

在原型基础上经：想象、嫁接、合成、幻化、臆想、超越现实虚幻神化之形

单一通行的桥　　　　　景观　　　　双层可停留　　　风雨桥，交往性

　　本页特以图例说明：

连接——理念的升华

连接两岸风光与建筑；
连接通行路径和交往场所；
连接建筑物与构筑物的分野；
连接情侣约会和休憩观赏

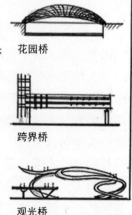

花园桥

它类似于风雨桥，但又是现代和屋桥一体的造型。纳光、避风、开敞、形态各异，并不缺人性的关怀

跨界桥

观光桥

万变不离其宗，形变质不变；按有中生无，无中生有为规律变化

**艺术创造举例**　　　　　　　　　　　　（本页线稿为笔者自绘自设）

**从汉代画像砖看古代关于形的创造——超现实的自由想象、形神兼备、优势重组——夸张变形、活灵活现、肌肉丰满、线条流畅、寓意深邃、构图完整、超现实的大写意——**

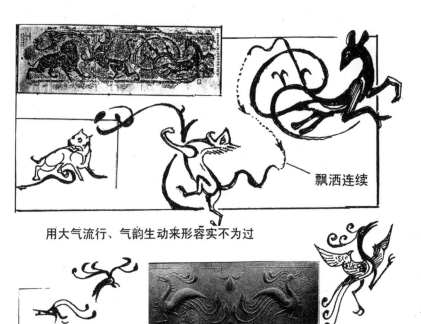

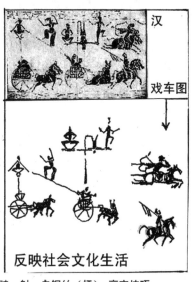

汉

戏车图

反映社会文化生活

骑、射、走钢丝（杆）、高空技巧、平衡极具戏剧色彩

用大气流行、气韵生动来形容实不为过

飘洒连续

构图　既对称又反衬互逆

飘然欲飞、奔腾跳跃、动感十足，具有坚实的量感效应（内聚力），以及流畅的曲线组合，构图匀称，潇洒自如

西汉　朱雀空心砖、玄武纹空心砖

龟昂头阔步，蛇缠绕龟身，龟口衔水草蜿蜒飘逸，全都在动物与植物相互组配

2001年四川成都金沙遗址出土金饰"金沙太阳神鸟"——光明、包容、循环、永生、凤凰浴火重生

造型优美，线条简练

神形兼备

南阳汉画像馆镇馆之宝　天禄、辟邪、矫健、昂挺、怒目圆睁、凶猛、彪悍

汉瓦当的朱雀、玄武、青龙、白虎系代表四兽、四方、四神，可谓形的四大发明。纳天地之精华，吸四时之灵气，与此相类似的麒麟、龙、凤、貔貅、飞天、金蝉等也是极富想象力的创造，将人带入梦幻世界。南阳汉画像馆中展示的汉画像，令人叹为观止。吴冠中先生参观后说："我简直要跪在汉代先民的面前了"

**形的创造**

（本页线稿为笔者自绘自设）

## 5　建筑创作浅谈

建筑创作是一项艰苦复杂的过程，是一种创新型劳动。建筑究竟创造了什么？

是一个承载人的活动的躯壳，像容器一样把人装入其中，作茧自缚，还是：

一种生命意义的表象；

一个自我关照，自我实现的人生副本；

一个具有一定场所精神的行为场所；

一个可以再生和永续发展的自由天地；

一个融入自然，群体共享的开放空间；

一个充满人性，承载情感的人生舞台。

美国环境大师，哈普林曾说过："我们所作的旨在寻求两个问题：一是何者是人类与环境之间共栖共生的根本；二是人类如何才能达到这种共栖共生关系呢？我们希望能和居住者共同设计出一个以生物学和人类感性为基础的生态体系。因此环境实际的中心是人。"

由此可见，建筑不是孤立存在物。它是文化、生态、自然、人性、艺术、政治、经济、技术的综合体。我们不能满足于被动构思（建筑创作表一）完成的成果。一般性的设计构思只能产生"答卷式"、"追风式"、"模仿式"、"拼贴式"、"快餐式"、"唯业主和领导是从"、"程式化"、"雷同化"、"按图索骥式"和"复颂他人之描述"的平淡之作。而精心地用脑去思考，用脚去考察，用手来绘制，力求注入新的活力！

**什么是创新呢？**

虽缘于已有，但无人所做、所为、所述，又符合发展趋势的为新；突破传统定式，脱颖而出谓之新；具有惟一性、原生性、是谓新；新是独创性产生的结果。然而独创性却与任意性并非一母所生，而是异类。黑格尔在美学第一卷中说："独创性应该特别和偶然幻想的任意性分别开来。人们通常认为独创性只产生稀奇古怪的东西，只是艺术家所特有的而没有任何人能了解的东西。如果这样，独创性就只是一种很坏的个别特性。"

出其类，拔其萃，能从这一类进入到这一个，个性突出谓之新。

意料之外，情理之中是谓新，因为它既有变化有不悖常理，"规矩备具，而能出于规矩之外；变化不测，而亦不背于规矩也"（吕本中《夏均文集序》）。

韩愈说："惟陈言之务去"，推陈才能出新，不是老调重弹，仿造复制。

谈论新，并不是排斥传统的继承，不是无源之水，无本之木，而是出自于"根"、"元"、"宗"的本体之上，生发的新枝绿叶。

要若有新意，必立足于"创"。创要有胆量、有识、有勇、有谋。借助中国的元气论，"气"是支配一切的精神物质，笔者认为建筑创作应该是：

激愤不已，豪情满怀（创作激情）——锐气；

文化积淀，根基深厚（意象积累）——底气；

去伪存真，抓纲铸魂（价值理念）——大气；

推陈出新，永葆活力（创新意识）——生气；

大处着眼，小处入手（方法策略）——匠气；

触类旁通，借题发挥（创作灵感）——灵气；

求新求变，敢为人先（胆识理想）——勇气。

总之，建筑创作，是一种科学、哲学、艺术的综合，在情与理双轨运行，逻辑思维与形象思维并用，理性与浪漫交织，技术与艺术相融合，人、自然、环境、建筑相统一的大系统工程，需要终生接受再教育的艰苦劳动,六根与六识全力相配。既要借助于原型启发和扩展思维(建筑创作表二),更要依据科学地分析和综合,建立明晰的概念(建筑创作表二续)和确立正确的理念。

**建筑创作表一**(作者自设自绘)

### 被动构思

快速进入角色　被动是指不以建筑师主观意志为转移,从属于四邻环境的城市公用设施、人车流走向、场地条件、自然气候、朝向、规范等作为设计依据必须遵守的内容。人人必须,没有例外,可参照:

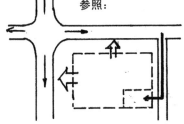

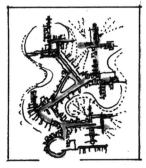

根据区位确定:主入口、主要景观面、次要景观面、主人流与客流、车流与货流、内向组合与外向组合。建筑朝向,分区等

人车分流,组织步行环境,确定景观轴(带)道路和绿化系统,进行功能分区

景观系统的点、线、面

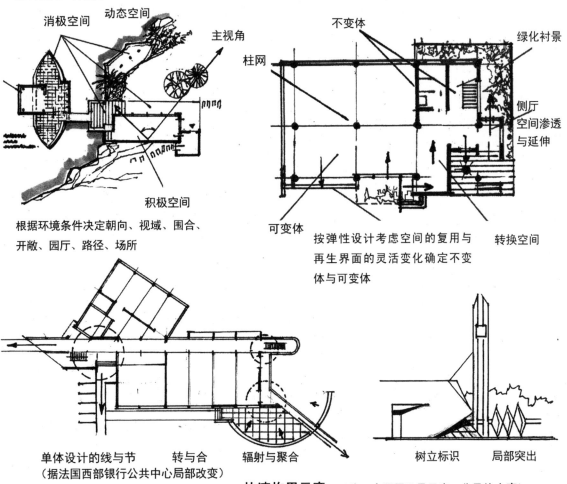

根据环境条件决定朝向、视域、围合、开敞、园厅、路径、场所

按弹性设计考虑空间的复用与再生界面的灵活变化确定不变体与可变体

单体设计的线与节　　转与合　　辐射与聚合

(据法国西部银行公共中心局部改变)

树立标识　　局部突出

(作者自设自绘)　**快速构思示意**　(注:本页图只是示意,非具体方案)

**建筑创作表二**（作者自设自绘）

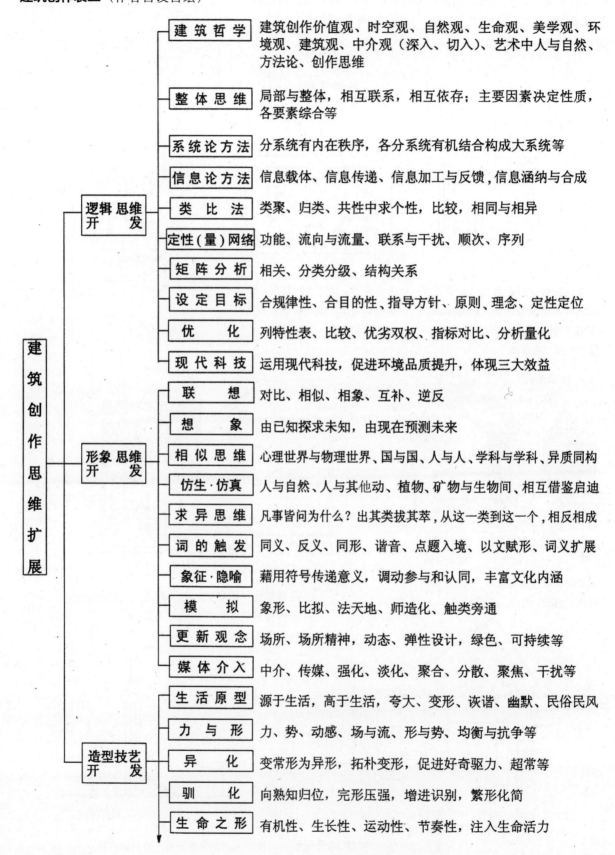

| | | |
|---|---|---|
| **建筑哲学** | 建筑创作价值观、时空观、自然观、生命观、美学观、环境观、建筑观、中介观（深入、切入）、艺术中人与自然、方法论、创作思维 | |
| **整体思维** | 局部与整体，相互联系，相互依存；主要因素决定性质，各要素综合等 | |
| **系统论方法** | 分系统有内在秩序，各分系统有机结合构成大系统等 | |
| **信息论方法** | 信息载体、信息传递、信息加工与反馈，信息涵纳与合成 | |
| **类 比 法** | 类聚、归类、共性中求个性，比较，相同与相异 | |
| **定性（量）网络** | 功能、流向与流量、联系与干扰、顺次、序列 | |
| **矩阵分析** | 相关、分类分级、结构关系 | |
| **设定目标** | 合规律性、合目的性、指导方针、原则、理念、定性定位 | |
| **优 化** | 列特性表、比较、优劣双权、指标对比、分析量化 | |
| **现代科技** | 运用现代科技，促进环境品质提升，体现三大效益 | |
| **联 想** | 对比、相似、相象、互补、逆反 | |
| **想 象** | 由已知探求未知，由现在预测未来 | |
| **相似思维** | 心理世界与物理世界、国与国、人与人、学科与学科、异质同构 | |
| **仿生·仿真** | 人与自然、人与其他动、植物、矿物与生物间、相互借鉴启迪 | |
| **求异思维** | 凡事皆问为什么？出其类拔其萃，从这一类到这一个，相反相成 | |
| **词的触发** | 同义、反义、同形、谐音、点题入境、以文赋形、词义扩展 | |
| **象征·隐喻** | 藉用符号传递意义，调动参与和认同，丰富文化内涵 | |
| **模 拟** | 象形、比拟、法天地、师造化、触类旁通 | |
| **更新观念** | 场所、场所精神，动态、弹性设计，绿色、可持续等 | |
| **媒体介入** | 中介、传媒、强化、淡化、聚合、分散、聚焦、干扰等 | |
| **生活原型** | 源于生活，高于生活，夸大、变形、诙谐、幽默、民俗民风 | |
| **力与形** | 力、势、动感、场与流、形与势、均衡与抗争等 | |
| **异 化** | 变常形为异形，拓扑变形，促进好奇驱力、超常等 | |
| **驯 化** | 向熟知归位，完形压强，增进识别，繁形化简 | |
| **生命之形** | 有机性、生长性、运动性、节奏性，注入生命活力 | |

建筑创作思维扩展 — 逻辑思维开发 / 形象思维开发 / 造型技艺开发

**建筑创作表二续**（作者自设自绘）

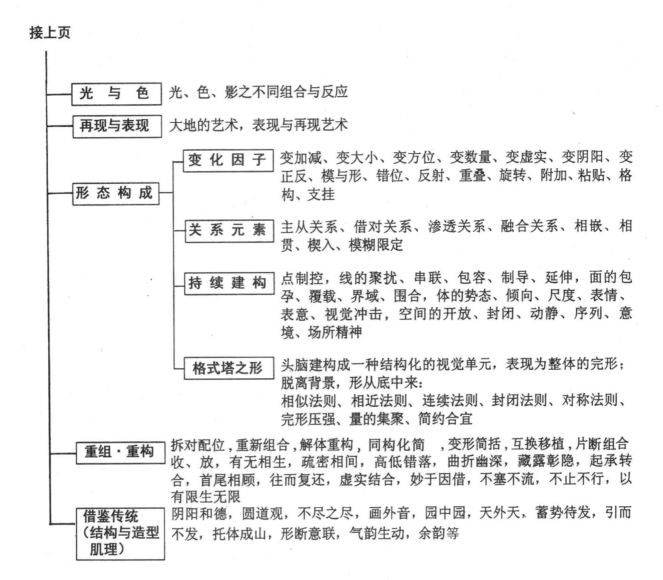

接上页

| 光 与 色 | 光、色、影之不同组合与反应 |

| 再现与表现 | 大地的艺术，表现与再现艺术 |

形 态 构 成
- 变 化 因 子：变加减、变大小、变方位、变数量、变虚实、变阴阳、变正反、模与形、错位、反射、重叠、旋转、附加、粘贴、格构、支挂
- 关 系 元 素：主从关系、借对关系、渗透关系、融合关系、相嵌、相贯、楔入、模糊限定
- 持 续 建 构：点制控，线的聚扰、串联、包容、制导、延伸，面的包孕、覆载、界域、围合，体的势态、倾向、尺度、表情、表意、视觉冲击，空间的开放、封闭、动静、序列、意境、场所精神
- 格式塔之形：头脑建构成一种结构化的视觉单元，表现为整体的完形；脱离背景，形从底中来：相似法则、相近法则、连续法则、封闭法则、对称法则、完形压强、量的集聚、简约合宜

重组·重构：拆对配位，重新组合，解体重构，同构化简，变形简括，互换移植，片断组合收、放，有无相生，疏密相间，高低错落，曲折幽深，藏露彰隐，起承转合，首尾相顾，往而复还，虚实结合，妙于因借，不塞不流，不止不行，以有限生无限

借鉴传统（结构与造型肌理）：阴阳和德，圆道观，不尽之尽，画外音，园中园，天外天，蓄势待发，引而不发，托体成山，形断意联，气韵生动，余韵等

　　事实上，建筑因所处的时空条件、环境、性质、规模、尺度、朝向、功能、结构、材料、质地、技术、艺术等元素的相互组配各不相同，即使相同条件，只要用心创造，也不会产生相互雷同的现象。为了更好说明，作者以某校建筑学硕士入学试题为例，试做了多方案用以说明原创性、惟一性。

　　原始条件是：在已有两幢建筑之间，插建一座面宽24m，进深约30m，限高24m，南向临街，主入口前预留10多米建筑前庭，用作书店的文化类建筑。

　　故按书店的物质功能与精神功能，将文化性、生态性、艺术性、教化作用和中国传统文化元素与现代构成相结合的原则，绘制了不同建筑的主立面建筑造型，表达了异形而同构，同体而异形。

## ——书店平面、剖面的创作探讨——

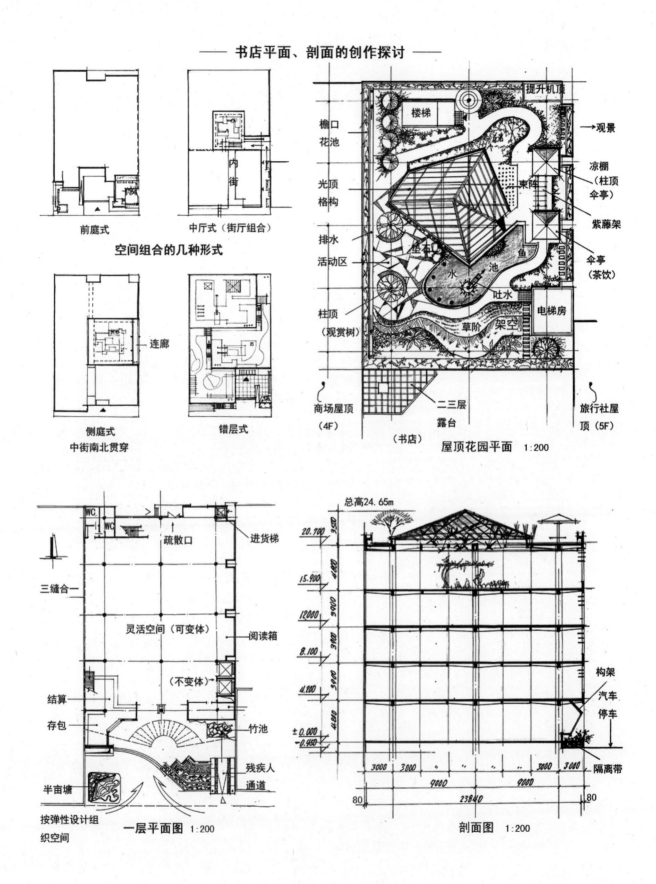

前庭式

中厅式（街厅组合）

**空间组合的几种形式**

连廊

侧庭式
中街南北贯穿

错层式

檐口花池

光顶格构

排水活动区

柱顶（观赏树）

楼梯

提升机顶

→观景

凉棚（柱顶伞亭）

紫藤架

伞亭（茶饮）

束阵

坐石

水池

鱼

吐水

电梯房

草阶

架空

商场屋顶（4F）（书店）

二三层露台

旅行社屋顶（5F）

屋顶花园平面 1:200

三缝合一

WC
WC

疏散口

进货梯

灵活空间（可变体）

阅读箱

（不变体）→

结算

存包

竹池

半亩塘

残疾人通道

按弹性设计组织空间

一层平面图 1:200

总高24.65m

20.700

15.900

12.000

8.100

4.200

±0.000
-0.450

3000 3000 9000 9000 3000 3000

80 23840 80

构架

汽车停车

隔离带

剖面图 1:200

## ——书店主立面的建筑创作探讨

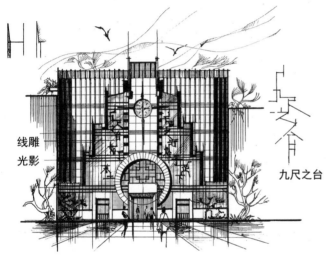

元素的集成：封火墙、檐墙、山花、挑檐、景墙、景洞、
方格窗、月亮门、探头绿化、墙影、线窗、院中院

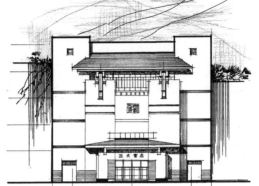

淡泊·粉墙·黛瓦·垂柱·印章·窗棂·方正
　　　　　——新中式尝试

淡泊以明志，宁静以致远
素雅、静懿、文质彬彬
地中海风情

线雕
光影

九尺之台

九尺之台始于基土，千里之行始于足下。建筑的雕刻、
绘画、书法、楹联相结合

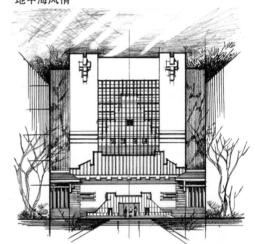

模与形，有与无，虚与实，符号、刻印、吊挂

学如逆水行舟，不进则退，
读万卷书，行万里路

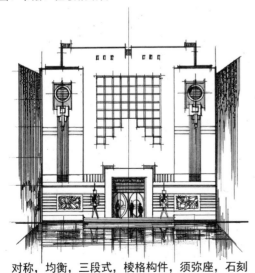

对称，均衡，三段式，棱格构件，须弥座，石刻

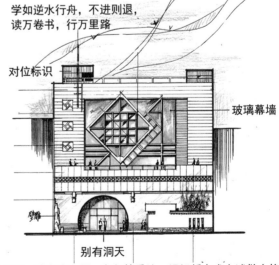

对位标识

玻璃幕墙

壁雕

别有洞天

利用廊、院和方、圆、象征等手法，组织新中式之试做方格
格构，预示书海泛舟　　　　　　　　　（作者自设自绘）

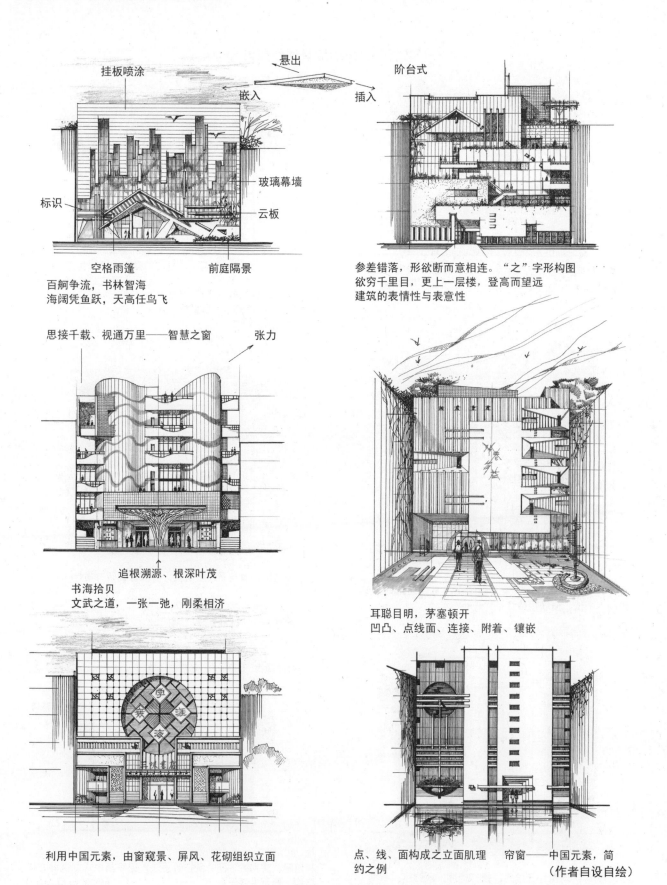

挂板喷涂

悬出

嵌入　　　　插入

阶台式

玻璃幕墙

标识

云板

空格雨篷　　　　前庭隔景

百舸争流，书林智海
海阔凭鱼跃，天高任鸟飞

参差错落，形欲断而意相连。"之"字形构图
欲穷千里目，更上一层楼，登高而望远
建筑的表情性与表意性

思接千载、视通万里——智慧之窗　　　张力

追根溯源、根深叶茂
书海拾贝
文武之道，一张一弛，刚柔相济

耳聪目明，茅塞顿开
凹凸、点线面、连接、附着、镶嵌

利用中国元素，由窗窥景、屏风、花砌组织立面

点、线、面构成之立面肌理　　帘窗——中国元素，简
约之例　　　　　　　　　　　（作者自设自绘）

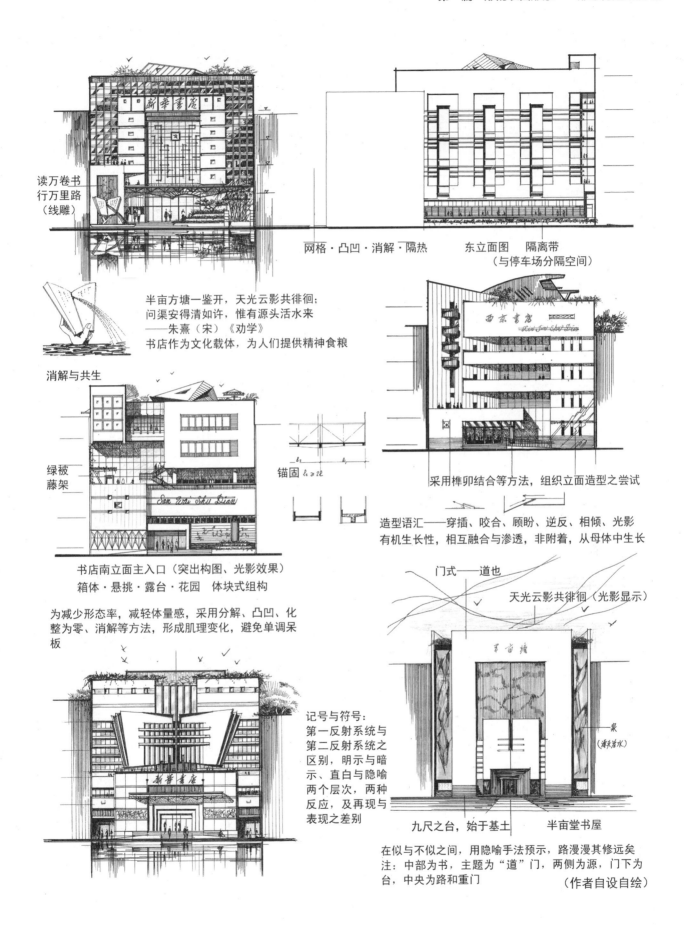

读万卷书
行万里路
（线雕）

网格·凸凹·消解·隔热　　东立面图　隔离带
　　　　　　　　　　　　　　（与停车场分隔空间）

半亩方塘一鉴开，天光云影共徘徊；
问渠安得清如许，惟有源头活水来
——朱熹（宋）《劝学》
书店作为文化载体，为人们提供精神食粮

消解与共生

绿被
藤架

锚固 $l_a \geqslant 22$

采用榫卯结合等方法，组织立面造型之尝试

造型语汇——穿插、咬合、顾盼、逆反、相倾、光影
有机生长性，相互融合与渗透，非附着，从母体中生长

书店南立面主入口（突出构图、光影效果）
箱体·悬挑·露台·花园　体块式组构

为减少形态率，减轻体量感，采用分解、凸凹、化
整为零、消解等方法，形成肌理变化，避免单调呆
板

门式——道也

天光云影共徘徊（光影显示）

记号与符号：
第一反射系统与
第二反射系统之
区别、明示与暗
示、直白与隐喻
两个层次，两种
反应，及再现与
表现之差别

九尺之台，始于基土　　半亩堂书屋

在似与不似之间，用隐喻手法预示，路漫漫其修远矣
注：中部为书，主题为"道"门，两侧为源，门下为
台，中央为路和重门　　　　　　　　（作者自设自绘）

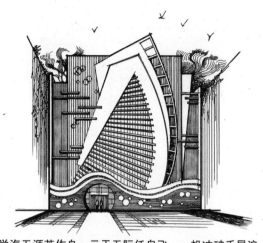

学海无涯苦作舟，云天无际任鸟飞，一帆冲破千层浪，万顷波涛，有容乃大

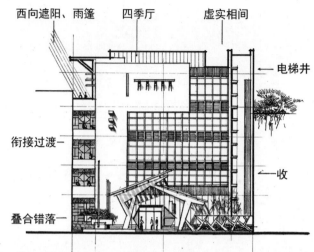

西向遮阳、雨篷　四季厅　虚实相间

←电梯井

衔接过渡—

←收

叠合错落—

虚实环抱、光影派对、画龙点睛、融合消解、变宽为窄、彰显个性

简与繁：异质、异形而同构也

"化而裁之为之变，推而行之谓之通"，变化之道，只在相互配置，得体合宜

"易则易之，简则易从。易知则有亲，易从则有功。有亲则可久，有功则可大"。此乃变化之道——《易经》

气韵生动，大气流行，取意中国艺术精髓，写意手法构成平面展示主体，理性与浪漫交织，刚劲与轻柔共存

肌理中的斑驳构成　硬拼接改成软拼接——界面不定性

凹凸、衔接、过渡

模糊不定　扩容→

—镶嵌（光影）

室无高下不致情

凹凸—

呼应渗透环抱

正反·互逆·顾盼关系

智慧之光，3D效果，经纬网线，相互咬合

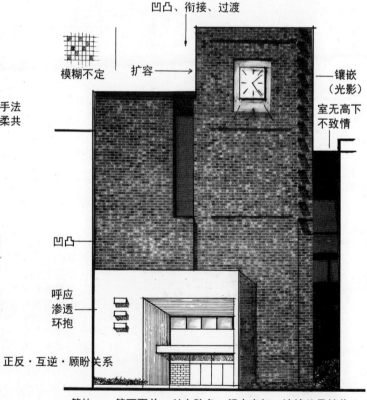

简约——简而不单，以少胜多，粗中有细，浓缩总是精华

（作者自设自绘）

# 第二章　形　构

除简单的基本几何形体外,物理世界中小到一片叶子,大到一座城市,都是由两种以上元素构成的复合体。本章所要讨论的是采用什么方法和手段,将他们组合成相互关联、相互依存的有机整体。这是艺术设计不可逾越的鸿沟,不可回避。

## 1.2.1　概述

建筑、雕塑、园林景观、街道、广场均属于空间和环境艺术。因为它是为人而创造的,所以也可以称作生活的、大众的、行为的、场所的艺术。这些由许多形象组合而成的群体综合艺术,每一单体构件虽有自身的形态构成,同时又依附于环境整体构成而存在。形与形相互关联,相互依存,按空间与环境的性质、人的活动规律、场所的精神、艺术构成规律,共同组成一个有机整体。这种组构重在协调配置,或称做经营、营构、"动力配位"、空间的"蒙太奇"。

在通常情况下,群形的组构,一是根据功能要求;二是借助一些概念性元素形成架构;三是利用一些关系元素作为联系的纽带;四是利用一定的方法与技巧。四位一体,统筹兼顾。

人工创造之形,在现代科技条件和加工技术的支持下,可塑性极大,加上数字技术的辅助,更加扩展了自由组合的空间,大大超出人们的想象,本文只能根据一般常识加以介绍。

## 1.2.2　现代构成的方法与趋势

常规的构成方法,如移动成型、旋转成型、扭曲成型、相贯、相叠、加减、咬合、交错、搭盖、镶嵌、拉结、榫卯、网络、编织、交叉、褶皱、剪切、嫁接、包孕、断裂……已经成为常态,毫无新奇可言。在现代科技支撑下,现代构成已经出现了"只有想不出的,没有做不到"的局面,不受规矩方圆之所限,没有固定轨迹可遵循,流曲变异,潇洒自如,已经成为不少人的梦寐以求,连身居课堂的学子也都想跃跃欲试。前脚尚未站稳,后腿已在跳起。"变化高于一切"之风愈刮愈烈。这既是创新意识的萌动,也是一种浮躁之风在流行,喜忧参半。笔者认为,既要求新求变,又要经济合理、坚固美观,在保证基本功能条件下,体现新颖大方,消除僵硬呆板,减少压抑感,赋予城市以活力,还应是形态构成的主流。下列图式只是反映当前构形中的常态与变异。

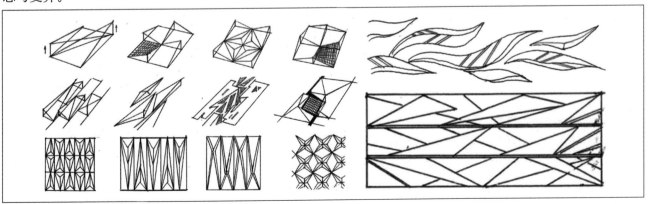

锐角、棱晶形、几何式构成　　　　　　　　　　　　　　　（以上线稿为笔者自设自绘）

**理性与感性同在， 科学与臆想并存， 常理与异化双轨**

曾有人说过："自然界是没有直线的"，进入到几何学空间时，房子全都变成方整的，而如今又有变直角、平面为寻找不到轨迹的曲面。这是一叛逆与挑战，其中不乏扭曲之例

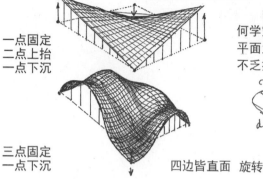

一点固定
二点上抬
一点下沉

三点固定
一点下沉

四边皆直面 旋转

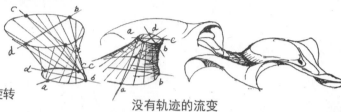

没有轨迹的流变

在保持四面皆为直壁时，四点位置不定边线有直有曲时，变化形式多样，但上图可以由直线构成

观景长廊
一条散步长廊在形似大坝的建筑中穿过，也给一座公寓酒店添加了空间

没有形状的隐形建筑

没有曲线也没有直角的锐角的建筑

没有基础的建筑（悬空建筑）

雷姆·库哈斯都市建筑设计研究院为海扎（Hajjar）山麓设计的杰贝尔阿尔杰斯的风景建筑——完全出挑的箱式建筑

有直线没有直角的房子

（以上线稿为笔者自绘自设）

看不到一条直线的建筑，也没有窗子

依山而建的建筑焕发出一种别样的美
**宛如迷宫的西非泥屋**

男人居室

加族塞纳族之家

财务

磨石粉花纹

妻子居室
←一夫多妻
每妻一室

布基纳法索    西非最小国家    高温炎热

在世界的另一角落——埏埴以为器

**意料之外， 并不在情理之中的形变之例**

## 单形形态构成简图　　　　　　　　　　　（作者自设自绘）

| 方法 | 简　图 | 举　　　　　　　　　　　　　　　　　例 |
|---|---|---|
| 移动 |  母线　迹线 | 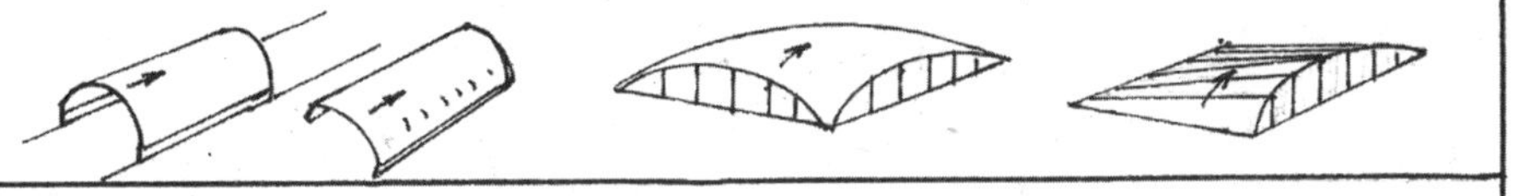 |
| 机械加工 | 切削<br>剪切<br>冲压<br>镗镟 | 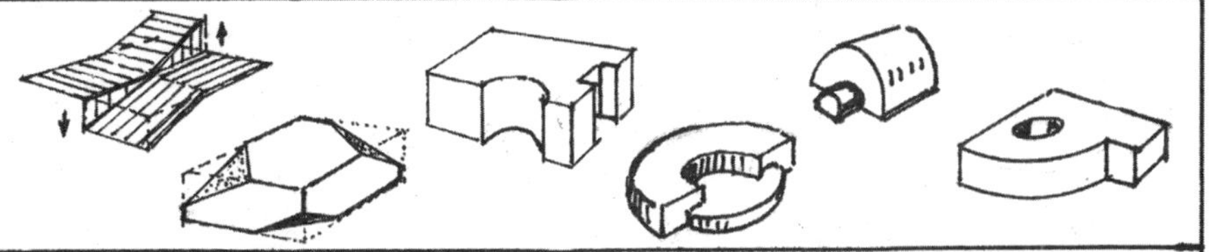 |
| 旋转 | 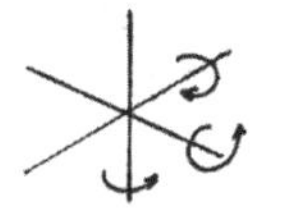 | 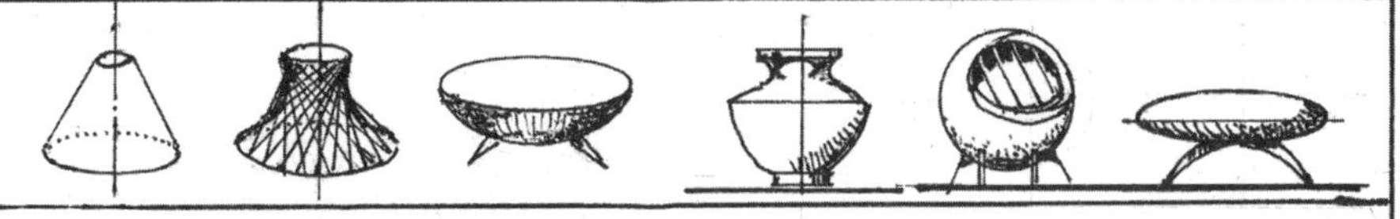 |
| 扭曲 | 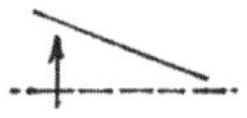 | 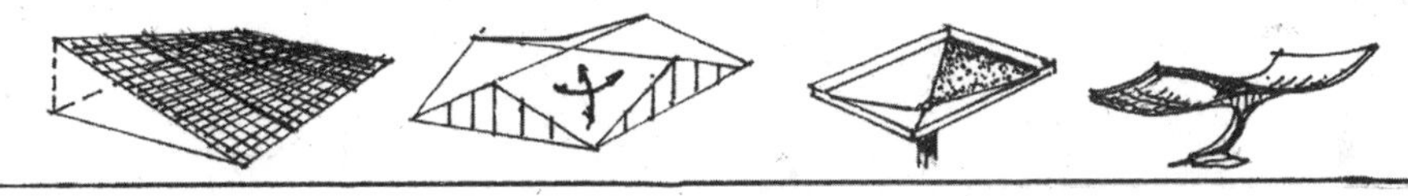 |
| 弯折 |  |  |
| 网笼 |  |  种植 |
| 编织 | 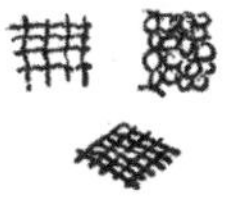 |  |
| 拼贴 |  | 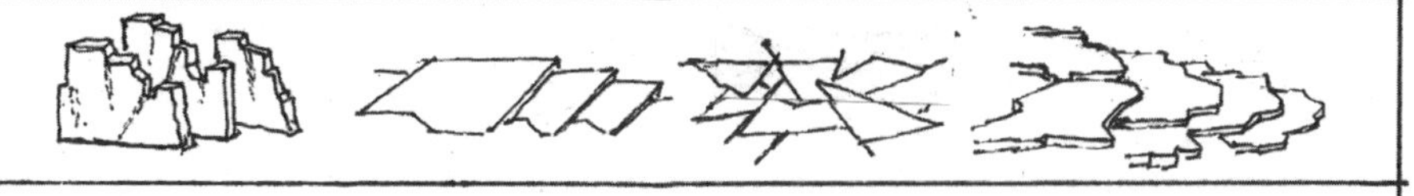 |
| 叠合 |  | 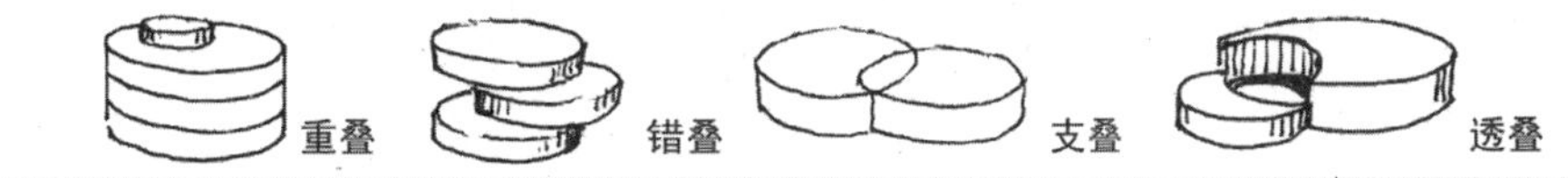 重叠　　　错叠　　　支叠　　　透叠 |
| 雕凿 | 圆雕　线雕<br>透雕　点塑<br>浮雕 |  |
| 胎模 | 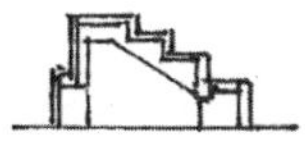 |  |
| 仿生 | 以动、植、矿为原型 |  |

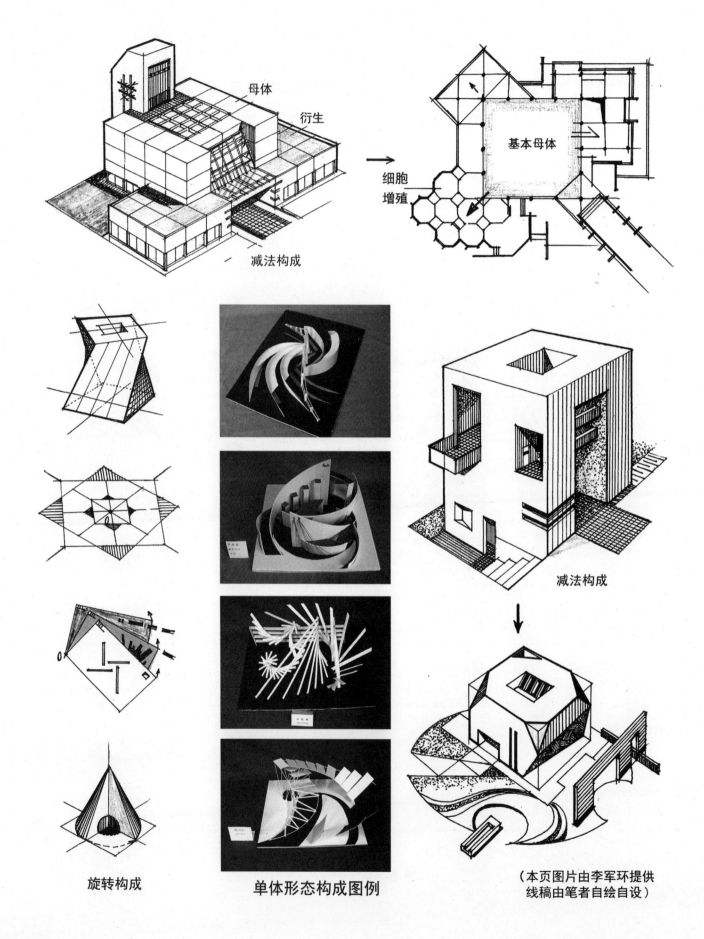

母体

衍生

减法构成

基本母体

细胞
增殖

旋转构成

单体形态构成图例

减法构成

（本页图片由李军环提供
线稿由笔者自绘自设）

## 形自变、机械成型、形的相互组合、组织、秩序、结构关系示例

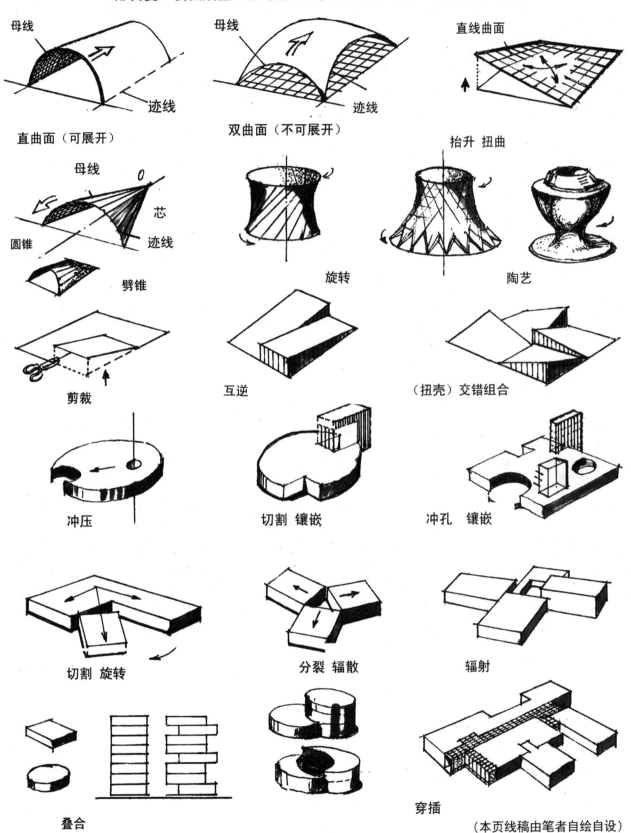

直曲面（可展开）

双曲面（不可展开）

抬升 扭曲

劈锥

旋转

陶艺

剪裁

互逆

（扭壳）交错组合

冲压

切割 镶嵌

冲孔 镶嵌

切割 旋转

分裂 辐散

辐射

叠合

穿插

（本页线稿由笔者自绘自设）

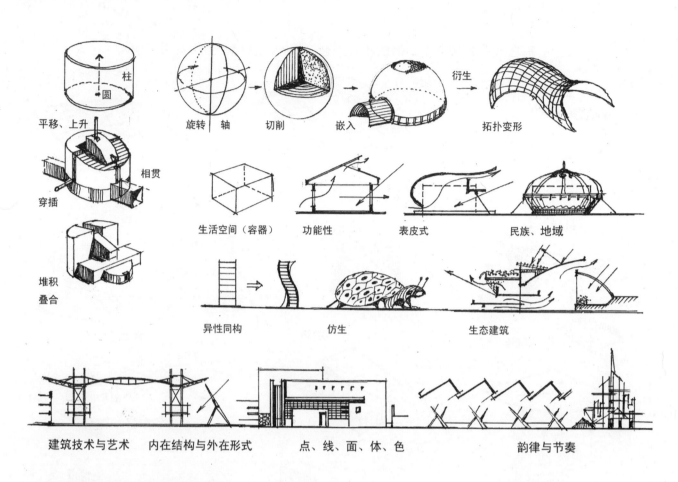

平移、上升　柱　圆

穿插　相贯

堆积　叠合

旋转　轴　切削　嵌入　衍生　拓扑变形

生活空间（容器）　功能性　表皮式　民族、地域

异性同构　仿生　生态建筑

建筑技术与艺术　内在结构与外在形式　点、线、面、体、色　韵律与节奏

当今社会，想出来的即可造出来，造出来的未必是合理的和可持续发展的

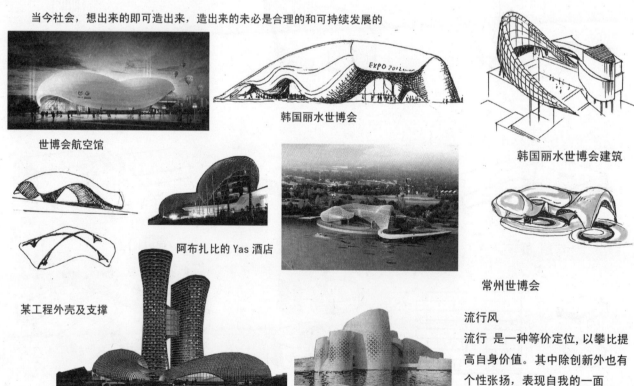

世博会航空馆

韩国丽水世博会

韩国丽水世博会建筑

某工程外壳及支撑

阿布扎比的 Yas 酒店

常州世博会

海尔总部（效果图）

**建筑形态构成举例**

流行风

流行 是一种等价定位，以攀比提高自身价值。其中除创新外也有个性张扬，表现自我的一面

（本页线稿由笔者自绘）

## 1.2.3　建筑与环境景观的形态构成

### 1　简述

形态构成有两层意义：一是以纯粹的几何形体作为母题，不涉及任何功能、技术手段，单纯地研究几何形的变化，通常称作基本形态学；另一种是从具体应用和意向表达来研究形态构成。前者如形态构成课的平面和立体构成，后者则是从建筑与景观形态切入的，即本章所讨论的内容。其形态，除几何形自身构成之外，还承载着功能、技术、文化、艺术层面。从人造型态发展历史看，原始人只能依靠自身的生存本能，在实用的行动空间中利用结绳、象形等手段描绘自身力量和形成记忆，并借助于神话来表达生活意义。当时的岩画和图腾，表现的都是狩猎情节和收获猎物；而后才发展为农耕和植物。只有人类文明进入到了能以文字、语言来进行交流时，才开始进入符号型空间和几何型空间。人们能对本无横平竖直的自然形象，进行抽象和概括。并能用力和数学来认知世界和建造，发明规与矩（"没有规矩，不成方圆"），发明了工具制造成器皿，达到"扑散则为器"（将原木用斧锯制破解后成器具）的认知水平。

人们生活在自然之中，在不断的适应自然和改造自然中，同时也显示着自己的本质和力量，并发现了自然之美。因此产生了艺术之美，最终进行到可以抽象、变形、夸张，由感性进入到理性。开始用几何、比例、尺度、协调等美学法则，进行美的创造。在古希腊就把柱式等几何形体，与人体美直接联系，使艺术在感性和理性中相互媲美。18世纪哲学家黑格尔更加肯定地将美概括为"理念的感性显现"。他在描述哥特式建筑时，更加强调建筑的内在精神含义。他说："方柱变的细瘦苗条，高到一眼不能看遍。眼睛就势必向上转动，左右巡视，一直等到看到两股拱相交成型微微倾斜的拱顶，才安息下来。就像心灵在虔诚的修持中起先动荡不宁，然后超脱有限世界的纷纭扰攘，把自己提升到神那里，才得到安息。"[1] 在中国也把建筑看作是宇宙的图式，与天地相联系，强调建筑所具有的象征意义。因而使建筑形态开始由简单的几何形体向精神层面进行转化。[2]

俗话说："万变不离其宗"不论建筑形态，还是环境艺术中的人造景观形态，都不能脱离自然法则、力的法则、美的法则和"适用、坚固、美观"的三原则，都是以基本几何形做为母体，以点、线、面作为基本的概念元素，采取自变与它变的途径进行形态构成。

所谓自变，即指以某一基本几何形体，通过移动、旋转、扭曲、增减、增殖等手法进行变化。

所谓它变，即指以多于两个的体部，相互间采用穿插、镶嵌、拉接、相贯、重叠、榫卯、销键等手法，相互组合成一个有机整体。

进入21世纪之后，随着结构、材料、构造和制作安装技术的迅速发展，特别是数字技术的发展，为形态构成注入巨大的活力，使形态构成大大突破了常规常矩，不仅打破了直线直角，也难以找寻一定的轨迹。但是，建筑毕竟是为人居住与活动服务的，是一种合目的性与合规律性的创作，不应离开以人为本。否则，即可将建筑异化为主角，人成为建筑的奴隶。

广义的建筑形态，泛指利用物质、技术手段，根据人的各种功能需求所营构的形体、空间、场所、环境的物化形象。涵盖室内、建筑体造型、庭院、广场、街道、园林景观以及各种构筑设施等诸多方面。这是一个大的形态系统，其构形基础都是源于基本形态学，都属于形态构成的系列。

单就房屋建筑而言，其形态构成，则是基于"适用、坚固、美观"这一核心价值。其整体风格必须结合时代、地域、民族、气候、城市和周边环境，以及建设场地和建筑的结构与材料、施工技术、维修管理、审美心理特征、造型技巧、建筑师个人素养等诸多因素，综合形成的。单以建筑表面形态而言，则包括线条、色彩、肌理、质地、比例、尺度、要素间的相互配置等诸要素的综合。这是一项复杂的技术与艺术，并非只是门、窗、墙简单

---

① 黑格尔《美学》第一卷，第142页
② 黑格尔《美学》第一卷，第92—93页

的排列组合。

从宏观上看，建筑作为一种社会文化产品，承载着提升社会文化、社会科技与经济、社会生活、人生价值与未来理想、生态可持续发展的重大使命；而建筑形态则是这些理想、意志的外化。

从总体上看，建筑因是由时间的纬度（时代性）和空间的经度（地域和民族）编织而成的物质功能和精神功能的载体，受地理文化、气候、地形、地质、建筑性质、经济技术条件、所处区位和周边环境等制约而表现各个特殊性。另外，还受到社会风潮、长官意志、业主的好恶倾向和设计者个人素质、性格以及设计程序和周期所限，更增加了形态构成的无意识性。所以，无法用正常的逻辑自由创造。

从一般规律看，建筑形态按自身发展条件看，一是取决于功能性质和使用需要；二是围合建筑空间的结构支撑系统；三是从绿色生态和可持续发展要求的低碳环保性质；四是先进而合理的工程技术；五是所在环境的群体和谐以及形式的创新。

与建筑形态有关的因素参看下文。

## 2 构成的元素

建筑与环境景观的形态构成，基本上是由三种要素构成，即概念元素、关系元素、功能元素。其中：

### 1）概念元素

所谓概念元素，是指不以具体的形象然而在形态构成中却起到聚合、发散、串组、控制、联结、导向、包容等整合作用，只用于设计构思、绘制蓝图及图解分析之中，不以实际物象存在于现实环境，其元素有：

#### （1）点

点是最基本的构成单位，没有量度，在空间中只表明一个位置。点的特征：点是力的中心，具有构成重点的作用，并以场的形势控制其周围的空间。位于形心的点，具有静止、稳定的特性；位于偏侧的点，则可以产生动势及方向感；两点及多个点则可以确定一条或多条线路，可以强调轴线，暗示路径。

几何意义的点只有位置，而在形态学中，点还具有大小、形状、色彩、肌理等造型元素。具体为形象的点，相对于周围的空间，点的面积越小就越具有点的特性，随着面积的增大，点的感觉也将会减弱。例如，相对于大面积的实墙面，窗洞口相当于点。形状与面积、位置或方向等诸因素，以规律化的形式排列构成，或相同的重复，或有序的渐变等，则形成有序的点构成。

点的形状与面积、位置或方向等诸因素，以自由化、非规律性的形式排列，则形成无序的点构成。这种构成往往会呈现出丰富的、平面的、涣散的视觉效果。

#### （2）线

线是点的运动轨迹，具有方向性和联系性。线的方向性往往可以表示一定的气氛：水平线给人以平静舒展的感觉，垂直线给人以挺拔、向上的感觉，倾斜的线则可以带来动感和力量感，而曲线又可以给人以柔软、弹性之感。

在几何学中的线，只具有位置和长度；而在形态学中，线还具有宽度、形状、色彩、肌理等造型元素。造型中最突出的线是体面相交产生的线，往往规定了物体的轮廓。在建筑环境中，凡是高（长）细比相差悬殊的实体构件，长宽比相差悬殊的空间，都呈现线的特征。

#### （3）面

面是由线移动的轨迹或围合体形成的。面的特征：给以延伸感、力度感，曲面给人的动感。面可以限定空间，在围合中有封闭和开放的感觉。实面、虚面形成空间限定和实体围合感。

点、线、面在形态构成中是三大基本要素，虽然作为抽象的几何概念，是看不到的，但当它们用于建筑设计时，却用作建筑设计语汇中的视觉要素。不论是立面处理，还是建筑形体构成，都是不可或缺的构成要素。它们构成了建筑的肌理、表情、性状、风格和气质。

**2）关系元素**

关系元素是将形与形相互联系，相互结合，形成有组织，有秩序，和谐统一的重要因素。即形的结构依靠这些关系形成一种有机的整体。如果将点、线、面看做是形的脉络，关系元素则是形的亲缘和血统。具体的族谱如下：

**主从关系：**一主一次，或一主多次相互结合；

**并列关系：**自成体系的两组或多组图形并列组合成一个整体；

**串联关系：**两独立成形的体或空间，沿线性排列，前后有序；

**纽带关系：**通过带状的枢纽，将群形集聚、靠拢、串组成整体；

**链环关系：**环环相扣，结成链式结构；

**网络关系：**枝状与环状的组合关系；

**因子渗透：**利用一种图像为共同因子，散落地分布在各体部之中，形成你中有我，我中有你的渗透关系，使形状各异的分体，发生一种关联；

**顾盼关系：**两组图形，相互对应，彼此关联，共同拥有一个视觉注视中心；

**呼应关系：**彼此间存在着借、对、相似、同形、同构关系，一呼一应，相互对应；

**互补关系：**长与短，明与暗，虚与实，有与无，形成你缺我余，你长我短的互相补充；

**衬托关系：**主次之间，同等之间，相互辉映；

**对比关系：**形、色、性、体、质地、肌理存在明显差异，但具有共同基因，同一物种间的差异存在，对于不同基因的两类事物则没有可比条件；

**逆反关系：**两种以上形体，相反相成，形成正与负、立与倒、阴与阳，模与形、向与背、封与敞……之间的相互倒换关系。

在形体组合中，根据实际情况，可以单一的或混合的利用以上关系，使各元素发生关联，构成一种有组织、结构化的整体。如三支火柴散放时，则是杂乱无序的，稍加整理，形成一种有秩序的排列组合，即构成一组图形。

不同形的组合关系，尤其需要以某种关系来构成整体结构，形成整体。

对于复杂的组合体，亦须本着上述精神加以相应的组合。

在实际创作中，总希望推陈出新，形式多变，应用多种元素相互组合。如果不能恰当的运用上述的关系元素，则会影响形体与空间结构的失调，相互组合关系有所欠缺。

**3）功能元素**

功能元素是指形所含纳的物理属性和精神属性。它的变化规律除自身的因素外，还受制于合规律性与合目的性、法规、综合经济、政治、文化、科技、实用功能、空间环境、地理、气候、时境、意境等诸多因素，是一种有条件的变化，并不是简单的构成。所以，有些学生在发挥自由想象进行平面和立体构成后，进入应用阶段则束手无策。因为它要结合许多专业知识和物质技术手段，这也是本章要讨论的核心内容。

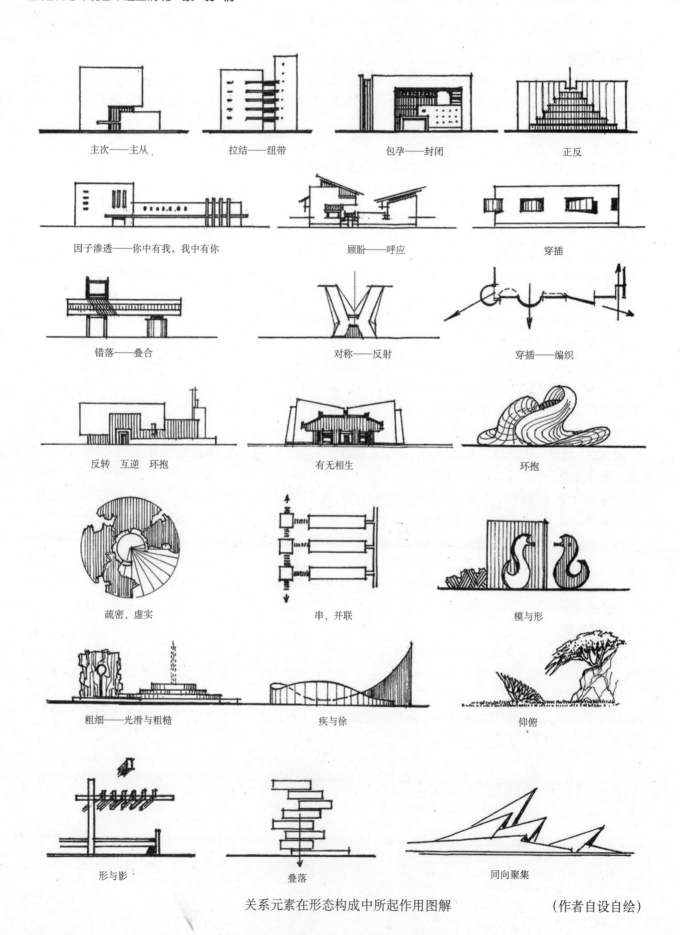

主次——主从　　　　拉结——纽带　　　　包孕——封闭　　　　正反

因子渗透——你中有我，我中有你　　　　顾盼——呼应　　　　穿插

错落——叠合　　　　对称——反射　　　　穿插——编织

反转　互逆　环抱　　　　有无相生　　　　环抱

疏密、虚实　　　　串、并联　　　　模与形

粗细——光滑与粗糙　　　　疾与徐　　　　仰俯

形与影　　　　叠落　　　　同向聚集

关系元素在形态构成中所起作用图解　　　　（作者自设自绘）

## 从麦田怪圈中观赏几何形的平面构成

尽管对麦田圈的形成有许多疑义，但从表现的图形来看，均属规则的几何形组合，可见是经过设计后制作的。其中利用了几何母题、旋转、辐射、叠合、包孕、切割、交叉、编织、模与形、镶嵌、点、线、面的各种组合方法，如果将其变形、化简、重组，对现代几何式艺术构成，却是可以借鉴的。

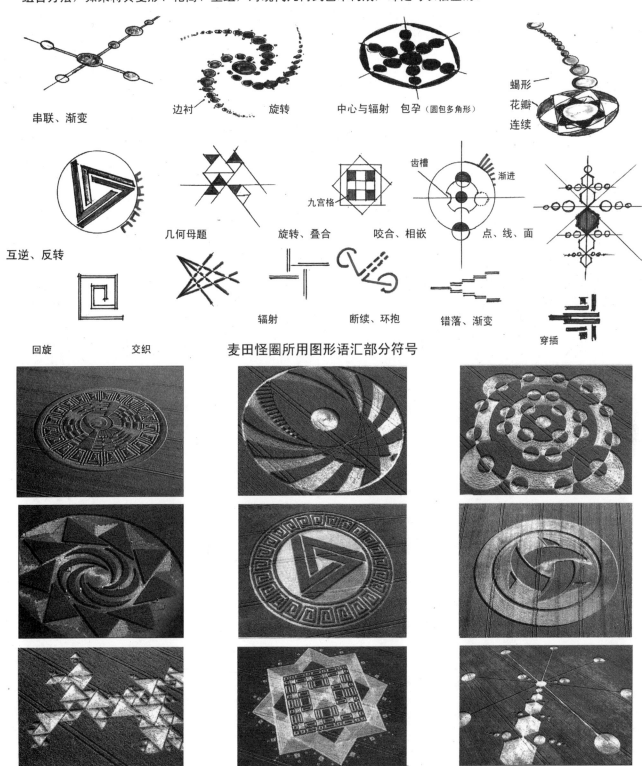

串联、渐变　　边衬　旋转　　中心与辐射　包孕（圆包多角形）　蝎形　花瓣　连续

互逆、反转　　几何母题　　旋转、叠合　　咬合、相嵌　　点、线、面　齿槽　渐进

九宫格

回旋　　交织　　**麦田怪圈所用图形语汇部分符号**　辐射　断续、环抱　错落、渐变　穿插

**麦田怪圈图形摘例**（只是很少部分）（本页线稿由笔者自绘自设）

69

## 编 织 成 型

编织已由藤、竹、柳等柔性材料扩展为钢、木、PVC等高分子化合材料，并已由家具延伸至雕塑、建筑、装置、景观艺术领域，成为一种体系化的大家族。

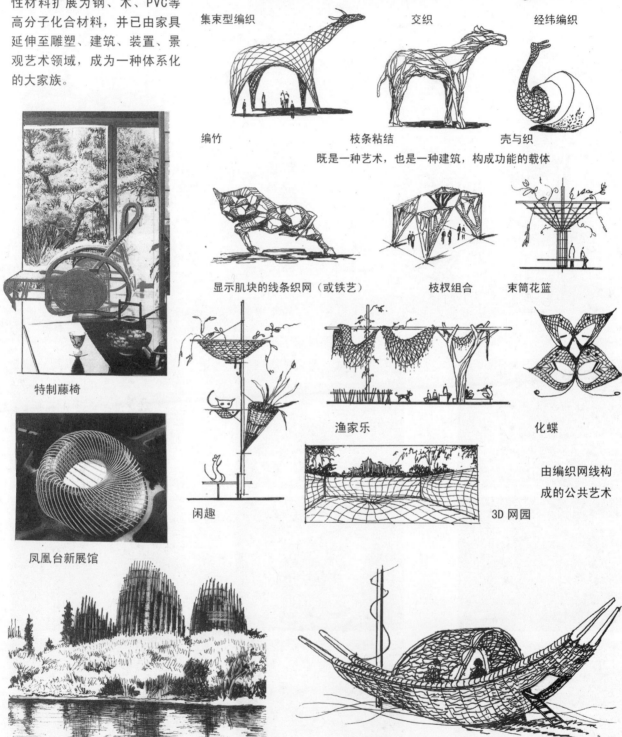

集束型编织　　　　交织　　　　经纬编织

编竹　　　　枝条粘结　　　　壳与织

既是一种艺术，也是一种建筑，构成功能的载体

显示肌块的线条织网（或铁艺）　　枝杈组合　　束筒花篮

特制藤椅

渔家乐　　　　化蝶

闲趣　　　　3D 网园

由编织网线构成的公共艺术

凤凰台新展馆

在当地编织艺术启示下，皮亚诺创作了奇葩欧文化中心　　　由编织艺术构成的环境组景，营造风格典雅的环境

（本页线稿由笔者自绘自设）

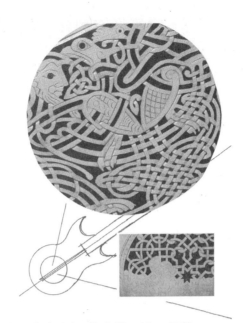

工艺与建筑、雕塑、家具、装置艺术结合日益紧密，并逐步扩大

德国艺术大师 莱奥纳、达·芬奇刻制的"莱奥纳多之结"

休闲吊椅　　　澳大利亚凯恩斯城广场

藤编休闲床　　海岸、沙滩、草棚

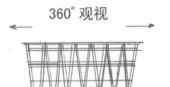

360°观视

德国黑摩尔园林花卉节，松木胶合瞭望塔，高 23.5m，上部直径 9m，内设 125 台阶。

结构
示意

编织——走进人们慢生活、多情趣

马鞍形塔身编织建筑

（本页线稿由笔者自绘自设）

# 1.2.4 建筑形态的外在影响因素

建筑形态构成

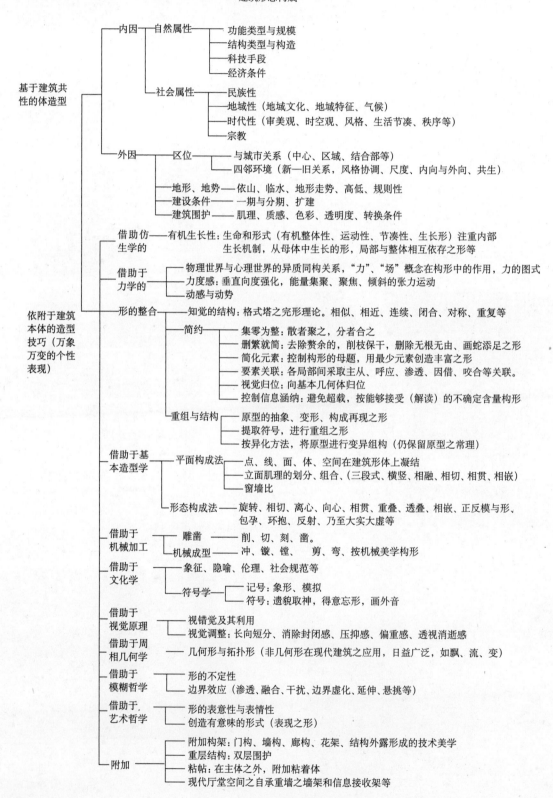

```
基于建筑共性的体造型
├─内因
│   ├─自然属性
│   │   ├─功能类型与规模
│   │   ├─结构类型与构造
│   │   ├─科技手段
│   │   └─经济条件
│   └─社会属性
│       ├─民族性
│       ├─地域性（地域文化、地域特征、气候）
│       ├─时代性（审美观、时空观、风格、生活节凑、秩序等）
│       └─宗教
└─外因
    ├─区位
    │   ├─与城市关系（中心、区域、结合部等）
    │   └─四邻环境（新—旧关系，风格协调、尺度、内向与外向、共生）
    ├─地形、地势──依山、临水、地形走势、高低、规则性
    ├─建设条件──一期与分期、扩建
    └─建筑围护──肌理、质感、色彩、透明度、转换条件
```

```
依附于建筑本体的造型技巧（万象万变的个性表现）
├─借助仿生学的──有机生长性：生命和形式（有机整体性、运动性、节凑性、生长形）注重内部
│                            生长机制，从母体中生长的形，局部与整体相互依存之形等
├─借助于力学的
│   ├─物理世界与心理世界的异质同构关系，"力"、"场"概念在构形中的作用，力的图式
│   ├─力度感：垂直向度强化，能量集聚、聚焦、倾斜的张力运动
│   └─动感与动势
├─形的整合
│   ├─知觉的结构：格式塔之完形理论。相似、相近、连续、闭合、对称、重复等
│   ├─简约
│   │   ├─集零为整：散者聚之，分者合之
│   │   ├─删繁就简：去除赘余的，削枝保干，删除无根无由、画蛇添足之形
│   │   ├─简化元素：控制构形的母题，用最少元素创造丰富之形
│   │   ├─要素关联：各局部间采取主从、呼应、渗透、因借、咬合等关联。
│   │   ├─视觉归位：向基本几何体归位
│   │   └─控制信息涵纳：避免超载，按能够接受（解读）的不确定含量构形
│   └─重组与结构
│       ├─原型的抽象、变形、构成再现之形
│       ├─提取符号，进行重组之形
│       └─按异化方法，将原型进行变异组构（仍保留原型之常理）
├─借助于基本造型学
│   ├─平面构成法
│   │   ├─点、线、面、体、空间在建筑形体上凝结
│   │   ├─立面肌理的划分、组合，（三段式、横竖、相融、相切、相贯、相嵌）
│   │   └─窗墙比
│   └─形态构成法──旋转、相切、离心、向心、相贯、重叠、透叠、相嵌、正反模与形、
│                  包孕、环抱、反射、乃至大实大虚等
├─借助于机械加工
│   ├─雕凿──削、切、刻、凿。
│   └─机械成型──冲、镲、镗、　剪、弯、按机械美学构形
├─借助于文化学
│   ├─象征、隐喻、伦理、社会规范等
│   └─符号学
│       ├─记号：象形、模拟
│       └─符号：遗貌取神，得意忘形，画外音
├─借助于视觉原理
│   ├─视错觉及其利用
│   └─视觉调整：长向短分、消除封闭感、压抑感、偏重感、透视消逝感
├─借助于周相几何学──几何形与拓扑形（非几何形在现代建筑之应用，日益广泛，如飘、流、变）
├─借助于模糊哲学
│   ├─形的不定性
│   └─边界效应（渗透、融合、干扰、边界虚化、延伸、悬挑等）
├─借助于艺术哲学
│   ├─形的表意性与表情性
│   └─创造有意味的形式（表现之形）
└─附加
    ├─附加构架：门构、墙构、廊构、花架、结构外露形成的技术美学
    ├─重层结构：双层围护
    ├─粘帖：在主体之外，附加粘着体
    └─现代厅堂空间之自承重墙之墙架和信息接收架等
```

# 1.2.5　影响建筑形态的内在因素

建筑的形体，犹如人的肌肤。人的肌肤对内是用来保护体内的骨骼、经络、七大系统的协调与平衡的，对外则与环境保持新陈代谢。建筑围护是保证室内空间所需要的物理的、心理的、行为的、精神的各种功能载体，同时也要与自然环境相共生。建筑空间是虚空的，无形无状，无头无尾。其形态只能借助外在围护结构的界面来表现。人在空间中只能从空间内看到它的边界，而无法从外部看到空间的整体形状。正如苏轼诗词所说"不识庐山真面目，只缘身在此山中"。然而，建筑形体并非像气泡一样只由一层薄膜包裹，为了长久支撑，抵抗外力破坏，必须坚固，要有可承重的和可适应一切气候条件的外部围护作为表皮。其形态表现，要受结构的、生态的、艺术构成的、技术条件等诸多要素来制约，正如谚语所说"皮之不存，毛将焉附"。

## 1　以内在建筑结构为支撑的形态构成

传统的功能性建筑，不论固定功能或复合型灵活空间，均以常规的平面结构和空间结构作为建筑空间的内在结构支撑体。外部围护结构如果没有承重结构为支撑，不可能成为"坚固"、"有机"、"传力直接"的永久性建筑。

所谓平面结构体系，是指由梁、板、柱组成的框架式、框架剪力墙、筒结构、剪筒结构以及排架式承重结构系统。一切荷载都是在平面内逐层传递的，直到基础。构件之间分工明确，构件的强度、刚度和稳定性，全部依靠截面的大小、高宽比和承受弯矩的能力来决定的。其中，框架式指由刚性节点组成，排架是由简支(铰)节点组成。围护结构（屋盖和墙体）是由檩条和墙架为支撑的自承重或填充式体系构成。承重和自承重两个体系，可以重合，也可以分离，构成外伸内凹和悬挑的界面变化。

所谓空间结构，包括折板、拱、薄壳、悬索、网架、网壳等结构形式。构件内部是按轴芯传力，不承受弯矩。构件之间则按应力再分配原则，相互合作的承重结构系统。空间结构可以覆盖较大的空间，形成富有弹性的灵活空间，很适合场馆类和一站式综合体建筑，在各城市中作为标志性建筑，应用范围日益广泛，建筑造型灵活多变，形体的可塑性极强，特别是应用混合式（索网、网壳、拱索）组合型结构，更可以优势互补，充分发挥材料的性能和灵活多变的建筑造型。组合时，既可以实现屋盖与墙体连体，又可以实现屋盖与墙体，承重与维护分离。

值得说明的是，当采用大柱网、大跨度空间结构时，四周的维护结构要独立承担外部风荷载，必须采用自承重的轻质结构墙体，设立自承重墙架体系。骨架可以内包，亦可以外露，使建筑呈现一种构架外露的空间感。其常见于各航空候机大厅和展馆建筑，并且适应与生态技术相结合，将技术性与艺术性统一。

按一般情况，城市中的多、高层住宅、办公、酒店、学校、展博类建筑多属平面结构体系，其形态变化多属平面型、凹凸型、表面流曲型和边角、屋顶消退型的形态构成（参见相关图例）。而一些大跨度、大空间的厅堂式建筑，如展览馆、大型歌舞剧院、体育场馆、候机楼、火车站、大型超市、一站式文化中心等建筑，通常采用空间结构体系（壳拱、网架、悬索、悬网、网壳等），其造型则是变化不定的。（参看有关图例）

（本节根据罗梦潇原稿）

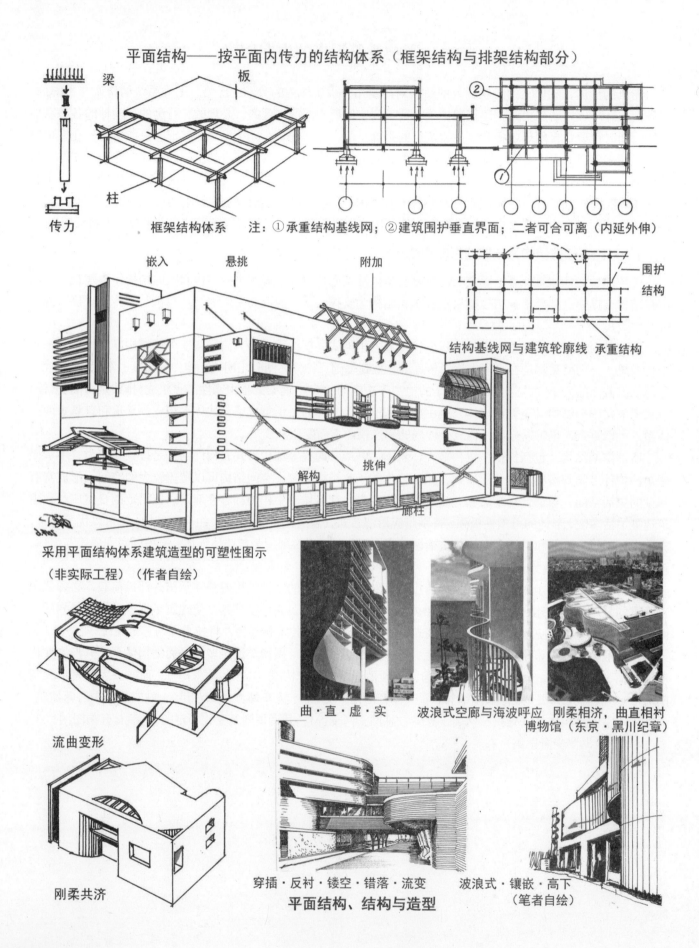

平面结构——按平面内传力的结构体系（框架结构与排架结构部分）

梁

板

柱

传力

框架结构体系　　注：①承重结构基线网；②建筑围护垂直界面；二者可合可离（内延外伸）

嵌入　　悬挑　　附加

围护

结构

结构基线网与建筑轮廓线　承重结构

解构　　挑伸

廊柱

采用平面结构体系建筑造型的可塑性图示
（非实际工程）（作者自绘）

流曲变形

刚柔共济

曲·直·虚·实　　波浪式空廊与海波呼应　刚柔相济，曲直相衬
博物馆（东京·黑川纪章）

穿插·反衬·镂空·错落·流变　　波浪式·镶嵌·高下
**平面结构、结构与造型**　　（笔者自绘）

74

## 支撑建筑形体的内在结构，空间结构系统图式

| 基本结构 | 衍生变形结构体（局部） |
|---|---|
| 壳体结构 | |
| 折板结构 | |
| 网架结构 | |
| 悬索结构 | |
| 索网结构 | |
| 索膜结构 | |

空间结构是指在外力作用下，各受力构件之间可以进行力的再分配，而且力在杆间轴心传力。因此，主力可在空间中传递，不忌恨于平面之内。一般用于大跨度空间和屋顶。

（本页线稿由笔者自绘自设）

## 大跨度、大柱网及非承重幕墙为建筑体造型带来巨大变化

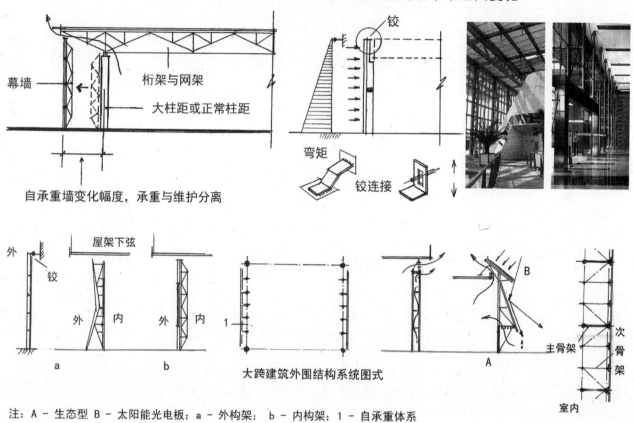

注：A－生态型 B－太阳能光电板；a－外构架；b－内构架；1－自承重体系

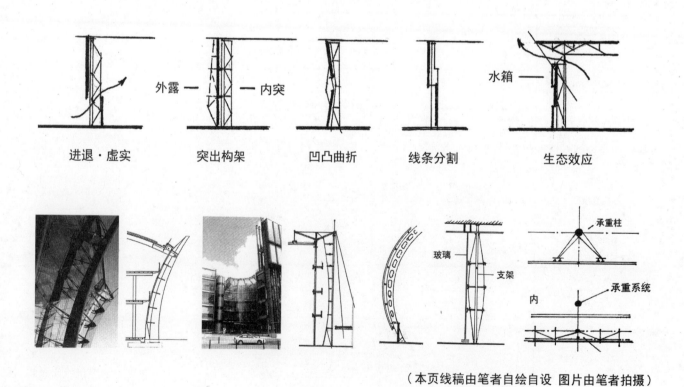

进退·虚实　　　突出构架　　　凹凸曲折　　　线条分割　　　生态效应

（本页线稿由笔者自绘自设　图片由笔者拍摄）

## 2　以生态学和仿生学为支撑的建筑形态

在工业革命的年代，发展经济是以大烟囱高空排放作为标志。经过工业时代的洗礼之后，人们逐渐从以环境为代价发展经济的噩梦中惊醒，开始认识到防治污染、保护环境的重要意义，开始向生态回归，注意到环境再生的迫切性。于是催生了生态建筑的发展。

广义的生态学，是指自然界中物种之间按生态平衡法则，相互依存，共同存在于一个大的生态体系中，多元共生，共存互补，达到永续地发展。如果这一概念移植到社会、文化和环境方面，即可理解为文化的多样性、生物的多样性，形态的多样性，多种元素共生共荣。

就建筑生态而言，可以从气候建筑学、低碳环保、人与自然和谐、持续发展、节地节能、就地取材、传统与现代相融合，当前与未来相结合等观念转变开始，实现永续地发展。事实证明，全球气候变暖，城市化后的高层密集是主要祸首，约占整个排放量的47%。而汽车尾气仅占33%左右，工业占19%，所以生态建筑，低碳节能应是人们关注的焦点。

建筑的生态性能，多体现在围护结构的材料、结构、构造、保温、隔热、通风、新能源的利用等方面。所谓"呼吸式"、"再生式"都是从改善建筑围护结构切入的，因而也直接影响建筑的外部形态，也促进了新材料、新结构和新技术的发展。

在建筑领域，20世纪现代建筑曾出现一批高技派领军人物，崇尚技术和机械美学。但在理念更新之后，却纷纷把目光和精力投向了生态建筑的创新方向，致使一批如德国国会大厦改建，法兰克福银行大厦等工程相继问世，也使人耳目一新。

与生态学相关联的另一分支，则是从仿生学入手，通过对动物和禽类，在与自然和谐方面所表现特异功能；以及自身的内在骨骼方面的研究与观察，将之运用到建筑形态构成方面，出现了如雄鹰展翅、海豚、游水那种流线型和腾飞式的夸张变形。

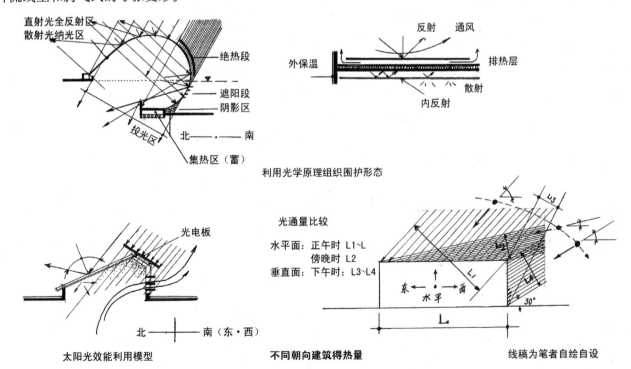

利用光学原理组织围护形态

太阳光效能利用模型　　　　不同朝向建筑得热量　　　　线稿为笔者自绘自设

研究生态建筑，主要着眼点是利用自然的有利因素，消除和减弱不利因素。对建筑来说，要维持良好的室内环境，必须合理地处理保温、隔热、自然通风和天然采光的问题，对来自建筑表面的光能和热辐射进行反射、隔绝与疏导。

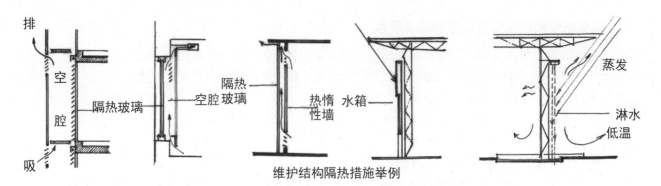

维护结构隔热措施举例

室内热量主要来源与屋顶、东西墙体、南北稍差；室内热量和二氧化碳气体如何排除，如何利用自然通风，是节能建筑的关键，采用构造隔热势必影响建筑造型

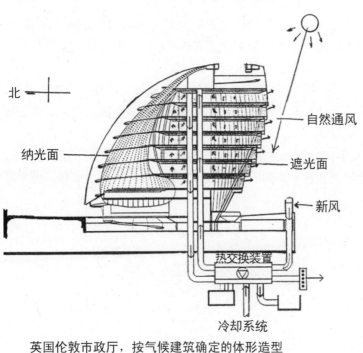

英国伦敦市政厅，按气候建筑确定的体形造型

日本横滨东京天然气总部办公楼

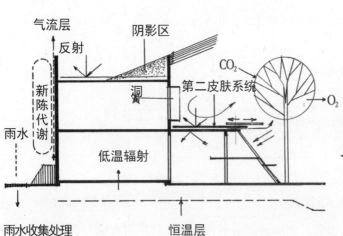

雨水收集处理

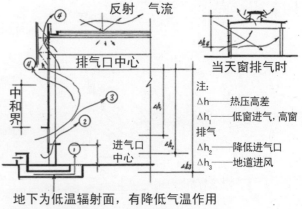

地下为低温辐射面，有降低气温作用

进、排气口组织示意
利用自然通风时主要依靠热压与风压

**气候建筑与生态建筑对造型影响**　　（本页线稿为笔者自绘）

采光：

透过率随入射角增大而减少，当入射角＞60°时为全反射

排气、排热：

流速随断面减少而增大，进气口与排气口高差越大，拔气效果越明显

英国斯特拉特福德车站内部

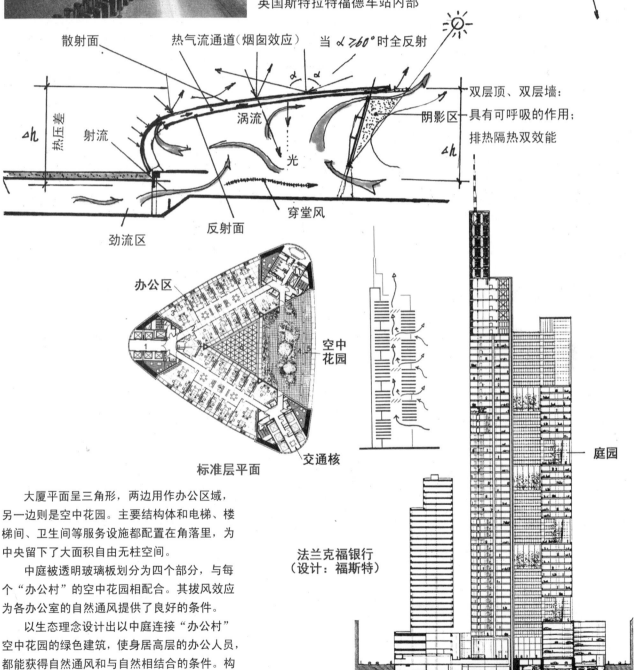

散射面　热气流通道（烟囱效应）　当 α≥60°时全反射

双层顶、双层墙：
具有可呼吸的作用；
排热隔热双效能

热压差　射流　涡流　阴影区　光

劲流区　反射面　穿堂风

办公区　空中花园　交通核

标准层平面

法兰克福银行
（设计：福斯特）

庭园

大厦平面呈三角形，两边用作办公区域，另一边则是空中花园。主要结构体和电梯、楼梯间、卫生间等服务设施都配置在角落里，为中央留下了大面积自由无柱空间。

中庭被透明玻璃板划分为四个部分，与每个"办公村"的空中花园相配合。其拔风效应为各办公室的自然通风提供了良好的条件。

以生态理念设计出以中庭连接"办公村"空中花园的绿色建筑，使身居高层的办公人员，都能获得自然通风和与自然相结合的条件。构思新颖，造型美观

**按生态学原理产生的建筑形式**

（本页线稿由笔者自绘）

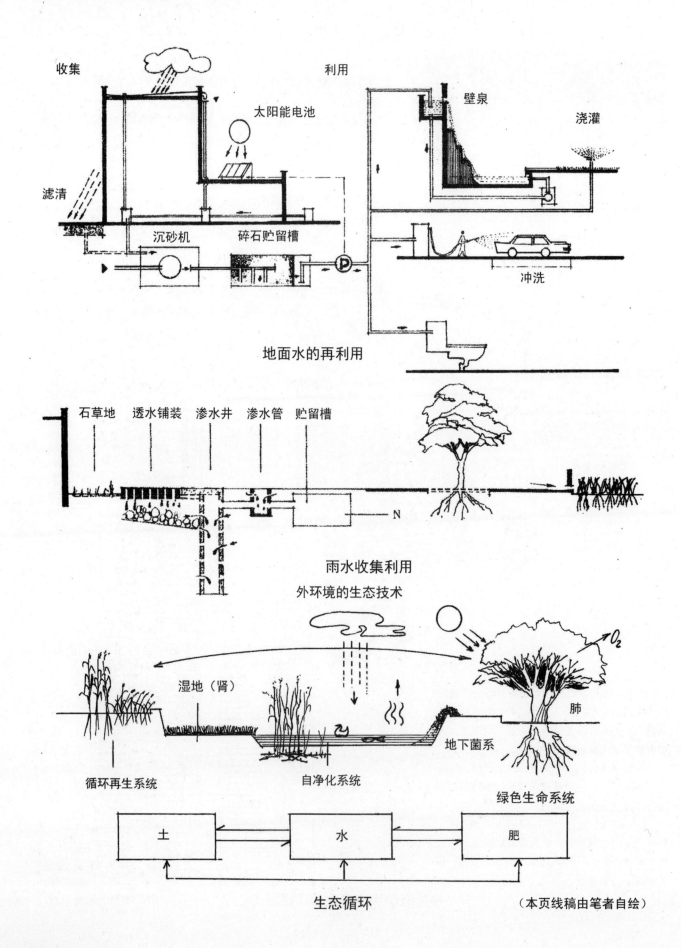

收集　　　　　　　　　　　　　利用

太阳能电池

滤清

沉砂机　　碎石贮留槽

壁泉

浇灌

冲洗

地面水的再利用

石草地　透水铺装　渗水井　渗水管　贮留槽

N

雨水收集利用

外环境的生态技术

O₂

湿地（肾）

肺

地下菌系

循环再生系统　　　　　自净化系统

绿色生命系统

| 土 | 水 | 肥 |
|---|---|---|

生态循环　　　　　　　　　　　　（本页线稿由笔者自绘）

**80**

### 3　以现代信息和数字技术为支撑的建筑形态

在常规的结构设计中，由于运算的繁杂，无法涉足超常态的建筑结构。横平竖直、下大上小、90°直角支撑，是现代建筑的基本模式。但在信息化的今天，特别是数字技术的空前发展，加上高强结构材料与高科技的施工方法的成熟，催生了一批敢于大胆创新的建筑创作，开始挑战地心引力，否定直角成型，追求雕塑感、空间感、视觉张力、多元功能的创作尝试，正在引领建筑的创新潮流，创造前所未有的建筑未来。其中比较突出的是瑞典建筑师卡拉特拉瓦设计的90°旋转大厦，以人体脊椎为原型，创造了风情万种的马尔默这座三十万人口城市的新地标，不仅提升了瑞典人奋斗向上的民族自信，也使得马尔默成为履行低碳环保的践行者。

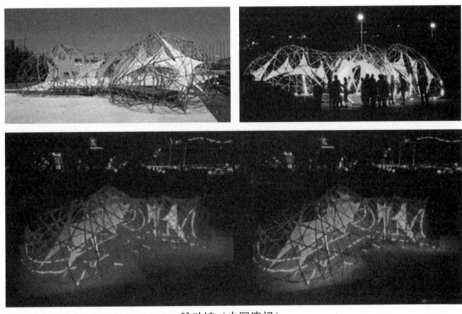

脉动馆（中国澳门）

### 4　基于功能决定论的形态构成

在近现代的建筑创作实践中，已经形成了约定俗称的行为习惯性，一直把内容与形式的统一放在第一位，认为建筑形式必须反映功能（内容），并要有明显的可识别性。即把学校、工厂、办公、政府、机关等不同类型建筑通过形体和立面表现出来，让人们直观地判断出来，是什么，像什么，人人都能识别，不同建筑用不同形式进行表达；其次是以传统作为参照，追求表面上的所谓"风格"上的统一与协调。故有一段时间强调社会主义内容和民族形式的统一。

建筑，就其实质而言，国内外一直坚持"适用、坚固、美观"三原则，几千年来从未改变，而且一直要延续发展。但在具体功能方面，其物理性与精神性所占的比重会与时俱进，在满足基本功能条件下，建筑的精神向社会日益增加，只是低层次的保持脸谱化未必是真正的内容与形式的统一。所谓民族性和地域性，在国际趋同的形势下，强调地域和民族的特性也是十分必要的。然而，在形式上却不必从现象上锁定某些表面符号，定格定式在某一时代。传统式随着时代在发展，如何将传统中的精髓融入现代生活，保持固本求荣，虽然根植于民族的沃土，却发出时代的新芽，应是各国建筑师共同追求的目标。面向社会的发展，生活节奏的变化，时空观念的更新，大家都处于同一起跑线上，不应受原有形式的羁绊。被传统形式或"风格"捆住了手脚，只是踩着传统乐曲中的鼓点，自我陶醉。笔者认为，坚持时代性、民族性、地域性相统一，是不会改变的，但参照构架不应只是停留在表面层次上。社会上流行的"新中式"，对推动建筑创作的发展是有积极意义的，但是真正反映在创作成果上却是艰难的。建筑大师贝聿铭先生在苏博新馆创作中，经过探索为我们树立了良好的榜样，也为建筑形态构成指明了方向。

# 1.2.6  建筑群体空间的组合形式

## 多体部群体空间组合

由若干子系统，按其相互联系程度，有组织、有秩序地相互结合，成为一个结构化的整体，是修建详细性规划的重要内容，也是取得与城市环境相和谐、内外系统融合共生、景观优美的必要条件。群体空间组合，不是单一的平面构成，是融自然、生态、文化、经济、园艺、形态学于一体的竖向设计。就建筑而言，主要体现在路径（车行、人行）与场所（功能性建筑空间）两大系统。其中水体、绿化、台阶、构架、桥涵、空廊都是整体构成的纽带和中介，应统一纳入设计之中，参看下列图表与实例。

单元（间）　串联　垂直升层　并联　单廊　内廊　厅堂　中庭（厅）

**空间组合基本形式**

对于多系统，多功能、内外环境相互结合、建构筑物混杂、有外场地和庭院的复杂群体，其组合形式是复杂多变的，必须因地因对象制宜。其基本形式参看本节内容，下列几则实例说明实际工程是灵活多变的。

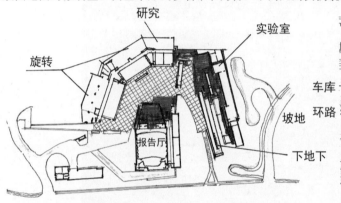

纽约神经科学研究院，含研究部、实验室、报告厅、学院式修道院中心广场。地上地下结合，面向城市开放，故采用旋转式围合

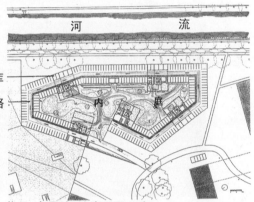

荷兰·布雷达·沙塞公园公寓

为保证每幢楼均有良好的观景视角，采取不同朝向对位布局，以散点式与下沉式庭院结合

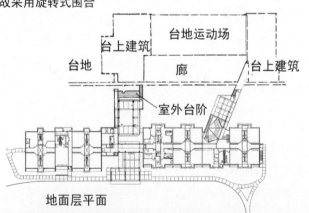

北卡罗莱纳·达拉谟学院小学校（美国）

这是一座位于台地高差的学校建筑，两层，二层用一架空走廊相连，建筑处理规整，用材环保，造价低廉；而空间处理上十分得提，简而不单，层次丰富，特别是室外台阶利用得十分巧妙（右图）

**建筑空间组合形式及实例**

　　群化之形，即指由一种几何形体，将多个体块组合成一种复合型，或由不同几何形体相互组合，一般是通过穿插、咬合、交错、叠合、镶嵌、贯穿、重复、榫卯等方法，将其组合成一个整体。在建筑创作中，一幢建筑往往包含多种不同功能单元，如何使它们紧密、便捷、按人们的行为规律，既有分隔，又有联系的相互组合，成为一幢整体建筑？其基本构成方法是采用路径（厅、廊）将各功能单元连接在一起，形成既有中心又有辐射的空间布局。

## 群体空间组合方法示意（一）　　　　　表

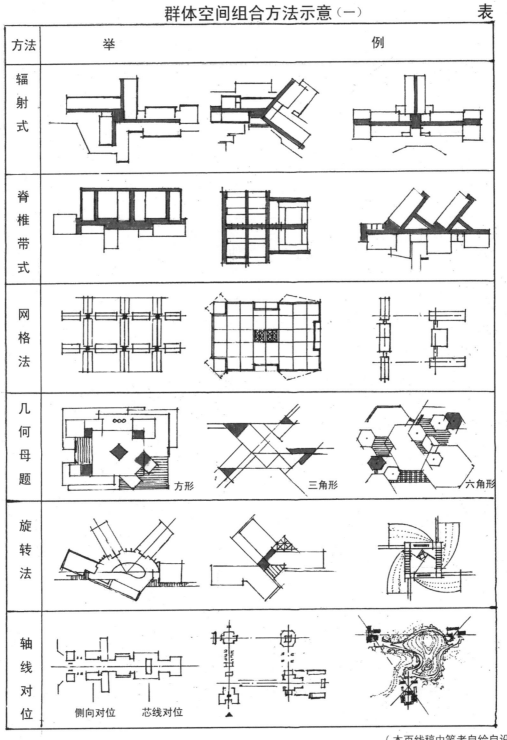

| 方法 | 举 | 例 |
|---|---|---|
| 辐射式 | | |
| 脊椎带式 | | |
| 网格法 | | |
| 几何母题 | 方形　　　三角形 | 六角形 |
| 旋转法 | | |
| 轴线对位 | 侧向对位　　　芯线对位 | |

（本页线稿由笔者自绘自设）

83

## 群体空间组合方法示意（二）　　表

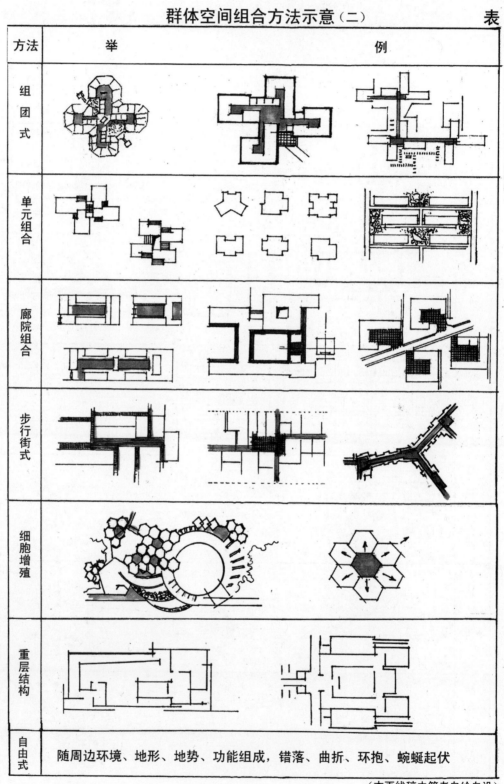

| 方法 | 举 | 例 |
|---|---|---|
| 组团式 | | |
| 单元组合 | | |
| 廊院组合 | | |
| 步行街式 | | |
| 细胞增殖 | | |
| 重层结构 | | |
| 自由式 | 随周边环境、地形、地势、功能组成，错落、曲折、环抱、蜿蜒起伏 | |

（本页线稿由笔者自绘自设）

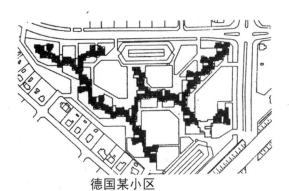

德国某小区

由一种基本单元，拼接成三面围合的开放式
院落空间，形势比较活泼（单元组合式）

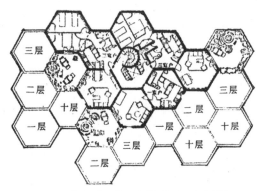

由六角形组合的住宅（法国）

虚空部分为庭院，实围体部为住室，
其边界可虚可实，六角形内也可灵活划分

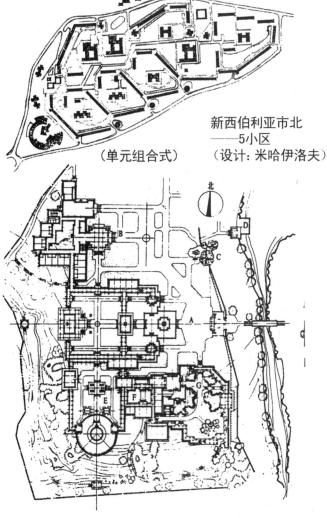

新西伯利亚市北
——5小区
（单元组合式）　　（设计：米哈伊洛夫）

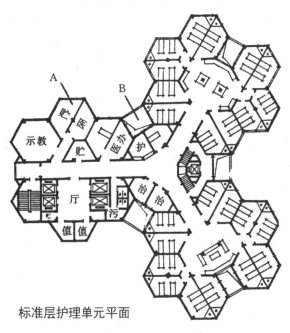

标准层护理单元平面

成都中医学院附属医院主楼

杜康造酒遗址风景旅游区总图　（轴线对位）

A.杜康祠；B.空桑客舍；C.空桑遗址；D.凤泉榭
E.杜康墓园；F.陈列馆；G.醉仙园
1.二仙留云桥；2.酿祖坊；3.小品；4.献殿；5.正殿；
6.金牛亭；7.厢房；8.酿祖亭；9.游廊；10.碑廊

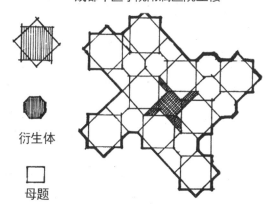

衍生体

母题

路易斯·杰朗图书馆（美国威尔斯学院）

12.8m×12.8m，方形母体，旋转重叠，错落组合

**空间组合实例（一）**

85

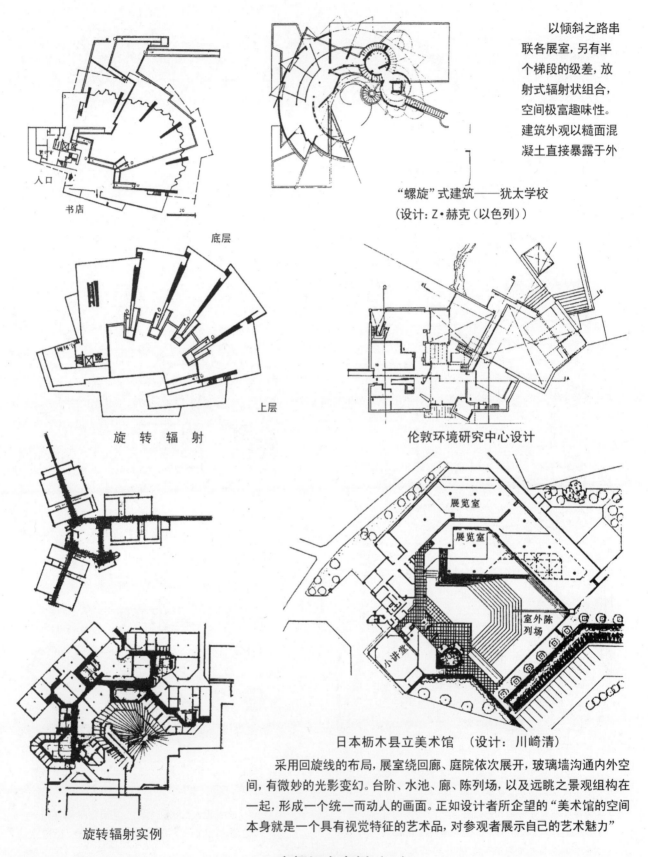

人口

书店

底层

上层

旋 转 辐 射

旋转辐射实例

以倾斜之路串联各展室,另有半个梯段的级差,放射式辐射状组合,空间极富趣味性。建筑外观以糙面混凝土直接暴露于外

"螺旋"式建筑——犹太学校
(设计:Z·赫克(以色列))

伦敦环境研究中心设计

展览室

展览室

室外陈列场

小讲堂

日本栃木县立美术馆 (设计:川崎清)

采用回旋线的布局,展室绕回廊、庭院依次展开,玻璃墙沟通内外空间,有微妙的光影变幻。台阶、水池、廊、陈列场,以及远眺之景观组构在一起,形成一个统一而动人的画面。正如设计者所企望的"美术馆的空间本身就是一个具有视觉特征的艺术品,对参观者展示自己的艺术魅力"

## 空间组合实例(二)

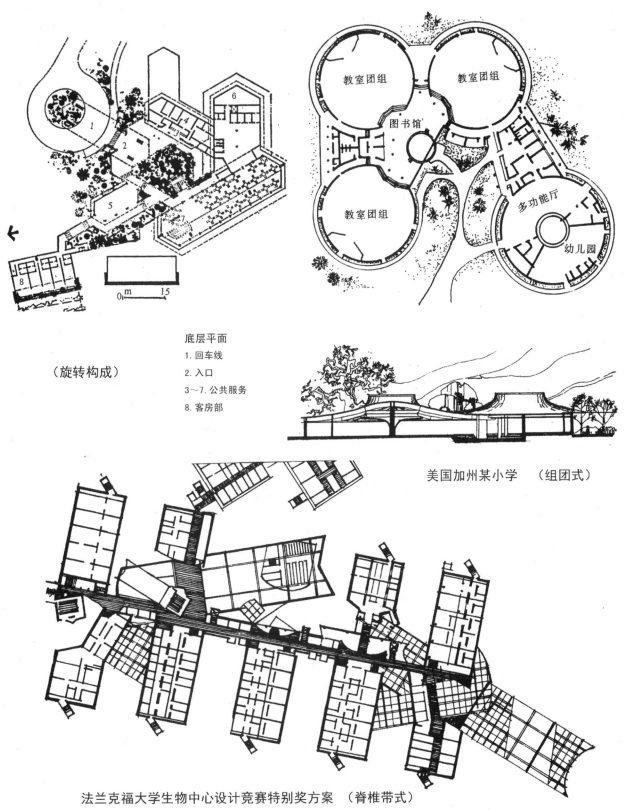

教室团组

教室团组

图书馆

教室团组

多功能厅

幼儿园

（旋转构成）

底层平面
1. 回车线
2. 入口
3～7. 公共服务
8. 客房部

美国加州某小学　（组团式）

法兰克福大学生物中心设计竞赛特别奖方案　（脊椎带式）

作者根据生物构造的几何图形与建筑形体存在同一性的关系，认为DNA经过重组、转换可译为蛋白质。其采用非直线的鱼骨式连廊以求布局之新意，但形多少受构成主义的影响

## 空间组合实例（三）

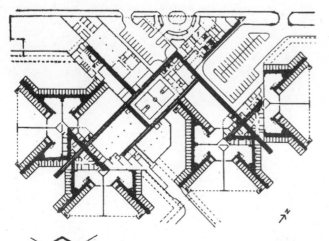

该设计着眼于把被动式劳教变为主动式的自我管理型,密切教与被教的关系。把空间分为若干个组团,安排必要的公共活动。平面按辐射式由管理室向四周发射。

费城工业教养中心（美国）

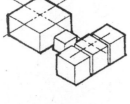

某电子计算机控制中心——以庭园为中心——一干三枝结构

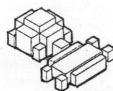

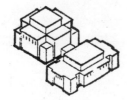

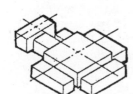

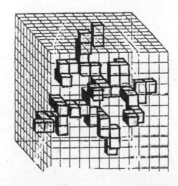

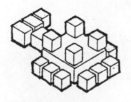

网格的多维结构

**空间组合形式（四）**

博帕尔考古博物馆

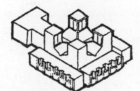

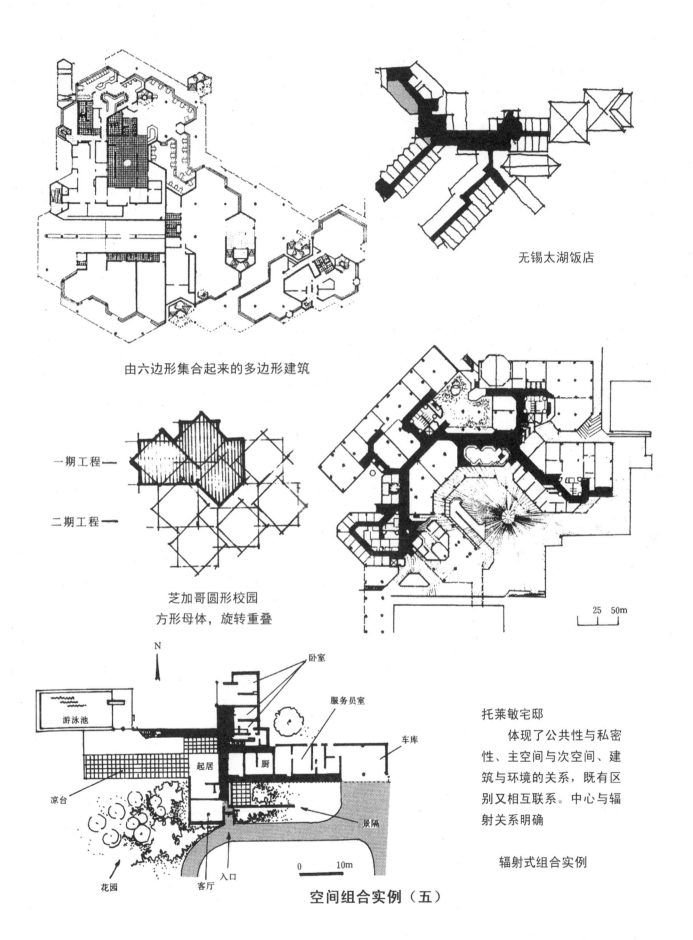

无锡太湖饭店

由六边形集合起来的多边形建筑

一期工程——
二期工程——

芝加哥圆形校园
方形母体，旋转重叠

25　50m

N

卧室

服务员室

车库

游泳池

起居　厨

凉台

景隔

花园　入口　客厅

0　　10m

托莱敏宅邸
　　体现了公共性与私密性、主空间与次空间、建筑与环境的关系，既有区别又相互联系。中心与辐射关系明确

辐射式组合实例

**空间组合实例（五）**

# 1.2.7　行为场所的营构

从概念上首先要分清空间、场所、行为场所的不同含义。

**空间，**一般是指具有长、宽、高物理尺度（统称容量）和由边界围和的范围，是承载各种功能活动的载体。

**场所，**是指某种行为和事件、活动所发生的时间和地点、场合。

**行为场所，**则是上面两项的综合，即空间＋场所＝行为场所。因此，在环境设计时，所谓场所均指行为场所而言，即涵盖了具有相应的活动内容，又有相应的空间容量，以及可持续的活动时间和便捷的交通联系。从中可以看出，在行为场所概念中，人是主导因素，没有人的活动参与，空间只是闲置无用之地，不具任何社会效应。所以场所要根据人的活动需求、行为习惯、聚合组群、集散方便等因素进行建构。如果忽略了人的行为因素，即会出现所谓"大而无场"、"大而不当"、"拥塞封闭"等弊病。

其次，应建立"场"的概念。"场"在物理世界中，有电场、磁场（电磁场）、气场、辐射场等实际存在。在空间与环境艺术构成中，也可以完全模拟。事实上，在人们的头脑中也有类似的"场效应"，并通过仪器可以检测得到。所谓"场效应"，是指以中心为原点，具有向心的聚合力，对周边产生吸引作用。引力的大小随距离平方而衰减，距中心越远，离心力增大，向心力则越小。场既有向中心收敛的聚合力，又有向四周发散的辐射性。所以围合的空间，具有一种内敛的居留感。人们在空间中可以感受一种有依靠、有安全感的亲和作用，聚气而不耗散，流连而忘返。

不同的围合形式及空间容量有不同的场效应。若想按人的活动需求和类聚特征将人们既有分散又有群聚地安置在各个行为场所中，就要着眼于空间的整体布局，然后是按需分隔，化整为零和积零为整，是场所营构所必须的环节。谨防只见物（形）不见人的偏向。

实践证明，有无行为场所观念是衡量是否以人为本的试金石。心中有人的概念，笔中就有"为人"的筹划，建成环境就有为人服务的行为场所。

长期以来，人们习惯于按"功能论"进行建筑创作。因为在经济不发达时，建筑的适用功能是非常重要的，而且功能类型有限。所以按类型进行量体裁衣式的平、立、剖面组合和功能流线组织即构成创作的焦点；除建筑之外，很少顾及。随着时代的发展和经济水平提升，人们逐渐从谋生走向乐生，建筑创作也开始走向了以空间为主的弹性设计；而后逐渐地走向了建筑与环境共生的建筑观；随之出现了场所意识，将简单的生活功能转化为休闲、娱乐、观赏、共享、信息、交流、情感体验等多种社会性公共活动；随之出现了行为场所和场所精神的设计理念，并且是在没有理论准备和实践经验基础上，即在社区和城市中迎来了大规模公共空间（含庭院、广场、绿地、公园、水体）的场所营构。所以，旧有的那种只见房屋不见环境，只见物不见人的残留的狭隘观念，造成了"大而无场"、"大而不当"、"空而敞"，人在空间中无地可容，座不能依、立不能靠、谈而无伴、动而无群、观而无景的尴尬。所以强调场所观念，树立行为场所的理念是有现实意义的。

作者描绘

人是按兴趣群集结，场所是按活动内容与组群扩容的，不同场所承载不同活动。

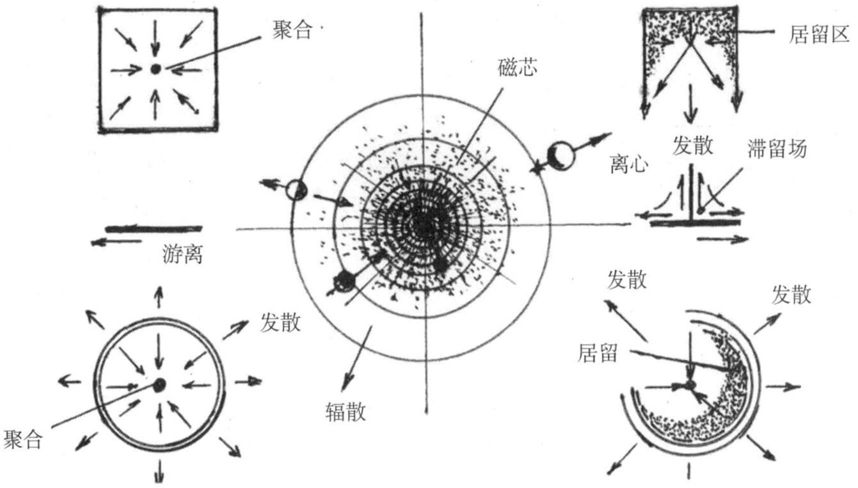

聚合

磁芯

居留区

离心

发散 滞留场

游离

发散

发散 发散

聚合 居留

辐散

场效应图解 （自绘自设）

主庭（集会广场）

筑波大学校园广场（日本）

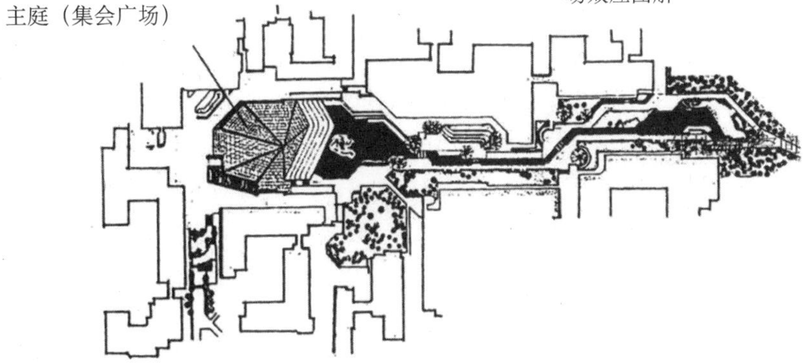

以图书馆前广场为活动中心，人的行为流由广场向校园内部，沿水系流动至各功能区域

空间场与空间流实例

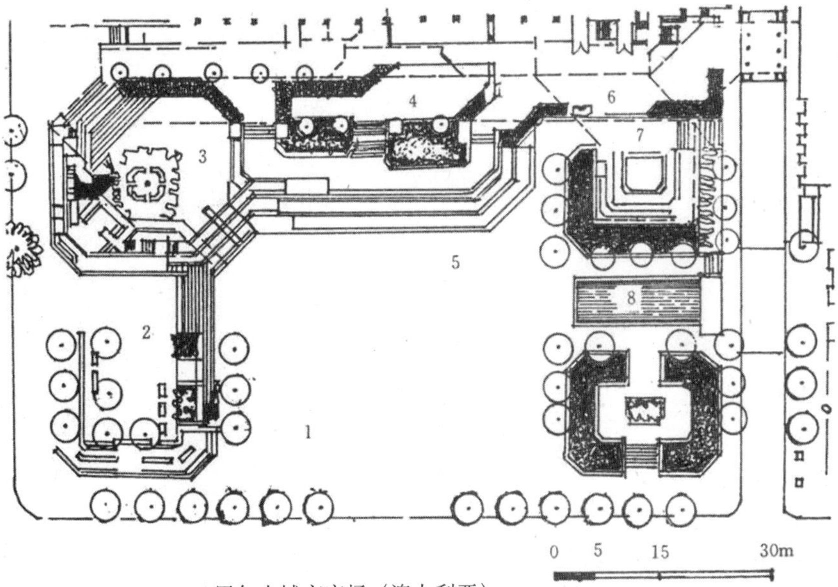

一座完全按不同活动内容营构的各种行为场所，人在广场内各有所选，各有所依

0  5  15  30m

墨尔本城市广场（澳大利亚）

1. 主庭
2. 临时展览聚会
3. 泉水区
4. 敞廊
5. 叠泉
6. 室外咖啡座
7. 露天剧场
8. 水池

广场的周边考虑人的多层次需求，以多样性的可选择的小空间，将公众分散在各个小型场地中，使之各得其所；而中心的大空间可以用作公共的、可变的多功能性的活动需求，同时也增强广场的开阔度。小空间层次丰富，颇有个性和情趣。大空间具有高适应性和开放性，使人收有所聚，放有所敞。

（本页的线稿由笔者自绘自设）

**场所的空间效应：** 聚合与发散、辐射与辐散、中心与辐射、向心与离心、停驻与流动、围合与开敞、对视线的集注、行为导向、心理暗示、行为的参与和回避都会产生影响，使人随机选择

具有明显的场效应的空间格局

虚拟围合的场空间

链与环式空间场与空间流 （自绘）

路径与场所构成

绿阴广场

东京六本木的内庭空间

下沉式广场与屋顶平台组合的
复式空间场 （三村输弘摄供）

圣马可广场
由四面围合成具有内向型活动
的场所空间，只有三个空间出
入口

（本页图片由笔者自摄）

洛克菲勒中心下沉式空间

人在场所中停留需要以凳、椅、阶、台作为依靠，没有依靠无法停留，而座椅的布置形式对人的行为和社会交往有一定影响。群集空间的座位布置参见图示。

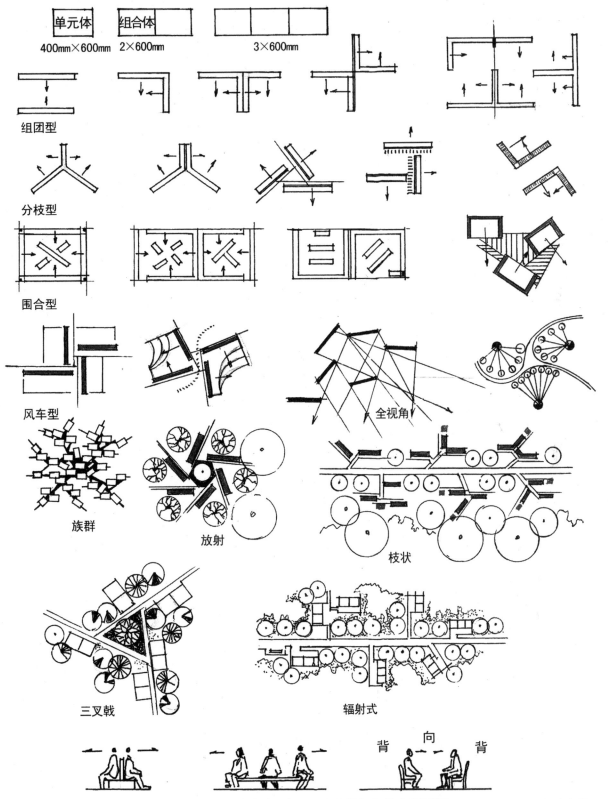

城市人流密集型（学校、广场、综合体）座位布置图解（本页线稿为笔者自绘自设）

　　某欢乐谷景观设计中，以天然石材组成石阵，围合成露天舞池，配以音乐控制，为人们提供律动畅舞的场所，满足即兴表演需要。石阵高低错落，既可攀爬，亦可作为"天然的"观赏看台。

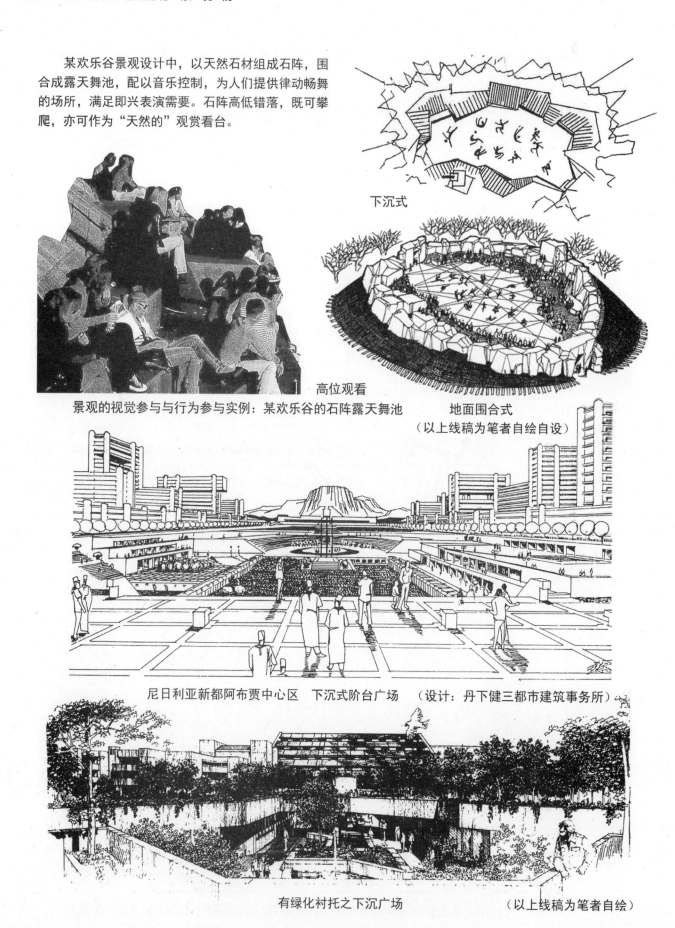

下沉式

景观的视觉参与与行为参与实例：某欢乐谷的石阵露天舞池

高位观看

地面围合式

（以上线稿为笔者自绘自设）

尼日利亚新都阿布贾中心区　下沉式阶台广场　（设计：丹下健三都市建筑事务所）

有绿化衬托之下沉广场　　　　　　　　　（以上线稿为笔者自绘）

# 1.2.8　"路"的哲学

天下本无路，"敢问路在何方？路在脚下！"路是人走出来的。

类型学把城市概括为"街道、建筑、广场"三大元素，路居其中。凯文·林奇在"城市中的意向"中把道路、边界这两种线性空间列为五要素之二，同时"节点"、"域面"、"标识"也都是串联和孕育在道路之中。

在城市和乡镇规划中，城市的功能分区、结构布局、街巷空间组织都是从确定路网开始的。路在组织功能、组织交通、方便生活方便功不可没。

我们把空间作为建筑设计的核心内容，按人在空间和时间中的行为方式，不外乎是由场所和路径两种行为模式构成的。而路径又是连接场所的纽带，形成空间结构的肌理，生成空间气氛的孵化器，建构公共通廊的桥梁，形成空间秩序和行为秩序的关键。

在经济上，素有"要想富，先修路"的"名言"。因为路带来货运之流通，交通之便捷，带动两侧房屋的价值，提升住所选择的重要条件，也是节约能源的一项不容忽视的内容。

道路作为一种线型延展性空间，具有串联、聚拢、辐射、导向、连接、分导、转折、分隔的空间作用，创造一种组织化、结构化、网路化的有机整体。

道路分主、次，主、辅及人车分流、车步共道、全步行等数种类型，分布在城市中，相互交织成网，构成连续化的城市脉络。所谓"结构"，指的就是元素（场所）之间的组合关系，道路是形成结构关系的必要条件，是一种举足轻重的关系元素。

在造园组景中，"山路弯弯"、"曲径通幽"、"峰回路转"、"曲直相间"、"刚柔相济"、"蜿蜒曲直"、"形断意连"、"起承转合"、"抑扬顿挫"、"步移景异"、"咫尺天涯"……都与路径组织有关。

在组织步行道路系统时，按人的行为规律基本上分为三种模式：第一种是在两节点之间，按直接通行的必要性行为，诸如通学、通勤、送托、邮递等活动；第二种是具有可选择性的间接目的行为，诸如购物、参观、投亲访友、逛街、散步等活动；第三种是业余性的，可以随机、随性、随意自主选择，不受既定目标和时间约束的行为，诸如逛公园、旅游观光、健身游乐、休闲体验、业余散步等活动。在空间组合中可以单独采用，也可以三种同时并用，因条件制宜。

在组织车行和人行道路时，都有连续生长的直线运行；按分节秩序、插入若干节点、有节律的运行；出现分岔和错位的划分与化合，按衔接与过渡、转换与辨识的运行。所以在组织路线时要有指向、导向、转向的标识来配合。其中的"节"空间十分重要，特别是在城市综合体、商业步行街、主要景观大道和冗长的直线式长廊中，"节"空间，可以起到化整为零，长向短分、形成节奏、树立标识、空间定位等多项积极作用。建议在空间组合中适当运用。

路的哲学，也是路之"道"，设计的道理。路常与道和理相联系，所谓道路，道理，"条条大路通北京"、"殊途同归"、"路漫漫其修远兮"，都是指"途径"、"目的"、"目标追求"。可见，路径组织和道路设计，是一项十分重要的课题。有关图式参看例图所示。

敢问路在何方？路在脚下。路是人走出来的，人在路中意味人在通往场所的途中

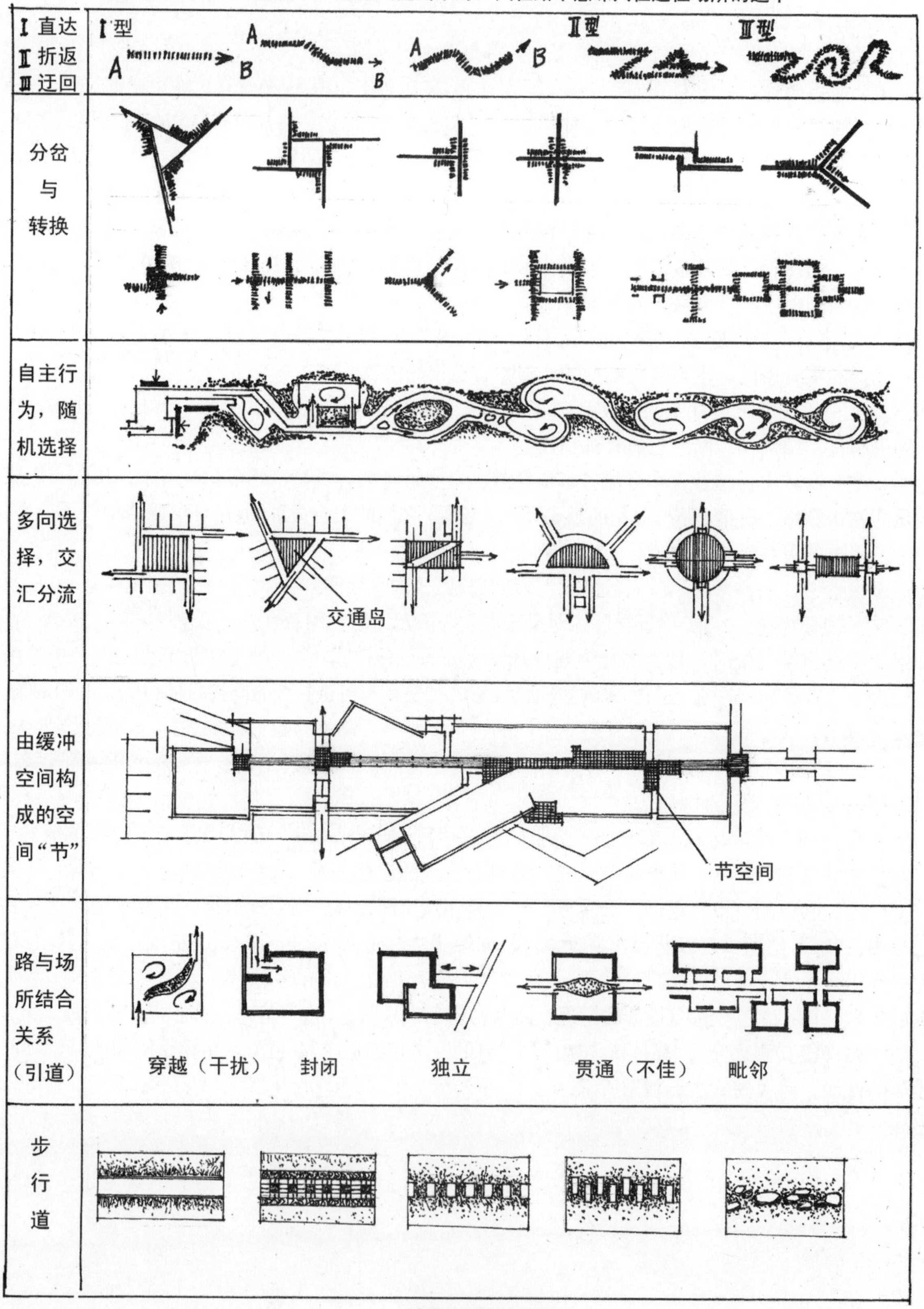

Ⅰ直达
Ⅱ折返
Ⅲ迂回
Ⅰ型
A
B
A
B
A
B
Ⅱ型
Ⅲ型
分岔与转换
自主行为，随机选择
多向选择，交汇分流
交通岛
由缓冲空间构成的空间“节”
节空间
路与场所结合关系（引道）
穿越（干扰）
封闭
独立
贯通（不佳）
毗邻
步行道

路径的各种图式

（本页线稿由笔者自绘自设）

路径图示

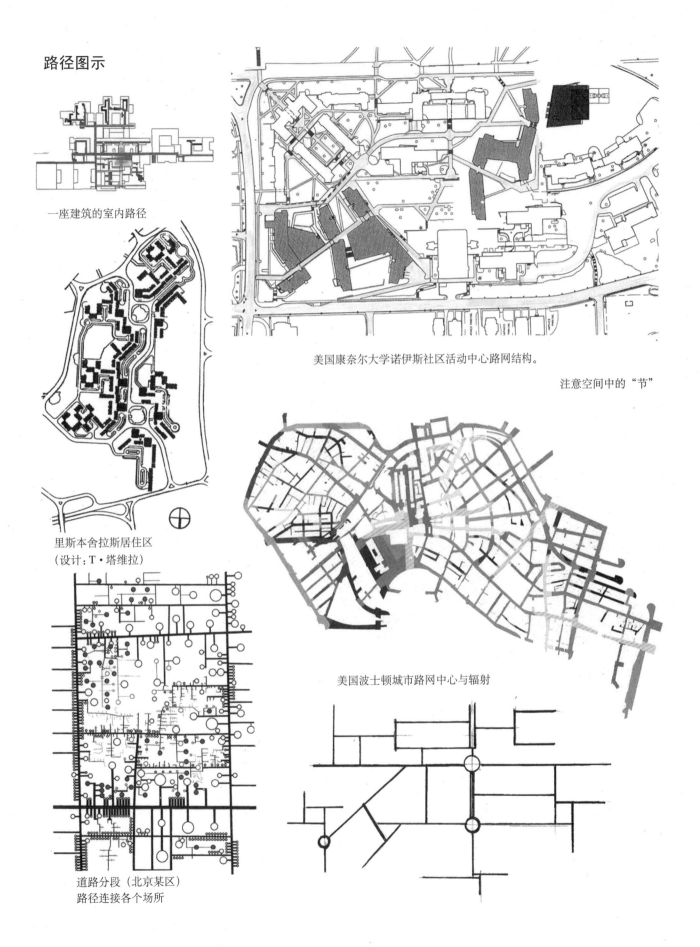

一座建筑的室内路径

里斯本舍拉斯居住区
（设计：T·塔维拉）

道路分段（北京某区）
路径连接各个场所

美国康奈尔大学诺伊斯社区活动中心路网结构。

注意空间中的"节"

美国波士顿城市路网中心与辐射

## 1.2.9　形的边界形态

世间万物皆有其形，而形又都是由线和面所包容，并具有对内封闭对外开放的特性。其表面是介于形内与形外的临接界面，具有内外兼顾的双重信息。正如一切有机体，包括人体在内，都是由表皮和肌体两部分组成。肌体内部按经络构成生命运动；而皮肤则负责与外部世界保持新陈代谢；生长毛发以防御，留有毛孔以排热和排汗。

形的边界，对于有机体来说，按自身生长规律，往往呈现不规则形状，借以保持能量，输送营养，减少消耗，延长生命。比如一片叶子，周边多有齿刺，叶面上表面光洁有利光合作用，下表面则多有茸毛，起到防御和减少蒸发。这是一种生命的逻辑存在形式。即使无机的矿物体，因为大自然的造化，也都体现与环境共生的状态，与周边的地被与矿体保持着生态平衡。形之所成，托体而生。所以，我们在进行艺术构形和营造建筑空间时，可以模拟自然形态，对于形的边界和体的界面进行一定的处理；使景中与景外，室内与室外，形内与形外，产生彼此关联，相互融合，相互因借，相互渗透，互补共生，内外兼顾，从而使形与空间的无限延伸感和有机生长运动感得以充分体现。

为达到上述目的，在边界和界面处理上，常采用交错、重复、咬合、穿插、叠落、起伏、不完形、模糊含蓄、因子渗透等不确定性处理方法（或称作模糊限定法），增加空间的层次感和深远感，以及形的信息含量。

在日常生活中，边界和界面，为我们提供视线的穿越、心理的跨越、行为的依靠和方向识别与诱导。例如，路边、墙边、步道廊、水边、岸边、阶台、高架的人行步道等，常常是人们集注视线和流连忘返的体验场所。既有功能适用性，又有艺术欣赏性，如能进行适当的处理，将会产生较好的社会效应。

边界的效应十分明显。形与空间的变化全靠边界的处理，边界是一个敏感的地带，视线的聚焦点，具有内外兼顾双重信息的承载体，也是创作的难点，既要丰富，又要简约。

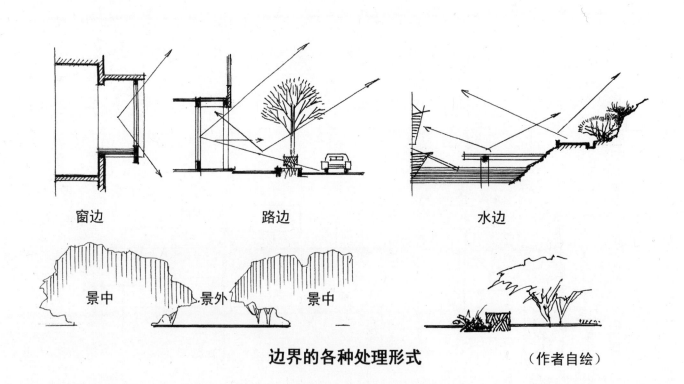

窗边　　　　路边　　　　水边

景中　　景外　　景中

**边界的各种处理形式**　　　　（作者自绘）

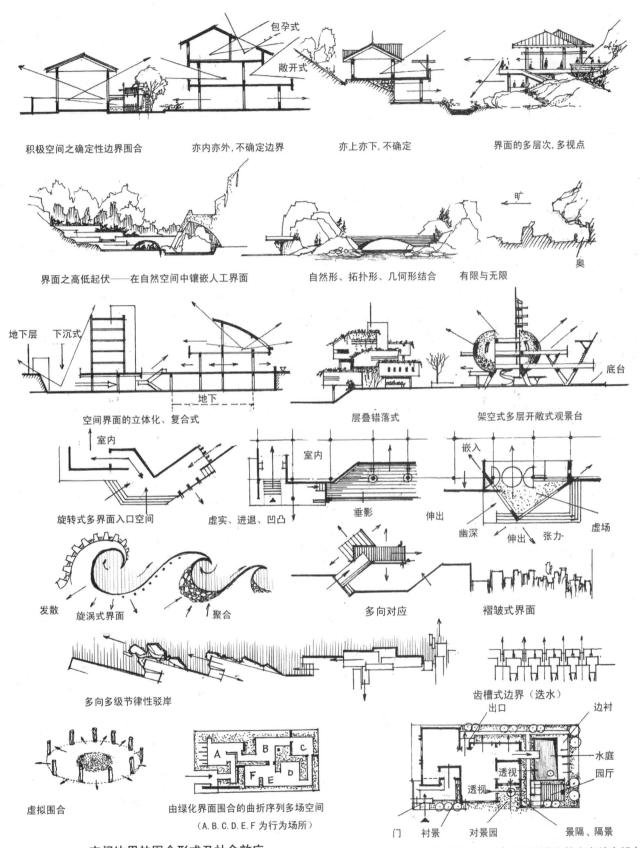

积极空间之确定性边界围合　　　亦内亦外,不确定边界　　　亦上亦下,不确定　　　界面的多层次,多视点

界面之高低起伏——在自然空间中镶嵌人工界面　　　自然形、拓扑形、几何形结合　　　有限与无限

空间界面的立体化、复合式　　　层叠错落式　　　架空式多层开敞式观景台

旋转式多界面入口空间　　　虚实、进退、凹凸　　　垂影　　　伸出　　　幽深　　伸出　张力　　虚场

发散　旋涡式界面　聚合　　　多向对应　　　褶皱式界面

多向多级节律性驳岸　　　齿槽式边界(迭水)

虚拟围合　　　由绿化界面围合的曲折序列多场空间(A.B.C.D.E.F 为行为场所)

**空间边界的围合形式及社会效应**　　　**利用各种界面形式构成的景园**(本页线稿由笔者自绘自设)

亦上亦下,亦内亦外,亦虚亦实,高低错落,环绕阻隔,山重水复,迂回断续,界面变化之法也

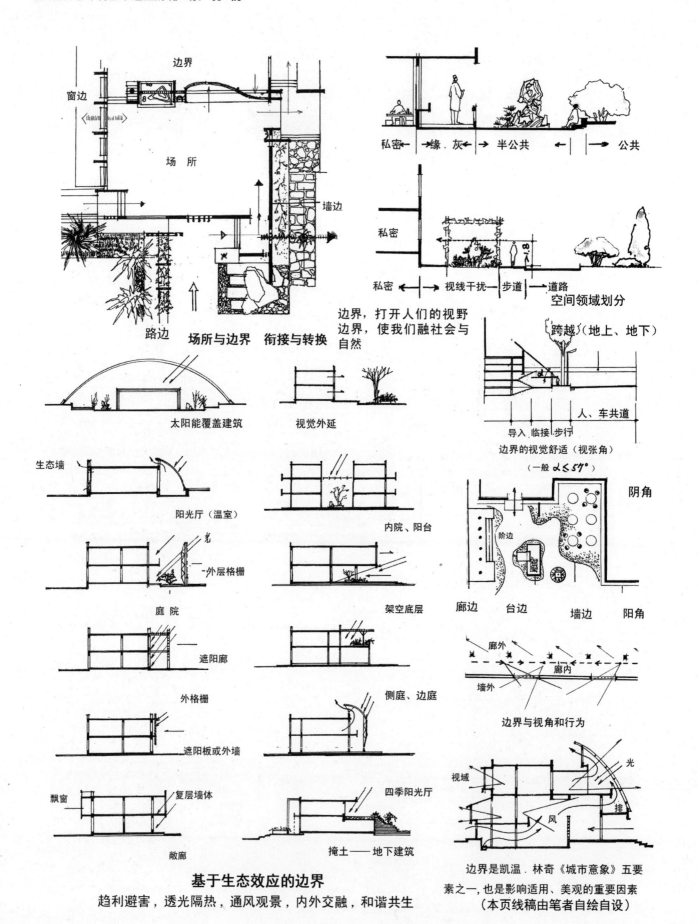

边界

窗边

场 所

墙边

路边

场所与边界　衔接与转换

私密← →缘·灰 →半公共 ← →公共

私密

私密 ←视线干扰→步道→道路
空间领域划分

边界，打开人们的视野
边界，使我们融社会与
自然

太阳能覆盖建筑

视觉外延

跨越（地上、地下）

人、车共道

导入 临接 步行
边界的视觉舒适（视张角）
（一般 $\alpha \leqslant 57°$）

生态墙

阳光厅（温室）

内院、阳台

阴角

庭院

架空底层

阶边

外格栅

侧庭、边庭

廊边　台边　墙边　阳角

遮阳廊

廊外
廊内
墙外
边界与视角和行为

遮阳板或外墙

飘窗　复层墙体

四季阳光厅

视域

光

排

风

敞廊

掩土——地下建筑

**基于生态效应的边界**
趋利避害，透光隔热，通风观景，内外交融，和谐共生

边界是凯温·林奇《城市意象》五要
素之一，也是影响适用、美观的重要因素
（本页线稿由笔者自绘自设）

## 空间底界面的柔化、软化、镶嵌、融合与不定性处理方法与实例

　　现代城市中，道路、庭院、广场铺地多属于平铺直叙，满铺，缺少变化，到处雷同，机械呆板。如能进行局部处理，在不影响交通安全条件下，增加些凹凸、起伏、褶皱、进退、细化处理，一定会有较大的视觉变化的

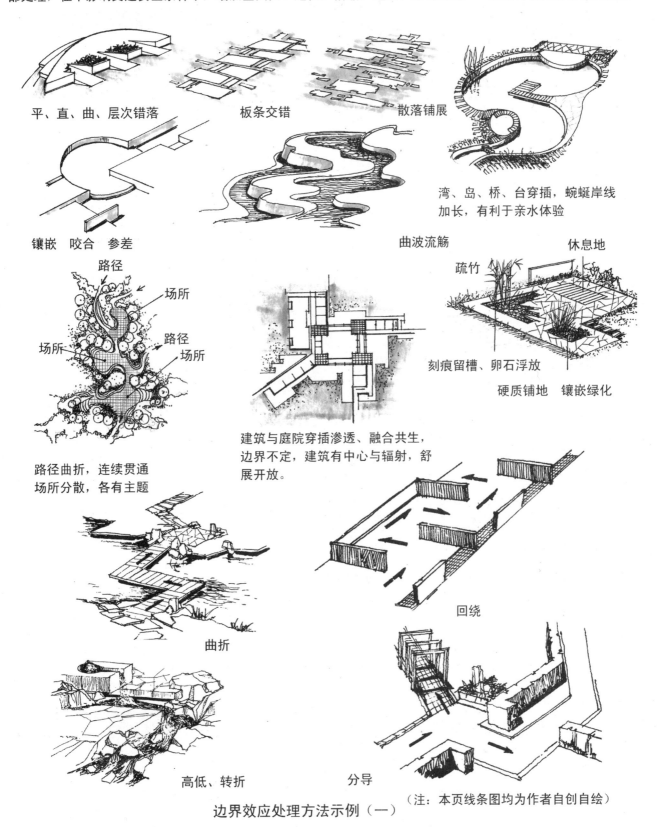

平、直、曲、层次错落　　　　板条交错　　　　散落铺展

镶嵌　咬合　参差　　　　　　曲波流觞

湾、岛、桥、台穿插，蜿蜒岸线加长，有利于亲水体验

路径　场所　场所　路径　场所

疏竹　休息地

刻痕留槽、卵石浮放

硬质铺地　镶嵌绿化

路径曲折，连续贯通
场所分散，各有主题

建筑与庭院穿插渗透、融合共生，
边界不定，建筑有中心与辐射，舒
展开放。

曲折

回绕

高低、转折　　　　分导

（注：本页线条图均为作者自创自绘）

边界效应处理方法示例（一）

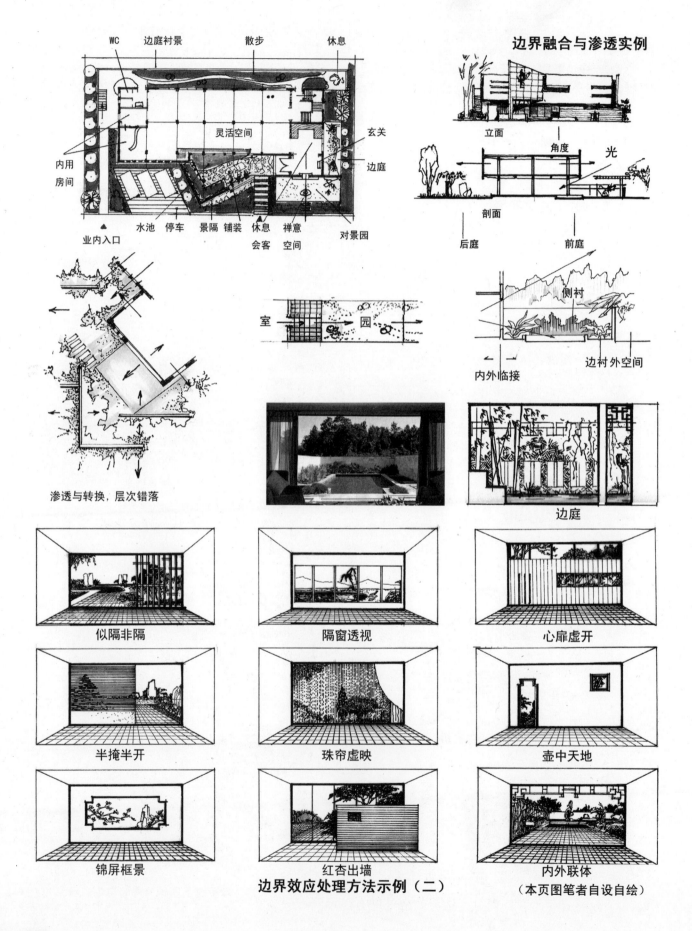

边界融合与渗透实例

WC　边庭衬景　　散步　　休息

灵活空间

玄关

边庭

内用
房间

▲
业内入口　　水池　停车　景隔　铺装　休息　禅意　　对景园
　　　　　　　　　　　　　　　　会客　空间

立面

角度　　光

剖面

后庭　　　前庭

渗透与转换，层次错落

室　　　园

侧衬

内外临接　　　边衬外空间

边庭

似隔非隔　　　　　　隔窗透视　　　　　　心扉虚开

半掩半开　　　　　　珠帘虚映　　　　　　壶中天地

锦屏框景　　　　红杏出墙　　　　　内外联体

**边界效应处理方法示例（二）**　　（本页图笔者自设自绘）

# 第三章 形 变

古人说:"天行有常,不为尧存,不为桀亡"。宇宙是按自己的发展规律在变化,变是永恒的,不变是相对的。关键是要寻找变化之"道"。建筑与环境的发展也应与社会同步。今天的社会已不是牛车、马车、汽车、火车时代,已进入高铁和飞机的时代。所以,在观念上不能墨守成规,在方法上则要按既合目的性,又合规律性地求新、求变、求活。这正是本章要讨论的核心。

《庄子·天地》:"物成生理谓之形,形体保神。"事物是有形有神的,形体是神思的载体,形神共为一体,不可乖违。

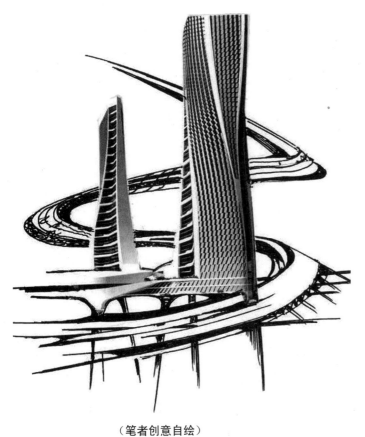

(笔者创意自绘)

11m高手纺车室外装置
设计：LIVE Architecture（印度）

## 1.3.1 形变之"道"

### 1 化而裁之谓之"变"

"化而载之谓之变"是《易经》中的一句话,其含义是指审时度势,进行相互推移、转化、裁断、演绎、斟酌、嫁接、量体裁衣。是一种有目的、有规律的变化,是为了更加通顺,更符合需要的变化。

在人们的内心世界中,求新、求变、求异之心人皆有之。在自然界中,"变"也是一种自然的生长现象,万事万物皆处于动态变化之中。动是永恒的,静止不变则是相对的。在建筑与环境的造型艺术设计中,也十分强调创新性，如果只限于几种固定的几何图形和程式化组合方法，进行堆积拼凑，那只是一种毫无意义的原地踏步、无谓的重复，必将导致处处相似雷同。所以，艺术的创造必须善于应变，与时俱进。然而，变是相对于"普通"、"一般"、"平常"、"单一"、"雷同"、"单调"、"死板"、"平淡"而言的。"变"并不是直接目的，只是一种手段，强调的是因时、因地、因人、因对象之不同而变化，并且要依据一定的规则来变化，即"万变不离其宗"。所谓"宗"，是指"本质"、"根本"、"基础"、"本原"、"基因"。所以，变是为了"活"、"丰富"、"更好"、"更具有生命活力"、"更易识别和认同"，更符合生活实际和行为的规律，更便于情感的体验，而并非毫无因果关系的乱变。

自然界寒暑交替，四季分明，日夜有别；物理世界的大与小、正与负、阴与阳、多与少、刚与柔；空间组合中的收与放、开与阖、转承启合、开敞与封闭、疏与密、化分与化合、连续与断续等等，无不讲的是变化之道。

### 2 传统文化中有关形变的理论

什么是变化之道？笔者认为早在两千多年前，《易经》与《道德经》已说得很清楚了。易经上说："生生之谓易"，"化而裁之谓之变，推而行之谓之通"；强调"刚柔相推"，"一阳一阴谓之道"……其总体意思就是说，世间的万物存在着相反相成的关系，如阴阳、刚柔、动静、有无、往来、明暗、前后、开关之间，既存在相互矛盾，又相互依存，相互转化，相互推移，相互化解，交叉感应，相互对比等关系。其间可以产生生生不息的无穷变化。然而，变化又是有原因和目标的。譬如，"尺蠖之屈，以求信也；龙蛇之蛰，以存身也；精义入神，以致用也；利用安身，以崇德也"[①]。即是说，弯曲是为了伸张，冬眠是为了保存生命来年再发展；钻研是为了日后的应用；掌握知识，是为能提高道德素养。一切的变都是为了越变越好、更活，并没有无缘无故为变而变，可谓不乱不治，不破不立，不止不行，不塞不流，不屈不伸。又说："穷则变，变则通，通则久。"当此路不通时，变则可以通达，一旦路径通畅了则可以久远。

子曰："天下何思何虑，天下同归而殊途，一致而百虑，少则得，多则惑，途虽殊，其归则同，虑虽百，其致不二"。即是说，大家从不同方面思考，采用不同的策略方法，走不同的途径，但都是朝向某一目标而努力（即更好、更快、更活、更理想），其结果都可以取得一致的效果，殊途而同归。

老子也曾经说过："有无相生，难易相成，长短相形，高下相盈，音声相和，前后相随。"老子更加清楚地说明，相互对立的事物，总是以相生又相克，相反又相成，相互对立又相互转化，交替互补、推移共济中同时存在着。如果能适度、得体、合宜、统一中有变化，以变化求统一的原则进行重组、剪裁、嫁接、重构、融合、渗透、交错、叠合、镶嵌、变位等办法加以变化，既不失其整体性，又能收到丰富多变的效果。

应该指出的，变化是让图像更有秩序，更易识别，更易赏心悦目，更简明，更符合人的审美需要；而不是追求繁杂，制造茫然无序，导致拥塞累赘。当前有些学子误认为繁复是一种"能力"，一种"水平"，一种"与众不同"，"技艺高超"，实际是走入误区，迷失了创作的方向，事倍而功半。我们既要看到一切物象都是可变的；同时又要注意一切变化都是有序的。本文仅以作者自己的体验，用图加以说明。

---

① 出自《周易·系辞下》。

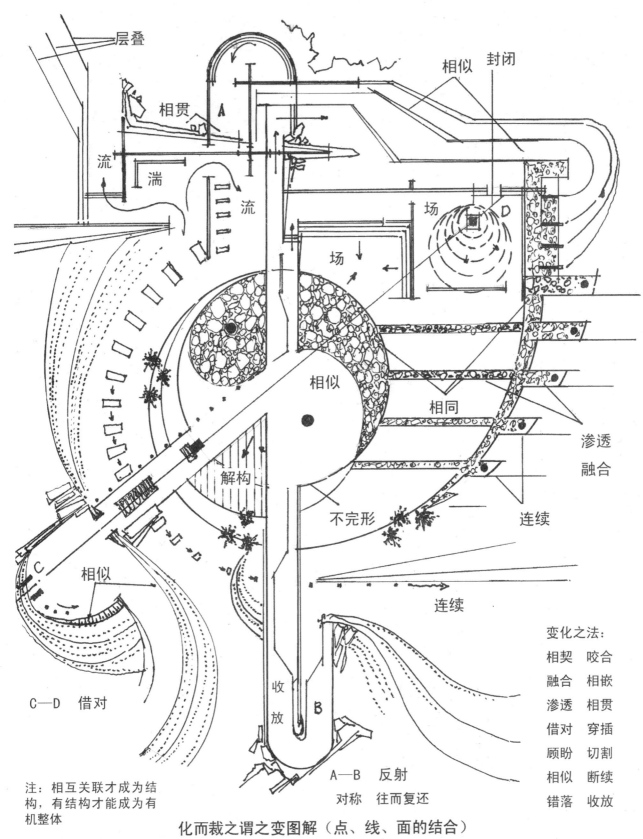

层叠

相似　封闭

相贯　A

流

湍

流

场　D

场

相似

相同

渗透

融合

解构

不完形

连续

C

相似

连续

C—D　借对

注：相互关联才成为结构，有结构才能成为有机整体

变化之法：

相契　咬合

融合　相嵌

渗透　相贯

借对　穿插

顾盼　切割

相似　断续

错落　收放

收放　B

A—B　反射

对称　往而复还

**化而裁之谓之变图解（点、线、面的结合）**

化：相互转化、化解、划分与化合；　　裁：配置、搭配、剪裁；　　化裁：组织、编排、配位

（本页线稿由笔者自绘自设）

## 形之变——按一定组合关系形成结构化整体

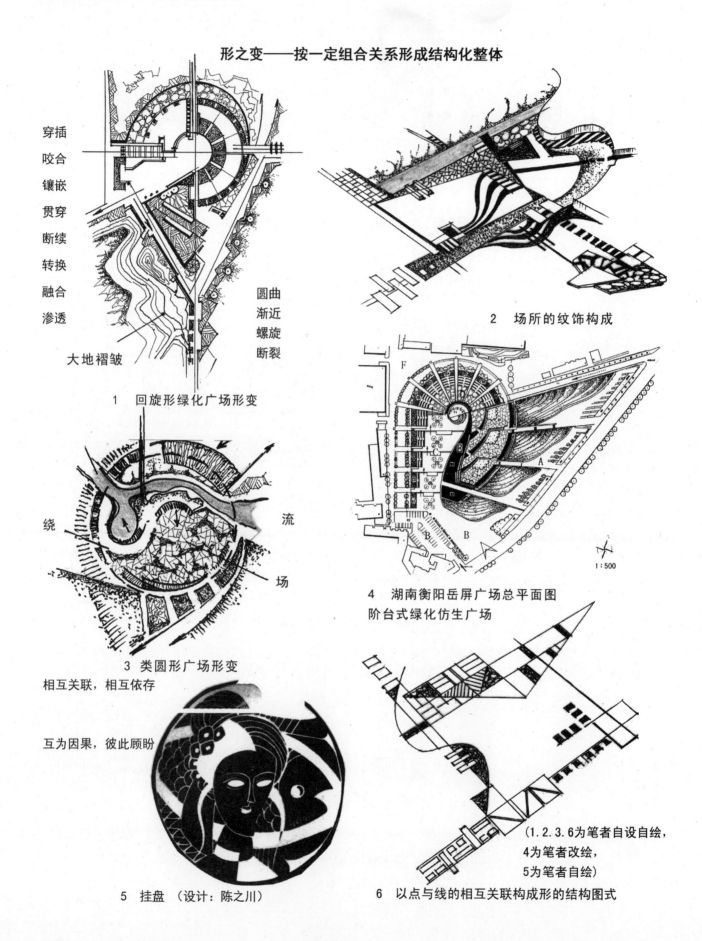

穿插
咬合
镶嵌
贯穿
断续
转换
融合
渗透

大地褶皱

圆曲
渐近
螺旋
断裂

1　回旋形绿化广场形变

2　场所的纹饰构成

绕

流

场

3　类圆形广场形变

4　湖南衡阳岳屏广场总平面图
阶台式绿化仿生广场

1:500

相互关联，相互依存

互为因果，彼此顾盼

5　挂盘（设计：陈之川）

（1.2.3.6为笔者自设自绘，
4为笔者改绘，
5为笔者自绘）

6　以点与线的相互关联构成形的结构图式

## 1.3.2　形变的常用方法

### 1　形的简约

简约，是人类认知事物，观察世界，进行科研的必要条件。简约就是去除累赘，透过现象看本质，删繁就简，削枝保干，清除假象，返璞归真，节约精力，积蓄能量，抓住本质，认清本原。即我们通常所说的万变不离其宗。简约就是要认清这个"宗"、"元"、"根"、"道"、"本"究竟是什么？爱因斯坦曾说："让一切尽可能简单，而不是较为简单而已"。他身体力行推广这种理念，用一个简单不能再简单的公式"$E=mc^2$"，超越了时间，征服了宇宙。

简约而不简单，几乎是一种时髦的广告词。简约是强调简洁、简明、简要、简捷、简化。其目的是追求"以少胜多"，"以一当十"，用最少的元素，呈现纷呈的变化，是清纯的精华。也就是人们所说的"浓缩的总是精华"。格式塔心理学派曾提出"简约合宜"的原则，认为简约是在保持形态的基本结构完整性基础上，所能呈现缤纷的、自由的、拓扑的变形。并列举了儿童画和儿童用词，总能抓住基本特征的许多实例。在建筑界也有不少建筑师利用"以少胜多"的手法创造出众多受称赞的佳作。如安藤忠雄的一些作品，即遵循这一原则，使坚硬的混凝土有了丝般的触感，使玻璃、木材、光、水这些元素体现出生命的灵感。提倡简约，不是主张越少越好，不是不花心血的简略，而事实证明，"少则得，多则惑"。正如易经所说"易则易知，简则易从。易知则有亲，易从则有功。有亲则可久，有功则可大"，说明简约具有平易近人，有亲近感，使人易读、易知、易记，才有较大的社会效应。如果把形象弄得很繁杂，用现象掩盖了本质，用枝节干扰了主干，画蛇添足，将会弄巧成拙，适得其反。

清代画家恽南田曾说："画以简为尚，简之入微，则洗尽尘滓，独存孤迥。"即去除无用的尘滓，才能显其精华。恽本初云："画家以简洁为上，简者简于象，非简于意。简知至者，缛之至也。"简到极致时，也就彰显出繁，就如武则天墓碑，不著一字，尽得风流。事实上，许多学生在做建筑与环境设计，总希望把图形做得复杂些，运用较多元素，追求复杂的变化，甚至于达到别人看不懂的地步，认为这是一种水平高低的体现。殊不知无序复杂的堆砌容易，但做到适度、适量、适时、适宜是较难的，水平不够，很难做到炉火纯青。

简约、概括、抽象，不仅是造景的主要技法，对于人类对世界的认知和发挥创造潜能也是密不可分的。如果我们不能从繁复的事物中，一下就能分清主次，获得我们需要的知识亮点，我们必将陷入无所适从的境地，眼前一片烟雾谜团。如果我们抓住主要矛盾和认清矛盾的主要方面，我们就能找准攻关的切入点，才有创造可谈！所以，简约是赋予人类文明的一种智慧，一种文化的财富，我们应当掌握这一攻坚克难的武器。由繁化简的实例参看图例。

关于以少胜多。中国传统哲学中很注重以少胜多的辩证法。"少则得，多则惑"，"以一当十"，"以十当百"，"事半而功倍"；在兵法中并有"将在谋而不在勇"，"兵在精而不在多"；在艺术欣赏中有"室雅何须大，花香不在多，赏花只在三两枝"；文学中的"山不在高，有仙则名；水不在深，有龙则灵"；生活中则有"以四两拨千斤"，"秤砣虽小压千斤"之说。在建筑创作上，现代建筑大师密斯曾以"少，就是多"的名言，作为灵活空间和弹性设计的理念支撑。

此处所指的多与少，不是数学意义和物理量的多与少，而是指哲学层面上的。如图所示，许多复杂的图案可以用一、二种基本元素组合，如中国式的花格、漏窗、屏风，回字纹图案也都是如此。因为任何复杂的事物都是由最普通、最简单的基因构成的，在物理世界中的量子，虽然很小，但威力极大。

提倡以少胜多，不是指形式上的"单一"、"简单"，也不是"极少"；而是指"少而精"，"抓住主要矛盾"，"突出主题"，以较少的元素创造丰富的景观。不要追求表面的繁复，企图运用较多的形象进行无序的堆砌和杂乱的配置。

少是变化之母（因、根、元、宗），多是变化之子（形、表、末流）。以少促变，是一种精炼，纯粹的表现。以无序之多变，则是一种杂乱、累赘、壅塞、堆砌。

  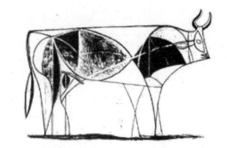

 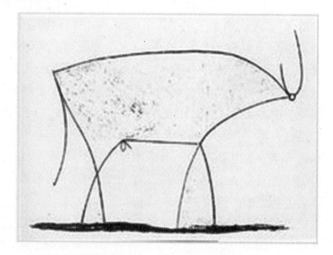

毕加索为了完成一条线构成的牛经过十一次修改简化

异质同构、涵义同构、异形同构、同形同构，可以使事物间产生相互关联，相互借鉴，传递某种信息，进行思维的扩展，开拓艺术创作的新天地（以上为作者手绘）

两种元素，组合成多种变化的群形举例

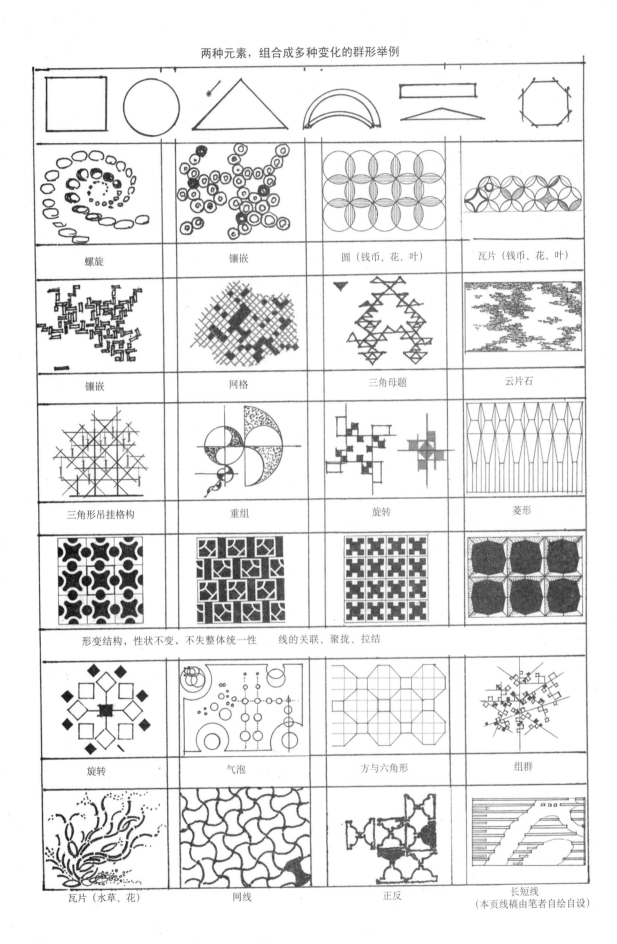

| | | | |
|---|---|---|---|
| 螺旋 | 镶嵌 | 圆（钱币、花、叶） | 瓦片（钱币、花、叶） |
| 镶嵌 | 网格 | 三角母题 | 云片石 |
| 三角形吊挂格构 | 重组 | 旋转 | 菱形 |

形变结构，性状不变，不失整体统一性　　线的关联、聚拢、拉结

| | | | |
|---|---|---|---|
| 旋转 | 气泡 | 方与六角形 | 组群 |
| 瓦片（水草、花） | 网线 | 正反 | 长短线 |

（本页线稿由笔者自绘自设）

### 2 形的拓扑变化

几何形状是一种以自然为原型，经过抽象概括成的人工形态。在自然界中，圆、三角、方形、多边形、菱形等这样纯粹的几何形并不常见，大多数都是以相似形出现的。几何形表现了一种抽象美、人工美，显露出改造自然的力量和留下人工雕琢的痕迹。相对来说，西方在人与自然的关系上崇尚改造自然，在庭园造景中偏爱几何形的规则式构图，只有英国的造园常运用自然形态。

拓扑一词来自周相几何学。"周相"，是指图形外边缘的形态。从语义来说，拓扑是指未经加工的自然形态。古有"见素抱朴"和"朴散则为器"[①]的说法，意思是说，保持自然本色和把原木经过刀斧的加工后才能做成器具。扑，是指自然生长的未经刀斧加工的原木，拓用纸从碑石上复制碑文和开辟的意思。

拓扑形，是一种接近于自然式的形状，是受自然法则支配下的不规则形，具有一种自然美。中国人在人与自然的关系上，崇尚再现自然的天人合一观；故不满足于几何式图形，庭园组景中尚取自然形。即使在由工程技术构成的建筑体形中，也常用一些翘曲、扭曲等手法，把规则式的几何形做些变形处理，如屋顶、景窗、景洞等。

从几何学的领域讲，规则式的几何形与不规则的自然形之间，存在一种拓扑的关系。因为一切的闭合图形，不论外周形状有多少种变化，但其封闭的性质永远不变，也都是由边与角组成的。所以，二者具有异形同构的关系。譬如画在一块弹性胶垫上的圆，在拉扯胶垫时，由于在外力作用下圆随胶垫而变形，但其闭合性质不变，一旦取消外力，仍可恢复成圆。

### 3 形的同构

所谓同构，是指某两种事物或形态，相互间存在一种意义上的、结构和构造上的、形象上的、性格上的相似与相同关系。即意义同构、结构同构、同形同构、同格同构。同构是强调内在结构关系的一致性，并非表面的相同，也可以看成是一种原形的拓扑变形。

利用同构这一概念，我们可以使形象由繁化简，或由原形衍生出复杂的形变；可以引起审美的联想和调动情趣，可以在传统与现代之间架起一座沟通的桥梁。

在中国造园中，常用儒家的比德观，将自然形态人格化。如松之挺拔，竹之清秀，莲之高洁……这些都与人的品格相通，都是一种同格同构关系。在建筑创作上，为了继承传统，不少人停留在符号摘取上，走仿古之路。如果能以同构原理，利用隐喻象征等手法进行再创造，即可免于形似。

毕加索画牛，从具象到抽象，修改十一次后，仅一笔画将牛的主要特征全部表达。可见，繁与简只是多与少的不同，非质的差异。如以母与子的主题为例，为表达母子血肉关系，可以用不同的原型加以塑造，其形虽异，其义皆同。

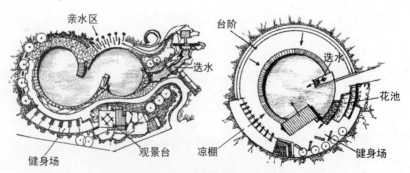

**繁与简——异性而同构示例（水庭）**（作者设计绘制）

---

① 《老子》第十九章。

拓扑形：一种介于几何形与自然形之间的变形体，与二者之间维系一种异形同构关系。既有几何形的基因，又有自然形之流变，也是生活和艺术常用之形。

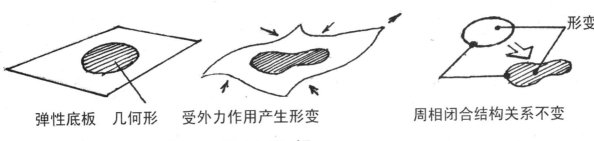

弹性底板　几何形　　受外力作用产生形变　　　　周相闭合结构关系不变

**拓 扑 原 理 图 解**

人心不一，各如其面。人的面孔虽有差异，但五官和面阔不变

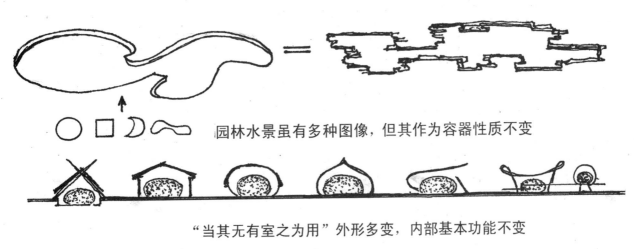

园林水景虽有多种图像，但其作为容器性质不变

"当其无有室之为用"外形多变，内部基本功能不变

植物的异形同构及拓扑变形

山体的拓扑与同构（苏博即取此意）

图形的拓扑与同构图解说明　　　　　　（本页线稿由笔者自绘自设）

111

## 同 构

它既是一种认知的理念，也是一种思维和创作方法；同时也是一种设计技巧。

在物理世界与心理世界，传统与创新，现象与本质，认知与实践之间，都有同构关系存在，设计中应广泛利用。

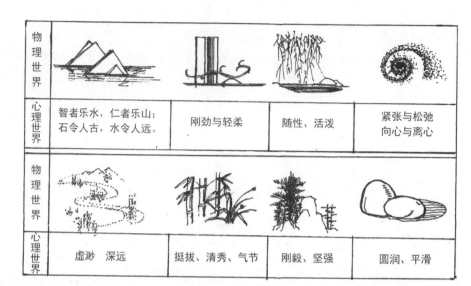

| 物理世界 | | | | |
|---|---|---|---|---|
| 心理世界 | 智者乐水，仁者乐山；石令人古，水令人远。 | 刚劲与轻柔 | 随性、活泼 | 紧张与松弛 向心与离心 |
| 物理世界 | | | | |
| 心理世界 | 虚渺 深远 | 挺拔、清秀、气节 | 刚毅、坚强 | 圆润、平滑 |

异质同构 心理世界与物理世界

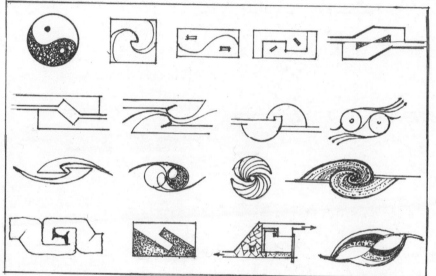

形式同构

简笔画的鸭子与实际鸭子

——繁简同构——

高处放哨

轮流喂食

嗷嗷待哺

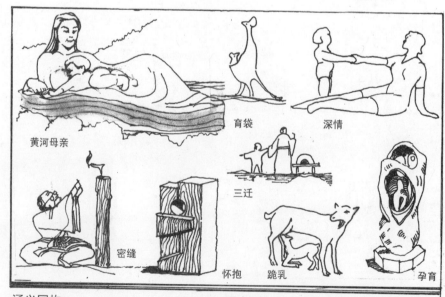

黄河母亲　育袋　深情　三迁　密缝　怀抱　跪乳　孕育

涵义同构　　　　母与子　（本页线稿由笔者自绘自设）

### 4 形的驯化

"驯化"一词通常是用于人对动物的驯养方法上。即用一种条件反射的信号系统,经反复刺激和实物引诱,使动物改变原有的习性,按人的设定目标进行改性,超越它原来的本能,体现出新的技艺。移植到建筑与环境艺术造型方面,则含有向已有心理定式和表象进行视觉归位的意义。概括地说,驯化含有以下三方面的积极意义:

#### 1)量体裁衣 需求耦合

人们在观察体验外部环境时,由于先前的经验积累,在表象参与的情况下,用已知促进对未知的认识,从而能很好地理解当下所看到的一切,并以自我观照的心态,产生识别与认同。因此,当外部形象具有与主体的地域、民族、宗教、职业、兴趣、爱好、性格、年龄相适应的特征时,在情感与态度上就有一种亲和力、认同感。否则就有可能产生冷漠、陌生、疏远的不和谐感受。故在造型上,要以人为本,力求体现时代性、地域性、民族性、生活性、原生性等特点,使主客体之间具有同格同构关系,让形象为受众服务,被受众所接受。

#### 2)因势利导 点题入境

当采用不完形或具有符号和象征意义的形、具有超越日常生活印记之形、具有似与不似之间的不确定之形、对于含蓄模糊之形,人们在观赏时不能瞬间解读,需要用心去思索,反复鉴赏与审视,需要运用联想、想象去理解。因而在造型处理上常根据好奇趋力、意义追踪、悬想期待等心理特征。在构形时,一方面,为了增加形的信息涵纳,具有耐人寻味的审美价值和调动参与,有意地制造一些"包袱"和"情结",特意地对形式作些超常的处理;另一方面又要在一定区间内限定人们的思考幅度,给予一定的提示和导向,将求解范域控制在一定区间内进行游移,不至于漫无边际的遐想。如果图像与生活中常见的完全相同,则必然索然无味,不屑一顾;若图像距离生活太远,过于离奇,也不会引起人们的兴趣。故驯化的目的是使人在似与不似之间展开形式、内容、意义的解读。

#### 3)建筑被时代、地域、民族、文化所驯化

在建筑与环境设计中,一是创作主体的人,应被时代、地域、民族植根于对象所在的地理文化和民俗民风的土壤上所同化和驯化;二是将自己所创作的对象用时代、地域、民族、生态、适用、人性……词汇进行诠释。例如,印度建筑师拉胡尔·梅罗特拉设计的"电影制作人之家",针对"干热气候"、"周末度假"、"电影制作人"、"印度传统历史文化"等因素,选择了"凉棚"、"粗石"、"帘幕"、"屋顶凉台"(晚间用)、"光影走廊"、"简素"等造型语境,诠释了向时代、民族、地域复归(驯化)的价值定位。而他自己的建筑素养也被本土文化所融合(驯化),实现了主体和客体的同一性。

综上所述,驯化不能理解为守旧、照搬、硬套、复制已有的形象,而是一种因时、因地、因人、因实际对象,对形式进行主、客体相互对应的创新设计。强调适度、适宜,而不是守旧、模仿。

　　驯化：泛指经文化过程，将愚昧转化为文明、由野性转化为温顺的一种文化现象。在艺术创作领域，植根于民族土壤的艺术家，无论接受过多少国外文化的教育培养，仍须以本民族为根，为本民族文化振兴服务。"国际建筑师"虽然有自己的血统和文化背景，在为他国设计时也要以他国文化为本。通俗地说，就是"入乡随俗"。在什么山唱什么歌，保证时代、地域、民族的文化认同感。应用于造型，与此同理，就是向人们所熟悉的生活背景、经验、记忆表象进行归类和辨认。"山还是那座山，桥还是那座桥，还有那泥巴墙……"，"物以类聚，人以群分"，对号入座，普遍认同。

回家的路上（杨）

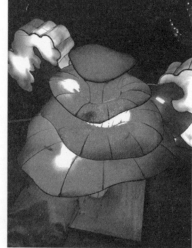

趋向于蘑菇（潇）

趋向于人体的理解（昊）

蛋壳？子弹？罐？（曹）
不同解答因人而异

近看一堆线，远看帝王像。（潇）

流淌的蜡烛？（潇）

虹？桥？门？（潇）

地域风情（昊）

教堂？（曹）

## 驯化：又名文明——也是一种向本原的复归

上图：立柱百叶的组合在整个建筑里是惟一工业化的硬点

左图：东墙外的隐秘露台废除了轻的顶

印度："电影制作人之家"　（设计：拉胡尔·梅罗特拉）

拉胡尔·梅罗特拉被驯化的纪录好极了，先是从印度的顶级设计学院即艾哈迈达巴德建筑学院以金奖成绩毕业，然后去念了哈佛的硕士学位。毕业以后，他在波士顿实习过一年，随即回到印度，投在地方主义大师查尔斯·克里亚的门下又磨练了两年。1990年夏，梅罗特拉31岁，开办了自己的事务所（Rahul Mehrotra Associates）

其素养涵盖了现代建筑、传统建筑、气候建筑，又以三种文化反馈于作品，针对"干热"、"历史传统"，选用了"凉棚"、"帘幕"、"凉台"、"光影走廊"、"简素"造型语汇，诠释了时代性、民族性、地域性、适用性的综合

威海甲午海战纪念馆
一种形象可以将人带入历史·意义的联想向原有的意义、形态归位

右图：熟悉日式建筑一眼即可识别，这是具有日本风格的建筑。

### 5  形的异化

相对驯化而言，异化是以逆反的心理、理念、方法，偏离正常轨迹，违背常理和成法，对形进行变异性的处理。这是一种用离经叛道、相反相成、出其不意的方法，以令人诧异的视觉冲击力来吸引人们的好奇，强化形的视觉张力，夸大形的感官刺激。

在哲学上，异化是指把一方的素质能力转化为和自身力量相抵消、相对抗的消极因素，导致自相矛盾、自我消解，从一极走到另一极，形成自我叛逆。如，原本是为人民服务的公仆，却把自己神化为老爷；把表现自我转化为自我表现；把建筑功能转化为一种玩偶……这些都属于异化范畴。在建筑造型上所谓的异化，与哲学上的异化同名不同义（非质的异化，只是形的异化），主要指变形的一种方法和技巧，并不能影响建筑与环境的主体、功能和精神感受。

当然，近年来有的设计者为了追求标新立异，也有把异化当作一种戏耍加玩偶，如福、禄、寿三星酒店和元宝式建筑。但这只是个例，大多数设计者是为了追求奇异而展开造型的想象。

当我们接触"异化"这一名词时，可能会有一些陌生感，因为这种手法并非大量流行，生活中也少见。但在中国的文字和成语宝库中，却有许许多多相近和同义的词句对其绘声绘色地描述。如本末倒置、南辕北辙、张冠李戴、指鹿为马、大相径庭、头重脚轻、大材小用、出人所料、是非黑白颠倒、自相矛盾、无中生有、有中生无、舍近求远、因小失大、欲盖弥彰、小题大做、别开生面、独树一帜、意料之外、一反常态等等。其中，不乏对上下、大小、正反、黑白、首尾等位置关系、形状关系、色彩关系进行可逆性的形态变异的描述。构景时，可以借助触发词法进行相应的造型处理。

里斯本车站站台  卡拉特拉瓦（Santiago Calatrava）设计，（作者描绘）
站台以钢和玻璃构成棕榈树般的枝状结构，覆盖在 8 条铁道上。这个站台像绿洲，又像森林，也像地中海式的露天市场，给旅客带来完全崭新的体验

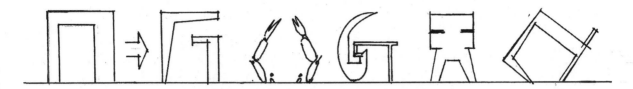

形式异化：门的功能不变，但形非常形，产生超常变异，引起人们的好奇——同构形

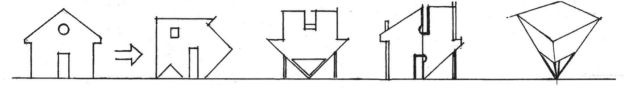

组合、位置异化：利用倾斜、倒置、正反产生变异——异形同构　　　功能变异：扭曲、体罚

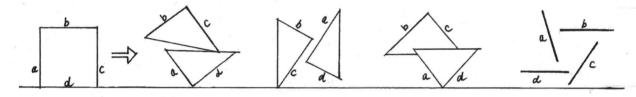

形的解析：分裂、互逆、反置、解构——异形异构

功能、涵义　　　尺度位置异化　　　行为异化　　　意义异化　　　场所异化

反射型变异　　　　　　　反常性变异

**形的变异（杭州动漫博物馆）**

**形的异化图解实例**　　　　形态变异　　　　（本页线稿为笔者自设自绘）

117

不合力学法则

不合规律的杂拼

无序的堆砌

本末倒置的变态

（以上四幅图是比利时摄影师FilipDu-
jardin摄影拼图而成之建筑的异化）

逆反　倒置
翻转　破拆
嫁接　拼凑
切割　重组

北京宝贵石艺科
技有限公司再造
石装饰艺术作品
（石渣胶合）

借题发挥
裂变

同一元素之破拆拼接

## 形与义的异化（非常之变异）

建筑要求"适用、坚固、美观"；
形式要求结构、肌理完整统一
......然而却出现反常！

（以上线稿为笔者自绘自设）

德国杜塞尔多夫市高·博
根办公和零售综合楼

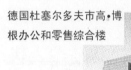

"世纪工程"

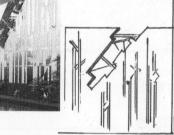

天子大酒店

形的变异与错位（夏威夷欧胡岛上的咖啡厅）

### 6　片段联想

片断引起人们联想与视觉归位。在人们日常生活中，两眼所看到的物象多属于具有完整轮廓的整体形象，而且形成一种心理定式。一旦在眼前出现一种超越常规的"断裂"、"破碎"、"片断"、"局部"等不完整图像时，人们通常会产生疑问，头脑中会因为图像所含有的不确定性，产生意义与形象的追踪，力求得出"是什么"、"像什么"、"为什么"、"怎么会"等问题的解答，因而导致向已知方向求解的联想、想象。由于"完形压强"而产生的"完形趋向律"，格式塔心理学也有人把这种现象称之为视觉归位。

人们在对"不完整"的图像试图求解时，会运用已知（表象、记忆贮存）作为参照，产生各种各样的推测，无形中就对图像的内涵、意义、形态产生心理的、视觉的以及兴趣上的参与，从而使该类的图像有较多的信息涵纳。因此，现代的形式构成常常采用类似"两可图形"、"似与不似"、"模糊不清"、"半藏半露"、"藏头露尾"、"结构断裂"等手法进行构图。事实证明，如果运用的巧妙，掌握的适度，确有事半功倍的效果。

从以下的图形可以看出，如能将文化性、知识性、趣味性、艺术性注入其中，此类图形比完整的、具象的、写实的图像更具有视觉张力，更符合主客体相互交流的社会效应。

### 7　视错觉的利用

前面已经讲过，人在体验空间与环境时，是凭借视觉、听觉、嗅觉和味觉来感受的，所见之现实图像是经过认知过滤后而形成的心理图像。它虽缘于外部刺激，直观地反映了客观的存在，然而却加入了许多主观的因素。可以说，眼见之实，未必真实。

视错觉现象早在古希腊时期就被人们所发现，雅典卫城的帕提农神庙端庄、挺拔，是公认的世界上最美的建筑之一。为了呈现出这种无与伦比的建筑之美，古希腊人充分运用了视觉矫正的手段。神庙的额枋和台基的水平线中央略微隆起，柱子略向内倾斜，柱身略凸，角柱直径稍大于其他柱子，角开间稍小于中间开间，从而形成视觉上横平竖直的稳定感。古希腊人所做的这些细致入微的调整，使得帕提农神庙看起来更加完美，更符合人眼的审美感受。

对于有些图像，由于观察者所处位置与景物的关系——主要指距离和所处高度的不同，景物与周围环境参照系之间的形态与组合关系就会产生不同；加上人的视力、距离知觉均有一定限度，致使在观察时会出现一定的误差，从而产生视错觉。如：把大的物体看成比实际小，或者把长的物体看成短于实际，抑或者把原本相同的物体看成是有差异的物体等等。同样，物体的远与近关系，有时也会因为限定与组合形式的不同，而产生失真的反应。

视错觉是对现实图像的一种误判，虽有不利的一面，但反其道而行之，也有可以为我们所利用的一面。譬如传统造园中常用在小中见大；改变冗长感、压抑感、偏重感；增强威严感、深远感、轻飘感等。

日本的某些庭院空间，以及中国传统的造园组群，通过增加空间层次，区分远景、中景、近景，破折实体边界，使视域超越物理时空的界线，延伸至院外，从而小中见大，扩大了空间感。

利用装饰手段也可以实现空间视觉感知的调整。如利用透视画法表现三度空间感很强的壁画，以二维的画面引起视觉上的三维追踪，形成深部知觉运动，从而在视觉上使室内空间扩大。落地窗也可以使室内外空间相接相连，使内部空间得以延伸。如镶以镜面，则会有双倍视觉空间感。

#### 改变冗长感

冗长是指空间及体量过窄、过长，显得单调乏味。欲改变这一情况，常采用分段、分节的方法，将连续生长秩序改变为竹节和莲藕式的茎节生长秩序，分割成无数的段落。即所谓长向短分，化整为零，以便将视觉注意中心由整体分散到各部分，形成一种节奏性的韵律。

#### 改变偏重感

人在观察物象时，习惯于追求均衡、对称，以求得心理上的平衡。但当外界物象出现左右体量相差悬殊时，总有一种不稳定的感觉，显得一轻一重，颇有倾覆感。故如果能将视觉注意中心引向较轻的一段，则淡化了对较重一侧的关注度，导致视觉上的平衡。如利用街心花园、水体景观、安置小品雕塑等可以吸引注意力的办法，转移视线，也可以利用垂直绿化来加强平衡感。

### 改变压抑感

压抑是因为形体的物理体量、尺度与人的尺度产生较大对比时，人的有效视野被形象所堵塞，产生一种压抑的、封闭的、透不过气的感觉。原因是外界景物的形态率（形体与眼睛所形成的视锥角与视野的比值）过高，封闭感太强（视张角≥30°角），天空的开口度太小，与人的空间距离太近，空间的透视度较低，形体的体造型比较笨重等原因造成的。因此，缓解的办法是削弱体积感，增加天空开口度，加大距离感，增加透视性（底层架空及设透明窗口和洞口），降低视张角（设前景和群房），以及减少心理距离（景物与人产生归属感、亲和力）来加以缓解。

### 心理感受调节

人的站点不同，即人与景的相位关系，决定了不同的心理感受。如由下向上仰望时，可以产生倾向威严的社会心理；由上向下俯瞰时，易使景物出现有轻蔑感；看待小于实际尺寸的缩微景观有渺小感和玩偶感；看待与实际尺寸相等的静物有缩小感（一般要加大15%）；在室内摆放的景物，移到室外时，由于环境对比度加大，易产生失真感（一般要放大物象尺寸，但应视景物与环境参照系统的实际差异而定，不可生搬硬套）。

物理空间是有界有限的，而视觉空间则是无界无限的，即景有断而意相联。故，欲扩大建筑空间，必在视觉心理方面做文章，综合利用各种技法，展现无穷无尽的心理空间遐想。

西安世园会雕塑 （摄影：罗梦潇）

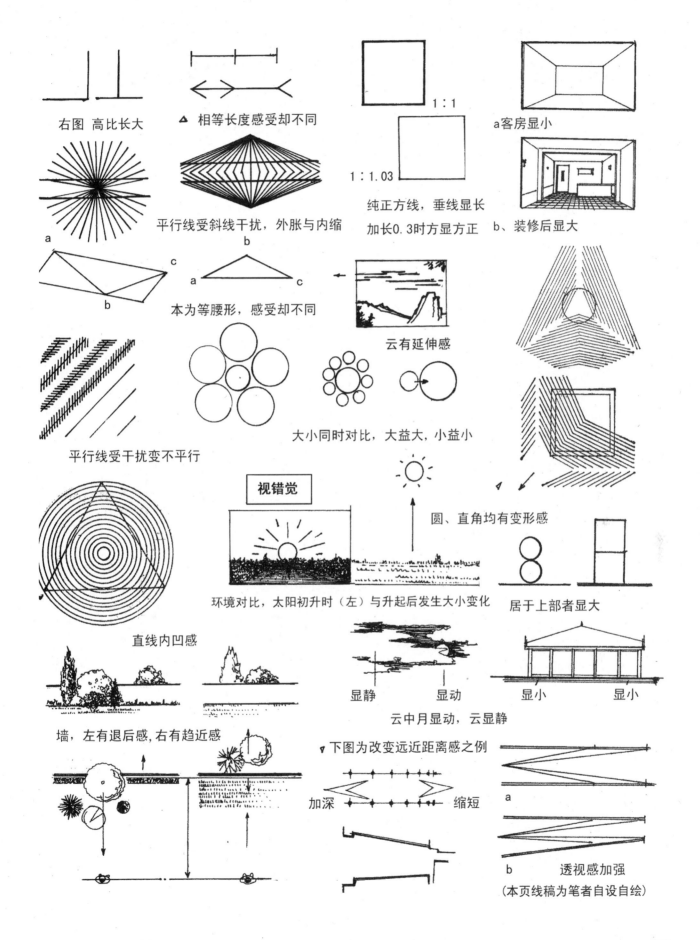

右图 高比长大

△ 相等长度感受却不同

1：1

1：1.03

纯正方线，垂线显长
加长0.3时方显方正

a客房显小

b、装修后显大

平行线受斜线干扰，外胀与内缩

a

b

本为等腰形，感受却不同

云有延伸感

c

b

a

c

平行线受干扰变不平行

大小同时对比，大益大，小益小

圆、直角均有变形感

视错觉

环境对比，太阳初升时（左）与升起后发生大小变化

居于上部者显大

直线内凹感

显静    显动

显小    显小

云中月显动，云显静

墙，左有退后感，右有趋近感

下图为改变远近距离感之例

加深    缩短

a

b    透视感加强
（本页线稿为笔者自设自绘）

121

# 第二篇　形的意象层面——环境景观营构

## 第一章　形具神生，景自心成

挪威奥斯陆歌剧院（2008年，挪威Snohetta建筑师事务所设计）

　　歌剧院位于奥斯陆峡湾。其屋顶从港口的水平面慢慢向上抬升，使整栋建筑物看起来仿佛一座大理石冰山，从水中冉冉升起。人们可以沿着屋顶一直走到最高处，欣赏城市和峡湾美景。自建成之日起，这里就成为一个时尚之地。人们既可以眺望海湾景色，也可以在此举办各种活动，是一个良好的交流、沟通、分享愉悦感受的场所。该设计获第六届欧洲城市公共空间设计大奖。

　　景观与观景，是欣赏主体与被欣赏客体产生互动的双向交流，是情景效应的直接体现。一切景物皆心景。作为客体的风景，如能获得较大的被欣赏几率，长时间地吸引欣赏者的眼球，涵纳较多的信息，有广泛传播的知名度和再访率，则是最大的社会效应。因此，景观与观景，正是艺术设计的链与环，紧密相扣，不可分割。

## 2.1.1　景观漫议

### 1　什么是景

人们总是把具有突出视觉特征、带有一定涵义和境界的自然环境和人造环境,称之为风景。在日常生活中,也有一些类似的叫法,如景色、景致、美景、佳境、风光、奇观等等,这些都属于"景"的范畴。

自然界的现象,如日月食、流星雨、彩虹、雨雾、朝霞、夕晖、海市蜃楼、瀑布潮涌、高山峡谷、热带雨林、江河湖海、天池、地坑、湿地、雪山、林海等等,均属于自然的风景;而人造环境,如古刹名塔、名人故里旧居、名园、名楼等名胜古迹,以及各种雕塑、街景、夜景、公园等,则属于人文景观。可以认为,凡是能够称之为"景"者,必定是超越了常规的环境,在视觉上比较奇特,又具有一定的审美和观赏价值,能够引发人们的欣赏兴致和情感体验的那些形象。

以上所说的,多属于客观存在的物象本身所具有的"景"的内在品质。然而,对于不同的观赏者而言,同样的场景,是否都能成为观赏者眼中以及心中之"景"呢? 也不尽然。由于人们的兴趣爱好、职业、阅历、文化素养、审美能力以及当下的心态等各不相同,面对同样场景的时候,人们的体验感受也往往不会完全一样。而且,不仅不同的人面对同一场景时会感受不同,即使同一个人,在不同的时刻面对同一场景时,也会因时而异地产生不同的内心感受,所谓"感时花溅泪,恨别鸟惊心",正是这种因当下心境不同而感受迥异的写照。同样,同一个场景,当其所在的大环境背景发生变化时,也会给人们带来完全不同的感受。如,同一座黄山,风和日丽时给人的感受是秀美险峻的,浓雾深锁时给人的感觉则又是神秘高渺的。因此,如果把"形"看作是"景"的客观存在,那么可以说,在此人看作为"景"的,在彼人则可能只看作为"形";在此地被看作为"景"的,在彼地则可能只被看作为"形";而在此时被看作为"景"的,在彼时可能只被看作为"形"。

总的来说,"景"除了自身具备的客观物性以外,还包含了主体对客体所形成的主观评价和体验。因而,并无统一的量化标准来对景进行客观评判,当然也不能简单地以"美"与"丑"来进行衡量。同时,人与外界形象的接触,还会随着时间的推移而发生变化,甚至会产生视觉疲劳和感觉钝化,形成对外界环境的"熟视无睹"。因此,造型的本质重在造景,而造景则宜于动态发展,需要不断地更新和再创造。

### 2　景观的涵义

对于景的概念,长期以来在人们的头脑中并无疑义,都认为是主体与客体所形成的刺激与反应的互动结果。这个互动的结果包含了多层涵义:景,既取决于物象,也取决于人的感受;景为人而设,人又为景所动;景乃形之胜者,形又是景之本原。因此,在景观与观景之间,存在着看与被看的关系。

从古至今,人们不仅一直在欣赏着自然美景,并以大量的诗词歌赋、游记等文学作品来描绘、传颂着美景佳境。与此同时,人们也把组景造境、修园塑形看作是美化环境、提升生活品质的重要组成部分。建筑师们在修建亭、台、楼、阁时,常采用飞檐翘角、雕梁画栋的手法来丰富形体造型;在建筑布局中,又追求开合启闭、体宜序列的空间处理来增加层次变化。园艺师们在造园中,讲究叠山理水、模拟自然;组景时则追求移步换景、步移景异,还总结出一系列造园技法,诸如框景、聚景、缩景、扩景、隔景、障景、断景、联景、借景、对景、漏景等等。在传统的民居、民俗、民风中,民间艺人们则以剪纸、窗花、赛龙舟、舞狮舞龙、砖雕、木雕、石雕、灰雕、泥塑等各具特色的艺术形式,张扬着不同地域、不同民族的风土人情……可以说,在一切领域中,人类都留下了造景、造境的足迹,这是人们所共知的常识。尽管如此,景观学作为一门系统化、理论化、科学化、综合化的艺术科学,还始于当代。所以,"景观"一词(Landscape)曾一度被看作是崭新的名词,景观学科也一度被看作是崭新的学科理论。

作为专有名词,"景观"一词的内涵和外延在许多论著中均有详细的讨论和阐述,本文不再赘述。事实上,更关键的问题不在于如何给"景观"下一个定义,而在于如何以时代的眼光,用现代的价值观、审美观、自然观、生命观、艺术观和可持续发展的生态观，来认真总结和融会贯通景观设计方面的实践经验，吸取国内外传统的造景理论、方法的精华，从而达到提升人居环境艺术品质的目的。我们既不能墨守成规、泥古不化，也不能以历史的虚无主义全面地否定传统、全盘西化，一味地追求硬质景观的几何化、装饰化、表层化的形式表现。

### 3 什么是好景观

前文已经阐明，景观是为人而设的，人在观景时的感受，是因人、因地、因时而异的，并没有可以共同参照的客观标准和量化指标来进行科学地衡量。但是，景观与观景、看与被看，都是以人为中心而展开的，景观是作为一种诱发意境和情感的符号而存在的。因此，必须从人的需求、文化心态、审美意识、生活情结、理想追求、精神境界等不同角度，来看待景观的社会效应性。这主要体现在以下几个方面：

**第一，景观应体现生活性。**不论单一的景观元素，或群体的组合景观，都应与观赏者形成生命上的、生活上的、意义上的联系，以达到所谓的耐人寻味的效果。否则，将难以产生艺术感应力。景物不应是独立存在的陈列品，而应是来自于生活，也高于生活的凝练物。

**第二，景观应具有原生性、惟一性和新颖性。**景观是艺术家为特定的场所、特定的社会群体而量身定做的艺术品，应该具有鲜明的个性，而不应是到处雷同，或似曾相识的复制品。

**第三，景观应具有动态的、可再生的长效性。**特别是在住区环境中，人们在日常生活中对所处环境将反复观赏，一定会产生视觉疲劳和感觉钝化的现象，导致对环境的"熟视无睹"，产生麻木性。因此，造景时应该留有相应的可以延展、可以更新、可以随季节而变化的弹性发展余地。

**第四，景观应具有易识别性和文化认同感。**没有感知上的认同，就没有心理上的归属感，也就难以产生打动人的情感。因而，过度抽象和脱离地域、民族、文化的景观，势必缺乏亲切感，不易使人产生情感上的共鸣。如果物境与意境相互脱节，景观的效果就会大打折扣。可以说，景观的易识别性和文化认同感是打开欣赏者的一把钥匙，不容忽视。

**第五，景观应具有一定的参与性。**好的景观，应与观赏者在视觉、心理、精神、行为等方面产生一定的互动，从而达到使欣赏者赏心悦目、尽兴尽情、畅神愉悦的效果。

**第六，景观应雅俗共赏。**曲高则和寡，低级则媚俗。景观既要有一定的品位和格调，也应为广大受众所接受。任何景观都是大众的艺术、公共的艺术，必须适应广大公众的普遍审美诉求。当然，俗应有度，不能一味地迎合个别人的低级趣味，而应以健康的内容与形式，形成具有神、情、理、趣、韵共生的大众艺术作品（第三篇"意境"中将详细论述）。

**第七，景观应充分考虑场所适宜性。**任何景观都是具体环境中的景观，而任何观赏行为也都是发生在某一特定场所之中的。所谓应时应景、得景随形、随坡就势、择地设景等等，这些做法所讲究的，正是景观设置要考虑场所环境，要达到与所在场所的得体、合宜。景观都是从母体环境中生长出来的，如果只是随机任意安插，则不免会使人产生故意造作的玩偶效应。

应该承认，当下的某些景观还存在着一些弊端：或元素较少，手法单一；或过分追求异国风情；或迷恋于几何图形的组拼；或相互抄袭，做工粗糙，构思浅薄，理念匮乏，缺少动态，情趣寡淡，人景分离等等。因此，景观创作还有待于进一步深化、细化，有待于进一步在生态化、人性化和多样化等方面做文章。

## 环境再生——大地的新景观

　　工业社会由于矿业开采，在地球上留下了百孔千疮，不仅失去了自然地被，也为世界造成了生态危机。如何使之再生，变废为宝，并为人类提供景观和经济资源，是一项有艺术价值的创造，本页两例堪称世界典范。

轻巧的透明材料具有良好的保温性和自洁性

伊甸园让人们和谐地与自然融为一体

废坑（低地面65m）伊甸园

温暖气候馆，由聚四氟乙烯织物薄膜覆盖，土壤利用矿物渣、沙、土混合配制，利用周边腐殖土为肥料，穹顶下种植1.2万种植物

### 废矿坑上的*伊甸园*

英格兰 康沃尔郡，世界上最大温室的矿区利用花园
（设计：高技派建筑师　尼古拉斯·格雷姆肖）

这是建筑师、景观工程师从图纸和理论殿堂走向实际的典范，自2001年对外开放，每年都有百万以上游客来此观光旅游

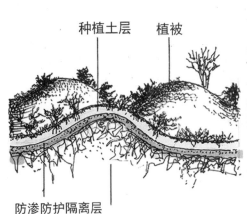

种植土层　　植被

防渗防护隔离层

垃圾堆积层

利用垃圾掩埋环境再生之例

建在采石场上的艺术奇葩
加拿大大不列颠哥伦比亚维多利亚市布查德花园
（罗伯特·皮姆·布查德夫妇所建）

（本页图均由笔者自绘）

（注：布查德本为矿主，夫人也非专业设计师，皆缘于个人的兴趣）

## 4 景观资源的开发

随着社会的发展，人们的物质与精神需求也在不断提高，原有的景观不论在质量和数量上，都难以适应新的需要。在当前科技高度发展、人们需求更加多样化的形势下，景观开发更需要本着不断更新和再创造的原则，与时俱进、动态发展。

资源的利用与开发，首先要了解人们的普遍需求是什么？笔者认为，当前，在景观需求方面存在以下几种特性：

**回归心理：** 科技越发展、现代化程度越高、物质生活越丰富，人们的忆故、恋旧心理也就越强烈，越希望能从今昔对比回忆中找到心灵的慰藉。故在欣赏景观的时候，欣赏者有向历史、自然、人文复归的心理倾向，其中，人们对原生态的景观尤其情有独钟，对农耕时期的历史片段也时有留恋。

**快乐原则：** 当前社会正处于高科技、信息化、知识经济等带来高竞争的阶段，生活节奏快，工作强度高，竞争压力大，这些都导致人们情感生活的淡漠，可谓处于一种身心俱疲、甚至自律性失调的状态中。所以，人们希望能从社会环境中得以解脱，走向广阔的空间环境中，去寻找到快乐、愉悦的身心体验。这往往表现为在景观环境中，去追求高刺激性、高参与性、高娱乐性及轻松诙谐的感官体验。

**多样性原则：** 当前社会，不论是日常的饮食、服饰，还是观光、旅游，人们均追求流行、时尚、个性化、标新立异。因而在生活体验中，出现了名目繁多的各种休闲娱乐活动，诸如自驾游、逃荒族、文化之旅、红色之旅、体验之旅、婚嫁之旅等等。在这种需求多样化的形势下，景观创作也产生了向文化多样性、生物多样性、选择多样性、情趣多样性等方面发展的趋势，以满足人们追逐流行时尚的心理诉求，实现自我价值观。

**参与原则：** 仅仅偏向视觉上的美观，以供人欣赏的景观设计，已完全不能满足当前人们的需要了。要想全面地理解景观，并真正达到"致用"、"畅神"、"悦心"等目的，则必须以深入的体验才能实现精神上的满足。所以，景观设计更需着眼于人的全身心体验，以满足人们全方位参与的心理需求。

**序列化构成或一站式：** 旅游景观，多以线路旅游的形式定线定点地序列化展开。而那些孤立的、比较单一的景观，如果缺少显著的特征，就很少会有人光顾。随着一些大型城市综合体逐渐形成，综合化、系列化的景观可以产生连贯、尽兴、丰富、多选择的效果，为人们提供了丰富的环境体验。

**多层次性：** 景观开发是面向整个社会需求的。而社会则是由不同阶层、不同年龄结构、不同文化素养、不同宗教信仰、不同审美层次的人群所组成的。这就决定了景观的社会需求也必然是多层次化的。一切景观艺术都是环境的艺术、大众的艺术，都必须着眼于公众，需要遵循"雅俗共赏"、"老少皆宜"、"人人平等"的原则。所以，在造景时，应本着"高雅与通俗"、"传统与现代"、"严肃与轻松"、"具象与抽象"、"写实与写意"、"再现与表现"、"深奥与波普"等多层次性共生共存的原则，进行统筹兼顾，全面安排。

另外，在景观创作立意时，建议按以下诸项作为参照：

**社会逻辑：** 即以社会的政治、伦理、道德、人格、行为规范、社会习俗等作为参照构架（基本上属于儒家的观念）。

**自然法则：** "法天地、师造化、道法自然"，采用模拟、象形、仿生、缩扩等手段，达到"虽为人造，宛自天成"的效果（基本上属于道家的观念）。

**心理结构：** 按历史与形体的运动轨迹、生活遗痕，以及人们对往事的记忆、追思等，形成对现实的联想、生发情感等心理反应，以此为依据进行组景（基本上是佛家、禅宗的观念）。

**数理法则：** 应用几何学、拓扑学、数学、天文学、机械美学、科学法则、规律、图式语言、符号学等不同理论作为参照（即西方的美学观念）。

**生活逻辑：** 在中国的民俗文化中，趋吉避凶的吉祥文化、追求圆满结局的人生观念、充满美好幸福的憧憬、期待等，都已成为长久以来的民族心理定式，其中还融入了不少神话、轶事、传说、寓言、典故等传统文化。

从某种程度上说，大多数的中国人虽是无神论者，但也常常表现出泛神论的一面。在人们的生活中，各种形式的"神"可谓无处不有、无所不在。在步入科技文明新时代的今天，这种泛神论已从传统的迷信思想，转化为一种精神上的希冀与企盼，成为个体自我心理上的祈愿和暗示。这既是一种符号与象征，也是一种精神上的寄托，是民俗文化的重要组成部分。

**文化寻根：**文化是一个民族的根与魂，是一种精神，一种情怀。在西方，为人们所广为传颂的文学名著、童话故事、圣经典故等发生的场地，以及那些名人故里，早已成为人们文化之旅的目的地，吸引着世界各地的文化寻根者们前去参观、访问。文化传播是一种吸引力强大的信息传媒，可以更好地沟通主客体之间的相互交流。在中国，认祖归宗、寻根求源的思想由来已久，儒、道、禅的发源地，人文初祖的圣地，秦、汉、三国、唐、宋、元、明、清等历代的古迹，以及长征之路、西柏坡等红色根据地，这些也都可以成为人们探访、寻踪的目的地，具有强大的吸引力。当前，这种文化寻根活动正在悄然兴起，因而与之相匹配的文化景观也亟待开发。

总之，社会经济与科技在不断地发展，人们的精神和审美需求也是永无止境的。也正是这种社会需求，才推动了艺术的发展与创新。而科技的进步，又为设计创新的实现提供了有力的支持。因此，艺术的创新空间，辽阔而深远。

## 2.1.2　大众行为与景观设计

不论城市景观，或是山林景观，都是环境的景观。其欣赏主体都是人民大众，都应以大众的参与为前提和服务目的，也是衡量景观社会效应高低的判定标准。也就是说，不与大众发生任何联系的形象（景观）则是毫无价值的。

参与性是人类在客观事物中直观自身的体现，也是人类的基本心理特征之一。现代社会多种文化交流需求日益增长，科学技术高度发展，人们对景观的需求早已不再满足于单一的视觉欣赏，而是更加渴望能够全身心地进行体验和参与，获得更大的满足感。曾几何时，当景区内出现钻山洞的小火车、蹦蹦床时，多少家长带儿童前来尝新、体验；当过山车开始在游乐园里伴着尖叫声呼啸而过时，多少年轻人又跃跃欲试前来寻找刺激的体验；海洋公园里，人们徜徉在美妙的海底世界，身临其境地体验海底的奇妙意境；那些极限运动——蹦极、漂流、冲浪……更像有魔力一样吸引着人们前来冒险体验；甚至连最温馨浪漫的婚庆典礼，也不满足于常规的礼仪活动，而开始上天、入地各有奇想……

在科技高度发展的当今社会，人与人之间、人与社会之间关系淡化，情感冷漠，人们对景观的参与性需求却越来越强烈。人们更加渴望在环境欣赏中，通过一定的行为介入和情感介入，使景观与自身的日常活动或价值观念联系在一起，在参与过程中显示自身价值，获得身心上的放松和情感上的满足、共鸣。因此，在景观设计中，需要从人的心理需求出发，考虑人的精神感受，根据人的行为、心理特点以及活动规律，利用心理、行为以及文化的引导，创造既能使人赏心悦目、浮想联翩，又能使人踊跃参与、积极体验的景观。

景观的参与性往往体现在不同的方面，如视觉参与、行为参与、心理参与等。

**视觉参与：**首先体现在景观具有良好、鲜明的视觉景观形象，能够吸引观赏者的视线，并具有适当的欣赏点和欣赏空间，以及必要的欣赏设施。所谓良好、鲜明的视觉形象，即要遵循美学规律，从人类的视觉感受出发，利用空间的实体景物以及人类的活动景观，创造出个性鲜明、赏心悦目、境界高远的视觉观赏形象。

**行为参与：**体现在人们通过一定的行为介入以及实践认证，实现人与环境之间的亲密接触，达到身心愉悦、情感满足的目的。这就要求景观设计要创造出既能为人所看，也能为人所用的开放景观空间。景观空间中的行为参与，有的表现为必要性的活动参与，如游览、休憩等活动；有的表现为选择性的活动参与，如日常生活中少见或难见的体验活动、冒险活动等，也有的属于交往性活动参与，如即兴的表演、活动赛事等等。在某欢乐谷景观设计中，设计者利用天然石材组成石阵，围合成露天舞池，配以音乐控制，为人们提供律动畅舞的场所，满足即兴表演需要。围合的石阵高低错落，既可攀爬，亦可作为"天然的"观赏看台。

**心理参与：**指的是人们在景观环境中，通过景观的视觉形象和行为参与，使人产生心理联想和情感触发，从而在心理上产生共鸣与耦合，达到情感升华的效果。如，对景观产生民族的、文化的、地域等方面的认同感；对社会习俗、规范、传统文化、象征意味以及宗教、科技文化、文学艺术等，产生理解性的感悟和相应的逻辑判断；或者通过对某些似曾相识、似与不似的景观产生感性的简约归位，从而在个人的意义世界里展开联想和想象，达到幽默诙谐、认可对位甚或顿悟了然的效果。

总之，针对不同的行为参与，景观设计需根据参与活动的类型及特点进行相应的设计，从而形成多层次、多方位、多媒体的景观环境，使人们可以深入其中，感受深刻。

（作者自设自绘）

校园里的梁思成雕像

坐落于杭州市西湖岸边的林徽因纪念碑，简单的长方形碑体像一页青铜诗笺，镂刻着一代才女的剪影和她那诗意的文字。透过湖光水色，情影和诗文像有灵性一样跟游人交流着，使人们在视觉欣赏的同时，达到心理联想和精神上的交流。

相反，某校园里的梁思成雕像，则孤零零地树立在校园草坪上，没有交流的氛围，也没有引人遐思和促人联想的细节设计，不免显得生硬、突兀，难以达到良好的人、景交流目的。

## 2.1.3　普通人对艺术的欣赏

造型艺术，顾名思义，是以形体的造型语汇与欣赏者进行视觉上、意义上、情感上的交流，其中很大程度上是形体的外观魅力在起作用，即所谓的"第一印象"和"初始效应"。由于形象本身存在着多义性、多态势以及多种表现方法（诸如具象的、似与不似之间的、抽象的、写意的、裂变的、片断的、模糊不定的……），而观赏者自身又存在诸多的主观因素（诸如经验、阅历、文化素养、兴趣爱好、价值观念、审美水平、专业实践等）；同时，欣赏时主体与客体的交流又常常受到中介干扰（诸如时间、光线、气象等）的影响。因而，在艺术欣赏上并没有统一的衡量标准，只能"仁者见仁，智者见智"地各有所见，亦即孔子所说的"仁者乐山，智者乐水。"另外，中国缺少职业的评论家，没有明确的舆论导向，因而欣赏偏好更为多样化。事实上，在西方，即使不乏专业评论家，但当一件艺术作品问世时，也常常出现评论家们各执一词、褒贬不一的现象。甚至同一作品，既获得最佳评价，又获得最糟评价的现象也时有发生，尤其在评论建筑的时候更是如此。

对于普通人来说，因为没有接受过专业的艺术欣赏训练，也没有明确的舆论导向和语言提示，因而在欣赏时，只能靠直觉的感受。即依靠先前的意象作基础，在"像什么"、"是什么"、"像不像"、"好与坏"这一层面上，先入为主地进行评价与欣赏。这样的欣赏感受通常都是以个体的生活阅历作观照，毫无批判地将作品置于自己的生命意义、兴趣爱好的天秤中来加以度量。这种欣赏有时只是走马观花式地一带而过，有时又漫不经心地人云亦云，既没有深度，也没有针对性。不过，在大多数情况下，人们还是以求新、求变、求异、求精、求美的心理，以及追求吉祥如意、好运来临、幸福圆满的美好愿望来欣赏景观的。同时，在观赏时，人们又都希望能与美景有最近距离的接触，不仅可以用眼睛看，还希望能用手去触摸，用脚来踩踏，甚至还希望"雁过留声，人过留名"，留下自己的芳名和足迹。而拍照留念更是人们看到美景时的最基本的参与活动，借此留下美好记忆。

景观设计要想促进主客体的亲密接触，进行深层次上的意义和情感的交流，那么文字提示、现场解说、广告宣传、图像展示等手段是非常必要的。在造景时，还要留有足够的欣赏空间和供人们进行摄影留念的位置，以增强景观的社会效应。否则，在漫无边际的背景下，在人头攒动、群声嘈杂、到处遮挡的环境中，观赏者将很难进行视觉的聚焦和尽情地玩赏。当前，许多景区都是人满为患，可谓"只见游人，不见美景"，使景观的欣赏价值大打折扣。因此，在景观创造中，对景观实施定点、定位、空间剥离、人流疏散等措施是非常必要的。尤其重要的是，对那些重要景观一定要留有相应的观赏空间和多视角的空间定位。

对于所谓的风格，普通欣赏者一般很难以专业的眼光来细察其详。因此，在设计时不必刻意地去追求风格上的系统化，而应把重点放在雅俗共赏，赏心悦目上。也就是说，造景应以多数人能够欣赏为主。如果景点创意太俗，太直白，太具象，以至于人人都能一目了然，或者完全与生活现实对等，则会失去其艺术品位；而如果景点创意过于抽象、繁杂或变异过分，则会导致缺少知音、不被理解的后果。

著名诗人和剧作家歌德曾说："内容人人看得见，涵义只有有心人得之，形式对于大多数人是一秘密。"这里的"内容"，指的是形象的直观表达，是指形的表面显现；这里的"意义"，指的是形所传达的内容涵义；这里的"形式"则应理解为"风格"等，而并非内在的意蕴。从某种程度上说，歌德的观点同中国传统的审美理论可谓殊途同归。因为，追求"寓意于形"、"寓乐于形"、"形神兼备"、"情景合一"、"造境生情"等，也正是中国人特有的审美观点。

还应指出，人的欣赏水平是与时俱进、动态发展的，美育、审美能力也是随着时代发展而不断进步的。因此，景观创造需要有一定的前瞻性。在面向大众的景观创造中，只有不断地超越，而不是单纯地迁就现实，才能满足人们的欣赏需求。

自 2007 年始，一只巨型充气黄色橡皮鸭开始游历世界，掀起全球"大黄鸭"热。这只黄鸭造型简单，如同我们童年时玩过的塑料玩具一样普通，为什么会被人们狂热追捧呢？深思其中奥秘，可以发现，尽管其造型普通，但却以鲜明的独特性带给人们视觉和心理上的双重享受。大黄鸭体积庞大、颜色鲜艳、憨态可掬。它以最简洁的形式吸引了人们的视线，也复苏了人们在喧嚣的生活中被压抑的心理，勾起对童年、童真的美好回忆和无限留恋。这是一种来自视觉和心理的双重惊喜，既有足够的照相指数，也满足了人们对温馨、温情的怀旧需求，带来美的体验。

2008年瓦塞纳
"大黄鸭"现象 设计者：霍夫曼（Florentijn Hofman）

## 2.1.4 景观的识别与认同

在不断加速的城市化进程中，城市面貌不断更新，人们对城市原有的记忆逐渐丧失，对生活环境的认知逐渐落后于城市的发展。因而，人在城市中的空间定位、方向判别、经历感知、寻找地点、交往约会……活动，就越来越失去坐标与导向。这些问题都会给居民生活带来很多的困惑和迷茫。特别是一旦发生震灾、火灾、洪灾等紧急情况而需要避难时，人们在慌乱中将更加无所适从。因此，空间与场所的识别性、行为的导向性、空间的定位性等，都是景观设计中不容忽视的重要问题。虽然高科技的发展为人们提供了高精确度的巡导系统（如卫星导航等），可以为人们的驾车出行和寻找目标地点提供诸多便利条件，但在日常生活中，人们更多场合下还是需要依靠路标指引和口头询问等传统方式，来进行日常的生活、交往活动。因而，还要依赖于环境的可识别性及其带给人们的认同感。

对于规划和建筑设计者来说，道路、空间节点、标识、新老建筑的识别、住区及楼宇的可识别性等，都是应该受到关注的。某报刊上曾有这样一则报道，讲述一个外国小伙到中国后，在入住某小区不久，一次外出返回时忘记了自家的楼号，绕着小区里几十栋一模一样的高楼转了几圈，都没有找到自己的家，再加上语言不通，无法向求助对象描述邻里关系，最后只能坐在路边哭泣。这虽然只是个例，但足以说明中国城市空间"新旧混同"、"个性缺失"、"到处雷同"、处处都"似曾相识"等现象，已经越来越普遍。在进行空间规划、设计时，设计者只关注建筑布局的整齐划一，机械排列，要么模式化地复用，要么做快餐式的设计。这不仅影响到居民对城市与建筑的识别感，也使空间丧失了应有的领域性、归属性。

强调群体的和谐统一，是中华传统文化精神的特质之一，值得我们继续弘扬和发展。但是，统一与和谐并不只是以"近亲繁殖"式的手段，从形式到色彩毫无差别与变化地进行复用来体现的。相反，采用对比、多样变化的手段，也可以达到和谐统一的效果。当前，大家都在关注环境的生态发展。然而，生态的真实意义并非是只有一种物种或形态独霸一统，而是指群落之间以物种的多样性、形态的多样性以及文化的多样性来相互依存、相互制约，从而构成一种生态的平衡发展。从这点来说，在群体环境中也需要多样化的建筑形态、空间形态，来达到丰富变化、和谐统一的环境效果。事实上，西方人在处理现代与传统、新与旧的关系中，一直以来都以可识别性为原则。新建筑按现代生活进行组织设计，老建筑则维持原貌，从而新旧有别、相互关照，二者之间并无冲突矛盾之处。这一点还是值得我们借鉴的。

当前，随着城市建设加速，城市规模也愈加扩大。尤其在大型城市中，高楼林立，天际轮廓线复杂，人们已无法用古老的太阳定向法来辨别东南西北。在这样的情况下，城市空间中如果没有一些地标性建筑，没有能突显个性的城市节点，没有充满特色的街区，没有建筑个性的差异，没有彼此不同的空间标记，那么，这样的城市就会因识别性和认同感的缺失而失去活力。这样的城市不符合人们对宜居、乐居的向往，不是民众所需要的。

创造空间的可识别感，需要从领域性、归属性、差别性等方面进行切入。差别不等于凌乱，也不是无秩序的堆积，而是可以通过某些构景手段，诸如因子渗透、画龙点睛、节奏性地穿插与连接、包孕与围合、呼应与顾盼以及线的拉结等等，来进行谐调统一处理。

谈到认同，无非是指地域、乡土、文化、民族、习俗、家园等之间的相互关联而已。通俗地说，就是血脉相连、认祖归宗、同族同根，正如"人以群分，物以类聚"、"志同道合"、"道不同不相与谋"等说法的涵义一样。对于一个民族而言，在数千年的历史发展中，已然形成了某些约定俗称的礼仪、服饰、语言、文字、习俗等方面的符号认同体系，这是不言而喻的。这也正是我们在创造空间认同感时可以加以利用的元素。当然，在文化认同方面，在继承传统的基础上，也要有所创新，需要注入时代的新元素。只有以开放、包容的心态处理好以中为体、为根、为魂，以外来文化为用的中西结合关系，才能达到"体用结合"的效果，实现"老树生新枝"，使文化认同感源远流长。其具体做法参看本书相关论述和实例。

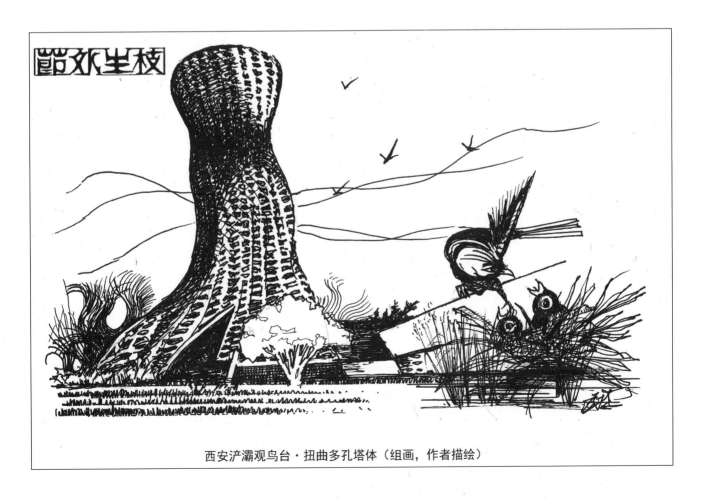

西安浐灞观鸟台·扭曲多孔塔体（组画，作者描绘）

# 第二章　建筑的景观构成

## 2.2.1　城市中的巨型"雕塑"——建筑景观

类型学将城市概括为街道、建筑、广场三种基本元素。

街道，是城市水平底界面上的线形景观，包括车行道、人行步道以及相应的花坛、绿地等设施，属于水平景观范围。城市中的街道系统，以点状的路灯、路引、站台、广告、过街天桥、标识、树木等作为陪衬，构成连续的、复合型带状景观。从造景目的来说，街道景观设计重在保证人的空间识别性以及交通的安全性和便捷性。与此同时，街道也是联系不同建筑风格的纽带。

广场，常出现在城市道路的节点、公共建筑群的中心以及城市的中心区内，是一种围合式的公共活动空间。广场可以为人们提供文化、娱乐、餐饮、购物等活动以及信息交流的场所，属于居留性、可共享的空间。广场（含中心广场和区域性广场）常常呈点状分散地存在于城市公共空间中。

建筑，不论是单体的还是群体的，不论是低层、多层还是高层、超高层的，与其他景物相比，都常常以硕大的体量进入人们的视野。特别是许多城市以高层高密度的过度开发方式来经营城市，造成建筑群的围合过于稠密，相互遮挡，使得原有的城市天际轮廓线消失殆尽。有的滨水城市和邻山城市，甚至陷入"有山不见山、有水不见水"的尴尬境地。在很多城市中，道路与两侧的建筑几乎都以"硬"拼接的形式直接相连，既无过渡，也无缓冲。建筑自身的色彩、线条、肌理、窗墙配比等，也都比较机械呆板，缺乏美学考虑。即使有的建筑虽然在形体上有所变化，但又大都浪费在屋顶上。事实上，过度的屋顶处理形式有时与建筑的下部体量极不协调，也远远不是人们常规视线的关注焦点。而人们经常关注的低层界面，则又大多充斥着各类商业广告，成为人们视线的主要聚焦点。所以，对于普通人来说，举目所见的，只是一群群拔地而起的水泥丛林，无法引起人们对建筑的好奇与欣赏。有时即使游遍整个城市，除了感叹变化之大外，却很难对游历过的某一场所或某一建筑留下深刻印象。与此同时，由于城市的建筑密度较大，又缺少高低错落和疏密相间的空间布局，人的活动空间受到很大限制，也缺少参与的机会。所以，呈现出来的景观境界，既无阔度，也无深度，给人的印象只能是模糊一片、千楼一面的状态。

纵观现代建筑的形态构成，可以说总体上大都表现为方整简洁。其形体表情可谓严肃有余、活泼不足；刚劲有余、柔和不足；统一较多、变化偏少。由于现代建筑所用的材料大多都是光滑平整的材质，属于硬质或呈现出硬质的状态，因而建筑的体积感格外明显，建筑表情也更加冷漠，缺少平和的亲切感。对于非归属性人群来说，大多数建筑都属于自封闭的独立体，公共性、共享性、生态性、文化性等都有所欠缺。因此，从提升城市建筑艺术品质方面来看，如何将建筑从自身功能价值脱离，进入环境艺术的大视野，已经成为业界关注的焦点问题。为此，国内外的建筑师和景观设计师们提出了诸多理念，试图拉近建筑与自然、建筑与人性之间的距离，如："建筑与环境共生"、"建筑植入自然"、"建筑体量消解"、"刚柔共济"、"循环再生"、"回归本源"、"负空间"、"生态建筑"等等。对于改善城市整体面貌来说，这些理念在提升建筑艺术品质方面是积极而有意义的。

就实质而言，任何建筑都是一种功能的载体。建筑与雕塑都属于用形体表达的空间艺术，建筑的核心价值在于其内部空间，雕塑的核心价值则体现在外部空间的多向对位性和量感效应上。然而在精神向度上，二者又具有相似的表情性与表意性。特别是在当代高度发展的科技支撑下，建筑形式的可塑性越来越大，其在城市外部空间中的作用也越来越大。笔者认为，在满足使用功能的条件下，建筑的界面处理可以采取多种手段和途径，如："共生"、"融合"、"有机生长"、"模糊不定"、"相互渗透"、"改变肌理"、"画龙点睛"、"软拼接"、"衔接过度"等,来进行建筑造型的塑造。为了开阔视野,拓展创作思维,本书特选择一些国内外实例,介绍建筑形体创作的切入点。当然,就艺术创作而言,毕竟法无定法、形无定式,必须因时、因地、因对象及环境而制宜,灵活运用才是至法。

## 2.2.2 建筑的体造型

建筑,就其实质而言,它是以社会需求为动力,以满足物质与精神功能的适用性为前提和导向,以保证坚固耐用、经济合理为手段,以审美愉悦为条件,坚持"适用、坚固、美观"三原则,作为一种社会文化产品,体现时间上(时代的)、空间上(民族、地域)的和谐,物质与精神的统一。所以,常把建筑艺术比作"石头的史书",是由时代的纬线与地域、民族的经线编织成的锦缎,也有把建筑的历时性体验,比做像音乐一样随着时间流淌的"凝固的音乐"。特别是在长期的农耕社会中,东方以木结构为主的空间艺术,西方以石材、混凝土为主的雕塑艺术,始终处于量变的过程中。建筑作为一种象征型的艺术,也常被贴上王权、神权、宗法、阶层地位、财富占有程度、吉祥祈福以及功能类型的标签,形成一定的风格与形制。

在艺术层面上,黑格尔曾把建筑列为"艺术之母",认为它是最早的艺术门类,建筑美中的一切元素,与哲学中的美学存在同一律的家族联姻。可见建筑形式美具有很多的艺术价值

建筑的体造型,就一般规律而言,包括自律和他律两个方面:自律,是指内在的规定性。一般由四种因素组成:功能活动内容和所需空间容量,构成了基本体量;空间组合形式和结构支撑体系决定了形态的性状;采光、通风、遮阳、隔热影响到造型的细节,特别是生态建筑对维护结构的构造形式有直接的影响;点、线、面、肌理、组合、比例等形态决定了建筑外在的体造型。

他律,是指气候条件、乡土风情、四邻环境、地形地貌、城市区位及天际轮廓线。建筑是城市中的巨形雕塑,是景观的主体,既影响天际轮廓线,又集注了人们的视线,隔绝了自然。就共性而言,任何建筑都应是城市的建筑,是环境的建筑。它应是由城市与环境中生长出来的建筑,是城市大家族的一员,不应鹤立鸡群,自我突出。虽然强调法无定法,形无定式,不拘一格,推陈出新,但也要注意整体和谐。对个体建筑来说,追求变化也只能是画龙点睛,可以用对比手法取得整体协调。每座建筑都是跳动在城市主旋律上的一个音符,哪怕是最强音,也不应离谱。

进入20世纪之后,随着科技信息的进步发展,整个社会文化、生活都有质的飞跃,人们的时空观、价值观、审美观、生活节奏都随之而变,建筑的结构、材料、施工技术也不断更新换代,因而导致了"国际趋同"与"多元共生"。同时,一种倾向也掩盖了另一倾向,当人们把目光集注在求新、求变的焦点上时,"离经叛道"已成为当下的时髦,不仅对建筑美学与艺术哲学中比例、尺度、和谐、对称、对比、协调、变化、统一等置之度外,对基本形态学也不屑一顾。至于"形式与内容相统一"、"技术先进、经济合理"、"传承中创新"、"整体和谐"等已有观念与原则,也都认为"时过境迁"。于是出现了"唯形式论",片面炫耀技术,追求附加的"表皮建筑",形象"拟人化",无中生有的"某某风情",故作姿态的"残缺断裂";追求商业营销的广告效应,无根据的形式"仿生",甚至是不做深度构思的"玩建筑"、"戏说建筑",不惜挥霍财力表现自我的"圆梦"建筑,都堂而皇之地登上多元共生的宝座。固然"求新"、"求异""求变"是人之常情,建筑也应因地、因时、因人、因具体条件之不同,而表现"各个特殊",这是社会的共识。而艺术的本质也在于"创新"。但是建筑创作不是无源之水,无本之木,是要经过审时度势,做到适量、适度、适宜,才能取得赏心悦目。

毋庸置疑,人们会为城市缺少特色、千篇一律而产生厌倦,也同样会对无法理解的怪异而感到茫然。甚至为挥霍浪费而感到痛心。目前城市中有些建筑,人们感受不到建筑形态的内在成因和产生自建筑师苦心经营和奇思妙想,而只是一种心血来潮而已。

总之,建筑的体造型和立面处理,既要符合内在生长性,又要体现外在的协调性,做到"意料之外,情

理之中"，以便取得公众的识别和文化认同。所谓和谐，并非形式上的近亲繁殖和贴标签，而是色彩、尺度、造型、内涵、构成元素之间的彼此呼应、衬托，虽有对抗，亦可统一。

　　常见西方一些历史建筑周围，兴建一些现代建筑，二者在形式上有明显差异，表现了各自的时代特征，新与旧分野明显，然而并不冲突。而在国内，有些建筑虽属同一年代建造，为了标新立异，却要各自突出，使城市陷入集体无意识的困境。有的更是莫名其妙，完全当作建筑师个人的表现自我。建筑拥有物质与精神双重属性，承载着人生价值与意义，是人们长期栖居之所，一切都应以人为中心，为人而创造。

### "旋"、"扭"之风，席卷全球；表皮建筑，方兴未艾（一）

苏州大学炳麟图书馆（摄影：罗梦潇）

西班牙旋转90°大厦　设计：卡拉特拉瓦（作者描绘）

　　当前社会，人类以各种方式，问鼎世界。卫星上天、月球登陆、生物克隆、人体探秘、火车提速、激光幻影、纳米精微……飞速发展的数字技术更将人们带入超越现实的虚幻世界。在这样的历史背景下，在建筑界许多前卫的建筑工程师们也不甘示弱，开始生发出种种奇思妙想，探索上天入地，超越物理时空，与地心引力抗衡，摆脱内在结构的约束，随心所欲地玩起了展现自我的旋风式、扭曲式、棱晶式、流淌式、扩张式的表皮建筑和艺术造型。这不能不使人联想到书法艺术中的狂草，尽管大多数人看不明白，但其大气流行、气韵生动之笔力，却受到人人称赞。

## "旋"、"扭"之风,席卷全球;表皮建筑,方兴未艾(二)

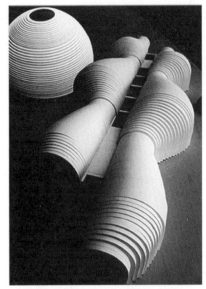

富平陶艺博物馆主馆模型(刘) (斯)

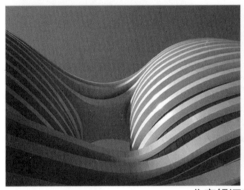

北京银河SOHO (杨) (李昊提供)

深圳新航站楼室内厅廊风采 (潇)

## "旋"、"扭"之风，席卷全球；表皮建筑，方兴未艾（三）

胡克公园工作室

（设计者：Piers Talor（英国）与英国AA学院学生）　　　　　　　　　　　　　　　　　　　（作者描绘）

韩国最节能环保的住宅

（设计者：Kolon Engineering and Construction与Unsangdong Architects）　　　　　（作者描绘）

## 建筑形体的立体构成

（曹）

（李昊提供）

（李昊提供）　　　　　　　　　　　　　　　　（屈）

## 2.2.3 建筑的表面肌理

### 建筑形体表面肌理的多样性

建筑的立面，犹如人的肌肤、鱼的鳞鳍、衣服的褶皱、禽兽的羽翼。有的用肌腱表示自身的体魄，有的用色彩和纹理展示自己的风姿。所以，在建筑造型处理上也不例外，有的以体块显示其雕塑感；有的以纹理展示自己的风格；有的则以线条作为装饰，借以展示自己的表面魅力。处理方法不同，效果也大不相同。有的张扬，有的婉约；有的动感十足，有的静懿妩媚；有的斑驳璀璨，有的斯文尔雅。特别是近期建造的大型公共建筑更是千姿百态、百舸争流、"八仙过海，各显其能"。加上一批境外大师来华纷纷登场亮相，把中国当成了建筑创作的试验田。虽然，可以使我们开阔眼界，打开思路；也为青年学子带来了迷茫和未走欲飞的幻梦。这里选录了许多国外的实例，意在开拓思路，为打破千楼一面，手法单一的现状，提供借鉴，全无广泛推广之意。

### 1 平面构成法

平面构成法泛指在两维空间内，采用点、线、面元素进行分割、错位、旋转、穿插、编织、渗透、浅层凹凸、划分与化合等方法形成的立面变化。

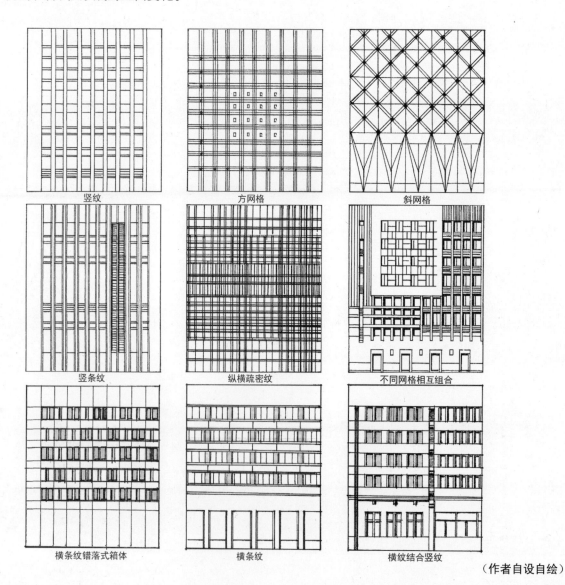

|||
|---|---|---|
| 竖纹 | 方网格 | 斜网格 |
| 竖条纹 | 纵横疏密纹 | 不同网格相互组合 |
| 横条纹错落式箱体 | 横条纹 | 横纹结合竖纹 |

（作者自设自绘）

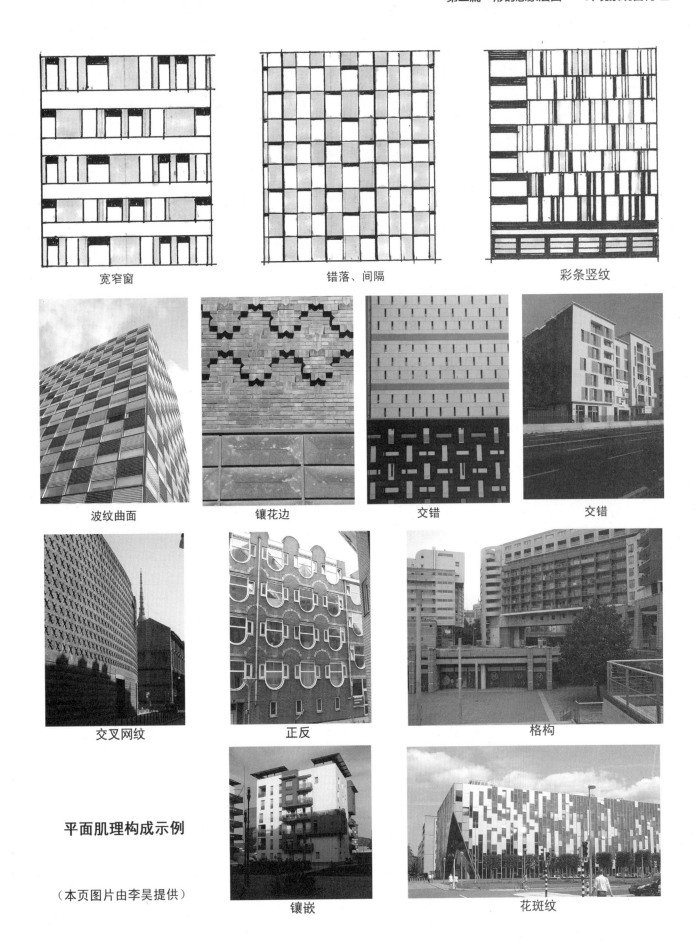

宽窄窗

错落、间隔

彩条竖纹

波纹曲面

镶花边

交错

交错

交叉网纹

正反

格构

镶嵌

花斑纹

**平面肌理构成示例**

（本页图片由李昊提供）

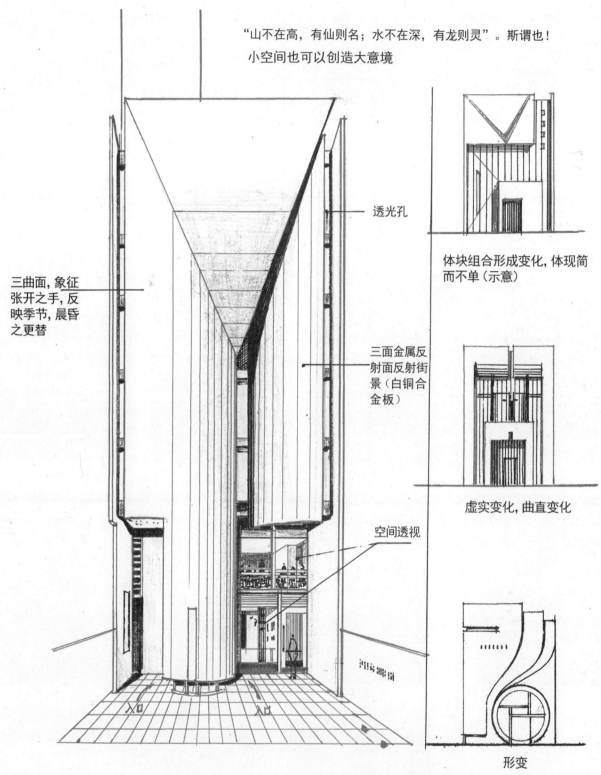

"山不在高，有仙则名；水不在深，有龙则灵"。斯谓也！
小空间也可以创造大意境

透光孔

体块组合形成变化，体现简
而不单（示意）

三曲面，象征
张开之手，反
映季节，晨昏
之更替

三面金属反
射面反射街
景（白铜合
金板）

虚实变化，曲直变化

空间透视

形变

美国民俗艺术博物馆

设计：威廉姆斯和比雷·钱事务所
12m宽立面，高25m
地上6层，地下2层，上4层展厅

**幽深中开阔**　　**以较窄的开间进行立体布置之实例**

（作者自设自绘）

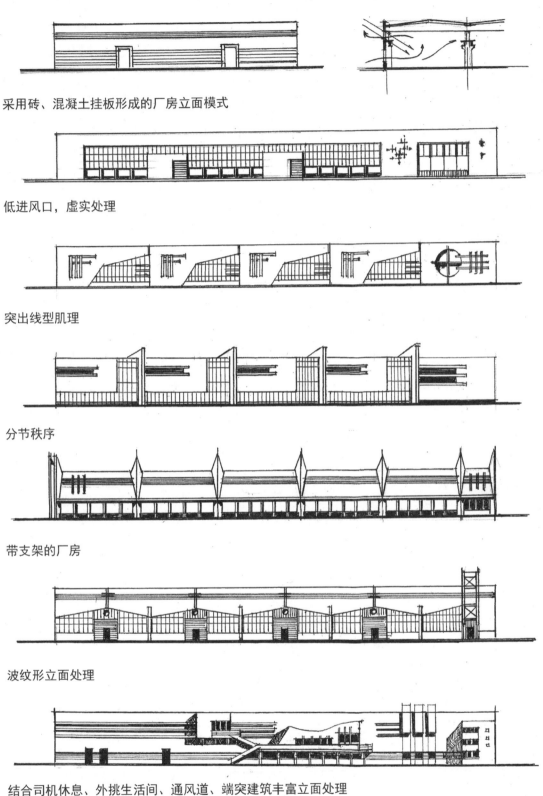

采用砖、混凝土挂板形成的厂房立面模式

低进风口，虚实处理

突出线型肌理

分节秩序

带支架的厂房

波纹形立面处理

结合司机休息、外挑生活间、通风道、端突建筑丰富立面处理

**工业建筑形态构成**：采用轻质墙体，兼顾采光通风，促成肌理变化，体现规则性与灵活性的统一。

（本页线稿为笔者自绘自设）

## 2 由凹凸体块构成的建筑肌理

　　表面凹凸具有明显的光影效果，可以增强表面质感和雕塑感，既减少大体量的体积感，因它具有化整为零的构图，可使建筑尺度适度变大。

（张）　　（斯）

（屈）　　（昊）

（斯）　　（曹）　　（曹）

（曹）　　（曹）　　（曹）

## 镶嵌——建筑蒙太奇的特写与跳跃的音符（一）

　　在广视角的全景画面中，为引起人们视线的聚焦、好奇驱力和注意力投射，在环境艺术处理上常采用"特写"的剪裁手法，对局部作强化处理。其艺术效果犹如在一片静止水面上，投石激起千层浪，于无声处听惊雷一样，掀起情境的波澜，也为空间增加了层次感。

水岸镶嵌，突出雕塑感　（曹）　　　　　　　　　　（曹）

深浅浮雕　　　　　（潇）　　　　　　　　　　　　　（昊）

凹凸镶嵌　（曹）　　　　　路边镶嵌　　（曹）　　　　墙上的浮雕　（曹）

## 镶嵌——建筑蒙太奇的特写与跳跃的音符（二）

（潇）

路缘镶石 （常）

树池 （昊）

文字符号 （潇）

条栅镶绿 （曹）

（昊）

埋在地下的船尾 （曹）

建筑镶嵌 （潇）

## 2.2.4　色彩是情、景互动的一种媒介

色彩，是最先映入眼帘的视觉元素，也是一个民族在长期的文化积淀和生活习俗的熏陶下，形成一种约定俗成的审美心理共性。虽然，随着时代的发展，经济、科技、社会生活、东西方文化的交融，也会不断地融入时代的元素，但其原有的基因仍然还会长期地延续。

中国，是一个有两千年之久的王权、宗法统治的国度，在传统的色彩构成中也打上了较深的阶级烙印，所谓"刑不上大夫，色不下庶民"、"朱门酒肉臭，路有冻死骨"就是最好的形容。紫色、黄色、红色、"雕梁画栋"、"浓彩重金"、"黄袍加身"、"披红戴花"，只为宗室、显贵、豪门之专用，而平民百姓只能穿戴蓝、黑、灰色的布衣，居于漆黑的柴门和草庐之内。

此外，在地域和民俗特色方面，江南水乡，多以"粉墙黛瓦"和"雨巷幽帘"来衬托"小桥、流水、人家"；而北方则以草顶厚垣来抵御风寒。

艺术上，由于山水诗、山水画、山水园的影响，注重的是"浓墨淡彩"、"淡泊"、"含蓄"、"无彩中有彩"、"神在不求染色似"等审美倾向。所以，色彩的运用和倾向，不甚突出。只认同红色为吉祥和生命活力的象征，并成为节日和喜庆活动的主色调。但是，在少数民族地区如全民信教的藏族地区，则有决然不同的表现。实践证明，不同的民族对不同色彩有不同的反应。就中国人而言，一般认为，黑色象征着哀伤和稳重，淡蓝色象征着静谧，白色象征纯洁冷静，红色象征激情热烈，绿色象征生命和平，褐色象征宁静等等。当然，域面大小，相互组配不同，也会产生视觉变异。

由此可见，色彩的应用，有明显的地域性，民族性的特征。笔者认为，既然色彩有较强的艺术感染力和情感诱发力，不论环境的主色调如何，完全可以在现代水泥丛林包围的硬质环境中，注入一些色彩的活力。青岛五四广场上由黄震创作的"五月的风"就是很好例证。而某些楼盘，如以画龙点睛之笔，塑造一两处色彩明亮的公建和雕塑小品，或建筑局部变色，也不失为一种选择，借以打破沉闷、冷酷的建筑表情和清一色的建筑着装。当然，喧宾夺主，杂乱无序的色彩拼凑，也是一种视觉垃圾。如老子所说的"五色令人目盲"，让人产生眼花缭乱，便是一种视觉噪声，应力求避免。

色彩、线条、质地、肌理的合理组合，可以产生一种有意味的形式，已经被国内外建筑实践所证明，是以反映时代的新声，不妨一试。

从以下的实例可以说明，利用"局部镶嵌"、"突出入口"、"相互穿插"、"因子渗透"、"万绿丛中一点红"，或专门打造"色彩魅力街巷"等手法，都可以借鉴和吸取。

"五月的风"　摄影：李丽

### 建筑的彩化

　　自然界的物象是多彩的，既丰富又和谐。绿叶衬红花，迷彩配斑纹。建筑也应如此，色单则枯，色杂则乱。整体和谐又不排除局部突出。镶嵌、穿插、编织、点塑、渗透、凝聚，既活泼又不伤大雅。

欢快的脚步　　　　　（闫学晶）　　　　　　　　　　　　　　　　　　　　（昊）

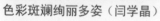

色彩斑斓绚丽多姿（闫学晶）

装束、点缀、镶嵌、彩条、编织、彩虹　　　　　　　　　　　　　　（昊）

## 2.2.5 城市构筑设施景观

　　城市以建筑为主体的景观，构成了天际轮廓线与连续的线性街道景观。此外，过街天桥、高架栈桥、跨河桥、高压电塔架、贮气罐、水塔、通风塔、管道廊等构筑设施，也是城市景观的重点组成部分，起到吸引视线、划分空间、疏导人流和组织交通等作用。它们与建筑物相结合，共同组成视觉通廊。特别是滨河城市，桥梁建筑更是一张天然的画卷，极具功能性与艺术价值。

### 城市中交通景观的特殊魅力

　　滨河城市的跨河桥，立体交叉的跨线桥，不仅是立体交通的枢纽和城市景观的节点，也是视觉通廊中的视焦点。它既可以构成高低起伏，纵横交错的天际轮廓线，是城市连续景观链上的明珠，同时也常是人们乐于逗留的场所，承载着生态性、文化性、功能性、趣味性、艺术性的多重效应。

跨河桥的景观构成

坡段处理　　　　　　　　　（本页图片由李昊提供）

147

## 桥是架空的路，也是形态各异的视觉通廊

　　城市中的桥，小到园林中的跨溪桥，大到跨河与跨路桥；以及城市综合体的空中步道桥，都是集功能性、交通安全性、社会交往性、艺术观赏性于一体的视觉通廊。法国巴黎跨越塞纳河的数十座跨河桥，构成了名副其实的城市名片，展示城市形象的窗口。本页图例只是根据作者已有的图片，稍加整理而成，不够典型，仅供参考。

（杨）　　　　　　　　　　　（曹）

（屈）

## 2.2.6　建筑传统的继承与创新

纵观人类文明的发展史，各民族都是按照独有的生存轨迹而发展的。在历史的文化源头上，民族文化被看成是人类精神生活的根与魂，人们约定俗成地代代相传，并在认知过滤中推陈出新，不断地传承与发展着。

传统，是已经发生过的事物，是历史形成的物质文明与精神文明，也是在长期的历史发展过程中潜移默化积淀起来的生活态度和行为习惯，因而受到全民族普遍认同的社会行为准则。传统既具有天然合理性，也有与时俱进的可更新性。历史是不能再生的，作为文化，其精神是永恒的、可持续发展的，也是各民族赖以生存的土壤、母体、源泉和根基。一个民族一旦丧失了文化这一根本，那么这个民族即将不复存在。

中华民族有着五千年的文化历史渊源，有着厚重的文化底蕴和博大精深的文化内涵。那既是民族智慧的源泉和前进的动力，也是凝聚民族力量的基石，更是伟大复兴的引擎和方向。当然，任何事物都具有正、反两方面的性质。在传统文化中，特别是大秦帝国建立之后，先秦时期那种百家争鸣、百花齐放、空前繁荣的景象遭到扼杀，以至汉代废黜百家、独尊儒术之后，励行的是王权和宗法统治，以及长期的农耕文明，使传统文化不免掺入了许多等级森严、尊卑有别、听由天命、安贫守旧、循规蹈矩、人云亦云、世袭一统、圆滑处世、追风逐流、懒于创新等陋习。所以，对待传统，也应进行辩证分析，既不能良莠不分、一成不变地全盘肯定，也不能数典忘祖、陷于历史的虚无主义而全盘否定，迷失方向。

就建筑的传统而言，与其他文化不同，它既是一种与社会的政治、经济、文化、科技、生活习俗等密不可分的社会文化产品，又是融绘画、雕刻、书法、诗词、楹联、匾额以及其他象征性符号等于一体的综合艺术。建筑的艺术不仅局限于建筑本体，还包括构成建筑的内在社会属性，是一个复杂而矛盾的综合体。

单就形式层面而言，建筑既包括上层社会的宫殿、庙宇、宗祠、祭祀等，也包括庶民的宅院、民居、聚落等。对于多民族的中国来说，各民族的建筑风格也各有特色，不尽相同。另外，从地域角度来说，南、北方不仅气候截然不同，各自的习俗、技艺、材质、风格、聚落构成等也呈现出很大的差异。以同属于权力等级制的建筑来说，即使均采用大木作，位于集权中心的中原和北方的建筑，其形式必定中规中矩，严格按照法式则例进行营造；而处于偏远地区的建筑，则因"天高皇帝远"而法式则例"鞭长莫及"，在形式上就表现出灵活自由的一面。所以，想简单地抽取一些建筑符号，或定格在某一朝代，或某一式样的特征来表现传统，既不符合实际，也是不科学的。尽管这种做法简单易行，也容易得到暂时的认同，但其实质上却是一种历史的倒退。无意义的仿古和重复，只能是一种"近亲繁殖"式的模仿，而不是真正意义上的传承。相反的，这样做反倒可能带来真假难分、以假乱真、到处雷同、"似曾相识"等弊病。因此，对传统最好的传承方式，应该是形无痕迹，而精神常在的继承与创新。

当今社会，人们的观念、生活节奏、审美意识、价值取向等的变化，以及科技和经济的发展，使得人们求新、求变、求异、求美的心理趋向十分明显。所以创新正是社会赋予的历史使命。当然，创新是艰苦的，困难的，也是有风险的，是对建筑师和艺术家的创作素养和创作能力的高标准、严要求的挑战。

建筑形式的创新并无统一的模式和固定的途径可循。在形式设计过程中，可以根据具体情况，结合形式的内涵，采取化裁、嫁接、隐喻、象征、重组、重构、同构、虚拟、片断展示、移植、渗透等不同手法，巧妙地加以运用。同时，在单体建筑形式之外，也可以从构成建筑的内涵和社会属性等方面进行切入。例如，可以从宇宙观、时空观、整体观、审美观、人生观和哲学与辩证法等方面着眼，汲取精华，从细微处入手，诸如：

### 1）极具宇宙意识的时空观念

中国人认为"上下四方为宇，古往今来为宙。"即以时间为纬线，以空间为经线，建筑是由时空（经纬）交织、阴阳互补、四时交替、贤达四方、往复循环、"五行"相生相克而形成的。因而，植根于大地上的建筑，作为由空间与时间构成的小宇宙，也要象天法地，参照天体运行规律进行创作。

### 2）追求整体结构布局的和谐性和有机生长性

传统建筑受堪舆学（风水学说）的影响，从生命安全和健康考虑，强调依山傍水、与环境和谐的环境观，讲究择地、体宜和沿线性展开的序列构成进行空间营造。同时，又重视按发端—发展—高潮—结尾的顺序来营构空间的情感序列，强调空间的起承转合。在结构上，重视建筑本体的榫卯结构体系，讲究传力直接、功能明确、严丝合缝、有机生成的建造形态。因而，中国的传统建筑空间极富节奏性和生长性。在传统的建筑空间中，通常以"间"为基本单位，以"庭"和"园"为建筑物间的联系中枢，以"街巷"为纽带，整个空间平面展开。而在街巷的转折空间处，又常常设置一些路程便捷的公共场所，使人们行进在其中时，仍可保持连续的运动。这一点，在当前的城镇设计中，对组织步行环境和营构城市风貌也有相当的参考价值。

### 3）在艺术创作上与审美体验中都强调意境的生成

从哲学层面讲，中国人注重"天人合一"、"情景合一"、"心物不二"、"知行合一"的思想，强调"法天地，师造化"、"道法自然"的原则，注重主客体的互相感应和转化。从艺术层面讲，中国人重视写意，常常赋予景观以"情思飞扬"、"意泻千里"的深远意境。

中国的山水诗、山水画、山水园，属于同宗同源，都是基于中国的特殊文化土壤而产生的艺术结晶。特别注意其中的内涵情感与精神，追求"气韵生动"、"意与象混"、"境生象外"、"情景交融"的理想境界。在造园中，尤为重视园林的诗情画意，追求"人在园中走，犹在画中行"的美好意境。为达到这些目的，造园不仅讲究移步换景、步移景异的场景组织，也力求将大自然的"雄、奇、险、秀、幽、旷、奥"之境再现于方寸之间。

受儒、道、禅的审美意识影响，中国人更偏爱虚灵、空透、深远、奇幻、恬淡、飘逸之境。中国人崇尚返璞归真、见素抱朴、钟爱自然生态的传统，与西方国家重几何之美的风格，有较大的差异。"湖光山色"、"世外桃源"、"人间仙境"、"天籁之音"等等，已经构成中国人理想的梦幻之境。在整个中国人文精神中，琴棋书画、民歌民乐、民情民俗等，无不显示了中国人的审美意境和精神气质。

### 4）在建筑与园林艺术中也充满了辩证法

#### （1）有无、虚实、有限与无限的辩证关系

老子曾说："有无相生，难易相成，长短相形，高下相倾，音声相和，前后相随，恒也。"又说："天下万物生于有，有生于无"（老子道德经）。老子的这种有无相生的辩证关系同样反映在建筑空间之中，通过虚实映衬、围合渗透、层层叠叠、断断续续、半藏半露等处理手段，可以使有限的物质世界产生时有时无、连绵不断、无限延伸的空间感。所谓"弦外音"、"天外天"、"园中园"、"形有尽而意无穷"、"不尽之尽"等等，正是此意。

#### （2）大与小的辩证关系

中国造园中，常采用"小中见大"的手法，以化整为零的手段，来造成咫尺天涯的视觉效果。故常用对比手法，或先后，或同时，形成收与放、抑与扬的对比体验，增加空间层次，使视觉空间的感知量超越客观存在的物理空间。这种空间大小的变化，完全是利用视觉调节和视错觉来实现的。这种对比手段如能恰当地运用于较小空间中，往往会收到良好的视觉效果。

#### （3）空间远与近的辩证关系和景观深度

中国传统的绘画技法强调三远法，即"高远、平远、深远"，主张利用近、中、远三个层次来加大绘画空间的景深。如："远山无脚，远船无身，远树无根"，"暗滃遮山远，空濛著柳多"（杜牧《江上雨寄崔碣》）等等，均是这种技法的写照。在造园中，同样可以利用这种远近的辩证关系，如：可利用空气透视原理，采用藏与露、明与暗、隐与现、清与浊、明晰与模糊等对比手段，来增大空间的深远感，达到景愈藏

而境愈深的效果。

**（4）形与势的辩证关系**

传统的审美经验，强调全景与特写、总览与细察、轮廓与细部之间的辩证关系。所谓"百尺为形（约23m）"、"千尺为势（约230m）"，并以此为依据来确定司马道上石像生的间距。认为"远观其势，近察其质"，"大者观势，小者观形"，既追求气势之恢宏，又重视细部的耐人寻味。为了造势，也常采用"托体同山阿"的手法，来增强景观的气势。

**（5）书、画、雕刻等艺术精髓的借鉴**

在中国传统的书、画、雕刻艺术中，有很多辩证思维的总结。如：讲究"疏可跑马，密不插针"的疏密布局；讲究"不塞不流，不止不行"的徐疾运行；讲究"少则得，多则惑"、"五色令人目盲，五音令人耳聋"的多少关系；讲究"似与不似"的确定与不确定关系；讲究"刚柔相推"、"刚柔共济"的刚柔关系；讲究"将欲取之，必固与之"的付出与回报关系；讲究"以静制动，以动显静"的动静关系；讲究"相互顾盼"的首尾关系；讲究"相反相成"的模与形关系等等。这些都言简意赅地指明，任何事物都是矛盾的对立统一体，一切的变化也都是在相互推移、相生相克、相辅相成的过程中发生的。当然景观艺术创造也不例外。

中国传统文化中蕴藏着无穷的智慧与营养，是取之不尽、用之不竭的文化宝库，值得借鉴与继承。而传承传统的关键，则在于深入挖掘和善于分析，真正做到师古而不泥古，创新而不媚俗。

总之，作为民族文化的延续与发展，传统起到不可替代的凝聚作用。然而，民族兴盛，更应与时俱进，在传承中不断创新。那些优秀的传统基因，是支撑民族精神的原动力，如果能与现代先进的元素进行重组与重构，一定会放出新的光彩，成为新的生命活力，使民族文化更加旺盛的成长。建筑大师伦佐·皮亚诺曾说："热爱传统并不意味着复制传统。复制传统只会带来感性的麻痹，是一件愚蠢的事情。你变的麻痹，因为你只关注传统美的东西，而继承传统的惟一途径就是得要足够为奇，有足够的创造力，正中求变，从传统中吸取灵感。"（《安藤忠雄研究室《建筑师的20岁》）。黑川纪章也说："传统有两种解释，一种是看得见的，如建筑、景观的式样、外观、装饰等；一种是看不见的，指的是意境上的、精神上的传统，是一个内部结构系统，包含着价值观念、思维模式、情感模式、行为模式"（郑时龄、蒋密《黑川纪章》）。即是说，其形可变，其质永恒，变而不离其宗。

（本节根据罗梦潇原稿）

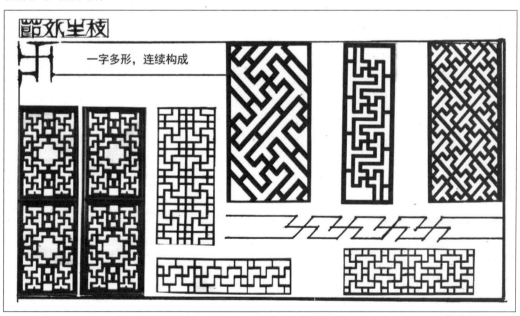

（作者绘制）

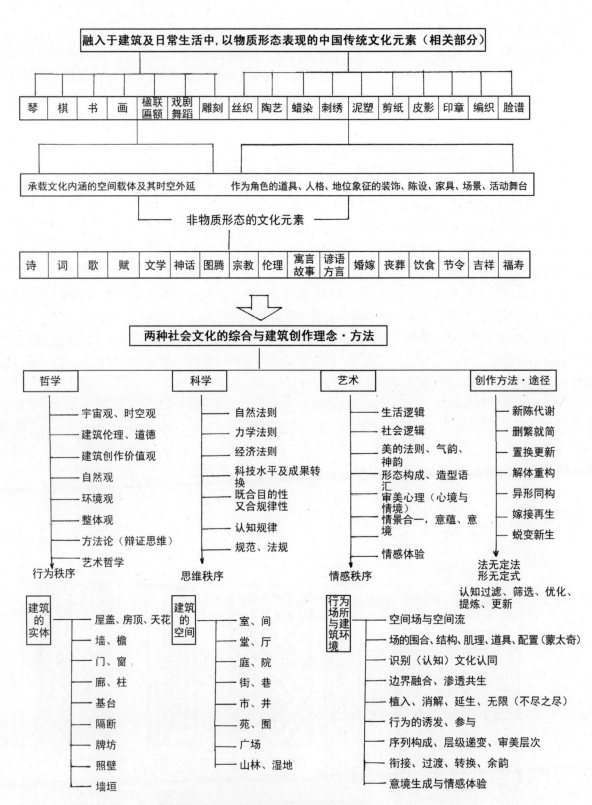

**传统文化的传承与创新系列构成表**

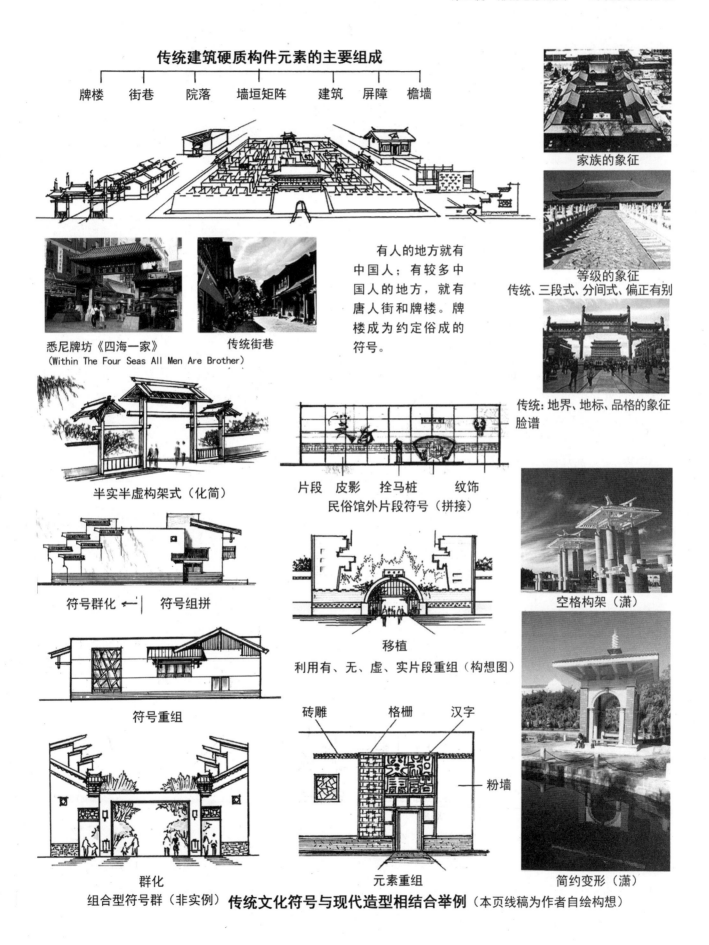

## 传统建筑硬质构件元素的主要组成

牌楼　街巷　院落　墙垣矩阵　建筑　屏障　檐墙

家族的象征

等级的象征
传统、三段式、分间式、偏正有别

传统：地界、地标、品格的象征
脸谱

悉尼牌坊《四海一家》
(Within The Four Seas All Men Are Brother)

传统街巷

有人的地方就有中国人；有较多中国人的地方，就有唐人街和牌楼。牌楼成为约定俗成的符号。

半实半虚构架式（化简）

片段　皮影　拴马桩　纹饰
民俗馆外片段符号（拼接）

符号群化 ←│ 符号组拼

移植
利用有、无、虚、实片段重组（构想图）

空格构架（潇）

符号重组

砖雕　格栅　汉字
粉墙
元素重组

简约变形（潇）

群化
组合型符号群（非实例）**传统文化符号与现代造型相结合举例**（本页线稿为作者自绘构想）

153

## 简约·同构　遗貌·取神　中而不古　新而不俗
### ——苏博新馆对建筑创新的启迪——

"所谓传统，不是看得见的形体，而是支撑形体的精神。我认为，吸取这种精神并在现代活用，才是继承传统的真意……"——安藤忠雄（《建筑家安藤忠雄》）

英雄所见略同。建筑大师贝聿铭先生在苏州博物馆新馆设计中也"以传统为干，现代为芽"的观念，传承了"平淡疏朗、旷远明涉"的拙政园原有意境；汲取了粉墙黛瓦、以窗取景、移步换景、镜中成像、倒影低垂、总体和谐的造景手法；巧妙地运用现代造型之简约，进行材料的置换和形的同构，使新馆深含意蕴，准确地表达了"明净致远，婉约吴越"的文化内涵，气韵生动、恬静大方、诗情画意、风流倜傥。

小桥流水人家，虚灵空透如镜　　　（郑）

总体模型　　　（郑）

倒影低垂，侧视如峰　　　（郑）

山有横看成岭之状　　　（林）

室有高下可致情　　　（郑）

亭阁新姿，舒朗通畅　　　（林）

小院寂寥，孤峰独立

通向会议厅的长廊

纱窗望景 虚朦飘渺 朦胧之美

长廊尽处不尽之尽
（本页图片由林源提供）

疏竹挺立，清秀高雅

隔窗望景，景外有景

## 吸取精髓，"骨子里的中国"——万科五园的创新理念与创作实例

按王受之说："中国氛围是一种综合的东西，包括环境、邻居、饮食、艺术、话题、气候、阳光、四季，还有软的因素，如历史、沿革、传说、八卦等等。"他要表达的是"骨子里的中国"，只求神似，不求形似。摒弃了表面形式上的符号摘取；保留了对现代生活有利的半开敞庭院、方圆结合的造型语汇；用于隔景的屏风、多孔的墙窗、中庭天井绿化、细纹墙脚、青砖步道、青石小巷……粉墙、小院，建筑与环境融合。水院烘托出婉约江南之意境；园内博物馆中按徽派民居原样建了徽派老宅；为提升社区文化气质，修建了5000㎡的"五园书院"——社区图书馆。整个建筑体现了传统人文精神与现代生活的融合，并通过日常的文艺演展，使居住在园区的居民，得到文化精神的共鸣与提升，成为畅神、高雅的精神家园。整个建筑从布局到单体建筑形式都为"新中式"走出一条宽广之路。

万科集团深圳大梅沙总部

镜窗观景　　　　　　帘幕重重

既隔又透　　　　　竹庭疏影　　　　　曲桥碧水

檐墙交错　　　　楼影低垂　　　　挺拔清秀　　虚实相生

**万科五园实景照片**　　（本页图片由甘恕非摄影提供）

　　中国传统的窗棂、门扇、屏风常以木雕装饰，赋以文化内涵，既隔又透；传达文化意蕴，既高雅又华贵。在现代空间中完全可以简化其形，吸取其神，并可以用木、钢、合金、塑钢及其他材料进行置换，经模压和电脑刻制成型。其适用尺度可大可小，既可独立使用，又可镶嵌。

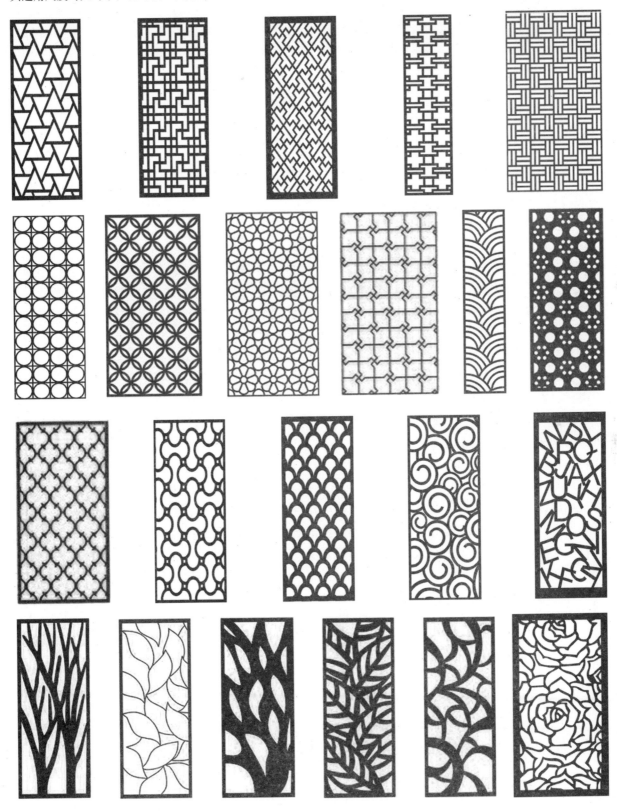

# 第三章　环境组景

　　构成景观的元素，各地大抵相同。然而，不同的组配，却可产生不同的景观效应，有的牵强，有的得体，有的雷同，有的奇妙。正如我们日常所说好的，厨师可以用简单的材料烹饪出美味佳肴，好裁缝也可以用一块抹布剪裁出龙袍，关键只在因地制宜，得景随形。景观要素，组配适当，建筑与环境共生，较好地体现了有机生长性和形态特异性。

## 2.3.1　概述

　　建筑、风景园林、公共环境艺术等的景观构成，与单纯的书法、雕塑、绘画、摄影等艺术形态构成相比，既有相通的共性，又有较大的差异。

　　作为共性，凡是艺术都强调以人为中心，讲究"从生活中来，到生活中去"，追求体现原创性、惟一性和作品的独立特殊性。

　　作为个性，建筑、园林景观是一种既合目的性、又合规律性的，兼有时间性和空间性的造型艺术。也就是说，需要反映时代性、地域性、民族性、乡土性、生态性、文化性、场所性等特点，是科学、哲学、艺术的综合，也是技术与艺术的有机结合。这是运行在"情"与"理"双轨上的理性与浪漫交织的实践活动。所以说，这是一门艺术科学，不是无目的性、无规律性的自由遐想和随意创造。

　　所谓科学、哲学、艺术的综合，是指在科学上，景观的形态构成要按照社会逻辑、生活逻辑、经济和力学法则等原则，以实际建设条件与建设规范为依据，建立一定的思维秩序；在哲学上，景观的形态构成要按照人的需求、行为、心理、价值观和方法论等，进行创作构思，建立一定的行为秩序；在艺术上，景观的形态构成要运用一定的造型语汇和美的规律，运用情感的符号，建立审美体验的情感秩序。可见，从创意到实践，景观的形态构成都强调以理念、方法、技巧三结合的精神来贯彻始终。

　　不论是建筑还是园林景观，其形体构成都必须以相应的材料、结构、制作工艺、安装技术等来完成，需借助于现代科技的支撑，才能有较大的变化灵活度和创作空间。所以，设计者必须了解和熟悉现代材料的性能、加工方法和组装技术等相关的知识和技能。否则，再好的创意也只能是空中楼阁，无法落地生根。

　　所谓理性与浪漫的交织，是指具有审美价值、能形成情景互动的景观，是通过眼、耳、鼻、舌、身等感觉器官以及神经中枢共同进行感官体验的形象。其本身应具有"神、情、理、趣、妙、逸、韵"的品格，才能吸引人们的眼球，打动人们的情思，触动人们的情感。中国的传统艺术强调气韵生动、大气流行。现代景观更应具有风趣、浪漫、幽默、诙谐、飘逸、洒脱的品格。一个好的景观创作，应该既是"意料之外"的作品，也是"情理之中"的创新，要在"形"中涵纳着"意"与"理"两个层面的内涵。

　　在形态构成实践方面，鉴于现代城市满目都是大体量的雕塑（指建筑物）和硬质的景观造型（指道路、铺地等），所以应当提倡软化、虚化、空透化、活化、动态化的景观效果。在具体的景观形态处理时，可以利用中国传统的造景、造园方法，如化大为小、小中见大、化实为虚、化满为空、化静为动、化有为无等等，来进行环境的再生与创造。

　　在继承传统造园手法的同时，我们也可以借鉴国外的一些设计经验，进行景观的形态构成，如"新陈代谢"、"环境与建筑共生"、"消解"、"植入"、"复层化"、"架空"、"负空间"、"格构"、"下沉"、"悬浮"等等。借助这些手段，可以消除和缓解现有城市空间拥塞、压抑、冷漠、封闭、单调、生硬的表情，创造出宜人、悦目的景观空间环境。具体的应用可参见各篇相关实例。

毋庸置疑，当前的景观设计作品，在一定程度上存在着整体构思欠缺、场所观念淡薄、生活气息不浓的弊端，甚至可以说互相抄袭的多，独立创新的少；复用的多，因对象而制宜变化的少。同时，在"利润最大化"和"长官意识"的双重制约下，设计者的专业知识欠缺，经验不足，加上主观能动性又不能充分发挥，所以导致景观作品的实际功效较差。从建成环境的形态和效果来看，不能尽如人意，亟须改进和完善。

## 2.3.2　传统造园手法的借鉴

中国传统的风景园林，多系私家园林，且大多是按退隐士大夫的个人欣赏爱好来营造的。总体上看，传统园林一般面积较小，可容纳游览的人数少。从某种意义上说，传统园林空间相当于室内起居室的室外延伸，琴、棋、书、画等艺术活动也被移到室外的亭、台、楼、阁之中，与环境融合在一起。在传统园林中，建筑、连廊等作为庭园的主体，和当代的城市园林与绿地景观存在较大的差别，因而纯粹从形式上来进行模仿是不切实际的。尽管如此，中国的造园多系文人园，与山水诗、山水画、书法、文学等属于同宗同源。在庭园组景处理手法上，吸收了很多其他艺术门类的精华，在精神层面上含有中国传统文化的精髓。而这正是当代园林景观创造中值得继承和发扬的。例如，传统园林中，常常运用序列构成、以小观大、得景随形、与自然和谐等手法。其中有的运用儒家的目观、致用的"比德"思想；有的运用道家的"法天地、师造化、道法自然"的"自然山水"思想；有的运用禅宗的心性、顿悟、不即不离、即相即色、形有断而意无穷的境界；有的运用有无、虚实、断续、借对、模型、藏露、围敞、曲直、疏密、有限与无限等相互对比的辩证思想。这些都为当代的景观设计提供了值得借鉴的方法和手段，特别是在畅神、愉悦方面，仍是现代人所追求的目标，而且也符合美的规律。

值得肯定的是，在形、景、境、情方面，传统与现代在本质上是相通的，当属同质关系；在具体手法的运用方面，又是异形同构关系，可谓根脉相连。只不过比较而言，现代景观的服务对象已不再只是贵族家眷，而是大众平民罢了。因此，对于已经很成熟的造园技法，如点中见面、以小观大、漏景、隔景、透景、对景、借景、障景、藏景、断景、园中园、天外天、山重水复、不尽之尽、开承启合等等，在实践中只要运用得体，仍然可以显示其应有的艺术魅力。

事实上，南方园林至今仍是国人乃至外国友人非常喜爱的游览对象，不仅在国内被人们视为珍宝，常常为之流连忘返，甚至还远涉重洋被输出到国外，受到各国人民的好评。当然，传统的园林形式毕竟只代表了过去，当今的景观创造还需要与时代接轨，进一步创新。当前，西方的一些园林风格和现代科技也为我们带来新的创作视野和技术支撑，这将是园林景观未来发展不可忽视的潮流之一。总之，以中为本，以洋为用，应是一种必然的趋势。

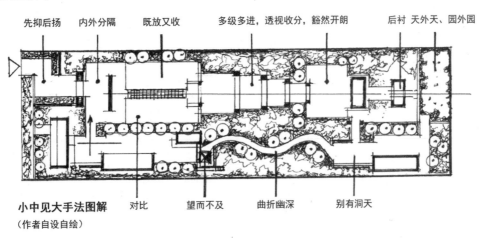

小中见大手法图解
（作者自设自绘）

传统造景方法借鉴:"道法自然",自然是和谐共生、相生相克、相得益彰、因果相联、相互依存。故造景贵在自然得体,随坡就势、得景随形、峰回路转、有无相生、疏密相间、虚实相生、刚柔相济、有限中延展无限,天外有天、层峦叠翠、小中见大、咫尺天涯、内取外借、有断有连、大气流行、变化无穷。

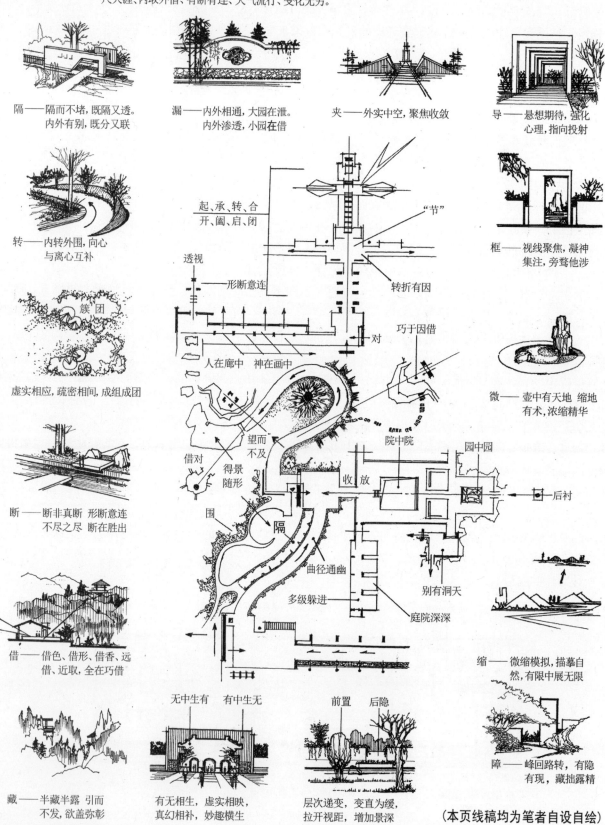

隔——隔而不堵,既隔又透。
内外有别,既分又联

漏——内外相通,大园在泄。
内外渗透,小园在借

夹——外实中空,聚焦收敛

导——悬想期待,强化
心理,指向投射

转——内转外围,向心
与离心互补

起、承、转、合
开、阖、启、闭

"节"

透视

形断意连

转折有因

人在廊中 神在画中

对

框——视线聚焦,凝神
集注,旁骛他涉

簇 团

虚实相应,疏密相间,成组成团

巧于因借

望而
不及

借对

得景
随形

围

隔

院中院

园中园

收 放

后衬

微——壶中有天地 缩地
有术,浓缩精华

断——断非真断 形断意连
不尽之尽 断在胜出

曲径通幽

多级躲进

别有洞天

庭院深深

借——借色、借形、借香、远
借、近取,全在巧借

缩——微缩模拟,描摹自
然,有限中展无限

藏——半藏半露 引而
不发,欲盖弥彰

无中生有 有中生无

有无相生,虚实相映,
真幻相补,妙趣横生

前置 后隐

层次递变,变直为缓,
拉开视距,增加景深

障——峰回路转,有隐
有现,藏拙露精

(本页线稿均为笔者自设自绘)

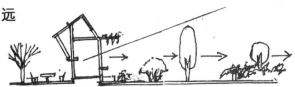

## 以小窥大、宁静致远

大空间大活动，小空间小活动。大者使人豪放，小者使人温馨。然而，大空间亦可化整为零，小空间亦可集零为整

空廊寂寥益幽深　（笔者自绘自设）

小路、垂门、通向远方

洞中天地宽

马尔代夫天鹅岛，亭立水畔
此亭虽小却有画龙点睛之妙

窥视　景深远而层次多　　　（笔者自绘自设）

闹中求静，忙里偷闲
（图选自匈牙利佩奇城围合小院）

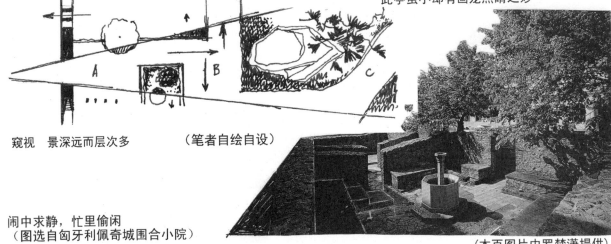

（本页图片由罗梦潇提供）

161

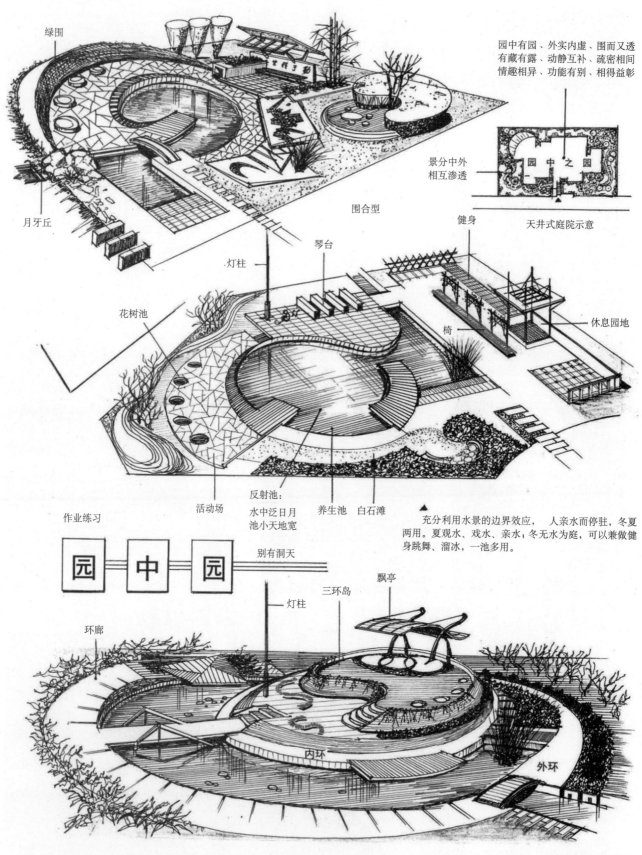

绿围

月牙丘

园中有园、外实内虚、围而又透
有藏有露、动静互补、疏密相间
情趣相异、功能有别、相得益彰

园 中 之 园

景分中外
相互渗透

围合型

天井式庭院示意

灯柱

琴台

花树池

健身

椅

休息园地

活动场

反射池:
水中泛日月
池小天地宽

养生池 白石滩

作业练习

充分利用水景的边界效应, 人亲水而停驻,冬夏
两用。夏观水、戏水、亲水;冬无水为庭,可以兼做健
身跳舞、溜冰,一池多用。

园 中 园

别有洞天

三环岛

飘亭

环廊

灯柱

内环

外环

（作者自设自绘）

### 2.3.3　走出画室的艺术新天地

#### 1　模拟自然原型的大地艺术

"大地艺术"（Land Art）一词，源于20世纪60年代的美国，指艺术家们以大地作为创作对象，把艺术创作与大地景观有机地结合在一起的视觉化艺术形式。迈克尔·海泽（Michael Heizer）、罗伯特·莫里斯（Robert Morris）、克拉斯·奥尔登堡（Claes Oldenburgs）、罗伯特·史密斯（Robert Smithson）、丹尼斯·奥本海姆（Dennis Oppenheim）等是其中的主要代表。大地艺术家们主张以大地和地球的实体物质形态为原型，并与地区可循环再生的生态资源，诸如石、木、沙漠、草、废弃矿体等相结合。大地艺术使艺术创作走出了封闭的画室、画廊，由有限尺幅的作品走向了广阔的大地，摆脱了商业、色情和权力的束缚，以宏大的构图向自然回归，既丰富了景观设计的创作语汇，也赋予环境艺术以新的活力。在20世纪，大地艺术家们创造了"闪电的原野"、"螺旋形码头"、"音之园"、"草地彩虹"、"峡谷窗帘"等作品，使人耳目一新。

从本质上说，真正的"大地艺术"，应该是自然天成的，是自然的水力、风力、地壳运动等这些"天然雕塑师"们所塑造出来的。这样的景观既是生活在常规环境中的人们所追逐的奇境，也是摄影爱好者们所精心捕捉的对象。事实上，在人工环境的创造上，中国人早就以老子的"法天地，师造化"、"道法自然"等哲理作为造景的主要原则，在园林营造中也是把"叠山"、"理水"看作为造园的主要技艺。在审美意识方面，中国的山水诗、山水画、山水园等，都讲究从大自然中汲取精华，注重由写实到写意的演绎，讲究大气流行、气韵生动，讲究以神韵来描摹大自然山水中的精神与灵气，体现人与自然和谐。这些与"大地艺术"所追求的回归自然的精神，正可谓殊途同归。

大地形态、大地艺术都追求以自然形态浓缩与概括凝练的形式，以极少的元素进行抽象构成。并将作品融入环境和场所之中，使人工与自然相结合，既达到雕塑般的体积感和瞬间永恒的效果，又在时间上表现出持续性与再生性。这是其积极的一面。不过，当其被应用于局促场地和生态环境中时，也存在着孤立与破坏的一面，值得注意。

与大地艺术相似的，如英国的神秘麦田圈和烧麦秸作画等创作方式，虽有可欣赏解读的价值，但其时效甚短，也有毁田和污染环境之嫌，不值得提倡。

利用大地艺术构形原理，在都市的公共环境中，也可以打破推平头的习惯。利用起伏的地面和仿丘陵的造型围合成中空的园厅，在土丘上种植绿色植被，或以宽带绿篱剪形起伏的丘豁，以及利用修筑水池的挖掘的土方堆砌成马蹄形的丘状山势，不仅有无相生，还可达到土石方的平衡。

　　在中国，从扇画到大地梅影、壁雕、摩崖石刻、山水盆景，早有超越画室之艺术创作。右图也反映走入生活，模拟自然的创作冲动。

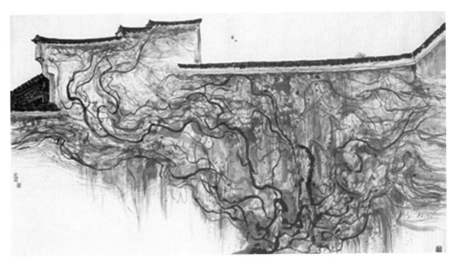

（《墙上秋色》吴冠中）

由风塑造沙丘

沙漠地区，随处可见起、伏、陡、缓、斑纹璀璨的沙丘。风沙有害，但用于造园其景颇佳

人工塑造（R·莫里斯）

贵州兴义市"万峰林"诗画田园，可谓"大地艺术真品"

仿沙丘休闲场所营造构想

日月环（内倾广场）

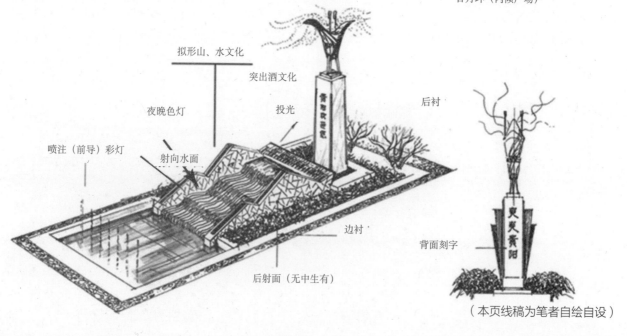

拟形山、水文化

突出酒文化

夜晚色灯

投光

后衬

喷注（前导）彩灯

射向水面

边衬

背面刻字

后射面（无中生有）

（本页线稿为笔者自绘自设）

164

## 表现"气"、"骨"品格之大地艺术

《自命不凡》（T·史密斯）

晶体叠合——"傲"由四角锥构成之装置艺术

高山流水

梅影——龙骨梅魂

独立鳌头，刚柔共济

横行霸道
仿动物形象，空壳结构，下铺细沙，耙出纹理

## 大地艺术构形习做（构想图）

火山熔液

减法构成——天坑

仿火山构成（自绘自创）

具有警示意义的造型启示

喷岩

泥塑与藤条纹组合（原型再造）

仿水流（自创）

仿气流构成（自创）

"在诗意中舞动"
（原载新居室 FASHIONHOME）

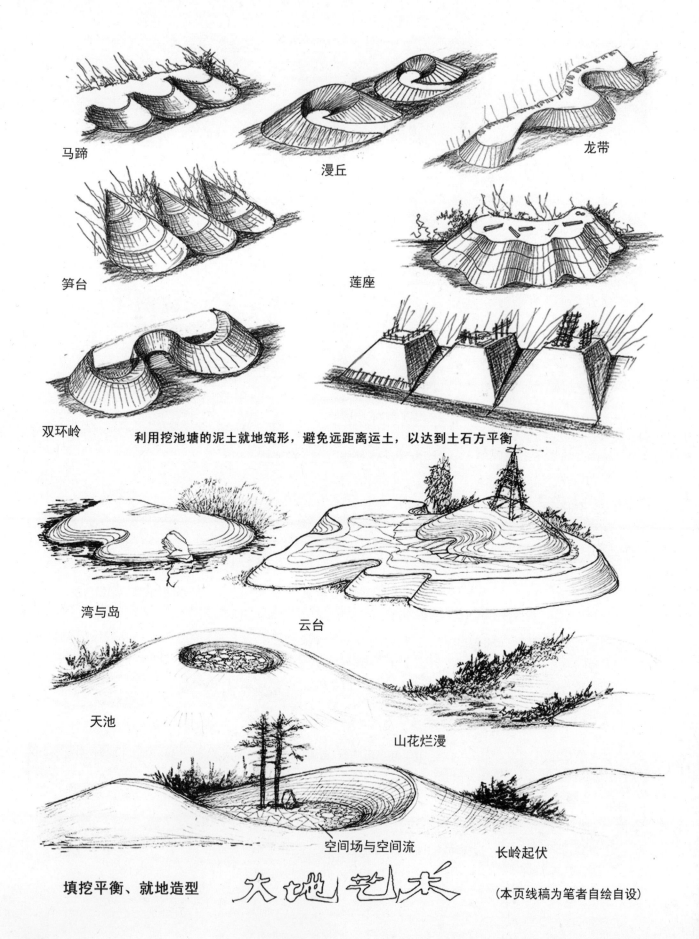

马蹄

漫丘

龙带

笋台

莲座

双环岭

利用挖池塘的泥土就地筑形，避免远距离运土，以达到土石方平衡

湾与岛

云台

天池

山花烂漫

空间场与空间流

长岭起伏

填挖平衡、就地造型 大地艺术 （本页线稿为笔者自绘自设）

## 2　公共艺术：城市景观的新形式

公共艺术（Public Art），泛指在城市公共空间（如街道、广场、临时建筑等）中出现的，具有开放性、共享性、面向公众，并由公众自由参与的环境艺术创作。传统的公共艺术有雕塑、小品、街道家具、广告、绘画等。近年来，一些艺术家不满足于有限的画布、画室、画廊创作，也不满足于传统的艺术形式，而是走向街道、广场等公共空间，以路面、墙面、地面，甚至是运动的汽车以及人体等作为载体，进行绘画、雕塑、艺术装置等创作活动，为城市环境增添了新的活力。有时候公众也可以参与到这样的公共艺术之中，进行涂鸦、绘画、标本制作、人体彩绘、行为包装等艺术造型设计。在这里，他们既是艺术活动的体验者，也是艺术品的创造者。

公共艺术的类型颇多，诸如三维绘画、墙画、汽车广告、人体行为艺术、公共装置、大地艺术、城市雕塑、广告牌、影像屏幕、庆典等等，都属于公共艺术的范畴。可以说，凡是出现在公共空间中，直接面向公共观赏，并进行文化和意义交流的艺术作品，均可称为公共艺术。

不言而喻，公共艺术面向公众而发生，因而具有更接近百姓生活、更具人性化的特点。公共艺术开放、共享的特性，可以使公众身临其境，身处其中，甚至亲历亲为地进行创造，因而更具时空上的现实性。作为一种当代文化形态，公共艺术有时以极其戏剧性的形式，引发公众对相关问题进行思考和认识。因而，往往更具幽默诙谐感，或者更具讽刺性和警示性。由于公共艺术取材广泛，形式多样，其内涵的包容性又很强大。因此，近来在国内外都很流行，也涌现出了一批很有创意的作品，给人以耳目一新的奇妙感。

从本质上来说，环境艺术本身就是面向公众开放的，可以说是大众艺术、场所艺术、行为艺术、生活艺术的综合。它能使城市精神形象化，也是传递城市文化的一种意义载体。在一定程度上，良好的公共艺术作品，就像在冰冷的水泥丛林环境中添加的"调味品"和"活化剂"，可以缓冲、调节人们的紧张情绪，提升人们的精神状态。一件好的公共艺术作品，其艺术价值和社会效益绝不亚于高雅的庙堂之作。因为它更具生活性、人性化，也更具有情趣性和易读性，既便于传播，也容易滋生教化感染力，在公共环境中可以起到画龙点睛的作用。同时，因其可以随时更新，因而也具有与时俱进的可再生功效。一度风靡全球的"大黄鸭"就是一个很好的例子。

值得一提的是，在经济社会中，商业大潮已经涌入生活的各个角落，从有形到无形地濡染着每个人的心灵。尤其是色彩斑斓的商业广告几乎充满整个公共空间，静止的、流动的、平面的、立体的等等，可谓形形色色，无处不在。这些商业广告在推销商业产品、宣传商业知识的同时，也无形中增添了城市色彩，丰富了城市环境。在一些繁华的商业街巷中，商业广告已经成为第一建筑轮廓线，完全取代了原有的建筑立面。当然其中也不乏低俗的色情画面，需要我们加以甄别和摒弃。作为公共艺术的一族，商业广告是当今社会生活中展现时代科技和商业信息的一个重要组成部分，为人们的视野增添了许多色彩和情趣，在景观环境创造中不可忽视。

　　**行为艺术与公共艺术**：借助一定的道具行头，扮成各种历史人物的造型，用凝固的肢体语言，伪装成活体雕塑，吸引游人的眼球，调动人们的视觉集注和行为参与，借以娱乐公众。其行为目的包括历史记忆、人物特写、慈善捐助、生活警示、滑稽、幽默等。与此相类似的是以卡通形象，安装在公共空间中，增加一种艺术气象，引起人们的好奇、注意。这类公共艺术，类似雕塑，实非雕塑，是用形与色来表达的。

（以下两张图片由吴爽提供）

（以上图片由李昊提供）

（以上图片由滕腾提供）

### 3 墙画与景屏：别具一格的垂直界面

20世纪后期，曾出现在个别建筑的山墙头或空白墙面上，以假窗或真人生活情景为内容的彩绘图画作品。不过，由于这些彩绘面积较小、场景单一等原因，虽然引发了观赏者的一时好奇，却没有形成视觉上的强烈冲击感，因而艺术感染力十分有限。

近年来，首先从西方兴起，继而延伸到国内，兴起了新的景观创作方法。艺术家们不再满足于画室、画廊的有限创作空间和小幅创作作品，转向开辟新的创作对象和创作空间。在一部分艺术家以大地形态作为模拟对象进行"大地艺术"创造的同时，另一部分艺术家则以建筑墙体和广场地面作为载体，进行景观创作。他们或以局部事件为主题，或选取城市的片段，以现实生活场景作为原型，用接近真实的尺度以及写实的手法精心绘制，形成大幅的立体画面。对于初次接触的观众来说，这样的场景具有仿佛身临其境的逼真视觉体验，甚至在初次欣赏时竟可以达到以假乱真的效果，待到仔细端详时才恍然大悟，使人兴趣大增。其中极具仿真的3D图像，尤为符合当今图像社会的大众观赏需要，为城市增添了一道靓丽的风景。从某种意义上来说，这样的墙画创作可以看作是另类的建筑立面造型，弥补了建筑自身缺失表情与表意的局限性。特别是对于大面积的实体墙面，如能选择合适的题材绘制墙画，不仅能消除自身表情的冷漠，还可以作为艺术作品增加大众的文化认同和视觉享受，不失为较好的艺术创作途径。

以墙作画，具有广阔的创作空间，既可以让艺术家们大展身手，为城市增添情趣与色彩，也可以改变现有的商业广告一统天下的局面，为城市增加浓郁的文化和艺术氛围。这将有助于打破现代都市那种清一色几何构图的局面，缓解冷漠严肃之感，使城市生活充满生机和情趣。

景屏可以看作是一种特殊的墙画形式，能够与空间实现更好地融合。不同形式的景屏可以起到分隔空间和造景的功能。对于纵深较大，或缺少垂直景观的庭院，采用一定形式的景屏作为隔景手段，既用料不多，又构造简便，值得尝试，所附实例为抛砖引玉之作。

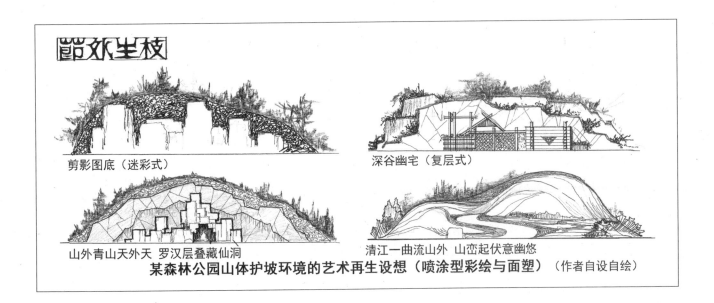

剪影图底（迷彩式）　　　　深谷幽宅（复层式）

山外青山天外天　罗汉层叠藏仙洞　　　清江一曲流山外　山峦起伏意幽悠

**某森林公园山体护坡环境的艺术再生设想（喷涂型彩绘与面塑）**（作者自设自绘）

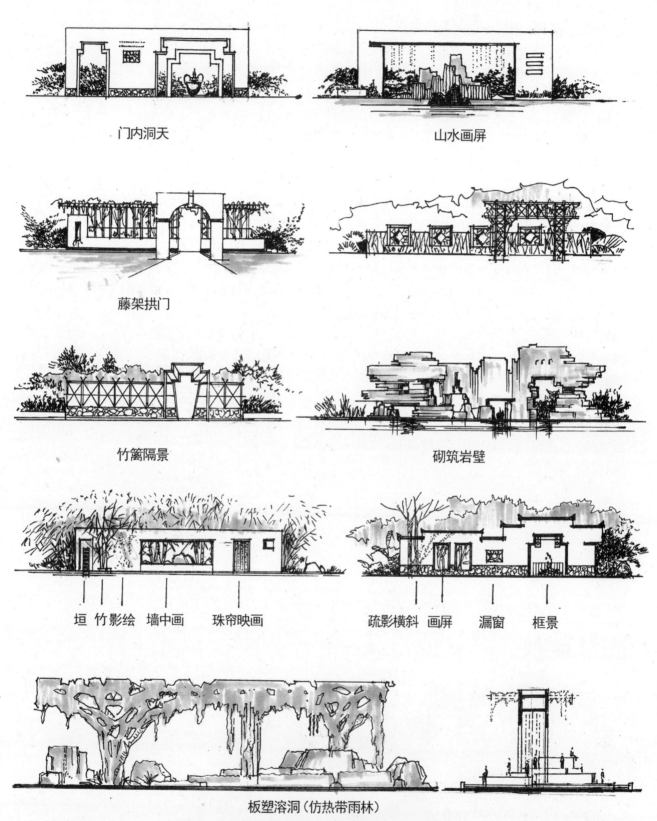

门内洞天　　　　　　　　　　　山水画屏

藤架拱门

竹篱隔景　　　　　　　　　　　砌筑岩壁

垣　竹影绘　墙中画　　珠帘映画　　　　疏影横斜　画屏　漏窗　框景

板塑溶洞（仿热带雨林）

**各种形式的景屏可以起到分隔空间和造景功能**

　　注：对于纵深很大，或缺少垂直景观的庭院，采用一定形式的景隔，用料不多，构造简便，值得借鉴，本图只是抛砖引玉之尝试。

（本页线稿由笔者自创自绘）

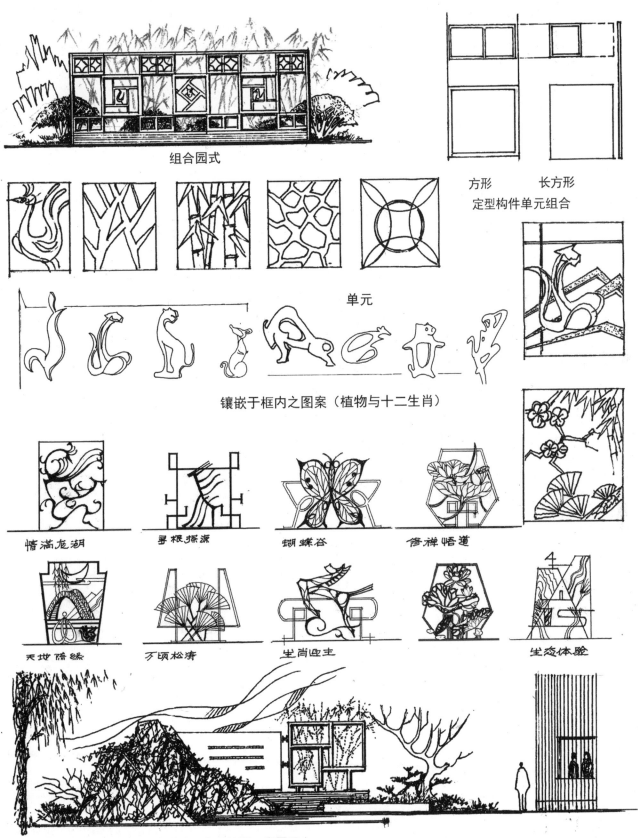

组合园式

方形　　长方形
定型构件单元组合

单元

镶嵌于框内之图案（植物与十二生肖）

情满龙湖　　　寻根探源　　　蝴蝶谷　　　修禅悟道

天地陰緣　　　万顷松涛　　　生肖迎主　　　生态体验

半景园——半山坡绿，半壁诗，半漏竹影，半露天
**应用景屏造景和透空围合示例**　　　（本页线稿均为笔者自绘自设）

　　澳大利亚谢菲尔德小城，宁静而优雅，自20世纪80年代开始，即以墙画作为展示历史文化和地域风情的特殊风景，讲诉着城市发展的历史和人文精神。画面的形象逼真，故事情节真实生动，吸引大量游客来此参观，现已成为颇负盛名的旅游胜地，是公认的墙画之都。其景观效应远远超出了建筑的形式表达，经验值得重视。

（本页图片由曹志伟提供）

## 2.3.4 立体化、复层化、袖珍式的景观

由街道、广场、建筑组成的城市空间中，除成片的、集中的、节点的、位置显赫的地段之外，尚有大量的、分散的、较小的边角性空间。如街头巷尾、路侧、车站口、地道口和建筑空间的衔接处，综合体的内陆空间和与城市邻接的半公共空间。而这些空间又都是处于市民室外活动的必经之地。如果能进行合理地开发，不仅符合节地、节能、缩短交通距离，起到地尽其用、方便群众、调节情趣、活化环境氛围的作用；同时也是景观创造的良好途径。可谓是文化性、生态性、生活性、艺术性的四性并存。然而，这些地带常常是景观创造的盲点，是被人们遗忘的角落。即使获得重视，在处理上也往往是追求平整，沿平面展开式进行场所的营构，不仅形式单一，也缺少情趣。

从"道法自然"的观点看，自然界没有绝对的平整、光滑和笔直的直线。高低起伏、层次错落、沟壑纵横、褶皱如麟、波浪翻滚、天坑溶洞、海蚀风侵，乃是自然的真正面目。所以，越是平直，越显露人工雕凿的遗痕，苍古朴拙的风韵荡然无存。因此，有的艺术家，提倡空间的"襞"（衣服褶皱），"层次"空间（界面凹凸）、"缩地有术"（模拟自然），以及按宇宙图式制造山水盆景。

立体思维是以三维和多维的发散性思维进行空间意象的定位，是一种创造性的思维方式。同时，也是一种再现自然的模式。立体的、复层的、袖珍式的处理空间，更可以收到择地灵活、布局随意、造价不高、功效甚多、雅而不俗，小巧大方的社会效益。在这方面有许多实例可以借鉴。从大的方面讲，日本东京六本木城市综合体，即以立体化、复层化、园林化、旅游目的地、公众四季共享为创作理念进行规划与设计，结果收到了世人瞩目的艺术魅力。另外，日本的山水庭园，都是以小中见大的手法处理，形成别具一格的日式风韵。美国的佩里公园是驰名世界的袖珍公园，虽然主庭面积还不到 40m²，但借助于周边层次围合，呈现一种静中有动的复层式景观，作为城市的休闲胜地，游客络绎不绝。在我国，近年来也日益重视立体化、复层式的空间开发，"上天入地"已成为城市空间拓展的一种共识，有的城市已进行有效的实践。

层次性的微型景观，主要以局部下沉和抬升，阶台转换，空间的衔接与过渡，镶嵌小品、家具、绿化和棚架等形式来达到小而巧，变而活的艺术效果。正所谓浓缩的总是精华。在处理时，也要注意变化适度、尺度宜人、配置得体、避免繁杂的问题。

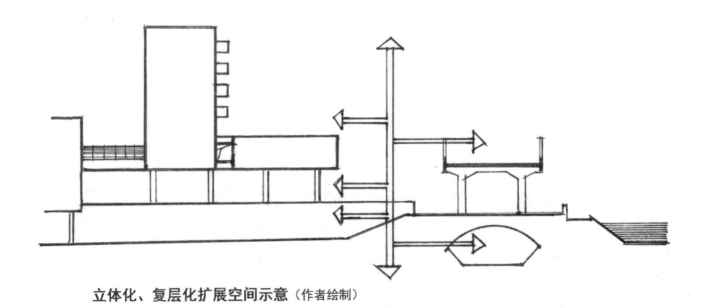

**立体化、复层化扩展空间示意**（作者绘制）

## 以有限展无限　以有尽生无尽——立体化、袖珍式、路侧空间

在都市中，地铁站口、综合体内庭、复层式商业街、繁华的商业中心、社区的街角空地，都可以按立体化、袖珍式打造成一种转换式、衔接式、缓冲式、节点式等，与城市空间零距离亲密邻接的小型公共空间，为市民提供交通转换、休息逗留、交友聚会、观景怡情的行为场所。空间虽小，层次丰富，占地不大，功效不少。

（本页图片由笔者自摄）

## 角落

　　城市中大面积生态绿地被称作城市之肺和肾。如果将散布在各个角落中的空间都变成一种生态和艺术交相辉映的公共空间，整个城市不是可以成为气脉相通的有机之躯吗！

　　本页图例皆以阶台为纽带，以绿化为衬托，体现了生态性、场所性与艺术性的结合

　　（本页图片由曹志伟提供）

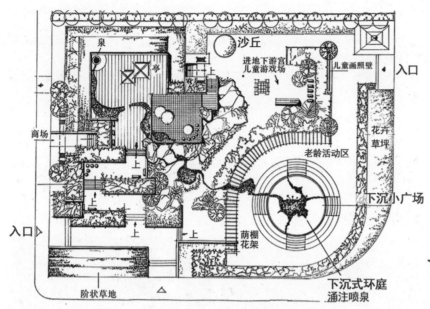

立体化复式街角庭园广场 （笔者构思与绘图）

## 小空间 大容量

在寸土寸金的城市中，许多可以利用的边角地带，如能加以利用，可为居民创造许多精神港湾，也为城市镶嵌许多绿色宝石。俗话说："一个好的裁缝，给他一块抹布，可以裁制一件龙袍。"关键在为所不为之间

立体化袖珍公园设计构思与实例

立体构成示意

采用垂直曲折序列，层次叠落，几何形与自然形共生

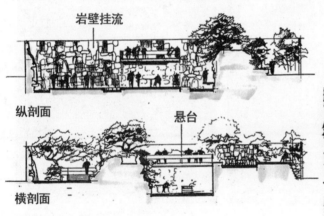

复式广场空间（华盛顿州西雅图市瀑布公园）

亦动亦静 亦虚亦实 亦上亦下 亦山亦水

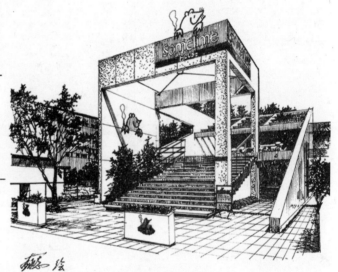

多功能立体广场

可以进行观演、休闲、餐饮活动的立体化景观广场

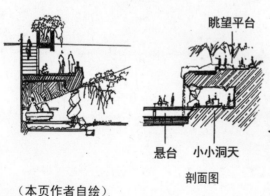

（本页作者自绘）

立体式袖珍公园构想（来自于外国实例原型启示）

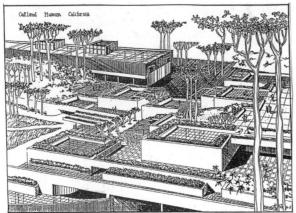

美国加州奥克兰市博物馆
（设计凯文·罗序（Kevin Roche）李强绘）

上部为公园，下部为展厅，直接与公路毗邻，将文化、生态、游憩结合为一体

自然与人工相结合的梯田层次，此坡地造境很有启示

由叠瀑构成的层结构

由凹凸、曲折、绿带构成的空间层次

## "层"结构

层次，增加景深，方便观感，调节情趣，打破平庸，增加植被，扩大空间，有利分区，促进交往，能更有效地创造场所和节约用地，可以将平直的序列改变为垂直的复杂序列。如能精选树种，合理配置，会呈现一种高低起伏、层林叠翠、山重水复、往而复还的景观境界

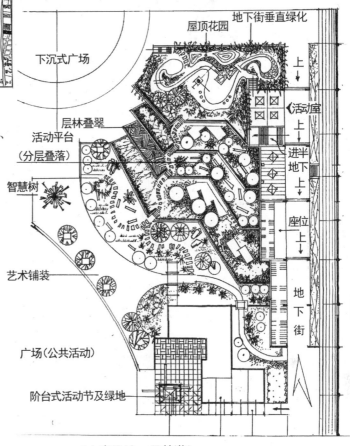

（方案设计：罗梦潇）

起伏、错落、多级、多进、层叠、转折、环绕，形成层次性空间界面，可以收到致清、至情、悦目之功效

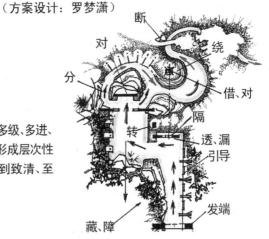

由曲折、婉转构成的层次结构
（自设自绘）

177

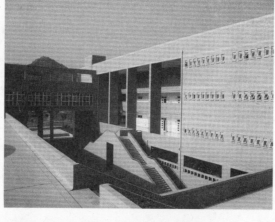
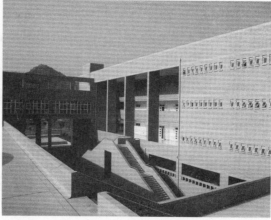

玛丽广场加拿大银行办公楼
（蒙特利尔）

犬牙交错　　　　　　　悬、挑、通、透　　　　　　　直跑、平台

挑廊、阶台、门构

利用阶、台、廊及空透边界造景寓情

（本页图片为罗梦潇提供）

## 2.3.5　都市中的原生态

人与社会都是从漫漫历史长河中走过来的。沧桑历史中不仅留下了人类的足迹，也显示了人类的智慧。一代一代的人们在直观自身中感受着生命的意义和价值。中国人素有怀旧的情结，孔子曰："温故而知新"，老百姓也喜欢忆苦思甜。人们越是走向现代化的生活，越想回看几眼已经逝去的过去时光。所以，城市中各色各样的博物馆悄然兴起，"农家乐"、旅游度假地中也常摆放着拴马桩、犁耙、石碾、饮马槽等这些老旧物件，只为慰藉人们的怀旧情思。在文艺作品中，古装戏、老歌曲、原生态的表演等也成为一种新时尚。所有这些都表明，人们在告别过去、奔向未来中，不时地还要追忆和怀念往昔。这正是现代人所表现出来的"向历史复归"、"向自然复归"、"向人性复归"的心理趋势。可以设想，在现代化都市中，到处都是钢铁水泥、IT 影像屏、璀璨的 LED 灯光等高科技一统天下的环境，如果能在其中镶嵌一些原生态的景观作为调节和点缀，带给人们情感的慰藉和美好的回忆，这岂不是一件惬意的事情？

在 2012 年上海世博会上，成都展区以府南河活水公园为主题，展现了水车、水体自净化的迭水槽和芦苇等景观，很好地回应了久居都市的人们对田园生活的向往。笔者也曾去过杭州西溪湿地，领悟过那里的自然原生态给都市人所带来的秘境幽情。更值得一提的是，在全国知名的浙江大学紫金港校区，竟保留了一片芦荡苇塘，并以茶室木屋相配，让现代文明与原生态环境自然链接，别有一番境界。事实上，苇、蒲之类的植物，不仅具有观赏价值，也承载着水体自净化的功能。笔者十分欣赏唐朝诗人韦应物题为《滁州西涧》的诗：

"独怜幽草涧边生，

上有黄鹂深树鸣，

春潮带雨晚来急，

野渡无人舟自横。"

在诗中，有水，有苇，有鸟，有林，有舟，还有历史的幽思，呈现了一幅美好的生态画卷。王维的诗《白石滩》也是如此：

"清浅白石滩，

绿蒲向堪把，

家住水东西，

浣纱明月下。"

此诗也极有情调，以水、滩、蒲、纱等简单的物象，描摹了村女月下浣纱的图景。这两首诗都表明，环境中那些简朴、自然的元素，往往最贴近生活，也最容易引人产生共鸣，诱发情感上的回应。

据旅游杂志介绍，在繁华稠密的东京，由著名漫画家宫崎骏先生创造的一处美术馆，因其为儿童以及那些童心未泯的成年人带来意外的浪漫情趣，而被人们看作是小天地、大境界的杰作，甚至被亲切地称作"东京秘境"。可见，人们对那些别有趣味的环境空间的向往。

被称作"东京秘境"的宫崎骏美术馆，为童心未泯的人们在东京闹市编织梦境（摄影：三村翰弘）

实际上，雅境无须大，赏花不在多。在城市和住区的角落中，如果能够精心构思、巧妙布局，那么设置几处原生态的景观是完全可以实现的。通过设置原生态的景观，让那些久违的莲池、苇塘、蛙声、蜻蜓点水、木舟渔网等原生态场景在现代城市生活中重现，既可作为向生态复归的露天博物馆，也可在城市景观中呈现一道别样的风景线。目前已有个别景观在这方面做过尝试，如在溪流中种植芦苇、蒲葵之类的植物，既作为景观点缀，也为景观带来丰富多彩的变化。事实上，芦苇、蒲草、马蹄莲等植物在造景中非常有利用价值，不仅易种易活，而且这些植物还具有水质自净化的功效和循环再生的繁衍能力。同时，其枝、叶还具有实用价值。从植物观赏价值来说，这些植物通常都淡雅清秀，枝条稀疏挺拔，飘逸潇洒，如成组成团配植，可创造出形神兼备的绿色景观。

造景的目的，旨在造境生情。原生态景观可以缓冲人们紧张的情绪、填补心灵的空虚、丰富空间情趣，值得提倡和推广。当今人们摆脱了贫困和落后，正向往和追求所谓"诗意栖居"的生活环境，而如果身边环境既无诗、无画，又无情、无意，那么又何谈"诗意地栖居"呢？许多城市和社区在环境建设时，不惜花巨资营造浩大的江、河、湖等水面，却很少关注原生态景观与现代人的情缘。结果，久居城市的人们要想接触这类原生态的景物，就必须"舍近求远"地驱车去遥远的村寨和山林，实乃无奈之举。当前，城市生态学、景观生态学等都提倡生态平衡，提倡文化、形态、生物的多样性发展。因此，原生态环境空间也应是当前景观设计中不可或缺的一环，此处列举部分实例以供参考。

据了解，四川美院的校舍十分特别，它不是用钢筋水泥围合的平坦式的硬质环境，也不是拆除废旧的建筑全部新建，而是在保留大量的历史设施的基础上，将整个校园打造成融入于原生态的艺术学府。"人造环境，环境造人"，相信学习在田园般校园环境中的莘莘学子一定会有灵感的萌发。

### 都市中的生态观光科技园——成都府南河畔活水公园

园内种植可产生自净化的各种植物，并以造型奇特的迭水池，演示速降滤清的效果，为居民提供一处具有休闲观光、怡情获知的湿地观光好场所

入口宣示牌

苇岸挺秀  倒影清

迭至尽头水自清

高位石溜泻，激起千层波

清潭弄清影

苇束造型

满园深浅色，虚实两重天

迭水群

漫步幽径

碧水映蓝天
（此页图片均为苏超辉摄影与提供）

藻池

观赏平台

## 充满魅力的生态文化之都
### ——城市综合体的典范：日本东京六本木城市综合体

　　六本木城市综合体，经17年历程，由一家开发公司在极困难的条件下开发而成。其采用了与城市交通网紧密相连的、以森大厦为中心的复层立体式空间布局；以步行环境为主脉，将自然生态人性化，趣味性、新奇感融入整个环境中；按旅游目的地要求，吧顾客留驻在综合体内，流连忘返，愉悦共享。不留一个死角，没有一处僵硬，绿阴环抱，生机葱郁，到处都充满了生命的活力。现已成为游客必选之地，彰显和诠释"新日式"建筑风貌的魅力之都。

屋顶绿化

层次递变

中庭空间

流线型轮廓

层林叠翠

水晶湖

梯台转换

舞台上的挑棚
（本页图片为曹志伟提供）

四季景象

空间流变

曲径通幽

曲折错落

景区印象：

无处无景处处景，

目无虚视目目虚；

转身欲去心不舍，

游尽方知意未尽

衔接过渡

标识小品

独处静坐

小品处理

对景树

（摄影：曹志伟）

## 既是学府，又是田园，智慧的熔炉，精神的港湾
### ——校园环境掠影——
### （一）

曲径通幽　　　　　　　　水塘苇岸　　　　　　　　通学小径

清水弯湾　　　　禽鸟游弋，珍爱动物　　　　通向彼岸

柳岸琴声　　　　　　　　集会场所　　　　　　与名人拍照留念

路漫漫其修远兮　　　　　　生长　　　　　　　若有所思
（本页图片由罗梦潇拍摄）

## 淹没在自然生态中的艺术学府，莘莘学子的精神家园
### ——校园环境掠影（二）——
——四川美术学院校园环境艺术 （设计：郝大通 摄影：刘涛）

　　该校以尊重历史、尊重自然、尊重人才为宗旨，利用一切可以利用的资源设施，将建筑植入自然环境之中。让自然拥抱建筑，让学子在自然环境熏陶下，滋生创作灵感，净化心灵，增长才智。较好地解决了"建大楼与培养大师"的矛盾，在自然、宽松的环境中达到德艺双馨。

质朴的教学楼　　　　　　　　　丰收

原有拱门

保留的步廊道

田园风光　　　　　中庭

植于绿色中的校舍　　　　　栈桥　　　　　水庭

艺术的奇葩

四川美院校园校前区——缤纷的广场、自由创作的园地

色彩波澜

形似彩云，波如褶皱

稚雅的七巧板

质朴古拙

学路漫漫

栅网如织

疏朗的通廊

理性与浪漫交织

斑驳的雕饰

奇妙的雕饰
（本页图片由董洁提供）

飞廊如链

## 以文化为本，生态为体的校园环境
——校园环境掠影——
（三）

厦大以"自强不息，止于至善"的办学理念，力求把校园环境建成宽松、自由、活泼、愉快、充满生机的精神家园；以利激发学子在校园内自由创造的潜能，真正成为人才成长的摇篮

到处都是充满生机盎然的庭园和绿地

山青水绿天蓝，人与自然相互交融

有宽松的室外公共聚会场所，有惬意的林中漫步，有绿树环抱的幽静的学生交流场所

涂鸦：隧道两壁成为施展才华、放飞梦想的艺术天地

（本页图片由罗梦潇拍摄）　　自由地抒发理想和浪漫的情怀

## 2.3.6　社区景观：精神的家园

### 1　以家为核心的社区环境

对于个人来说，居住社区是以"家"为单位而形成的生活环境的核心，进一步则可以引申为物质家园、生态家园、精神家园和诗意地栖居等这一系列永恒的主题。这也是景观设计所要追求的理想境界。身为社会的人，几乎每个个体都有三分之一以上的时间是在自家及其所在社区中度过的。因而，居住社区的环境品质对于个体来说具有生命意义上的重要性。

然而，当前的城市社区环境却是矛盾重重。一是人与车的矛盾极为突出。汽车业的高速发展，除了给人们的出行带来便利之外，也给地球环境带来诸多不可回避的难题，如尾气污染、安全隐患、与人争夺空间等等。这些难题已日益严重地摆在现代人的面前。二是社区中人际关系相比以前更为淡薄。除地缘之外，如果没有适当的交往机会，则同一社区的人们互相之间的关系，往往只能是"只识其面，不知其名"，甚或"老死不相往来"的状态。三是城市化发展加速，使得多数社区的建筑密度过大，容积率过高，导致社区的生态环境变得脆弱，可供人们活动的空间又极其有限，加上建筑表情冷漠，景物变化单一，使得整个社区缺少人性化的亲和力。四是生活服务设施配套不完善，社区服务范围存在局限性，物业与业主发生矛盾的现象时有发生。

社区本是一个人群具有相当规模的、有共同管理系统的、资源共享的生活聚落。很显然，社区是以地缘为核心的。但是，如果没有机缘、趣缘、业缘、情缘的维系，就很难形成较大的精神凝聚力和文化认同感。

为了解决上述问题，整体提升社区的环境品质，首先要在宏观上坚持建筑规划与景观规划同步的原则，在人车分流系统、步行环境系统、景观与标识系统、生态与绿化系统、生活服务系统、光照与艺术照明系统等方面，统筹兼顾、全面安排。在微观上，则要从细节入手，处处体现对人的关怀。

从实际功效考虑出发，社区内如果按户外活动的人时值（即户外活动的人的数量与活动时间）多少来看，当以老人、儿童、妇女及18岁以下的青少年为主要使用对象。所以，需按不同年龄段人群的兴趣爱好、活动规律等，来选择适当设施，确定相应场所，营构场所精神，使之各有所选，各得其乐。户外活动应以"邻里生活单位"为散点，以兴趣群和主题活动的"园厅"为节点，以公共活动中心为域面，以线性景观轴为纽带，按三级结构将整个社区的外环境构成点、线、面相结合的景观网络。其间则应以绿化为基调，以标识、家具、小品、艺术照明等为点缀和陪衬，并将文化信息渗透其中，以诗情画意作为景观的灵魂，斯可谓全局在胸，功在得体。

在景观构成方面，鉴于居住区内路网密集，庭院域面较小又不甚规整，且又多以线型和边角空间居多，加上私密性要求和日照要求也较高，特别是商品住宅还要求体现"均质化"原则，因而设计时要特别注意处处设景，尽量均质分布。

在绿化配置时，要注意不留死角，树种选择恰当合理。并要考虑到居住区属于常驻性空间，景观设置相应地要考虑长效化，做到常见常新，防止审美疲劳和感觉钝化的产生。在物化中也要突出人性化的主题。因此，造景元素的选择和景物配置，要突出小、巧、空、雅的特点，使生活气息浓厚，并兼具可循环再生等特色。总之，要力求营构温馨、自然、亲切、舒适、宁静的环境氛围，突出社区文化主题——"家"的内涵。

社区环境品质的评价，要以宜居、安居、乐居、逸居和幸福指数作为参照。需要注意的是，这种参照应以全体居民的实际体验为基准，而不能仅仅依靠几项机械的指标数据为评价指标（因为有时这些指标数据的可信度是值得怀疑的）。

社区景观设计是一个小题目、大文章的课题，看似容易，但操作起来却存在各种难点。故要求设计者本着经济上精打细算、构思上缜密精心的原则，真正做到细之又细、慎之又慎，"于细微处见精神"的态度进行创作。然而，在当前建设实践中，却存在着快速构成、翻版套用、求大求洋等现象，如各地纷纷出现的大门楼、大铺地、大水面、洋古典等做法。这些做法要么只在意概念炒作，要么只关心目标大小，完全背离了社区环境的造景宗旨，应当引以为戒。

## 2　邻里单元与园厅的组景

在短短的数十年内，人们的物质家园已由住不下到住得开，再到现在基本达到住得舒适的程度，可谓实现了历史性的跨越。现在，多数城市家庭不仅拥有足够所有成员使用的卧室，连餐厅、客厅这些家居活动空间也是双双齐备，而且越来越宽敞明亮，为家庭日常生活提供了极大的方便性和舒适性。

但是，对于住区而言，如何保持室内外环境的均质、同步发展呢？当人们从家门走到室外时，其实也希望能拥有一个空间场所，来开展各种室外活动，如观景，晒太阳，纳阴乘凉，下棋，健身，邻里聊天，与朋友和家庭成员在室外呼吸新鲜空气，放松心情，看儿童戏耍，静坐养性等等。这些都是生活在社区中的人们最基本的需要。所以，有必要在社区内设置若干处类似于室内起居室的室外空间——"园厅"。

近年来，关于"厅"的名词和概念，在相关论文和设计评价的文献中已屡见不鲜。因为人们已经认识到，在居家之外的室外环境中，也应拥有可以进行相互交往、组群活动、休闲观景、获取信息、增加知识、亲近自然和体现资源共享的公共空间。

如果把城市广场看作是"城市的客厅"，那么位于街巷和庭园中的小型活动场地，就可以称作为"街厅"或者"园厅"。其中位于居住社区中的园厅，正是与居民关系最密切，实用性最强，需要量最大，而且投资最小，建造起来最容易的行为场所。故本书将重点介绍这类空间的设计要点。

园厅，可以看作是一种放大了的室内客厅，是为社区邻里大家庭提供的公共交往空间，是一种围合度相对开放的开敞性空间。从某种程度上说，不仅室内客厅的功能在室外的园厅中几乎全有，而且室内客厅无法实现的功能，也可以在室外园厅中得以弥补。因此，园厅的功能可能比室内客厅还要齐全丰富，其中的行为方式也更加多样。

在社区内，为居民提供户外活动的行为场所，可以分为三级：

### 第一级：邻里生活单元

邻里生活单元一般位于楼前楼后，以就近、出入方便、不影响居室的安静和私密性为设计原则。其空间容量可以满足核心家庭以及另一组4~6人的邻里组群共处的休憩需要为准，构成一个不受干扰的行为场所。在邻里生活单元内，可以安置休憩所需的凳、椅，四周则相应地要设有一定限定度的边界隔离。近处应配植可供观赏的花木；远处则要有可供眺望的自然景色；地面铺装可以简约而富有情趣，并配以具有生活情趣的小品与灯饰；从而营构出一种居留感较强、自然又温馨的环境氛围。

在现存居住社区中，这类场所常常不为设计者所重视，有的甚至极其简陋，仅以一二处可坐的凳椅代替而已。近年来，随着住区环境品质的整体提升，这种情况虽稍有改善，但仍显不足。事实上，住宅楼的前后空间正是所有居住者每天的必经之路，是人们出入时最直观、最便捷的场所。如能充分利用这种地缘优势，则可以增进邻里的和谐交往，有利于提升社区的环境品质和社会效益。

对于邻里生活单元的设计，提倡以小、巧、活为创作切入点，既要从大环境中脱离，又要融入大环境，成为整体的一部分。

### 第二级：景观轴线上的园厅和街厅

该类场所是为邻里的住宅组团和某一主题性活动需要而设置的休闲、共享空间。其空间容量较生活单元可以大一些，以满足公共人群聚集和开展活动的需要。其活动内容虽以静态为主，亦可能掺杂一些动态的肢体活动。

园厅或街厅的位置选择，宜在水旁、路旁、房山头等处，以免干扰周边居民的户内生活。空间的布局形式可以采用集中式，亦可化整为零地分成主次；领域的限定与围合，可以是平面分隔的，亦可采用垂直构件来加以限定（如短垣、绿篱、景墙、格栅、构架等），从而形成开敞、半开敞或相对封闭的小院，给人别有洞天的感觉。

实际上，中国传统的私家园林，其性质早已是起居室的外延。一些可以在室内进行的活动，如琴棋书画、养花、养鸟、观鱼等，已经凭借楼、台、亭、榭等开敞式空间而移至室外庭园之中，体现了虽身处室外，却犹在家中，功在室内，而神通环宇的"天人合一"境界。在设计园厅时，也可以考虑引入这些功能，从而丰富人们的社区活动类型，增加社区环境的文化内涵。

与园厅的作用相似，散落在城市街道的小型公共空间，亦可称之为街厅。此类空间与住区园厅相比，公共性更强，人际之间除地缘关系外，还包括了趣缘（按兴趣群集结）、机缘（不期而遇、随机组合）、业缘（同行相聚）等关系。街厅设计可以是无主题的，亦可按一定的主题进行序列构成。但在设施选择和构造处理方面，要特别注意大众行为习惯，要本着适用、耐久、易于管理的原则，以保证在使用过程中坚固可靠。

### 第三级：公共活动中心

以往的居住区规划，在每一小区中一般均设有一处集中式的公共中心，其庭园景观往往与行政管理中心相结合。近年来商品住宅开发强调环境品质的均质化，讲究每栋楼房前后外环境的均好性。过去的所谓"四菜一汤大中心"式的布局中属于组团级的庭园被取消，但以会所为中心的小区级公共中心往往被保留下来，形成一个集健身、聚会、休闲、娱乐、观赏等于一体的中心庭园，供小区居民共享。虽然这种中心庭园在规模上较以前略有缩小，但在品质上却有不同程度的提高。

实践证明，人们对一座城市的热爱，首先起始于所居住的环境，并由日常接触的环境所体现出的"宜居、宜情、宜乐、随性、安适"等感受开始的，而后才扩及至较大区域和整个城市。因此，社区的景观设计意义重大，务必重视为人们提供休闲活动的邻里单元、园厅及街厅等空间的景观构成。

某小区休息园厅 　　　　　　　　　　　　　　　（作者描绘）

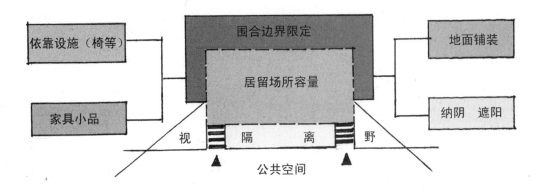

街厅·园厅空间组合元素

园厅——几何构成的庭园

园厅——树桩塑形仿自然空间

温哥华省府办公楼及法院建筑　（设计：埃里克森）

位于公共建筑旁的街厅空间，由绿化衬托环境

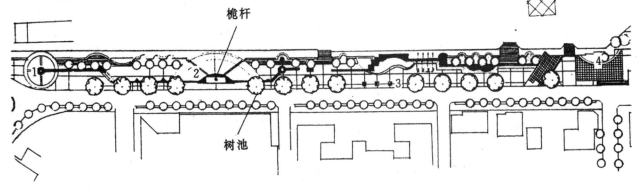

横须贺三笠公园人行步道——景观的流线

1. 水的广场；2. 桅杆广场；3. 喷水广场；4. 风的广场　　　（本页线稿为笔者自绘）

## 邻里生活单元环境容量在10人以下的场所构成

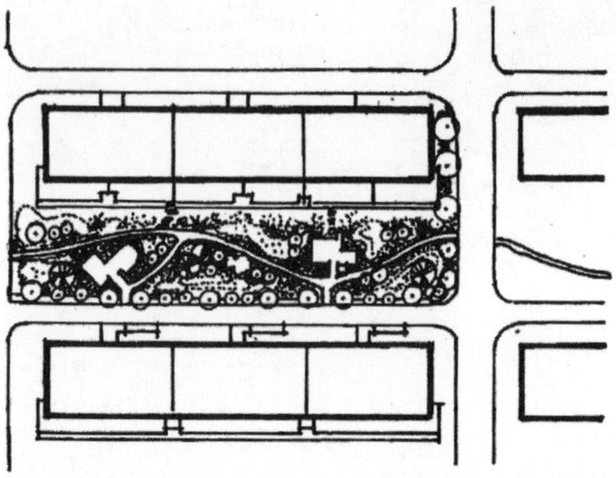

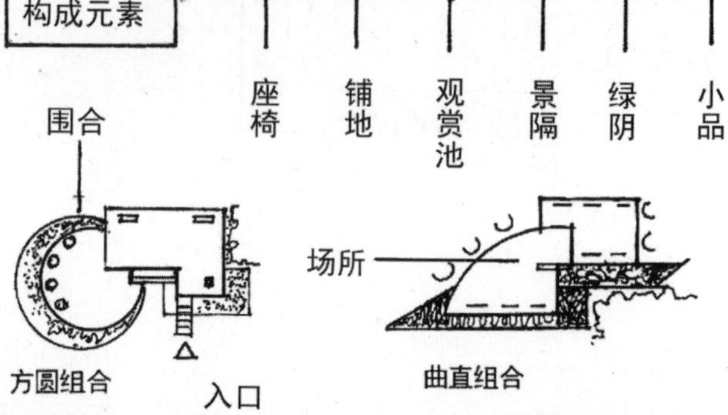

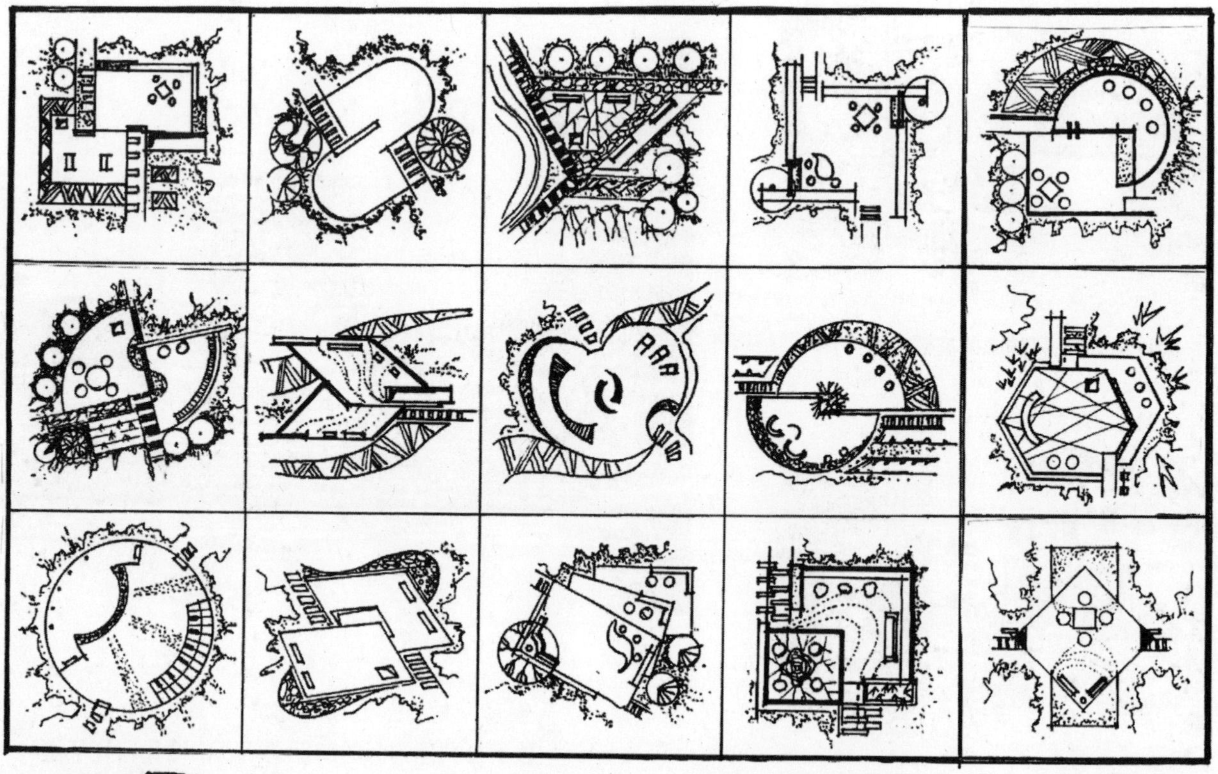

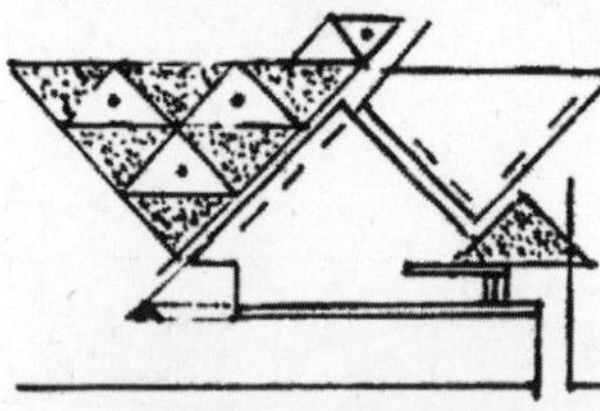

构成元素

围合　座椅　铺地　观赏池　景隔　绿阴　小品

方圆组合　入口　场所　曲直组合

三叶 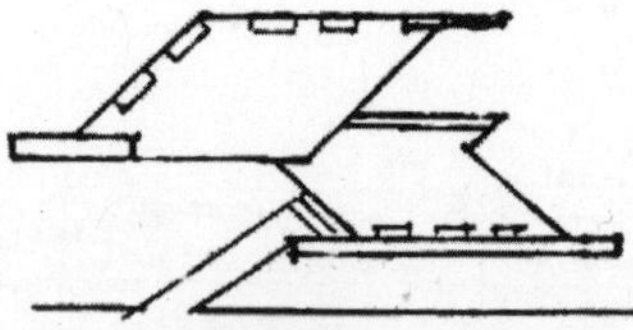　　　双飞雁 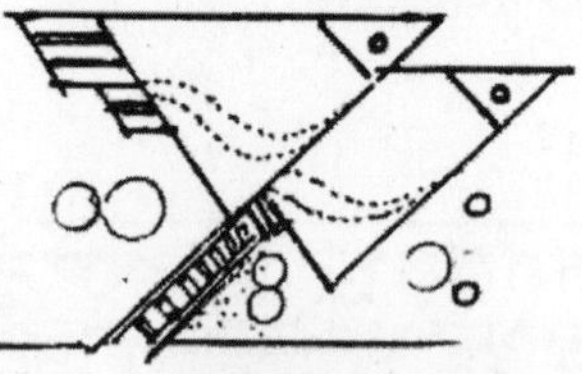　　　双鱼座 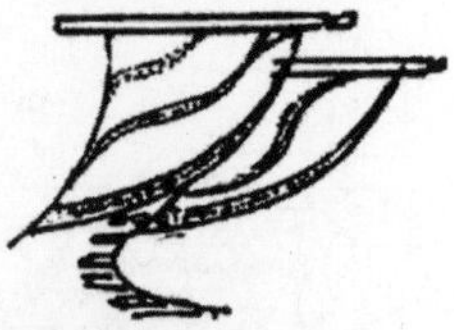　　　比翼双飞

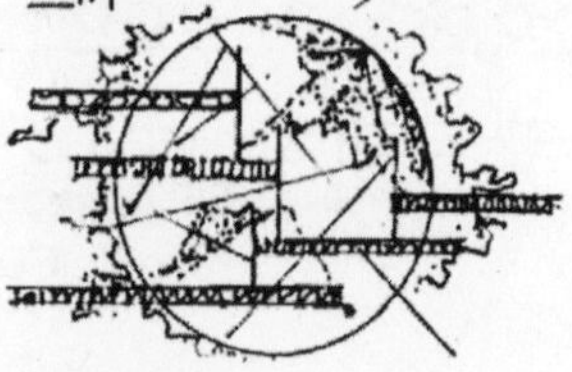

彩云追月 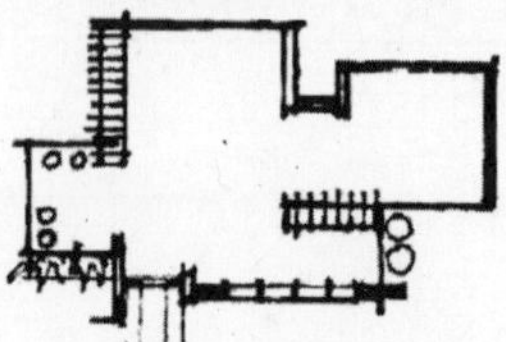　　　再分式 　　　双蝶式

**赋形授意**　（本页线稿为笔者自绘自设）

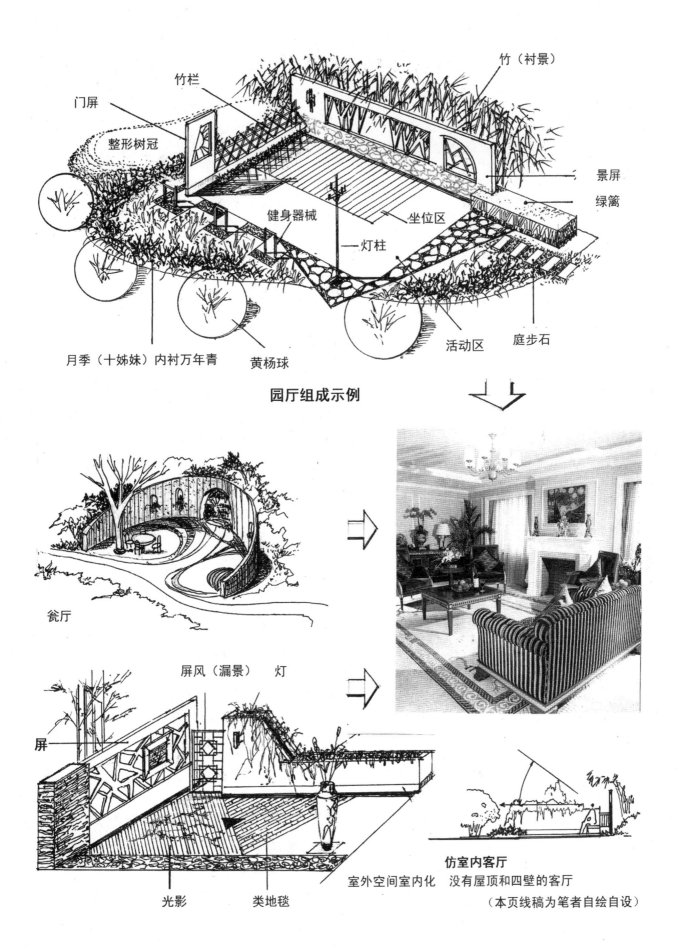

竹（衬景）

门屏

竹栏

整形树冠

景屏

绿篱

健身器械

坐位区

灯柱

月季（十姊妹）内衬万年青　　黄杨球

活动区

庭步石

**园厅组成示例**

瓷厅

屏风（漏景）　灯

屏

光影　　类地毯

室外空间室内化

**仿室内客厅**

没有屋顶和四壁的客厅

（本页线稿为笔者自绘自设）

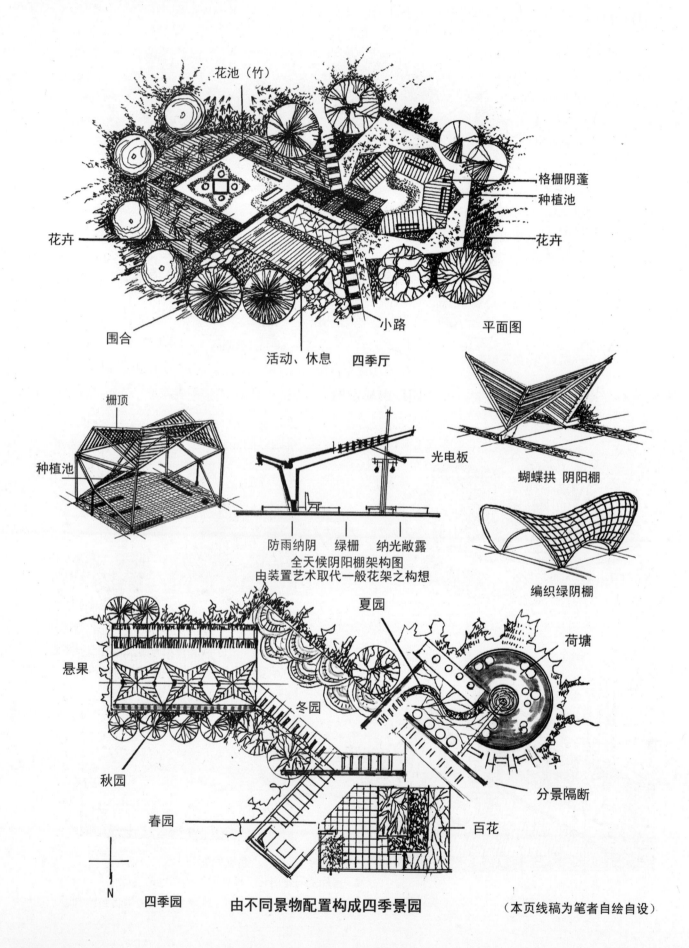

花池（竹）

格栅阴蓬
种植池
花卉

花卉

围合

小路　　平面图

活动、休息　　四季厅

栅顶

种植池

光电板

防雨纳阴　绿栅　纳光敞露
全天候阴阳棚架构图
由装置艺术取代一般花架之构想

蝴蝶拱 阴阳棚

编织绿阴棚

夏园

荷塘

悬果

冬园

分景隔断

秋园

春园

百花

N

四季园　　**由不同景物配置构成四季景园**　　　（本页线稿为笔者自绘自设）

## 3　诗意地栖居

自从德国诗人荷尔德林提出"诗意地栖居"之后，引起许多人的关注。其原因大概有两种，一种是认为虽然进入知识经济社会之后，物质丰富了，科技进步了，但在精神上却出现很多危机感；生活的并不开心，反而使精神处在高竞争、高压力、高负荷状态；社会上的丑陋现象不但没减，反而增多，故有向精神生活提升的诉求。另一种是从理想追求出发，从国计民生着眼，社会应对大多数人都能过上健康舒适、快乐宜居的生活——处于更高层次生活品质的追求。

实际上，从生命价值方面讲，每个人只要做到乐观向上，我努力，我快乐！我奋斗，我满足！在自我创造中享受生活与快乐！应该符合"诗意地栖居"的真正意义。我认为诗意地栖居，不是物质层面上的是否拥有，也不是形式上的树几块诗碑，而是一种生活态度、生活方式、精神状态、人生价值。通俗地说，就是一种如何活法。即不以财富、权势论高低；也不是安贫守困，或以阿Q式的自我解嘲的宿命论观念，消极满足，所谓"穷乐呵"。对于社会和环境的创造来说，应该努力提升人民的生活品质。当整个社会还处于较大的贫富和阶层差异条件下，强调整体地诗意几乎是不可能的。

历史上，许多诗人和大艺术家，其本人并非是物质的占有者。但他们却都站在人生的制高点上，发现生命的价值和自然的奇特，通过作品为人带来精神享受。中国人在农耕文明时期出现许多田园诗人，提倡"淡泊以明志"、"宁静以致远"；鼓励人们励志爱国爱家，闻鸡起舞，少年自强，"莫等闲白了少年头，空悲切"；要以"先天下之忧而忧，后天下之乐而乐"的胸怀立志贡献，又要以知足常乐的心态保持心理健康。但在经济不发达的农业社会，许多人都处于饥不果腹，衣不遮体的状态，加上战乱不断，只能期盼着安居乐业。当时只能为了寻求心理平衡而已，故常以"宿命论"和"轮回观"来自慰。最典型的莫过于："命中有时总归有，命中无时莫强求"这两句。在红楼梦第一回中，跛足道人那首劝世歌"世人都晓神仙好，唯有功名忘不了！古今将相在何方，荒塚一堆草没了。世上都晓神仙好，只有金银忘不了，终朝只恨聚无多，及到多时眼闭了……"

听起来虽然是一种消极人生观，但对应当下的社会，追求利润最大化的商家和热衷于权势的贪官也正是以上两种人的写照。

为了真正体现诗意地栖居。除个人的价值定位和心态调整外，在环境艺术创造中，应把焦点集注在精神层面上，力促生态化、人性化、家园化，与社会和自然相和谐。首先使城市真正体现宜居、安居、乐居，而后方可渐入诗意的佳境。

关于宜居，世界卫生组织（WHO）在1961年曾就居住环境提出了四个基本理念：安全、健康、便利和舒适。1985年，日本《新建筑学大系》中对住宅环境在上述四项之外，又提出环境的耐久性、美观性、经济性、社会性。

如果按以上八项，在以家为原点的基础上，住区、街道、城市都能让人们无忧无虑，闲庭信步式地享受整体城市为人们提供的满目青葱，整洁清净，行有所观，驻有所依，文化有馆廊，娱乐有场所，运动有设施，交往有诚信，处处有尊严，服务周到等种种便利条件。人们距离那种随心、随性、随意的诗意，也就不会太遥远了。但现在的城市，高楼林立，密不透风，车流如潮，人流如蚁，眼要防范八方，脚下要注意安全，一旦出现危险，却不知道逃向何方。在迈向国际大都市的进程中，如果一味地追求高、大、洋，停留在概念炒作下，那种"诗意地栖居"则是可望而不可即。因此理论上的目标是正确的，实践上却是任重而道远，也是艺术家们爱莫能助的事情，只能从细微处做起。

巴西某旅游度假地的茅草小屋——带给人们回归自然的感觉

## 诗 意 空 间 —— 仿诗意构景造境

（本页图均系笔者之尝试与绘制）

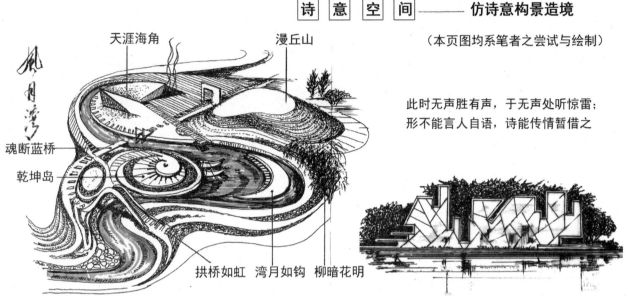

风月湾

天涯海角　　漫丘山

魂断蓝桥
乾坤岛

拱桥如虹　湾月如钩　柳暗花明

此时无声胜有声，于无声处听惊雷；
形不能言人自语，诗能传情暂借之

"江流天地外，山色有无中"；"人约黄昏后，月上柳梢头"；
虹桥踏云过，轻舟江心横；港湾无尽处，望断天涯路；风绕乾坤
转，物动心亦摇　　　　　　——按古诗创意（笔者著文绘图）

利用反射墙面，下返水影，上返云天，平返对
岸，造成天光云影共徘徊之动景。墙体本身也
是一种艺术造型

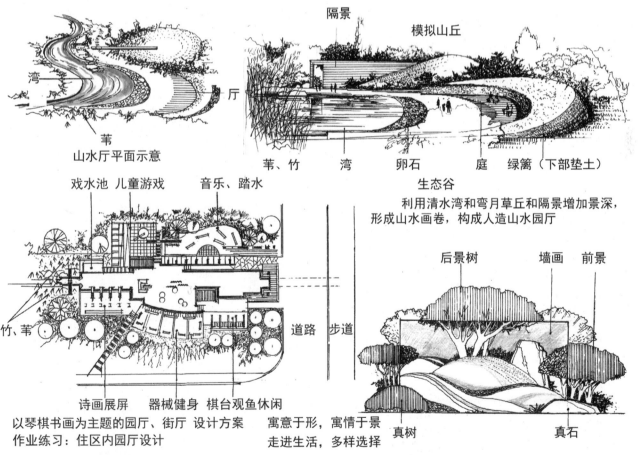

湾

苇
山水厅平面示意

隔景　　　模拟山丘

厅

苇、竹　　湾　　卵石　　庭　绿篱（下部垫土）
生态谷

利用清水湾和弯月草丘和隔景增加景深，
形成山水画卷，构成人造山水园厅

戏水池　儿童游戏　　音乐、踏水

竹、苇

道路　步道

诗画展屏　器械健身　棋台观鱼休闲

以琴棋书画为主题的园厅、街厅 设计方案
作业练习：住区内园厅设计

寓意于形，寓情于景
走进生活，多样选择

后景树　　墙画　前景

真树　　　　　真石

利用丙烯绘画，置画板与绿化之中，
形成共生共存之画境

设计理念：突出文化主题融生活性、生态性、娱乐性、趣味
性、多功能于一体

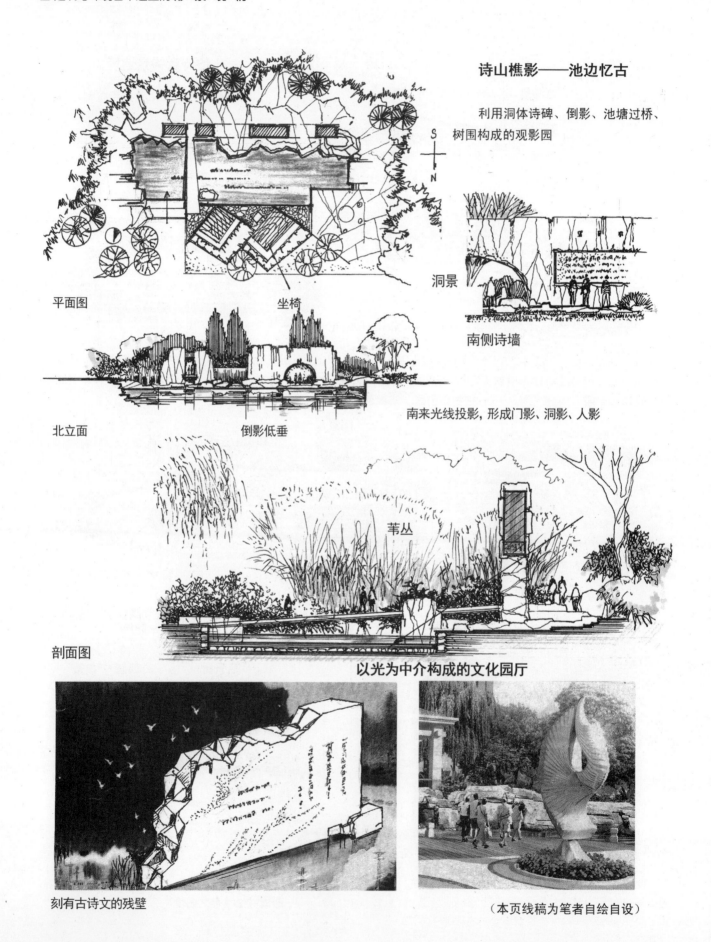

诗山樵影——池边忆古

利用洞体诗碑、倒影、池塘过桥、树围构成的观影园

S
N

洞景

南侧诗墙

平面图

坐椅

北立面

倒影低垂

南来光线投影，形成门影、洞影、人影

苇丛

剖面图

以光为中介构成的文化园厅

刻有古诗文的残壁

（本页线稿为笔者自绘自设）

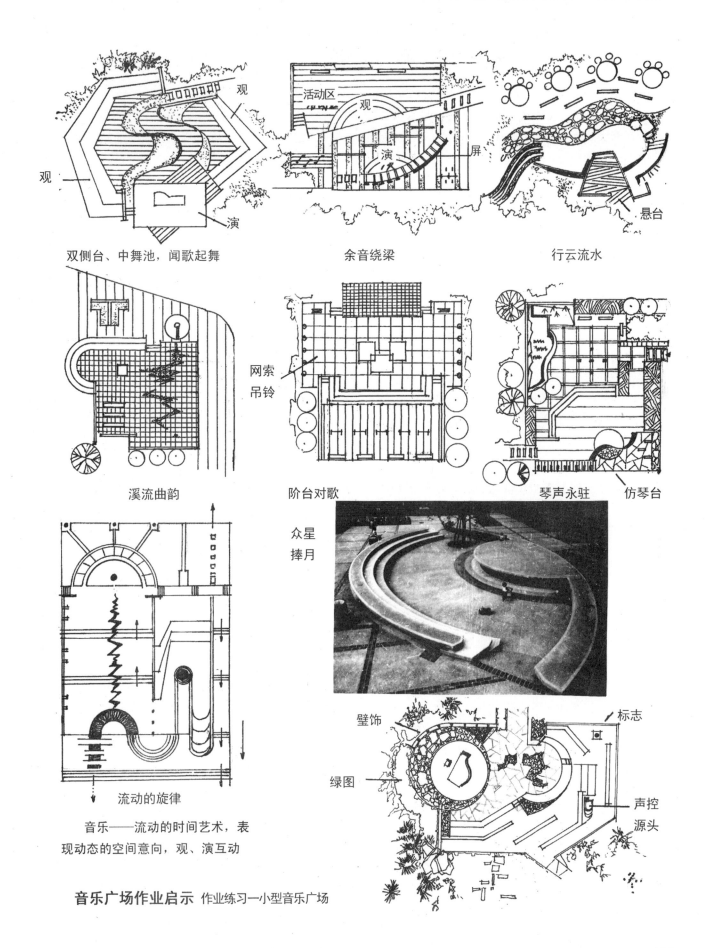

双侧台、中舞池，闻歌起舞　　　　余音绕梁　　　　　　行云流水

悬台

网索吊铃

溪流曲韵　　　　阶台对歌　　　　琴声永驻　　仿琴台

众星捧月

流动的旋律

音乐——流动的时间艺术，表现动态的空间意向，观、演互动

壁饰

绿图

标志

声控

源头

**音乐广场作业启示** 作业练习—小型音乐广场

## 2.3.7 美化、绿化、净化相结合的绿化造景

绿色是生命的象征，是生命之源、自然之本。

首先，绿色植被具有较高的生态价值，是永续性的、可以循环再生的生态孵化器。绿色植被可以吸碳呼氧，可谓名副其实的天然制氧机；还可以调节小区气候，降低城市的热岛效应；绿色植被也有很高的经济价值；更能够提供户外乘阴纳凉等实用功能。

其次，绿化可以防尘、防风、防止光污染；可以屏蔽噪声；有些植物还可以直接吸收有害气体，净化空气；可以消除阳光的直射辐射和地面的散射辐射；同时，在保持合理的绿视率（≥25%）情况下，可以起到调节视力、增加情趣、减少疲劳的作用。

第三，绿色植被是一种具有生命力的观赏对象，具有随四季更迭、常见常新的审美观赏价值。绿色植物与建筑、水体、山石、铺地、空气、阳光、月色、雨露、风雪、声音等元素相结合，可以创造出具有各种诗情画意的场景，使人心旷神怡、悦目怡情。正所谓"一草一木栖神明"，芳草寸心显真情。可见，绿色植被可以体现出其他人造景观不可比拟的艺术魅力。

植物所具有的色、香、味、形、果等，都是绿化造景的好素材。这种造景资源可谓取之不尽用之不竭。有关绿化的功能，可以书写成大块文章，千言万语也难以言表。本书限于篇幅，仅从造景的角度进行一些技法和实例的分析。

从中国的象形文字中我们可以感悟到关于绿化造景的一些灵感和启示：

一木孤植——指以单独栽植的形式，利用单株树木本身的枝、形、色、味等来发挥艺术魅力。孤植常用来构成景区内的视线焦点，从而形成聚景、点景、障景、分景、空中对景的重要组成部分；

二木成林——指组景中利用成对配植的树木，构成门景、框景的效果，形成主从、高低、深浅色、顾盼、并置、呼应、连理等搭配效果。如果行植成排，则可以形成线性绿化效果；

三木成森——指成组成团地布置树木，像排兵布阵一样，或形成围合环抱，或互相烘托陪衬，形成层林叠翠、馥郁繁茂、高低起伏、绵延成片、秘境通幽等各种绿化景观。

因此，在造景中，除了要恰当地优选树种，进行适地栽培外，还要注意种植的各种搭配与组合效果，如：疏植与密布、深色与浅色、高与低、人工与自然、针叶与阔叶、常青与落叶、树冠的繁茂与稀疏、孤植与群植等等。绿化配植中只要充分考虑这些搭配方法，并巧妙利用因借与框对等构景关系，即可收到丰富的景观效果。

当前，我国城市化进程不断增速，城市中的建筑密度日益加剧，人们整天生活在由水泥丛林包围的硬质环境中，与自然的距离越来越疏远。因此，为了减少汽车尾气的污染，调节生活情趣，改善视觉环境的冷漠感、生硬感，就必须坚持以绿化为主的造景原则。各种环境场所均应以绿化为基础，并大力提倡发展垂直绿化，充分利用墙体与屋面进行顶栽披挂、见缝插针，不放弃一切可以绿化的可能。有条件的地方更可以将绿化种植向阳台、勒脚、厅室内部等延伸，以有效扩大绿化面积，美化空间环境。

根据近年的实践经验，为了保持原生态地被不受破坏，在新区建设时，不宜推行挖肉补疮式的"大树进城"做法，也不宜大面积地种植那种费水、费工且更换周期很短的草坪，而应以中、低灌木为主，大力发展中、高、低相结合的复层绿化体系。

为了解决垂直景观的不足，可以采用一些组合形式进行弥补和改善。对于较大面积的草坪，应考虑滴、灌、点喷等相结合的灌溉技术，并推广可以踩踏的草种，创造人与绿地直接接触的机会。

总之，绿化造景的潜力是无穷的，需要我们在组景造境时，将创作理念提升至生命意义和可持续发展的高度，精心设计、精心管理，真正做到功在当代，利在千秋。这也是我们每个景观设计者所肩负的义不容辞的历史责任。

## 绿化造景实例（一）

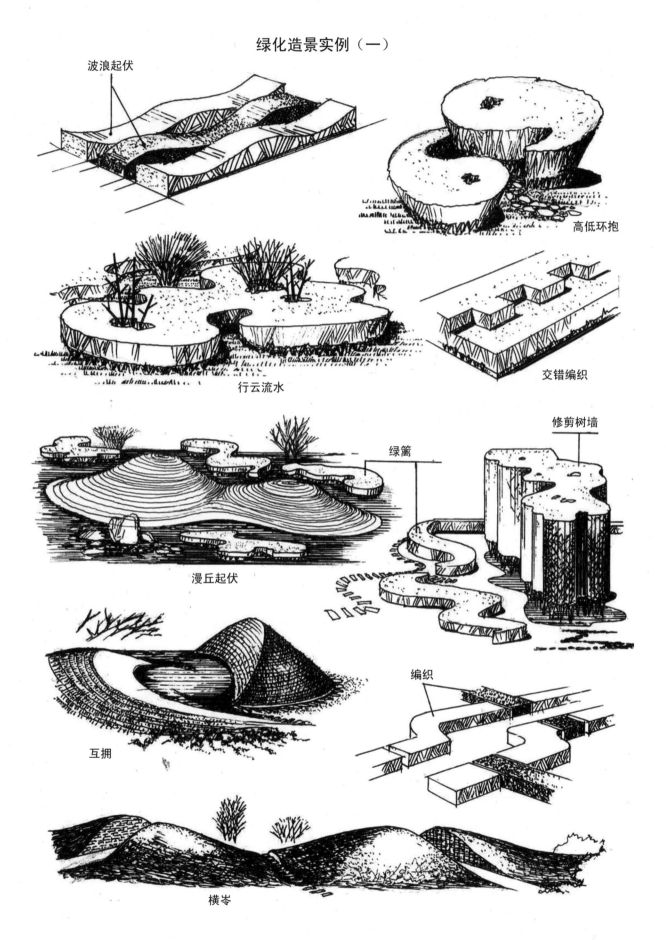

波浪起伏

高低环抱

行云流水

交错编织

漫丘起伏

绿篱

修剪树墙

互拥

编织

横岑

## 绿化造景系列（二）
### 优先发展宽带绿篱，形成复层式景观的创意

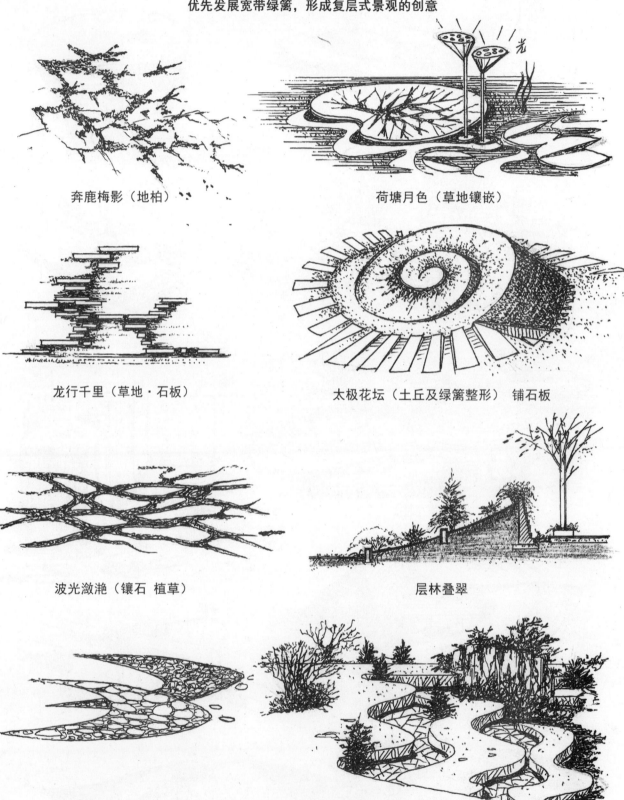

奔鹿梅影（地柏）

荷塘月色（草地镶嵌）

龙行千里（草地·石板）

太极花坛（土丘及绿篱整形）铺石板

波光潋滟（镶石 植草）

层林叠翠

阶石（篱）

（本页线稿为笔者自绘自设）

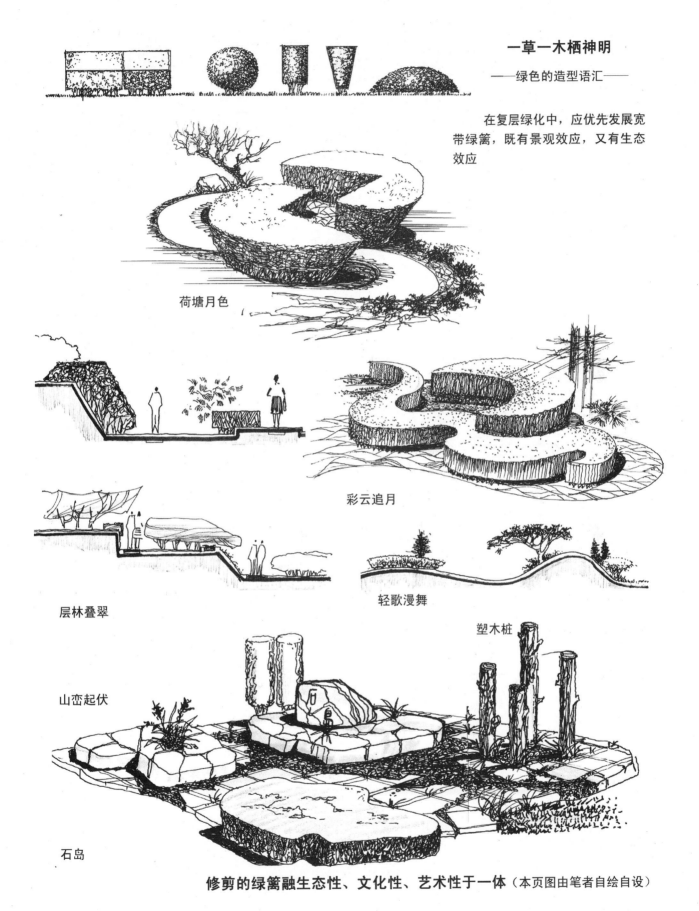

# 一草一木栖神明

## ——绿色的造型语汇——

在复层绿化中，应优先发展宽带绿篱，既有景观效应，又有生态效应

荷塘月色

彩云追月

层林叠翠

轻歌漫舞

塑木桩

山峦起伏

石岛

**修剪的绿篱融生态性、文化性、艺术性于一体**（本页图由笔者自绘自设）

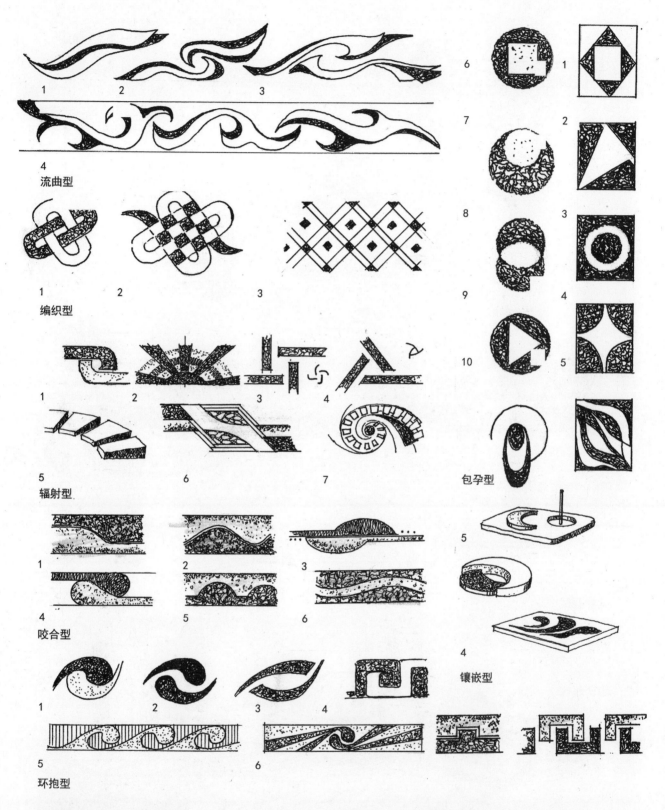

流曲型

编织型

辐射型

咬合型

环抱型

包孕型

镶嵌型

　　绿篱可以用不同色彩的植株，进行各种造型配置，构成点、线、面相结合的景观系统。它是不可或缺的复层绿化重要组成，可以成组成团；连续延伸，疏密相间，流曲多变，不失为以绿造景的最佳选择

**镶嵌在草地上绿篱构景图式**　　　　　　（本页图为笔者自绘自设）

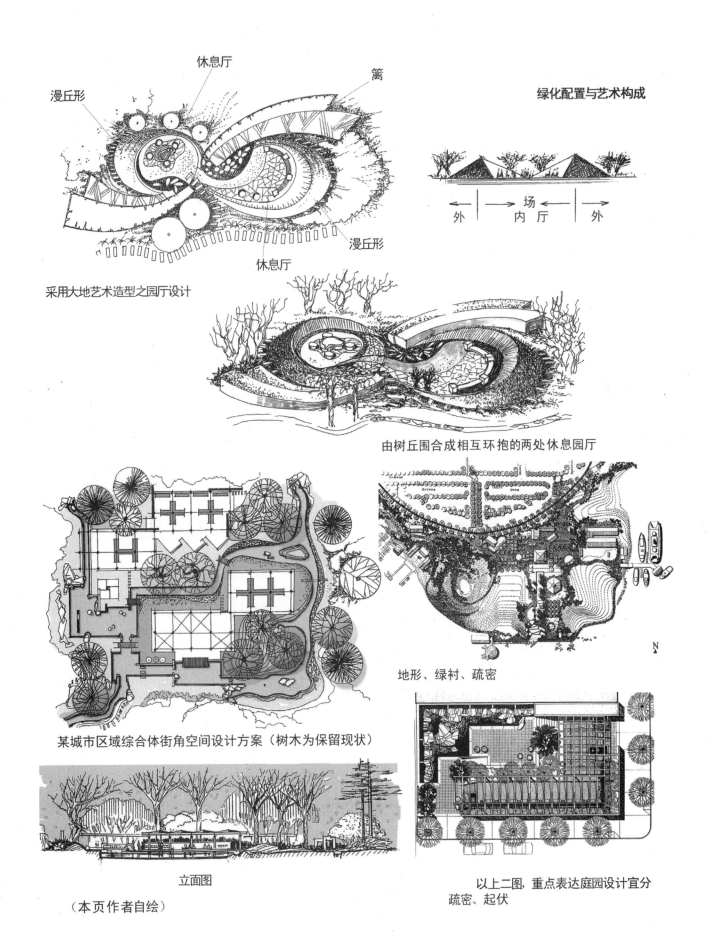

休息厅

漫丘形

篱

绿化配置与艺术构成

漫丘形

休息厅

外 ← | → 场 ← | → 外
内 厅

采用大地艺术造型之园厅设计

由树丘围合成相互环抱的两处休息园厅

地形、绿衬、疏密

某城市区域综合体街角空间设计方案（树木为保留现状）

立面图

（本页作者自绘）

以上二图，重点表达庭园设计宜分疏密、起伏

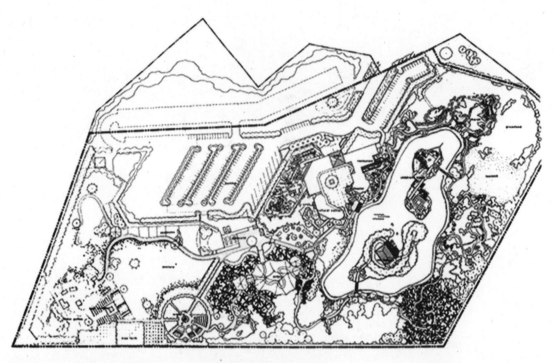

纽西兰遗迹公园总平面
（设计：EDAW公司）

　　这是一处建在旧采石场上的，展现纽西兰文化历史、自然生态、农业活动的遗址公园。园内设有文物展馆、农业馆、鸟禽馆和小型动物园。为公众提供生态休闲、观赏游乐、了解风土民情、获取知识的文化载体。公园布局活而不乱，景区各具特色，游步道连续、曲折通向各景区。可以自由地到达各个景区，充分体现了遗址公园与现代生活的融合。

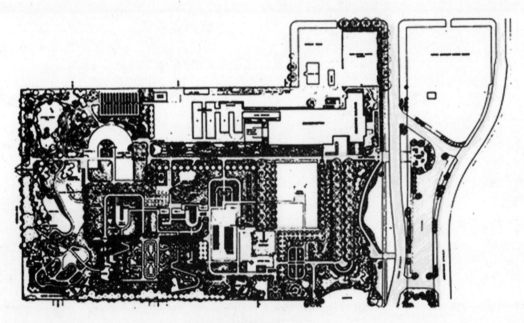

丹佛植物园总平面
（设计：EDAW公司）

植物分区种植，游步道穿梭其中，极富观赏性，
配有木格棚蓬，可供休息。整体布局既规整，又富变化

日式主题垂直花园

设计：日本园艺师桥一石（三村翰弘提供）

建筑与环境融合

波多黎各辽波特热带森林公园接待中心

## 小型绿地花园——城市生命体中的有机器官和呼吸机

绿地虽小，谈不上城市之肾与肺。但是，它却能改变局地气候，也是富氧的密集地，能为人们提供亲近自然的机会。其既可静神养眼，亦可做到色、香、味、形俱全；既可观赏，又能休闲，调节情趣，释放胸怀，并能为城市增光添彩。所以赋形授义、景观配置、树种选择、色彩搭配、疏密分布也许细心经营，方能取得良好效果。下面选辑一部分自拍的图片，与大家共赏。

铺地与绿被结合　（昊）　　　　园路弯弯　　（昊）

软硬相间　草地花池(曹)　　　多层次　　（昊）　　　　装饰性绿带　　（曹）

（昊）　　　　人车分流　　（昊）　　　　　　　　　（昊）

绿庭　（昊）　　　　绿茵草坪　　（昊）

由座椅、铺地组成的休息绿地　（昊）　　　　（昊）　　　　绿中织锦　（昊）

## 垂直绿化

现代科技——防水膜新技术

防止水分渗入建筑，支撑了立体绿化新发展，同时也有利于隔热节能，和向自然复归。

一栋商业建筑的绿色屋顶一般由四个必要层组成。

植物层：

储水植物，例如景天属植物，可以吸收雨水，否则这些雨水就会从传统屋顶流走。

栽培物质层：

普通土浸满水时太重，所以绿色屋顶使用的是一种土壤混合物。

排水系统层：

过量的雨水在涌入下水道前渗透到布满储存杯或者桔皮表面的涵养层中。在缺雨期，这些储备水将被上部的根系所吸收。

支撑系统层：

根部屏障和防水薄膜把生态屋顶系统与下部的隔热建筑分隔开

生态墙

立体绿化风靡东京　　俯瞰六本木地区屋顶绿化

拥有两千万人口的东京号称世界上最拥挤的城市之一。近年来，随着市民环保意识的日益加强和对生活素质要求的不断提高，越来越多建筑师打起绿化"钢铁"和"水泥"的主意，在高楼大厦的天台修建屋顶花园和在建筑物墙面种植"草坪"成为时髦。许多业主在设计大楼时都考虑在屋顶修建花园

候车棚绿化

## 2.3.8 "水不在深，有龙则灵"——环境水景

刘禹锡在《陋室铭》的开篇，用了"山不在高，有仙则名；水不在深，有龙则灵"的名句，指出水不以深浅论高低，而是以有无灵气谈优劣。在这里，他借用了"龙"这一符号作为隐喻。"龙"为何物？那是几千年来中华民族的精神象征，是一种大家熟知的图腾崇拜。千百年来，中华民族将自己的民族精神、理想意志物化为"龙"这种虚拟的图像。这种虚拟图像集很多种物像于一身。其中，有漂浮于天空的云，有急缓不定的风，有惊天动地的雷等自然现象；也有展翅高飞的雄鹰、驰骋大地的猛兽家畜、畅游水中的鱼、鳄、河马、水牛以及逶迤曲折的游蛇、蜥蜴等动物形象。"龙"不仅汇聚了这些物像的形态，也汇集了这些自然现象和动物们所具有的特征和习性于一身。因而人们想象中的"龙"，既可以腾云驾雾，又可以翻江倒海，甚至可以为人们带来风调雨顺和吉祥平安。如果水体具有了像"龙"一样的特质，那么水就有了灵性。笔者认为这里的灵性，应该指的是水体所具有的或晶莹剔透，或奔流不止，或清澈见底，或浪花飞涌等诸多特质。"有龙则灵"，也指出水体可以给人带来像藏有蛟龙一样的境界，体现了水体的清、流、泻、涌、浩渺、淡泊、远阔等诸般意境。从历代文人的诗句中，可以了解到更多水在观赏与体验中的价值和作用。例如：杜甫以"清江一曲抱村流"（《江村》）的诗句，描写了曲水抱村的景色。苏轼以"天欲雪，云满湖，楼台明灭山有无，水清石出鱼可数，林深无人鸟相呼"（《腊日游孤山访惠勤惠思二僧》）的词句，表明在人与水双向互动中，中介物起到了非常重要的作用。王维在《韦侍郎山居》中，以"江流天地外，山色有无中"来赞赏水的源远流长、断断续续、虚虚实实、时隐时现的场景；在《乐家濑》中，又以一句"跳波自相溅"，生动地描写了水流欢快流泻的动态。而诸如韩愈的"山净江空水见沙"（《答张十一》），王维的"明月松间照，清泉石上流"（《山居秋暝》），刘禹锡的"碧流清浅见琼砂"（《浪淘沙》）等等这些词句，则都描写了水清澈见底、空灵虚透的一面。

归根结底，水的灵性在于水的流动性。所谓"流水不腐，户枢不蠹"，"问渠安得清如许，唯有源头活水来"（朱熹），也都说明潺潺流水可以永葆水质清澈，而死水一潭，则很容易发臭变质的道理。

由上可见，水之所以能够成景，全在其空透灵动、生机勃勃、流动不止的特性。所谓"水令人远"，实指水可以使人的心境在有限的时空中，向无限的空间延展弥散的特性。

水有三态：气态、固态、液态。水的这三种状态皆可入景造境。

**气态** 雾往往给人以缥缈之感。利用人工雾化形成气雾缥缈的效果，可以创造某种特有的禅境。随着技术手段的发展，雾森系统[①]不仅能够塑造出各种雾气效果，还可以将雾气进行导向，形成雾幕和雾散，甚至可以形成具有穿透性的雾屏。通过人工手段使雾成为可见的水气，可与其他元素共同塑造环境形态。贝聿铭在香山饭店的后园中即采用此意，以此增加庭园的空间感。

**固态** 水作为实体材料更具有塑造形态多样变化的可能性。它可以是晶莹透明的冰雕，也可以是皓白雍容的雪塑。就形态塑造而言，固态水与其他刚性材料并无区别，既可用来做空间划分，也可用来营造环境，可谓兼具可赏、可玩、可用之功用。

**液态** 水，本性流动，既可平流成瀑，也可上喷下泄；受阻则飞花跳波，顺势则滑泻而下；遇湾可转，遇涡即旋；可以成注，亦可成幕；可因势利导，乃至形态各异。

液态水的塑造也可相对分为静水与动水。静水可以形成静谧幽深之感，动水则强调灵动踊跃之态。水是自身无形，随遇而安的流体。所以其造景必须与其他元素相结合，相成相辅，相互融合衬托，并可借助于中介元素来彰显其个性。这一点，从中国古诗词的水景描写可以窥见一斑。如：

---

① 雾森系统，即以人工造雾设施通过高压系统促进水的运动，在空气中形成颇似自然雾气的白色水雾，犹如"雾的森林"。这是一种新技术高科技产品，可以改善空气质量、美化环境，在自然园林、环境景观、舞美等方面应用广泛。

借助于光——"水光潋滟晴方好,山色空濛雨亦奇"(苏东坡《饮湖上初晴后雨二首》之一),说明因晴光明媚而更显水的妩媚。

借助于风——"风乍起,吹皱一池春水"(冯延巳《谒金门》),传达了春水借助于风力而呈现的微波荡漾、波纹粼粼的动感。

借助于石——"投石冲破水中天"(秦少游联),以石的击打传递出水的有形与变化。

借助于禽鸟——"落霞与孤鹜齐飞,秋水共长天一色"(王勃《滕王阁序》),"春江水暖鸭先知"(苏轼《惠崇〈春江晚景〉》),以灵动的禽鸟衬出水面的沉静安谧。

借助于绿岸——"独怜幽草涧边生"(韦应物《滁州西涧》),"春风又绿江南岸"(王安石《泊船瓜洲》),"高树临清池"(柳宗元《雨后晓行独至愚溪北池》),以水草、绿植烘托出水与周围环境交相辉映的景象。

借助于桥舟——"野渡无人舟自横"(韦应物《滁州西涧》);"烟柳画桥,风帘翠幕"(柳永《望海潮》);"堤上游人逐画船,拍堤春水四重天,绿杨楼外出秋千"(欧阳修《浣溪沙》);"云里寒溪竹里桥,野人居处绝尘嚣"(王禹偁《题张处士溪居》)。传递出水与舟桥相载相承的深刻含义。

借助于地形态势——"山重水复疑无路,柳暗花明又一村"(陆游《游山西村》),彰显水体随地势而高低起伏、迂回流转的境界;

……等等。

常态下的水是一种流体,因此在造景时,可以充分利用各种技术方法和塑形手段,来呈现水的不同样态。自上而下,自流成形,可以形成瀑布、跌水、水帘、水幕等;利用自然压力或人工技术,可以形成由下而上的喷水、涌、泉等;如果改变流体的断面以及基地状态,则又可以产生不同的跳波、飞花、流泻、旱喷等不同的形态;利用技术程控,则可以形成水流的各种摇摆形态,再加上声、光、电等技术的配合,更可以形成音乐喷泉、水幕电影,甚至"水火交融"的景象。另外,如果将水体与岸线、滩涂、湾岛、亲水平台、滨水步道、涉水汀步、绿化、石驳、水鸟等元素进行组合,则可以形成综合的艺术景观。因此水景设计要统筹兼顾,全面安排,效果才会更好。

水与诸物相同,有利有弊。所谓水可载舟,亦能覆舟,正是此意。对于无源之水,常常易枯易臭,夏季又容易滋生蚊蝇。因此,景观项目中的静止之水,每隔数日即要进行清污,导致费工费钱,尤其是那些大水面和长河道,更会给后期管理带来诸多麻烦,造成资源上的浪费。笔者认为,在北方城市不宜多用此类水景。如要设置水景,则应采用恰当的自净化系统(如植物、养殖、滤清、流动等),亦可仿效日本枯山水做法;或采用仿真技术模拟自然山水。总之,在水景创造和建设方面,不能跟风比阔,而要因地制宜。当然,对于有条件的项目设置大面积水域,则另当别论。

水的形态塑造还有一类,那就是写意之水。日本的枯山水所表达的,也正是此意境。但写意之水早已不再局限于用他物来模仿水流的痕迹,而是通过提取水的特征与元素,用其他材料与手段来表现水的意象与意境。例如,北京奥运会游泳馆——水立方,即通过外形的水泡形态塑造,暗示了场馆的功能。又如,上海世博会的中国馆室内,利用激光对水波进行模拟,在特定的光线下很好地再现了清明上河图的意境。

古人赏景,不免受士大夫的价值观和人生观的影响,有阶层的局限性。但从人性的观点来看,人与水的关系都是基于生命意义和审美情节的融合。除实用意义之外,水的亲和力主要表现在可观、可入、可游、可戏等方面,表现为观赏者眼入(指视觉)、身入(指触觉)、心入(指心理体验)、神入(指精神体验)等几个体验层次。

所谓"眼入",即通过人的视觉来感受景观。对于水景来说,"眼入"不仅体现在可以远距离观赏,同时也体现在近距离的游历性体验,从而增加水景的亲和性。通过技术手段可以增强对水景的穿透性游历体验,开拓人们对空间的多角度、多方位感受。而在次近距离的观赏中,身体对水景的接触性体验机会增多。接触性体验可以是本身功能性的实现,如雪雕建筑或构筑物的使用,旱喷的直接参与性戏水等;也可以是微触感的氛围营造，如温泉池旁的冷雾塑造，不仅在形态上产生变化，也可以使人在体感上产生微变化；还可以是操控性的接触，如利用独特的控制方式（诸如声控、踩压、红外线感应控制等）来形成趣味性喷泉，通过人们亲自去控制各种小喷泉开关，来增加戏水的参与感。

总之，在水景创造中，如欲求得观赏者尽情尽兴地体验，玩赏，则必须创造出人与水直接接触的条件。特别是现代人强调景观体验的参与性和高娱乐性，因而更须如此。

**人水情未了——看、玩、戏、亲、游、取……**
为了提供眼、身、心、神多方位体验

眼入为观；进水为亲；
入水为游或戏；行走水上为踏；
提取为用；过水为桥；
观瀑壮势；溪流潺声

湿地公园，可观可游　　　　桥边亲水（潇）

曲水流觞　　　　水车移水（孙）

（屈）

脚踏梅花桩（潇）　　　　观瀑（潇）

左：桥洞下的
往来踏水磨盘
（潇）

右：戏水（潇）

# 水岸的景观形态

水本无形，随遇而安。其形皆以堤、坝、岛、岸、桥围隔而成，故水与绿、石、土、木、台、路等要素相结合构成自然与人工的综合景观。

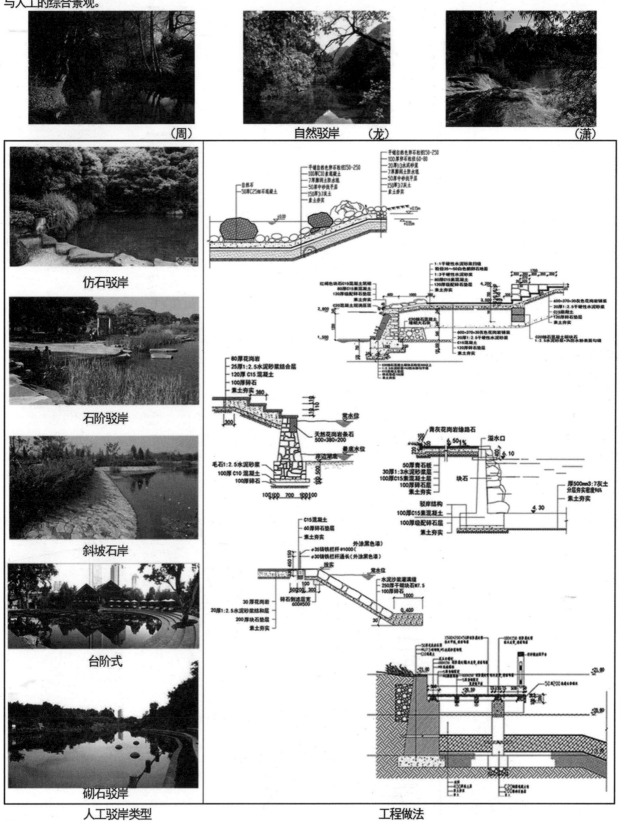

（周）　　　　　自然驳岸　（龙）　　　　　（潇）

仿石驳岸

石阶驳岸

斜坡石岸

台阶式

砌石驳岸

人工驳岸类型

工程做法

大者入目,其势可成;小者容身,其形可赏;精者入神,其境可生;妙能传奇,其情可尽。边界之功,不可没也

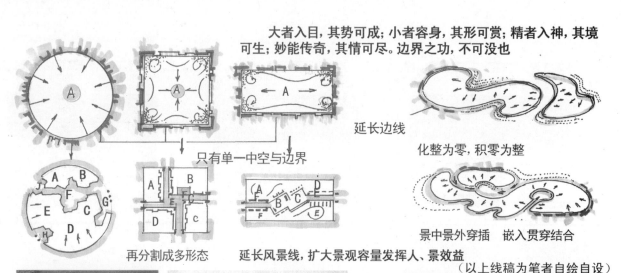

延长边线

只有单一中空与边界

化整为零,积零为整

再分割成多形态　　延长风景线,扩大景观容量发挥人、景效益

景中景外穿插　嵌入贯穿结合

(以上线稿为笔者自绘自设)

立体式观景台
增加与水体的亲密接触

不少人以大为美,以豪华为佳。大广场、大铺地、大水面、大马路、大草地,不乏其例。然而,却忽略了人的感受和行为参与。常人最易选择的场所,是既有依靠隐身,又能眼观六路,耳听八方的边与角

摩纳哥艾美海滩广场"大中有细"

双环辐射延长亲水景线

浩瀚之海,可观景者无非借湾、岛、岬、沙滩、驳岸为依靠。故,边界景线殊为重要

奥地利 沃尔特湖——湾、岛结合,水陆相拥

三亚亚龙湾——"浪漫天涯","旷如奥如"　海南三亚万豪度假酒店:大海沙滩,蜿蜒池岸,丛林环绕,亭台错落;远观大海之浩瀚,近享琼浆翠阁,宛如天上人间

景之可观,不如可游;游之能感,不如亲临;境能动情,心入神往。故,水之景,重在岸线边际,若能无限延伸,一水可多用也

214

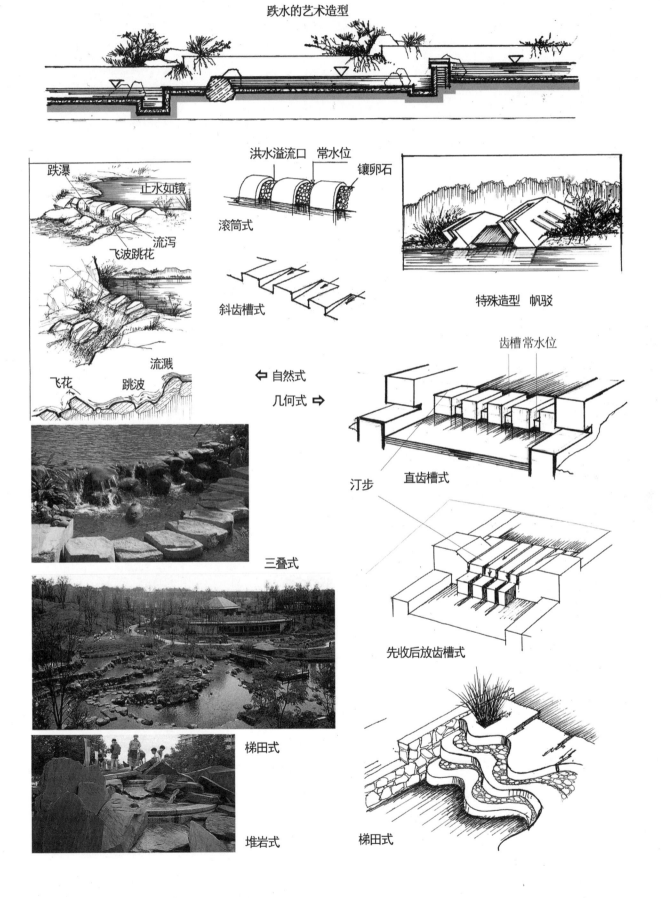

跌水的艺术造型

跌瀑

止水如镜

流泻

飞波跳花

流溅

飞花　跳波

⇐ 自然式

几何式 ⇨

洪水溢流口　常水位

镶卵石

滚筒式

斜齿槽式

特殊造型　帆驳

齿槽 常水位

汀步

直齿槽式

先收后放齿槽式

三叠式

梯田式

堆岩式

梯田式

平瀑

水中花园

迭

曲折溪流

塑石拟水

**人造水景的线描**
（作者自己描绘）

## 滨水景观——岸、堤、路、桥、绿、亲水平台、小品的有机结合

水域有大有小，水岸有坡有直，岸线有直有曲，路径有高有低，两侧建筑有远有近。正是这些多变的组合元素，造就了风景如画，使得滨水景观多彩多姿，使人乐于亲近。

（昊）

弯岛型　　　　　　　　　　　　　　　　　　　　曲折式

阶台式

自然与人工结合　　　　　　　　　　　　　　　　（曹）

（曹）　　　　　　自然生态　　　（潇）

## 2.3.9 "石不能言最可人"——以石造景

石与人类结缘，早在文明社会开始之前就已经开始了。

石，既具有很高的实用价值，又具有极强的观赏价值和象征意味。石头的实用价值颇多，可谓数不胜数。几千年来人类以石铺路、架桥、筑坝、砌墙、盖房、护坡、制作器皿等等，创造了丰富的物质财富。

石头的社会效益和艺术价值也不菲。由于石材所表现的刚毅、挺拔、陡峭、圆润、坚固、耐久等性格，以及其所具有的色彩斑斓、肌理多变、敲打有声、可塑性强等特色，因而倍受人们的喜爱。在中国，始自新石器时代起，人们就开始对石材的艺术价值进行开发，历经各朝代发展之后，更是越来越盛行起来。石材不仅被用来塑造石像、进行雕刻，还被用作文字的载体（从石鼓文到石碑）；不仅在建筑上用来制作盘龙、舞凤、门狮、石鼓等构件，还在园林艺术中用来叠山理水、构景造境。历史中，石头受到历代文人雅士的青睐，要么被作为素材在诗画中抒情写意，要么被视为挚爱珍宝而被鉴赏收藏家们竞相追捧，甚至孔子也对美玉的品格赞誉不已（详第三篇"意境"一节）。直至今天，美玉奇石的鉴赏收藏价值依然在节节攀升，正是"金有价，而奇石无价"。

黄河石·人之初　　　奇石·小鸡出壳　　　奇石·岁月

**观赏奇石 奇石的收藏价值**

陆游曾云："花如解语应多事，石不能言最可人"（《闲居自述》）。意思是说，石虽然不能言语，却可以向人们传递各种文化信息，并以自己的品格施加教化，的确如此。在造园中，依照"法天地、师造化、道法自然"的法则，采用模拟、缩放、象形、组配等方法，利用石头来进行造景，即可以将我们带入自然之境。古语又云："石令人古"，意即石头可以把人的心态带入到无限的宇宙苍穹、高山峡谷、峭壁陡崖、坚忍不拔的境界。另外，石头也可与人的生活情趣相结合，从而产生妙趣横生之雅兴。

传统的造园艺术，常采用太湖石的漏、透、瘦、皱等特性，来显示石景奇、异、玄、妙的品格，展示以奇为美的欣赏追求。然而，在当代的环境组景中，由于人们审美情境的泛化以及取材更趋广泛，加上太湖石资源的日渐稀少，人们对石景的欣赏追求，已经更加倾向于大众化、趣味化、生活化、抽象化和现代化了。另外，石材的加工工艺也更加多样化，仿真、仿生、喷塑、制模、浇注、网笼、镶嵌、组拼、砌筑、贴面、雕凿等等，各种工艺手段层出不穷，使以石为元素的组景、造境创作更加灵活多变，也更富生活情趣和艺术魅力。这无形中拓展了石景的创造空间，丰富了景观的层次和内涵。

石材的表面肌理变化无穷，可以显示刀斧之凿痕，可以斑驳成纹，可以细腻光滑，形成镜面反射，可以光粗相间。既可单独使用，也可组合成型。在建筑艺术中不仅能用于外立面，也可局部用于室内，显示其粗犷与野性。

在物理世界中，所谓自然无非是动、植、矿三类物质构成。其中植与矿表现于形的不外是山与林。山是由地壳运动抬升的岩体，造就了景观艺术上的"东险西奇，南绝北秀"，"览胜遍五岳，绝景在三清"，"云雾的家乡，松石的画廊"，"仙峰、福地"，"养生益寿"的意义象征。因此，在环境组景中，也可微缩模拟，赋予石景以一定的文化内涵。

猴王观宝

普陀山、磐陀石，千年风雨稳若磐石

黄山飞来石

武夷山

泉州风动石

河南、石人山姐妹峰

广东丹霞山

云南路南石林

贵州梵净山蘑菇石

台湾东北海滨锯齿石

承德棒槌山

翁石　　跪石　　鼎石　　坐石　　立石　　迭石

碑石　　　　蛙石　　　　兽头

蘑菇石　　　卧石　　　　直立　　　卵石

架石　　　花瓣石　　　错叠　　　夹石

峯石　　　门石　　　　路石

脉石　　　顾盼　　　布阵

文石

**组合型　石景**

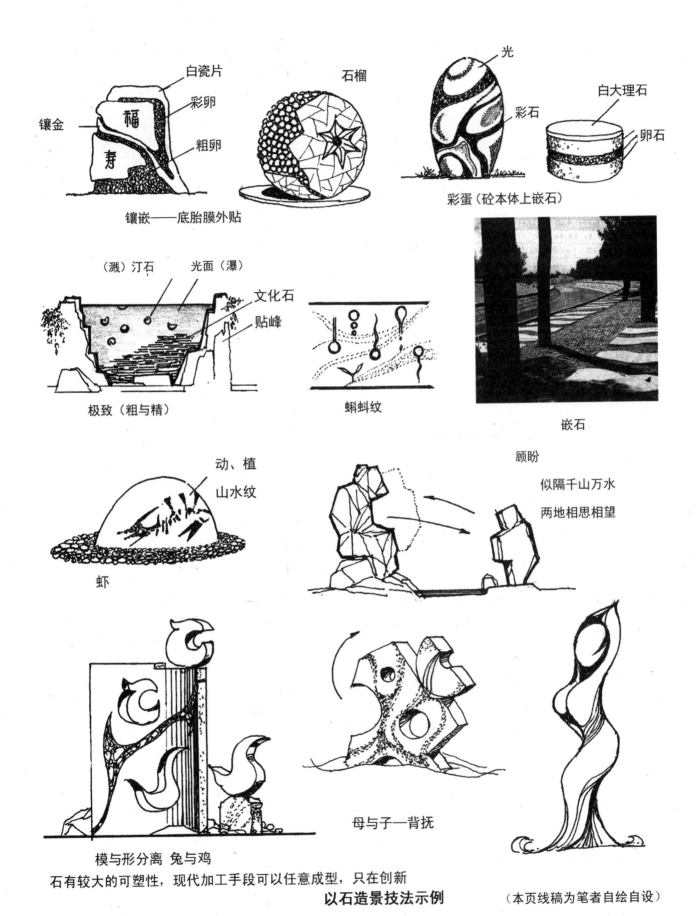

镶金　白瓷片　彩卵　福寿　粗卵

石榴

光　彩石

白大理石　卵石

镶嵌——底胎膜外贴

彩蛋（砼本体上嵌石）

（溅）汀石　光面（瀑）　文化石　贴峰

蝌蚪纹

极致（粗与精）

嵌石

动、植　山水纹

顾盼

似隔千山万水

两地相思相望

虾

母与子——背抚

模与形分离　兔与鸡

石有较大的可塑性，现代加工手段可以任意成型，只在创新

**以石造景技法示例**

（本页线稿为笔者自绘自设）

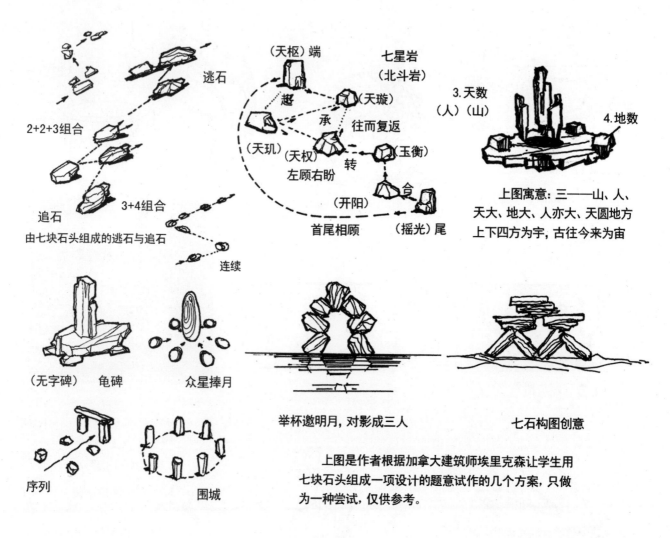

逃石

2+2+3组合

追石　3+4组合

由七块石头组成的逃石与追石

连续

（天枢）端　　七星岩
（北斗岩）

越

（天璇）

承　往而复返

（天玑）（天权）　（玉衡）

左顾右盼　转

（开阳）

首尾相顾　（摇光）尾

3.天数
（人）（山）

4.地数

上图寓意：三——山、人、
天大、地大、人亦大、天圆地方
上下四方为宇，古往今来为宙

（无字碑）龟碑　　众星捧月

序列　　围城

举杯邀明月，对影成三人　　七石构图创意

上图是作者根据加拿大建筑师埃里克森让学生用
七块石头组成一项设计的题意试作的几个方案，只做
为一种尝试，仅供参考。

庭园石灯

古雅　　俏辑

纵虎灯　　蔥泽　　半藏茵石灯

任何基本元素经过组合均可具有一定的表意性和表情性

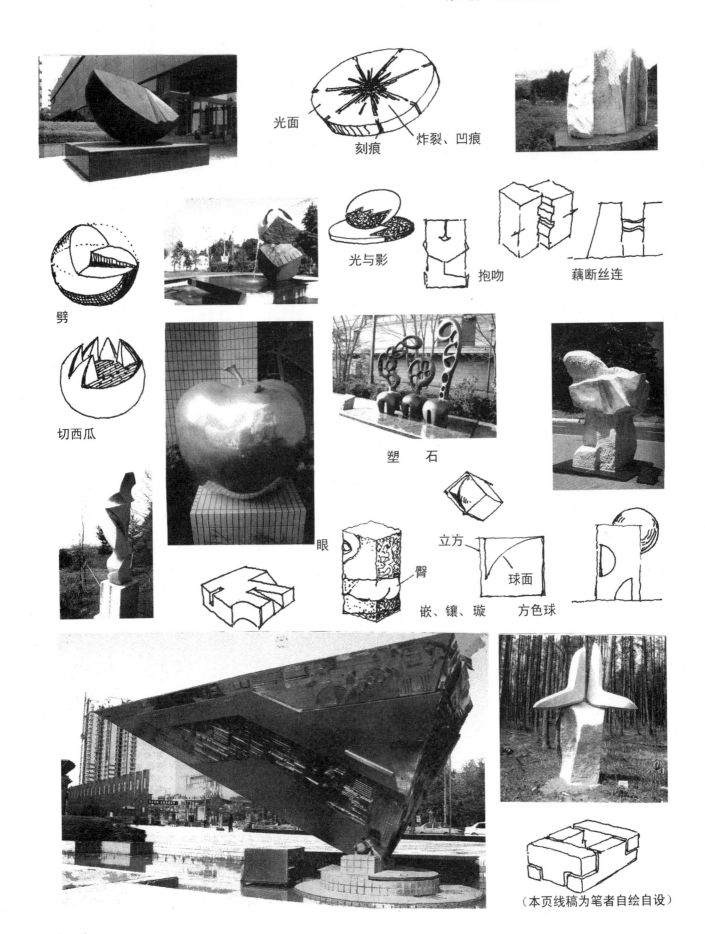

光面

刻痕

炸裂、凹痕

光与影

抱吻

藕断丝连

劈

切西瓜

塑　石

眼

臀

立方

球面

嵌、镶、璇　　方色球

（本页线稿为笔者自绘自设）

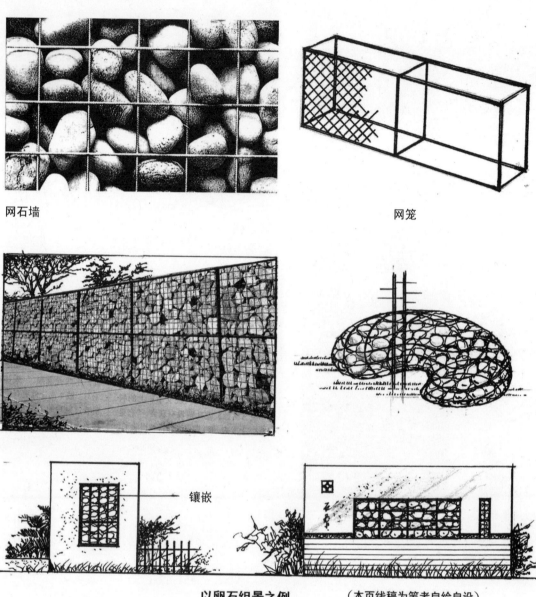

网石墙　　　　　　　　　　　　　　　　　　　网笼

镶嵌

以卵石组景之例　　　　（本页线稿为笔者自绘自设）

仿鸟蛋——赋予形式以生命之内涵

## 2.3.10　脚下的艺术：环境空间的底界面

根据人的视野范域研究，人在平视眼前景物时，向上的视野角度范围约为 46°~55°，而向下的视野角度则可达到 70°。因此人们在行走时，不用低头看路就可基本辨别地面的平整度和有无障碍物，从而进行正常的行进，甚至快速跑动时也可以保证安全无虞。所以，不论是景区的游步道、城市的步行道、庭园和广场的铺地，抑或是具有层次的阶台、滩头、水岸等，都处于人的有效视野范围之内。其艺术构成和垂直界面同等重要，是环境设计中不容忽视的景观形象。

在现代化的城市中，人们的脚下早已不再是低洼不平、杂草丛生、雨则泥泞、干则扬尘的泥土地面，而代之以绿茵草坪和干净平整的硬质铺装。从景观效果来看，硬质铺地具有平整度高、轮廓规整、易于清洁、整齐明快等优点；草坪地面则具有质地柔软、表情生动、富有活力、色彩丰富、兼有造氧功能等优点。然而，从生态和经济角度来看，二者也各自具有一定的缺点。如，硬质界面在建设初期投资较高，施工较复杂；其材质表面的热辐射强度高，也容易导致雨水流失，视觉效果上也给人质感坚硬、表情冷漠、色相单一的感觉；还存在一定的辐射污染隐患。而草坪地面则在经济上存在着维护管理费用高、耗水量大以及更换周期短等劣势。因此，在景观的底界面设计时，应结合不同界面类型的特点，扬长避短，软、硬质兼用，协调配置。

对于景观设计者来说，城市空间的水平底界面是一项工程量大、涉及面积广的艺术创作课题，存在着巨大的创造潜力。如何将其营造成具有"功能性"、"文化性"、"生态性"和"艺术性"等相结合的景观载体，使其纳入环境综合艺术之中，成为人们赏心悦目、畅神悦情的审美对象，还有待于进一步地创新与实践。

早在 20 世纪，国内外就已经出现了利用底界面处理进行景观创作的先例。如"海洋广场"、"舞步人行道"、"踩鼓点"、"梅影图"、"枫桦积叶"、"艺术照明广场"、"诗词大道"等地面景观，都是利用文字、纹饰图案、编织、绘画、彩条、雕刻、光影、模压、仿真等技术，对硬质铺面和草坪进行艺术处理而获得的景观效果。进入 21 世纪，科技和数字技术进一步发展，为水平底界面的景观创造提供了更加开拓、创新的广阔前景。

### 1）生态性能

对于生态性能较差的一般硬质铺面，在没有较大荷载的情况下，应优先选用透水的灰砂砖、多孔砖、草坪砖，以及带有排水底层和留有间隙的铺筑，或与草皮做间隔铺筑。这样既可以有效地避免地面上的雨水积存，也可利用相应措施进行雨水回收，以便循环利用。为了有利于雨水收集，可以在现浇的整体铺地中镶嵌线状的沟槽，这样既有利于绿化，又便于渗水，值得一试。在我国深圳地区的一些住宅小区中，在预留的消防车道上种植一层草皮，平时用作绿化和观赏，火灾时用作消防通道，并以"登高面"作为标识，既减少了区域内的辐射热，又增加了绿化面积，不失为一种良好的底界面处理方式。

### 2）文化性与艺术性的统一

单一材质的整体铺面和由定型石板组合的预制铺面，都可以视为文化的载体来加以利用。采用雕刻、模压、级配、镶嵌、组合等方法，可以将有意义的文字、诗词、图案等融入到底界面中，使所在景观空间产生一定的文化涵义和艺术效果。例如，成都的古琴街以汉代画像砖图案作为步行街路面，西安的公共空间地面上嵌入不同的文字、书法，日本世田谷地区用文字将几百首诗词刻写在儿童的通学路上，美国好莱坞的星光大道上刻满明星的手迹，国内也有的居住社区用马赛克组拼成各种图案……这些都是在景观底界面上加载具有文化涵义元素的创作实例，可以作为原型启示来参考。

### 3）趣味性装饰

利用一些具体的形象，如钱币、象棋、棋盘、地图、3D 图像、梅花桩、卡通形象、喷水踏板、发声装置、透明玻璃下的光影世界、模拟自然山水的缩微景观等等，可以不同的形式和题材为人们提供视觉、触觉、听觉上的综合体验。这些做法都起到了打破僵化，使城市环境氛围活跃起来的作用，值得提倡。笔者在参观天津某步行街时，看到许多游客围在街心图案旁详细观看，人人都兴致盎然的样子，足见人们对环境的好奇驱力有多么强烈。这也正是我们在景观创作中非常值得关注的地方。

### 4）定型构件的灵活组配

为了减少构件的类型，通常采用一、两种模数化的构件作为基本单元，通过适当的剪裁、搭配而组拼成不同的图案，创造丰富的底界面艺术效果，具体实例参见下面例图。

### 5）底界面的层次处理

人在行进中，一般希望走在平整的地面上，但不排除在有高低衔接和方向转换的节点处，采用高低起伏、平面错落的阶台作为衔接与过渡。其间穿插一些小品，镶嵌一些植被，使景观由单调变为丰富，也是提高水平界面艺术品质的良好途径。

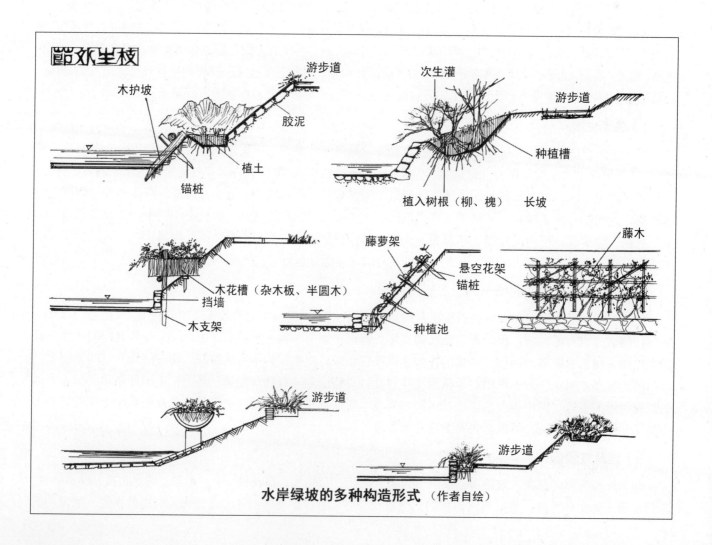

**水岸绿坡的多种构造形式** （作者自绘）

## 游步道系统

按景区区位及游客通行数量，游步道分为四级

一级：景区内主要公共通行道路，幅宽为2.4~3.5m

路面种类含
- 浇注混凝土路 — 普通 / 模压
- 沥青 — 普通 / 有色
- 石板路 — 各种天然及人造板材（200及300扩大模数系列） / 规整及不规整碎石组拼
- 架空的木板路：一般用于湿地及生态体验区
- 大型卵石路面

二级：景区内分支路面，幅宽在1.2~2.1m

路面含：石板路
块石及大卵石（不规整形）
条石（规整形）

三级：社会性（结伴同行）步、游道路0.6~1.2m幅宽

四级：少量游客自主选择的游步道，随机性、无固定路线

路面含：土路
踏青路
树叶飘积路
池岸

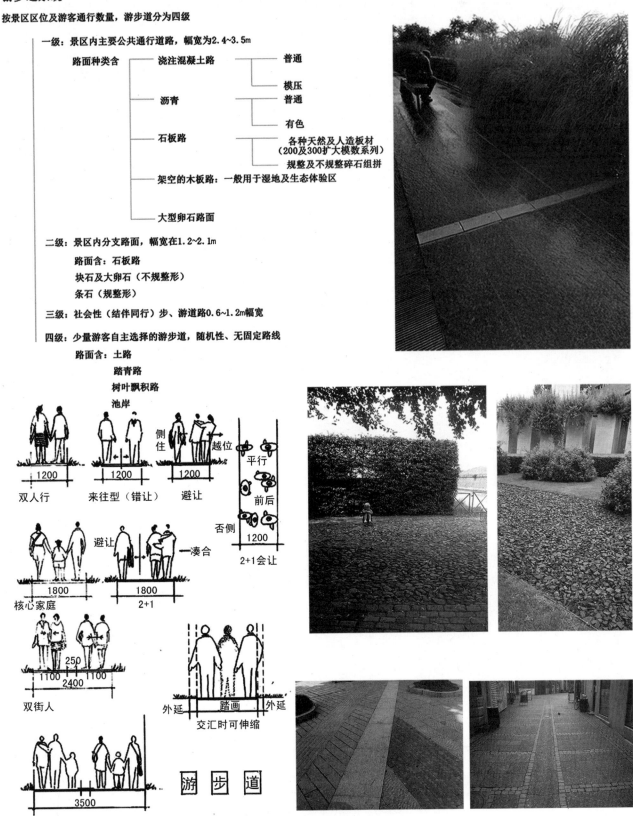

双人行 1200
来往型（错让） 1200
避让 1200
侧住 越位 / 平行 / 前后 / 否侧 1200
2+1会让

核心家庭 1800
2+1 1800 避让 —凑合

双街人 1100 250 1100 / 2400

外延 踏画 外延
交汇时可伸缩

双家行（两组）3500

（单位：mm）

游 步 道

铺地的各种艺术处理实例之一　　（本页图片由曹志伟提供）

227

用不同材质构成图案，突出主题

彩带式波纹

彩塑式镶嵌

镶嵌图案

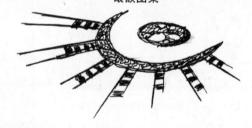

马赛克组拼，局部细化

**铺地的各种艺术处理实例之二**

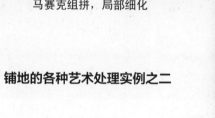

广场式斑纹

画框式连环组绘

镶碎石、卵石 组拼各种图案 　　　　　　　　绘嵌

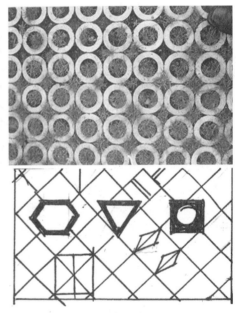

方整石与草坪、彩条相结合 　　　三角形组拼 　　　各种形式、模块草皮砖

凹凸式纹理 　　　　　利用文字、印刷体组拼

**铺地的各种艺术处理实例之三**

以动物造型镶嵌的铺地图案之一（作者自绘）

以动物造型镶嵌的铺地图案之二（作者自绘）

1

2

4

5

## 铺地的各种艺术处理实例

（2.7图片为李昊提供 1.3.4.5.6.8.9.10为笔者拍摄）

3

6

7

8

9　10

**铺地的各种艺术处理实例**

（图片4.5.6.8.9.10.为笔者自摄
图片1.2.7为李昊拍摄
图片3为屈培青拍摄）

## 2.3.11　环境景观小品：小宇宙，大文章

所谓小品,是指以小体量的景物,散落在整体环境之中,构成画龙点睛式的微型景观。其中涵纳标识、家具、亭台、排气塔、垃圾箱、时钟、艺术照明等诸多辅助设施。在景观构成中,它虽然貌不惊人,体不压众,但它却是一种兴趣调节器、环境氛围的活化剂以及文化上的神与魂。

### 1　标识系统

标识,是一种用极简练的图形、文字、符号等元素构成艺术造型,传递一定的意义和内涵的艺术作品。这是一种可以使人在瞬间进行解读、辨认、记忆的微型雕塑。虽然它的体量一般较小,构形简单,但却具有永恒的纪念意义和较大的经济价值。在物理环境中,标识是一种行为的方向标和导航仪,也是界域的分界线;在意识形态上,标识是进入社会的通行证,是规避风险的警示牌,也是表示地位身份的名片,表示诚信的保证书……因此,标识系统可谓体小功能大,形简涵义深。由于标识系统要体现原创性和惟一性,因而也是艺术创作的难点之一。

作为标识,必须要简洁概括、表达准确,要具有醒目性、诱目性和瞬间永恒的文化价值以及艺术效果。在标识系统设计中,不能简单地抄袭、模仿和盗用,而是要保证其具有专属性,即独一无二性。大的标识系统可以代表一个国家、一个地区,小的标识符号则可以代表一种行为模式,或者一种善意的提示。所以,环境中的标识系统用途广泛,是与人的心理、行为、情感发生直接关联的艺术小品。

为了达到上述目的,标识系统设计一般在形态上常利用色彩、抽象图案、显明的文字艺术、简洁的轮廓造型等手段,有时也辅以声、光和富有动感的造型,来增加标识的信息刺激强度。甚至还可以利用虚拟的形体造型来传达某种纪念性活动的主题。

在园林景观中,标识同样具有提示、导向、警示、定点、定位的作用。与此同时,园林中的标识系统因其所在自然环境的特点,还可以相应地具有山野情趣、诙谐幽默、自然得体的表意性和表情性,从而与所处环境相映成趣,浑然一体。

在城市景观中,路标、路引、站牌、地标、地界、疏散方向等,以及路径、场所定位、约会地点、商号店招、楼号标识、报箱、奶箱等,也完全可以构成一种系列化、网络化的标识体系,成为城市文明的一张名片。笔者曾两次步行在日本横滨街头,深深感受到当地标识系统所显示出来的城市魅力。横滨市街头那些系列化标识系统,从路引到下水井盖乃至步行道的镶嵌,都传达出生机盎然的韵味。对于初访者来说,无疑地就消除了一些陌生感,引发出一定的亲和力。

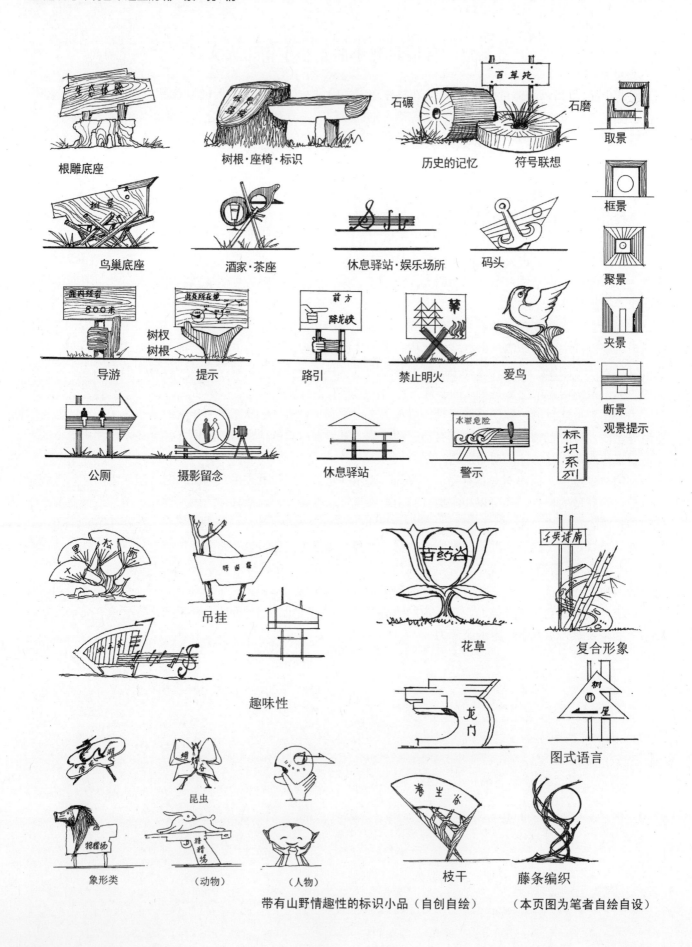

根雕底座

树根·座椅·标识

石碾　历史的记忆　符号联想　石磨

取景

框景

聚景

夹景

断景

观景提示

鸟巢底座

酒家·茶座

休息驿站·娱乐场所

码头

树杈树根

导游

提示

路引

禁止明火

爱鸟

公厕

摄影留念

休息驿站

警示

标识系列

吊挂

花草

复合形象

趣味性

图式语言

昆虫

象形类

（动物）

（人物）

枝干

藤条编织

带有山野情趣性的标识小品（自创自绘）

（本页图为笔者自绘自设）

## 2　街具小品

如果把外部公共空间比作人们室外休闲、活动的"客厅"，那么种类繁多、形式各异的环境设施就可以称作这个"客厅"的家具，为人们的室外活动提供相应的实用功能和一定的文化内涵。因而，人们也常把公共空间中的这些"生活道具"——街道上的家具设施，称作"街具"小品。

外部空间的街具小品种类繁多，以其功能不同，可以分为不同的类型。如交通类的：交通信号灯、候车站牌、挡车墩等；休憩类的：坐凳、凉亭、廊架等；信息标识类的：路标、时钟、广告牌、电话亭等；点景类的：雕塑、花坛、喷泉、叠水瀑布等；娱乐类的：戏水池、儿童游乐设施、健身器械等；还有其他实用类的：垃圾箱、路灯、饮水器、邮筒等等。

作为外部空间的重要组成元素，"街具"小品在人们的外部空间活动中起着重要作用。一般来说，街具小品大多形体较小，在公共空间中也仅起着次要作用，充当配角。但街具小品通常处于人们日常活动时极易接触的空间范围内，为人们的户外活动提供必要的实用功能，满足人们在外部空间活动的需要，如，提供休憩设施、信息导引、运动休闲等。功能完善的街具小品可以为人们的户外活动提供必要的设施，提高公共空间的凝聚力。因而在外部空间中的作用不容忽视。

具有特色的街具小品可以增加城市空间的识别性，形成公共空间的小地标。街具小品的独有特色往往可以给人们留下深刻的印象，形成小空间范围的地标点，在大环境中起到界定空间、流线转换或者形成景观节点的作用。同时，可以软化环境，渲染气氛，缓解空旷的大空间给人们造成的生硬感、冷漠感，增强人与环境的交流。

另外，街具小品在外部空间中数量多，尺度宜人，又在人们的视线、行为接触范围中频繁出现，因而更容易为人们所体验和感受。所以，它可以构成一条街道上的景观长廊，环环相扣，成为一条项链，是街道美学的重要组成部分。在使用街具小品的同时，人们更容易感受到街具小品所传达出的环境特质和个性，从而领悟空间环境的文化内涵和意境。因而街具小品在实用功能基础上，也同时兼具文化传播功能。人们在使用街具小品、参与空间环境活动的同时，可以潜移默化地领悟到空间的文化内涵。

由于经济的原因以及人们观念的影响，相对西方发达国家以及日本等国来说，我国在街具小品方面曾经重视不够，不仅数量缺乏，形式也单一简陋。近些年来，随着整个社会对环境观念的转变，人们对街具小品也越来越重视起来。

鉴于街具小品数量多、尺度宜人、与人接触频繁等特性，在进行街具小品设计时，要综合考虑人的行为心理和人体工学特征，兼顾实用功能及精神功能，注意形式的多样性和趣味性，并注意与周围环境的协调融合。另外，在设计时可以考虑充分利用各种材料，以及现代科技带来的新型工艺手段，从而创作出造型丰富、耐人寻味的街具小品，使公共空间充满活力和情趣，满足人们的使用需求和心理需求。

"埏埴以为器，当其无有器之为用"，陶器古朴高雅，可以提升文化品味，并易于插栽和融入环境，以及用色彩纹饰表情。

## 从实用、舒适到个性化和艺术化的转变——室外休息座椅

椅子，是为人们提供休息、观景、晒太阳、纳凉、交友等功能的室外家具，但在选位、布置和造型处理上，却大有讲究。既要满足眼观六路、耳听八方以获得较好的视听信息；又要有良好的抗干扰性、私密性、防卫性以及冬暖夏凉的舒适性。所以，有些艺术家采用许多奇特的造型，让人们尽情享受其中的乐趣。

（以上图片由李昊提供）

（以上图片由曹志伟提供）

## 浓缩的总是精华——点状的环境艺术小品

在中国传统的园林造景中，常以盆景来展示宇宙之大，所谓"壶中天地"，在日本也有"一勺代水"、"一石代山"的说法，即以微型的雕塑来点缀环境，在有限中展现无限。所以，小品设计贵在精而不在大，重在神而不在形。特别是在西方国家，常以简单的几何形体，采用打磨、抛光和变形处理来展现艺术美。

（昊）

（昊）

（以上图片由曹志伟提供）

（屈）　　　　　（曹）　　　　　（昊）

## 2.3.12　环境雕塑

如果把建筑称作凝固的音乐，雕塑则可以称为凝固的诗歌。因为雕塑以较小体量，却展现了瞬间的永恒。诗言志，又缘情；歌抒情，又叙事。雕塑正是以这种类似诗歌的凝练，以内在的精、气、神和外部的形、势、理、韵，与欣赏者展开着情感和心灵的交流。作为一种空间艺术，它所形成的视场、气场、空间场等，并不亚于建筑。因为它是浓缩了的精华，有画龙点睛之妙。一件好的雕塑作品，可以产生较大的艺术魅力，并具有长久的社会效应，因而世界上有不少的雕塑作品使人历久难忘。中国虽然不是拥有雕塑艺术最早、最多的国家，但在传统文化的影响下，也较早地出现过优秀的雕塑作品。例如，汉代霍去病墓的陪葬石雕，就以简练的线条和极概括的形体，表达了深沉的内涵，使无数位国外雕塑艺术家为之陶醉。

作为造型艺术的雕塑，重在形神兼备。所谓神，是指隐涵于内部的思想性、文化性、情感、精神、灵魂、气韵、性格、风骨等；所谓形，是指姿态、动作、表情特征等，贴近生活、引人参与互动等方面。除了形神兼备，一件优秀的雕塑作品，还要注重与环境的关系，要考虑其是否真正地"植根于"环境、"生长于"环境之中，还是仅仅在自我"作秀"。

诚然，现代化城市环境中，植入一座传统风格或人物类的雕塑是有困难的，人们更需要那些能够调节情趣，且生活气息浓厚的，与人的心理距离和生活节奏相和谐的波普性雕塑与小品。那种幽默、诙谐、自然、亲切的，并能为公众参与（视觉、心理、行为等）留有余地的雕塑，更受大众欢迎。所以，城市公共空间（非纪念性场所）的雕塑更应注意与大众的亲和力，要将雕塑从高不可攀的神坛请下来，走入平民百姓的生活中去。强调雕塑的大众性、场所性、文化性、生活性，并不是主张雕塑流于低俗，而是强调拉近雕塑与欣赏者之间的时空距离，使之被"看"在欣赏者的眼中，"活"在欣赏者的心中，达到物我同在的效果。也就是说，雕塑作品既要来自于生活，又要高于生活。当观赏者处于高度紧张状态时，它是一面哈哈镜，可以缓解压力、舒畅心情；当观赏者孤寂时，它又可以用无声的语言和人聊天，化解寂寞。它还可以和观赏者合影留念，为观赏者留下记忆，永作纪念。

当前，在国内各大城市中，巨大型的、抽象的、古代帝王的、"自说自话"的雕塑作品比比皆是。有的只是为了雕塑而雕塑，有的也仅从装饰方面考虑，参考价值不高。所以，本书利用大量的国外实例加以介绍。实际上，人性相通，情理相近，艺术也本无严格的国界分野，正所谓"他山之石，可以攻玉"。例如，比利时的撒尿儿童小于连雕塑，由于趣味浓厚，深得各国人民喜爱，甚至别的国家（如日本）也有照样复制的。当然，笔者并不主张完全模仿，如西北某县城完全复制青岛五四广场的《五月之风》雕塑，造型极为相似。虽然因环境条件不同而避开了抄袭之嫌，但其环境和社会效益已经大打折扣。

随着现代加工工艺和技术的不断更新，许多造型都可以由电脑制作，而且种类日益繁多，如线雕、圆雕、深浅浮雕、透雕、影雕、点塑、气塑、编制、镶嵌、仿真、树雕、根雕、动态雕塑、声控和光效变色等等。利用这些技术不仅可以降低雕塑作品的成本，制造速度也可以大大加快。所以，雕塑艺术的发展，可谓前景非常广阔。

## 内藏筋骨，外显体态，以形传神，瞬间永恒
### ——雕塑的艺术

　　雕塑是以凝固的造型语汇，展现空间与时间的艺术。所谓空间，因它是立体的，与四周环境相和谐。所谓时间，它是以流动中的音符表现的瞬间，形体虽是静止的，但其姿态可以是跃动的，动非真动，而是一种蓄势待发、引而不发，是在刚欲跃起的瞬间显示的，动与不动只在刹那之间。它也像舞蹈一样，是以肢体语言与人产生神情和意义的交流。这种语言，是可以意会的不能言传，这种肢体不是运动的，也在摄影快门一闪之间。所以，好的雕塑，应当是精、气、神三种要素俱全的。

　　冰岛上的兽骨形雕塑，整个造型结构完整，筋骨刚劲，肢体舒展，动感十足，有较强的视觉张力，与环境相和谐，极富生命的活力。可谓英姿飒爽，给冰冷的气候带来了生气

葡萄牙航海纪念碑（郑）

伊朗德黑兰自由之门

巴黎凯旋门 （杨）

（斯）

## 以簇团式量感效应构成之立体雕塑

由多体块组成的立体雕塑，具有整体与局部相互依存的量感效应，呈现多样统一、全景与特写相结合的视觉效应。

（葡）

以上图片为李昊拍摄　　　　　　　　　　　　（昊）　　　　　　　　（昊）

（昊）　　　　　　　（昊）　　　　　　　（昊）　　　　　　　（昊）

## 从神坛走入生活的名人雕塑

曾几何时，城市中常以高耸的纪念碑式，将伟人的雕像高高竖起，并常配人骑马飞腾，以壮其势，不高大无以显示其威。然而，在现代，人们越来越清醒的认识到，那种把名人视为图腾崇拜，实际是敬而远之，与人民失去了意义的关联。事实上，圣人、伟人都是从平凡的百姓中成长起来的，理应融入百姓之中，心灵上的神圣，生活中的凡人，才具有教化的功能。所以，当下的名人雕塑都跻身于民众之间，拉近了与人民的心理距离。

（马）　　　　（昊）　　　　（马）　　　　（昊）

（马）　　　　（昊）　　　　（昊）

（昊）　　　　（昊）　　　　（葡）

（昊）　　　　（昊）　　　美国拉斯莫尔峰四总统纪念像（自绘）

# 第四章 景观中介——主、客体间的传媒介子

在艺术欣赏中，以直接观视的对象作为客体，是信息发射源，是引起心理反应的外界刺激物。人作为观赏的主体接收外界刺激形成审美感受。只有当主、客体发生互动感应时才构成景观效应。但是，在天象、时象和人为制造的声、光、电、气、热、形的干扰下，会对原本是直接交流的主客体，产生强、弱、显、隐、虚、实、远、近、刚、柔、幻等心理反馈，即所谓之媒体所产生的中介作用。

## 2.4.1 主体、客体与媒体

景观与观景，从本质上说就是看与被看的关系，是审美主体（欣赏者）与审美客体（景物）发生相互作用、形成刺激与反应的过程。在这个过程中，审美效果取决于主、客体双方的自身魅力以及当下的审美情境。而如果想要强化或者淡化二者之间的审美效应，还可以借助于天象、气象、季相、光影、音响、文字等媒介手段，来突显某一特定时刻的视听效果。利用这样的媒介手段，或聚焦，或弥散，或清晰，或模糊，或神秘，或虚幻，或深远……可以按需设定达到不同的体验效果。

媒介、中介常见于日常生活之中，如婚介、购销中介、化学反应中介等等。其作用无非是架桥、牵线、促媒、调节而已。这样的媒介物（或人），处于主、客体之间，作为第三方参与整个的交流互动。

与上述作用类似，景观中介也是处于景观的主、客体之间，作为第三方参与景观的欣赏体验过程，在景观与欣赏者之间起到烘托氛围、彰显主题、沟通交流的作用。犹如戏剧中的演员所用的道具和舞台布景一样，环境氛围中的光影效果、音响伴奏，天象中的朝霞夕晖、雷电云雾，季相中的春、夏、秋、冬，欣赏者站位点与观察点之间仰、俯、远、近的相位关系等等，都属于景观媒介的范畴。另外，在纪念、展示、观演等建筑类型中，建筑本身也起到沟通纪念者与被纪念者、展品与个人、演员与观众之间情感的作用，也是促进双方互动的媒介。当前，现代科技十分发达，通过声、光、电等科技手段已经可以创造出更加千变万化的氛围，以彰显客体的神奇奥秘，使欣赏主体获得意外的满足和惊喜。

在看与被看之间，景观媒介可以导演出各种奇妙的变化。以观赏江湖美景为例：晴湖的水光潋滟，夜湖的三潭印月，雨湖的山色空濛，雾湖的虚无缥缈，均带给人们不同的视觉感受和心理体验。中国的古典诗词中有很多景物描写，从一个侧面反映了媒介在景观影像中的重要作用，如"雾失楼台，月迷津渡"（秦观《踏莎行》），"欲穷千里目，更上一层楼"（王之涣《登鹳雀楼》），"山光悦鸟性，潭影空人心"（常建《题破山寺后禅院》），"蝉噪林愈静，鸟鸣山更幽"（王籍《入若耶溪》），"山高月小，水落石出"（苏轼《后赤壁赋》）等等。在宋代画院中，也曾有以隐喻的手法，通过媒介物来传达意境、增加观赏趣味性和景观内蕴的做法，如"踏花归来马蹄香"、"深山藏古寺"等。在现代绘画创作中，齐白石先生应邀创作的"十里蛙声出山泉"，也是利用媒介物来渲染环境氛围，增加观赏者思考深度的佳作。

在常用的景观媒介中，当属光的多效应性最为突出。面光、侧光、逆光、顶光、弱光、全反射、色光、射光、闪光等等，不同的光效应可以投射出千变万化的艺术效果。另外，借助于音响、风、水流、气雾等，也可以引发出声情并茂、流光溢彩的场景。总之，媒介是一种常用的造景方法，可以在空间中像电影的蒙太奇效果一样，导演和编排出多种景观印象，值得我们在景观设计中尝试和应用。

在环境艺术创造中，我们经常引用舒尔茨的场所精神概念，通俗地说，就是场所具有的文化内涵和环境氛围。作为虚拟的精神、氛围，除审美客体的直观表象外，最主要的是要依靠布景、道具、声响、灯光、特技等作为辅助。如果没有这些媒体的参与，则不可能收到预期的效果。在现实生活中，一切庆典活动，也都

是借用时间、空间、祭品、仪式、旗幡、香火、音乐等进行气氛的渲染。所以，媒体在强化景观效应是必不可少的，参看以下实例。

（昊）

有趣的光影派对：

儿童单独可以构成完型，但与其影结合则可构成随光而变的多种动态图像。与此同理，可以用各种不完型与影结合成姿态各异的完型

落叶归根

如影随形

古有以墙与地面造影的艺术手法（梅影图），今可利用根脉造型寓意"落叶归根""饮水思源"等涵义

（作者自绘）

## 化实为虚，光影派对；模糊不定，含蓄包容
### ——情景的中介

在中国的传统造园、书法、绘画和诗词一族中，很注重利用有无，虚实，光影，疏密，疾徐，动静，明暗，抑扬，浓淡等关系的变化，创造一种意境深远，韵味无穷的审美效应。所谓"淡泊以明志，宁静以致远"；"镜中花，水中月，画外情，言外意"……都是与造境生情有关。在当前，所有城市都被硬质铺地，冷漠无情的水泥丛林所覆盖，视野狭窄，视线闭塞。尽管有的建筑师提出要用"消解"、"归零"、绿化软化等手法，来消除拥塞、压抑、沉闷、生冷的城市景观，但都是治标不治本的改良之策。对于追求最大利润化，无限制地提高容积率的悲剧性开发中，如何能改善城市视觉环境，确实是一个须待研究解决的大问题。彻底改变，并非建筑师、规划师、景观设计者力所能及，只能在职业允许范围内，通过形式处理加以改善。其着重点全在与城市空间，公共空间的邻接边界上，做些改性处理，在人们视线所及的区位，采用阶、廊、架空、附加、凹凸不定、线条分割等手段，进行适当的配置，即所谓的经营位置。下列实例仅供参考，从中吸取一些精神，在综合使用、经济、维护、更新的条件下，适当运用。

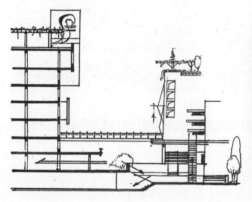

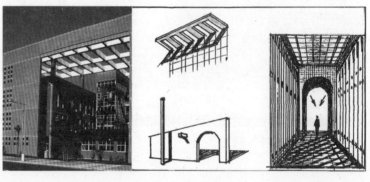

刚柔、虚实、软硬、层次、取决于外界面　　　　光是形与影的导演，形影不离，相互派对，境成景生

北师大珠海校区走廊　　　　由光传递的不安、恐怖、混乱的涵义　　　　光、彩、明、暗，聚焦与发散，以光作为媒介

杂乱、高对比度、无序、炫目、暗淡、彩度和色相杂乱组配等可以导致精神紧张、心慌意乱和难以忍受的刺激，产生负效应。图（下中）为纽约犹太人二战纪念馆见证厅采光设计

### 以光影为中介的建筑景观　　　　　　　（本页线稿为笔者自绘）

## 光影——形·景·境·情的导演（一）

　　光是形成视觉的主要条件，没有光就没有世界。有光，则有物、有形、有彩、有景、有境、有情；在色觉、视力、视野的配合下才能产生正常的"视觉"。因此，不同的光照（正、顶、侧、背、斜、远、近、高、低、明、暗、强、弱）产生不同的的影像；光影派对，形影相随。因此，光也是建筑师和艺术家非常关注和藉以创作的源泉。

　　有诗为证："天欲雪，去满湖，楼台明灭山有无。水清石出鱼可数……"（苏轼《腊月游孤山访惠勒惠思二僧》），以及"雾台楼台，月迷津渡"（宋·秦观《踏莎行·郴州旅舍》）等都描绘出光影对环境氛围的影响作用。

　　在由天象、时象、地象构成的景观中介，光与声的影响最大，可以使景物变幻莫测，其妙无比，限于篇幅，只根据手头案例，列举一二。

光增强了空间流动感

相同环境背景，光影形成了不同空间的艺术效果　　　　　　光强化了时空隧道

彩虹　　　　　　　　　　　　磅礴欲出　　　　　　　　　水光潋滟晴方好（杨）

## 光影——形·景·境·情的导演（二）

图像在光圈中，可实可虚，耀眼夺目，个体突出，光环笼罩，犹如中国的皮影。（刘）

光可使景物
从 背 景 中
剥离，成为
光 彩 夺 目
的图像（如
上图）

光的海洋（广场艺术照明）　　（曹）

光的聚焦功能

## 2.4.2 以建筑作为媒介的景观创作

一些纪念性建筑，如纪念堂、纪念碑等，其直接的纪念对象是被纪念的事件或者人物。在纪念性建筑空间中，参观者的目光和心理投射，应该直接聚焦到被纪念对象上，而不应转移或分散到承载纪念主题的建筑本体上。在这里，建筑或构筑物本身，只是作为一种载体来传递一定的信息，是为彰显被纪念对象的成就或意义而设计的。因而应退隐至传递信息、渲染意境的媒介位置，而不应喧宾夺主。笔者认为，有两件作品很值得借鉴和学习。

实例之一是芬兰大音乐家西贝柳斯纪念碑。在海边旷野上，芬兰女雕塑家艾拉·希尔图宁（Eila Hilranen，1922～2003年）用600余根银白色钢管，设计了一架巨型的管风琴，作为纪念西贝柳斯的雕塑。雕塑家以律动的钢管表示音乐的旋律，借助海风使钢管发声，鸣奏出天籁之音；即使在无风的时候，静寂的风管也能以形"传声"，达到"看似无声胜有声"的境界。可以说，这件作品将纪念雕塑的"形"、"意"、"人"三位一体的艺术效果表达得淋漓尽致，展现了大音乐家不朽的贡献和恢宏的气势。雕塑建成后，慕名前来参观的人络绎不绝，既显示了被纪念者西贝柳斯的伟大人格魅力，也表明公众对这件雕塑作品的由衷赞赏。

其二，由美籍华人林璎设计的越战纪念碑则是另一个很好的实例。虽然作者当年只是耶鲁大学的一个三年级学生，然而竟能在百余竞赛方案中独压群芳，脱颖而出，足可见其构思之独特，把握对象之精准，环境意识之明晰！在设计中，她采用V形下沉式碑体，既与华盛顿方尖纪念碑和林肯纪念堂相对应，又隐而不露，藏身地下。碑体用黑色磨光花岗岩镌刻五万多个越战伤亡者的名字。每当有纪念者前来悼念时，鲜花、人影、人名相互映照，情景交融，充分体现了纪念者与被纪念者之间的双向互动。同时，作为一座开放式纪念性建筑，其战争与和平的主题吸引了很多游客来此观光。那些伤亡者的名字以及碑体所渲染出来的氛围，使人们不由得触景生情地联想到战争带给人民的巨大灾难，因而在客观上也起到了反战宣传的作用。

纪念性建筑空间设计，重在纪念者与被纪念者之间的双向交流，以及这种交流所带来的社会效应，而不在于其碑体有多么高大，气势有多么宏伟。在国内的一些纪念碑式建筑设计案例中，人们的目光一度只瞄向建筑尺度上的崇高感，一味地从形式出发，对建筑形体内涵的考虑则较少。这样的作品难免视野不宽，构思立意不深，徒有高大的形象，却缺乏深刻的内涵，难以引起参观者的共鸣。自然，雷同之作也不可避免。相比之下，印度民族英雄甘地和尼赫鲁的纪念碑体量虽很小，但却给人以亲近感，保持了人民与英雄之间密切的心理距离。

对于以第一文化载体的历史文物、展品、事迹等为展览对象的博物馆、美术馆、展览馆廊等，参观者与展品之间，已经构成了主、客体的直接对话体系。在此情况下，建筑空间只是一种传媒介子，其形、声、光、电、色、影等都不能干扰到参观者对展品的注意。虽然建筑外观造型可以有所变化，但内部空间却应以便于到达和易识别为准则，宜以静、素、敛、流等特性为主。

当然，任何事物都有例外。如纽约的犹太人二战纪念馆见证厅，为制造一定的环境氛围，特别采用了光怪陆离的强光干扰作配合，使人的情绪随之进入一种亲临其境的恐怖感，从而营造出特殊的环境感受来。而另一座柏林犹太博物馆，在环境与建筑外形上就以曲折、断裂、解构、扭曲等形变，预示着对历史的缅怀和记忆，以及对未来的希望。

在环境景观设计方面，也可以把建筑实体构件作为一种中介传媒，如景洞、景隔、景框等等。其设置的目的是为了加深、聚焦、限定或屏蔽一些景物。其本身并非直接观赏对象，而是旨在彰显某个主题景象。前面提及的加拿大建筑师为大阪世博会设计的加拿大展馆，完全把建筑自身置于媒介地位，以反映周边环境为主题，可谓变主为客，受到广泛好评。

## 寓情于景在主体与客体之间，架起一座连接与沟通的桥梁

### ——景观中介，建筑媒体

被纪念之客体，刻有亡者名字的反光碑体，映射纪念者的身，以寄哀思

作为纪念者之主体，望碑兴叹！进行战争与和平的反思

环境道具，衬托生与死主题（郑）

美国华盛顿越战纪念碑选择下沉式广场，不破坏广场原有环境。充分考虑纪念性建筑的社会效应。

（设计者：华裔女建筑师林璎，设计于在耶鲁大学三年级就读时）

（下图）青松环抱之中，600余根银白色不锈钢管组成一架巨型管风琴，成为伟大的民族音乐家不朽的象征。每当海风吹过，气流穿过钢管，发出时而高亢、时而低沉的风鸣声，仿佛是大自然在无体止地为纪念这位音乐家而演奏着永恒的乐章。该雕塑于1967年西贝柳斯逝世十周年之际完成。

芬兰大音乐家西贝柳斯雕塑园及雕像

站在底部向上仰视　　　　（郑）

最近西建大为培养研究生创新意识，以青海省文化中心概念设计为题，进行了一次快题训练。设计主旨是要在面积为 5.4ha 的基地内修建一座建筑面积为 1ha 的博物馆，承载着省内 69 项非物质文化遗产的宣传、展示、表演、培训、购销等功能。这是以第二文化载体的博物馆，展示分散在全省的第一文化载体的文物，而大部分展示的内容要借助虚拟的文字、影像来呈现。同时，作为文化中心，要以青海的三江源、高原气候与 48% 比例的少数民族为背景，以及植入式的文化休闲主题公园为目标进行营造。为了启发思路，笔者特以自己的体会绘制了七个意向性的方案。总体意向是，将建筑隐形，植入在环境之中作为媒介，将生态、文化、教育、宣传、观演、休闲、共享融于一体作为主旋律，为市民提供一座承载历史和现代文明的露天博物馆与文化公园。

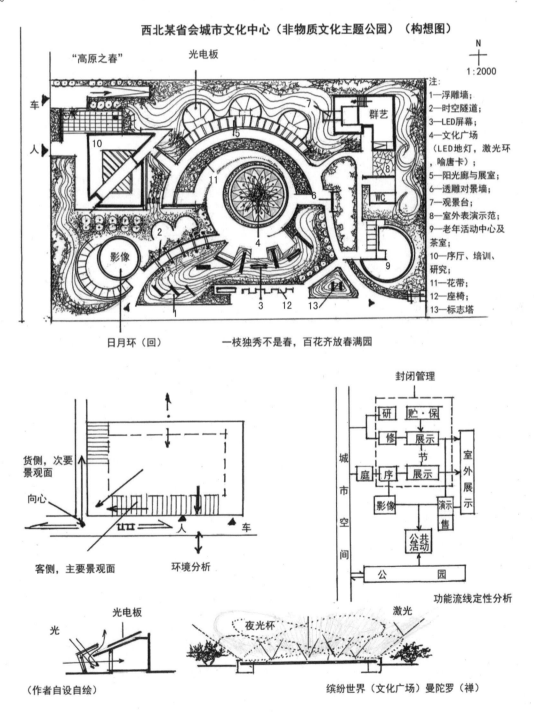

西北某省会城市文化中心（非物质文化主题公园）（构想图）

注：
1—浮雕墙；
2—时空隧道；
3—LED屏幕；
4—文化广场（LED地灯，激光环，喻唐卡）；
5—阳光廊与展室；
6—透雕对景墙；
7—观景台；
8—室外表演示范；
9—老年活动中心及茶室；
10—序厅、培训、研究；
11—花带；
12—座椅；
13—标志塔

日月环（回）　　一枝独秀不是春，百花齐放春满园

环境分析

货侧，次要景观面
向心
客侧，主要景观面

功能流线定性分析

光　光电板
（作者自设自绘）

激光　夜光杯
缤纷世界（文化广场）曼陀罗（禅）

**追根求源、高原放歌、和谐包容、流连共享——青海省文化中心概念性方案设计试作**（自绘自设）

（只为讲课所做例图）1：3000

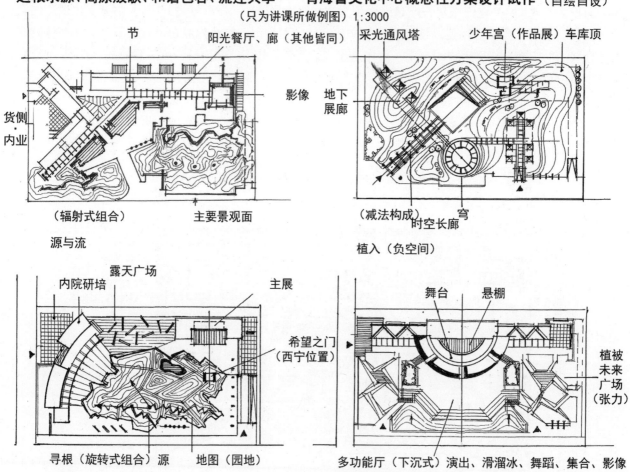

节　阳光餐厅、廊（其他皆同）

货侧·内业

（辐射式组合）　主要景观面

源与流

采光通风塔　少年宫（作品展）车库顶

影像　地下展廊

（减法构成）　宎　时空长廊

植入（负空间）

内院研培　露天广场　主展

希望之门（西宁位置）

寻根（旋转式组合）源　地图（园地）

根与魂

舞台　悬棚

植被未来广场（张力）

多功能厅（下沉式）演出、滑溜冰、舞蹈、集合、影像

（发散式辐射）城市舞台

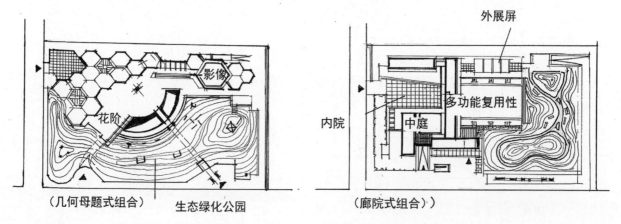

影像　花阶

（几何母题式组合）　生态绿化公园

共生

外展屏

内院　多功能复用性　中庭

（廊院式组合）

**简要说明：**

定性与定位：生态、文化、大众休闲、城市居民共享的文化公园

环境设计：与城市融合渗透，建筑与环境共生，弘扬场所精
　　　　神，寓教于乐，赋性授意，突出文化的主旋律

**空间组合：**

建筑乃沟通主、客体文化的中介媒体。
在消解建筑体量感的同时，强调有机整
体性，有序与无序结合，突出生长性、
连续性、识别性、灵活性。建筑风格不
强化民族特征，力求和谐包容。室内外
并展，地尽其用

250

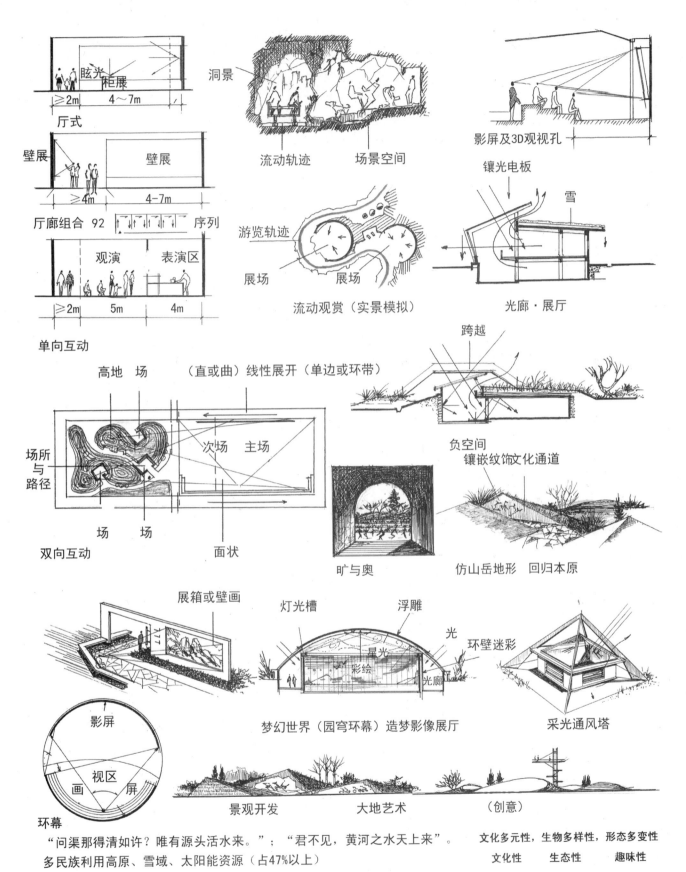

厅式
眩光
柜展
≥2m 4～7m

壁展
壁展
≥4m 4-7m

厅廊组合 92 序列

观演 表演区
≥2m 5m 4m

单向互动

洞景
流动轨迹 场景空间

游览轨迹
展场 展场
流动观赏（实景模拟）

影屏及3D观视孔
镶光电板
雪
光廊·展厅

高地 场 （直或曲）线性展开（单边或环带）
场所与路径
次场 主场
场 场
面状

双向互动

跨越

负空间
镶嵌纹饰文化通道

旷与奥 仿山岳地形 回归本原

展箱或壁画 入口

灯光槽 浮雕
景光 光
彩绘 环壁迷彩
光廊

采光通风塔

梦幻世界（园穹环幕）造梦影像展厅

影屏
视区
画 屏
环幕

景观开发 大地艺术 （创意）

"问渠那得清如许？唯有源头活水来。"；"君不见，黄河之水天上来"。　　文化多元性，生物多样性，形态多变性
多民族利用高原、雪域、太阳能资源（占47%以上）　　　　　　　文化性　　生态性　　趣味性

**主体（人）、客体（展示内容）互动，场所、参数分析**（本页线稿均为笔者自绘自设）

## 2.4.3　点题入境：以文字为媒介

黑格尔曾说过："词义所提供的一切都已受着确定性理解的规范，而不像形体、色彩、声音等所呈现或暗示的那么朦胧、宽泛和不可限定"。的确，相比其他艺术形式，语言文字在信息传递、内涵表达方面具有更为强大的力量。通过语言文字的提示或说明，人们更容易由感受体验而迅速、直接地趋向于思想上的认知和思考，从而对现实产生理性的深入把握。因而语言文字也被公认为是所有艺术中思想认识作用最强的一种。基于这种高效、直接的传情达意特性，景观空间往往借助语言文字这一媒介，来达到点题入境的效果。

文字在景观中的媒介作用表现为三种形式：景观空间中的匾额、楹联及碑刻等，属于实存的文字形式，可以点明空间的功能及意境；与景观空间有关的诗词歌赋、名人传说等，属于虚存的文字形式，可以传达景观空间的文化底蕴；景观空间中存在的象形纹样、谐音图案等，往往隐含着近音、谐音的文字，暗示着空间的象征意义。

简短精练的牌匾题额、工整对仗的楹联以及苍穹有劲的摩崖碑刻等，常见于我国传统景区中。这些显形、直观的文字，往往表明了空间的称谓属性，限定了空间的物质形态，更重要的是起到了点题立意作用。寥寥数字，可以点明空间的意境，含蓄地表达主人或者作者的精神追求和性情，从而使游赏者在体验物质实体的形式美中，领悟到更高一层的精神内涵，达到韵外之意的境界。正如《红楼梦》中所写："若干景致，若干亭榭，无字标题，任是花柳山水，也断不能生色"，正说明楹联匾额等实存文字，对物质建构的空间环境有着突出的精神性生发功能。

"山水借文章以显，文章亦凭山水以传。"文字作为景观的媒介，还体现在那些人们耳熟能详、与景观相关联的文学作品上。历经时代变迁，文学作品不仅为人们心口相传，而且成为与之相关的景观空间的精神寄托。此方面的实例不胜枚举，如湖南岳阳楼与范仲淹的文章《岳阳楼记》；苏州寒山寺与张继的诗《江枫》、绍兴的兰亭与大书法家王羲之的《兰亭序集》等等。这些虚存的文字，传达着景观空间的丰富文化底蕴，使之更加令人向往。

此外，中国古汉语有着特殊性，存在音近义通、音同义通的特点，也是中国文化的特点。利用这个特点，在中国传统空间中，常见以象形的图案隐藏着谐音近音的文字，以此表达浅显易懂的寓意和美好愿望。例如，在古典园林中随处可见的扇形漏窗，即以"扇"之形，暗合"善"字之义；窗棂上的图案，以连续的花格衬出花瓶的样子，即以"瓶"之形寓"平"之义，象征平安、祥和；还有以蝙蝠的"蝠"谐音幸福的"福"，以"鹿"谐音"禄"等等，凡此种种不胜枚举。尽管在这些图饰中，并没有一个文字出现，但却寓字于图，通过图案的转换，使美好的愿望隐藏在花鸟物件之中，从而使视觉形象上的刺激与其所代表的文字寓意完美结合，含蓄地传递出空间的象征意义。

总之，在景观设计中，利用实存、虚存、隐存的语言文字作为媒介，可以传达出空间中蕴涵的深邃立意、含蓄境界以及高雅情调，拓展和充实空间的内在生命意蕴，使景观空间更具文化内涵，也更吸引人们的游赏兴趣。

# 第三篇 形的意蕴层面——意境与情感内涵

物有物境，人有情境；形以神胜，境由心生。

人有意境可登高望远，形有内蕴可沁人心脾；人之造型旨在致用、目观、寓意、蓄情，意愈深而功益广，境愈宽而效最大。

（作者绘制）

## 第一章 意境浅释

意与境，在生活中通常是指客体的刺激与主体的反应，是一种心与物、外因与内因、影响与反应的关系。人类为自己的生存而创造了人居环境与社会文明，同时又被环境与社会所塑造，说明环境对人有潜移默化的影响与暗示作用。在艺术中，境与意虽有物我之分，但是由于异质同构、物我同格、情景合一关系，主体与客体可以相互转换，意与境可以同时存在于心与物的关系中，也可以互相映衬。故有"身与物接境生"、"物色之动，心亦摇焉"与"境由心生"、"心由境生"、"境生之于象而非象"等说法。可见境与意既合又分，彼此和谐共生。

## 3.1.1　人生活在意义世界之中

### 1　什么是意义

意义是一种人类特有的主观意识，是人在生活体验中，进行自我观照而产生的心理过程。自进入文明社会之后，人类就一直应用文字、语言、图式等符号，相互传递意义，表达行为与情感。正如西方哲学家恩斯特·卡西尔（Ernst Cassirer，1874～1945年）和海登·怀特（Hayden White，1928～）所说的，人区别于动物，正是由于只有人类才是可以用符号象征传递意义的动物，"人生活在由符号和象征编织的意义网络世界之中。"

意义，既是人类生命价值的表征，也是自我实现、直观自身的标记；既是理想期待的满足和不断前进的动力，也是往事记忆的遗痕和反馈。它以生活作为载体，相伴人的一生。一个人从初生时的咿呀学语、识图认字，到长大后的立志成才、兴业建树，无不以追求意义与价值为目标。在中国文字词语中，与"意"相关的词条不胜枚举，诸如意蕴、意义、意味、含意、意向、意境、新意、创意、意料、意气、得意、如意、美意、善意等等，几乎渗透在整个社会生活之中。

对于造型而言，其最终目的不是止于形式本身，而在于传递更深层次的含意。"一切艺术形式的本质，都在于它们能够传达某种意义。任何形式都要传达出一种远远超出形式自身的意义。"[①] 庄子曾说，"可以言论者，物之粗也；可以意致者，物之精也"，也说明含意比物象更加重要。刘熙载在《论诗与理义》中说："余论诗或寓意于情而义愈至，或寓情于景中，而情愈深"，可见意对造境生情方面是多么重要。西方哲学家卡西尔说得好："人置身于语言的形式、艺术的想象、神话的符号以及宗教的仪式之中……即使在实践领域，人也并不生活在一个铁板事实的世界之中，并不是根据他的直接需要和意愿而生活，而是生活在想象的激情之中，生活在希望与恐惧、幻觉与醒悟、空想与梦境之中。"[②]

在中国传统艺术理论中，尤其强调意象的积累（即以往经验在头脑中的贮存）；重视创作构思的立意与立象，强调"意在笔先"、"以意领形"；创作过程中则讲究"意到笔随"、"意在笔端"、"下笔如有神"；反应在作品上则是重"写意"，重"意蕴"，将自己的理想、意志、文化修养、个人品格凝练于作品之中。从而表现那种气韵生动、大气流行，吸天地之灵气、纳四时之精华，铸灵魂于形内、表境界于象外的恢弘气势。无论绘画、雕塑、诗词，还是建筑空间与实体，都蕴含着东方的神韵，都是传递意义、表达情感的符号。在建成环境中，更是充满着时代的、地域的、民族的、宗教的、民俗的意义信息。特别是把建筑看成是综合的象征艺术。在建筑上以各种形式赋予吉祥如意、趋吉避凶、团圆美满、幸福安康的象征，用以表达生命的涵义。因而，建筑借助于雕刻、绘画、楹联、匾额、题字、题名，加上象征和隐喻，表现出多义性的品格。

凡是艺术之形，均有表意性和表情性，也是形式所涵纳的社会属性。它是由创作者以自身的理想、意志、价值观念等注入作品之中，外化为一种可见的形象。在建筑与环境创造中，欲达到形能尽意，必须首先要了解人的需求、行为、心理、价值、自主意识，尽量贴近生活，使形象与人发生紧密的联系。如果不与人的日常生活相关联，那所创造的形只能是自在之形，丝毫不能引起人们的心理反应，也就没有意义可谈。

在造型艺术中，形式所承载的意义可以有多方面表现，譬如：

**1）形的隐喻与象征。** 在中国常把建筑称作象征的艺术，"天圆地方"、"上栋下宇"，用四兽代表四神、四方。这是一种象形与表意的象征并用。

**2）以形表意，形断意连。** 舞蹈是用肢体语言来表述的，绘画是以颜色、线条、结构、题材来表达的；诗歌是以词曲、音乐、音调来表现的；然而建筑所含的情绪比较宽泛，不能直接表述，只能借助于时代性、民族性、地域性以及附着于建筑的雕刻、绘画来表达意义与情感。在造园中，常见以模拟自然的手法，以藏

---

① 【美】鲁道夫·阿恩海姆：《艺术与视知觉》，P74. 北京：中国社会科学出版社，1984。
② 引自《人论》。

头露尾、虚实有无、开阖启闭、时断时续等手段，造成一种视觉的期待、追踪、延伸，于有限中展示无限，从而使人们产生一种形有断而意相连的心理反应。

**3）历史记忆。**"意义是生活的遗痕。"人生活在记忆的历程中，对往事的回忆、寻觅人生的轨迹，从中感悟人生的意义也是不可或缺的艺术创作题材。所以对起到历史衔接作用的场所、空间、建筑等做适当保留是完全必要的。

**4）爱屋及乌的意义推演。**不论作为第一文化载体的文物现场，还是作为第二文化载体的异地展示，观赏者在观赏时都会寄物抒情，将展物与名人轶事相联系，产生关联性的联想和教育。

**5）在传承中求发展。**传统中的吉祥文化、礼仪祭祀文化、民族文化等，都含有深刻的意义，当前如何在传承中根据时代的发展进行因势利导，改造利用并赋予新意，也是必须重点关注的。

总之，形显于外，意含之于内。如能将形式创造由形式层面延伸至意义层面，则形的社会效应可以相应扩展，也是艺术家智慧才能的一种展现。

### 2　含意——开启情感之门的金钥匙

美的感受，是人用直观的形式，对自己所创作的对象进行自我关照的心理活动。开始时，人们对世界的认识能力低下，将图腾作为自然神加以崇拜；而后出现了狩猎式，随之出现了以动物为主的岩画；农耕之后出现鱼纹和植物图案。在华夏大地由人首蛇身，进而出现蛇、鸟、鱼、云等复合成龙凤，后又转化为花鸟鱼虫，草木山水作为审美的对象。到两千年前，儒家提出"比德"观，又把人与外物直接比拟为同格同构。刘勰《文心雕龙·物色》提出："物色之动，心亦摇焉"，认为外界万物运动直接可以拨动人的心弦。到近代，格式塔心理学，更进一步论述物质世界与心理世界具有异质同构关系，可见人的审美情感与外部世界的形象发生直接的关联。然而这种关联要依靠形的意义涵纳作为诱导、前提和条件。

自然世界，包括动、禽类，自身并无美与丑的意识活动，只是出于繁衍后代和自身防卫的本能，终乐于食。而人则是一种社会性、文化性，有理想追求的动物，不仅能创造一个社会和文化，同时又以社会、文化、理想来塑造自身。赋形授义，利用外物的形状和性质来比喻自己，并赋予自然以人格特征。除"比德"观外，到魏晋南北朝时，还进一步以"畅神，愉悦"为标准，将美纳入情感世界。认为，人不仅可以对外部世界产生美的欣赏，还可以得到情感的抒发与满足，使心情和精神为之一畅。

进入现代，人们的生命意义，人生价值，生活情趣除从自然中直接感受到形象之美外，还转化为虚拟的象征和符号，将意义附着于万物，又以万物来激励自身。

追求意义，是人的智慧本能，从幼小的儿童开始，就喜欢听大人讲故事，并不断地以好奇驱力提出无数个为什么？对外部世界的观察就开始以意义作为参照，并能通过现象看清本质，抓住基本特征形成概念。如儿童画虽表现稚嫩的童真，但表达却十分准确。据报道，曾有一名国外研究生指着一株樱桃树问中国儿童，你看到了什么？儿童回答竟是从枝叶到果实，甚至是太阳，认为植物的生长靠的是太阳，直指母题。另据书载，苏联一名儿童在完成老师布置"家"的作业时，画出一个三角形外框内包含一个太阳。当老师问其原意时，老师惊讶地发现，原来描绘的是他住在三角形阁楼层上，只能隔着窗户看到太阳和月亮。这就是他对家的体验与感受，由形进入心理世界，这纯粹是一种形象的概括和心灵的体验。

清代文学家王国维在《人间词话》中说："大家之作，其言情也必沁人心脾，其写景也必豁人耳目。其辞脱口而出，无矫揉妆束之态。以其所见者真，所知者深也。"按此说法，造景时也应追求自然之真，寓情之深，感人之亲。

含意，主要指寓意于景。意取自生活和自然等，将人内心的理想、意志、夙愿附着于景物。将人之所需、所爱、所求及理想追求，融汇到形象中去，然后形象才能以情感人，使人产生激励，产生愉悦。那种徒有形式，不含任何意义的形象，是苍白的，缺少活力的，没有感染力的，不能进入人的情感世界。

　　传统文化中，许多诗词、绘画、雕刻、陶瓷艺术中，不乏含义深刻的佳作，每当重温时都会"沁人心脾"。如元代马致远的"枯藤老树昏鸦……"；唐李商隐的"春蚕到死丝方尽，蜡炬成灰泪始干"；孟郊的"慈母手中线，游子身上衣"；以及汉代的马踏飞燕、说书俑等都有深刻的内涵。一般人虽不能直接与之共鸣，但当解说后，定会触动情感。因此，形的表意性和表情性完全附着于形象之内，而且也是不难做到的。其情其意全在于形之态与势中。所谓风韵翩翩、气度非凡、文质彬彬、气质不俗均属于形象所呈现的外在特征。

思古怀旧（摄影：罗梦潇）

书香满园（摄影：罗梦潇）

禅意顿悟（摄影：罗梦潇）

如意飘洒（摄影：罗梦潇）

古韵悠长（摄影：杨安牧）

（摄影：杨安牧）

（作者自绘）

枯藤、老树、昏鸦，小桥、流水、平沙，古道西风瘦马，夕阳西下，断肠人在天涯……

形式表达的中国韵（陶艺、丝绸、蜡染、刺绣乃中国国粹——精美绝伦）

肢体语言

街舞（娱乐）

动作链 ——　　　　　　　 —— 回旋带
　　　　　　　　　　　　　　（联系体）

球技 盎然

组合群雕

沿轨迹运动与不完型组构，无中生有与有中生无构形

足、篮、排、网、羽、橄榄、
棒、曲棍、保龄、乒乓、沙滩

景观应具有的神、情、理、趣、韵及运动性、生长性、主题表达性

（本页图片由作者手绘创作）

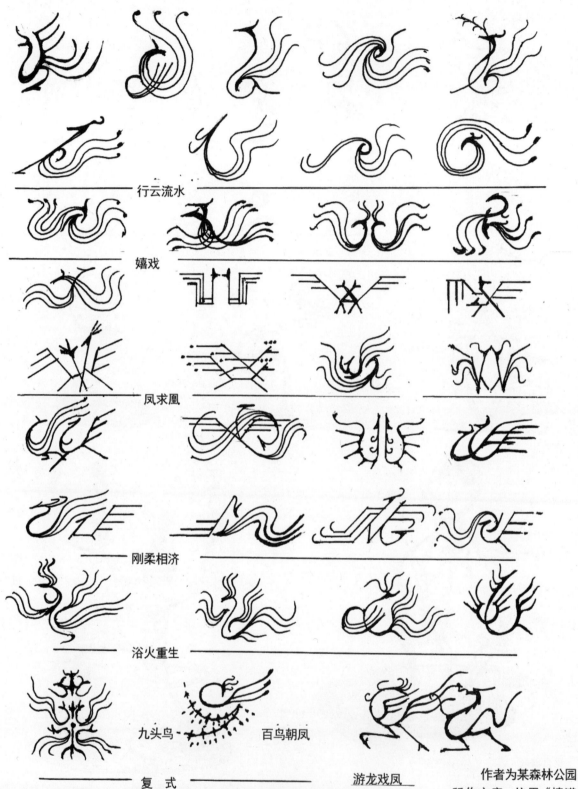

行云流水

嬉戏

凤求凰

刚柔相济

浴火重生

九头鸟    百鸟朝凤

复式    游龙戏凤

作者为某森林公园所作方案，位于《情满龙湖》景区

**形的多义性、可变形、表意性示例**

　　凤，是一种吉祥如意的象征物，是中国理想的外化。飘逸、潇洒，承载着爱情、浪漫、富贵、轻柔、女性之尊等多重涵义，也是构形中把握相应主题的创作依据，故以此为例，抛砖引玉

（本页线稿为笔者自绘自设）

# 3.1.2　意境浅释

## 1）什么是意境

意境这一名词，听起来似乎很神秘，讲起来也很复杂。可以长篇大论，引经据典，笔墨纵横。实际上，在我们的生活中，不论什么人均有切身的体验，并可用许多形容词加以描述：如怦然心动，为之动容，眼前一亮，豁然开朗，柳暗花明，触目惊心，触景生情，情景交融，渐入佳境，振奋不已，心旷神怡，惊心动魄，欣喜若狂，情意相投，喜出望外，扣人心弦，心花怒放，耳目一新……从这许多形容词中可以看出，它们都是指人在与外部世界的形象进行接触时，由于外物的形态与人的内在情感世界发生彼此关联，相互感应，从而产生的一种审美心理体验过程。其中包括了"景"、"境"、"情"这三种要素。所以，简单地说，可以把意境理解为"情与景的水乳交融"，是主体与客体之间产生的一种瞬间的情感共鸣，也是客体形象对审美主体在心灵、情感方面投射所取得的即时反应。

"境"有两个方面的涵义。一是指地理意义上的疆界、边界或空间意义上的地域、处所等。前者如边境、国境等，后者如环境、佳境、身临其境等。境还指事物所达到的程度或表现的情况，如家境、生活境况、个人心境与情境、精神与理想境界等，以及由客观环境所传达给人的某种感受，如自然山水所表现的旷境、秘境、幻境等。可见，"境"既存在于人的心田，并且因人而异；又存在于物象，因地、因时而变。客观环境经人的感知而产生某种境界，因其呈现的特征不同而有高、低、远、近、深、浅、旷、奥、显、秘等不同程度的意境，即所谓"高度、阔度、深度"。意境是一种非物理性的丈量单位，而是一种心理的量度，并无绝对的物理数量和尺度的衡量标准。

意，已在前文有所表述。是专指人在头脑中反映出来的一种意念、意识、意想。在观察外部景象时，由于人自身存在着的素质和文化差异，对外界的识别、认知、反馈也各不相同，即所谓"人心不一，各为其面"。

将意与境合二为一，即指当人们接触外部形象时，由于形象所具有的内驱力、势场、气场、空间场、环境场的诱发，拨动心弦的律动、生命活力的折射，从而引起情感上的波澜，形成精神亢奋、情绪激荡、愉悦快感、期望满足、性情抒发、兴致调动，于是被带入具有一定"高度"、"阔度"、"深度"的意境的审美高潮。此时的境况与一般处境不同，它是发自审美者心底的感悟，是一种心灵的闪光，正如俗话所说的"放电"。所以，在艺术创作中常以有无意境和涵纳多少意境作为衡量艺术品质量高低的重要砝码，也是形式所能产生的最积极的效应。

意境，最早源自佛经，专指某种悟道之境地。自六朝开始引入文艺创作与欣赏领域，清末王国维则吸纳西方美学理论并将历代关于意境研究成果和个人体会集成为《人间词话》，对意境进行了全面论述，并提出了物镜、情境、有我之境和无我之境的新概念。

因为艺术毕竟是以形式作为母体，涉及造型、组景与生情的密切关联，所以直到现代，仍有许多艺术理论与实践工作者对意境理论情有独钟，时有相关的论述不断问世，留下大量的文献论述。此处不一一赘述。

## 2）意境的层次性

如前所述，意境是人们对外界景物所产生的一种审美心理体验。它是随着景象的不断刺激，人对景产生的空间与时间的推移，逐层展开的。这一过程，可分为三个层次。

**第一层次**，人直接接触到外部形象时，景物是以自身所表现的表面魅力，诱导人们的注意；而人们能亲临现场，以直观感受的方式，看到了景物。视觉感受到了景物的存在和景物的表面属性：如"是什么"、"像什么"、"为什么"、"做什么"，得到了识别和认同。这是第一步，条件是亲临其境，亲眼所见，直觉反应。所以，称作"身之所容"、"身之所接"、"图底分离"、"第一印象"、"初始效应"、"情绪激活"等。在情感上是"前向"的，在意境上是"始发"的、初浅的，是后续情感的先导。

**第二层次**，人不仅看到了，注意到了，并被景物所吸引。眼球可以停留在形象上，进行上下、左右、前后的仔细端详，并且不断审视形象的细节。开始在内容上、表情上接受外部刺激与心理上的注视和解读，开始由外表向内部的观察，即所谓"目之所瞩"。瞩就是注意审视。这时，人们的情感有了进一步发展，有人称之为"后随"情感。从境界上说是"又境"或"生境"，已经比先前进了一步，觉得有趣、有理、有看头、有意思了。

**第三层次，**人在仔细观察之后，发现了形式内部所含纳的与自己的生命价值、品格、意志、精神追求、审美爱好、生活情趣发生了直接的关联，开始动心动情了，产生了"心之所往"、"神之所游"、"移情"入景、触景生情。俗话说"境由心生"，是从心里产生的审美体验，由情绪性进入情感性的变化，由开始的激动变化为进一步的感动，化景物为情思。心灵的窗口被打开，一种油然而生的情境，喷发而出，进入到高层次的审美享受。故可称作为"化景为境"，又称作"终境"。使人感到心旷神怡，畅神愉悦。

以上三个层次，三种审美情境，是随时间和空间，依次展开的，一层比一层深入。对三种境界，江顺贻评之曰："始境，情胜也。又境，气胜也。终境，格胜也。"[①] 也可以理解为形胜、景胜、境胜三种层次。

总之，上面所谈的意境层次，取决于三种因素，一是形的意蕴涵纳（物之境），二是人与景所处的空间距离与心理距离，三是主体与客体相互交往的时间和深度。所以，在艺术创造中，要力求保持零距离的直接接触，并利用视、听、触、味、嗅、意等感觉方式去全方位地体验，并不受时空限制直接地参与，尽兴把玩，全身心地投入。所谓"休闲先心闲"、"养生先养心"，静性先静心，正是从强化直接体验切入的。笔者在为某地设计生态公园时，试图作了许多零距离接触原生态的尝试，以期增强意境与情感的深化。

谈到层次，不能不联想到学习、研究、认知、实践、修养的量变与质变，循序渐进的名家名训：

清代王国维《人间词话》对求学、创业提出三种层次，一为"独上高楼，望断天涯路"，指的是登高望远，从宏观上把握；二为"衣带渐宽终不悔，为伊消得人憔悴"，指的是刻苦攻读，精心钻研；三为"众里寻他千百度，蓦然回首，那人却在灯火阑珊处"，指的是有付出，必有成功的回报。从事艺术创作也要有这三种境界。

艺术创造与艺术欣赏，都要从形式层面进入心灵的感悟和理性提升。所谓"见山只是山，见水只是水"，"见山不是山，见水不是水"，和"见山还是山，见水还是水"。说的是，最初只是从形式层面上，从外表显现的局部现象看问题；后来经过思考领悟，已经能从本质和内涵方面上升为概念、理念、本质的认识；再后来经过悟性的感化，再进行创作时，已经精义入神，领略了根本精神之所在，其成果已经进入到本质的把握，回归到事物的本原。

在哲学层面上，黑格尔曾提出"正题、反题、合题"，"肯定、否定、否定之否定"的命题，即所谓的"正、反、合"。如果将它运用于艺术创造，是否可以理解为在创作开始时，我们经分析、判断，产生了概念，明确了创作的理念，有了先入为主的立意和目标设定。但当我们深入创造时，却不断地推敲，反复试验，不断地否定，挑毛病，找缺憾，感到有很多不足，甚至是全盘否定。而后经过不断推敲修改之后，终于看到了症结所在，而后按新的认识再果断地修改；以致在完成之后，又留下许多遗憾。人们的认识与实践总是肯定、否定、否定之否定——再肯定、再否定、再否定之否定中循环上升，不断进步。意境的创造，也是一个与时俱进、不断更新、不断再创造的过程。

总之，古人对环境识别与营建都极为注重"意境"这一审美标准。在中国古人眼中，环境并不是由木、石、水、土、砂等等材料的堆砌，而是与自然、历史、人文息息相关的生命体，是与生命共生的场所。

### 3）境生之于象而非象，"境生象外"

所谓境生象外，是指境生之于形和象，而非象，是由形与像所传达的形象之外的一种精神境界。最早提出"境生于象外"这一命题的人，是唐代诗人刘禹锡。他在《董氏武陵集》中说：

"诗者其文章之蕴耶！义得其言表，故微而难能；境生于象外，故精而寡和。千里之缪，不容秋毫。非

---

① 宗白华《艺境》，P155。

有然之资，可使户晓；必俟知者，然后鼓行于时。"

　　说明意境像诗一样地涵纳着意蕴，而要做到"得意忘象"、"得意妄言"，才是难能可贵的。境虽产生于形象，却远超于外表。而意与象的区别又是差之分毫，谬之千里。但是，意境越深，曲高而和寡；又必须精心去创造，等到有了知音才能产生情感共鸣和推广流行。境与象是不可分割的，同时又是相互区别的，即所谓"弦外音"、"言外义"、"画外景"。形象（内容与外廓）是指表面形体的视觉传达；境是指隐含于内在的本质，二者虽然相互关联，却非等同。在艺术评价方面也有区别，形象是以真与假、像与不像、似与不似、表面的风韵、风度、态势来评价的。而境则是以内在的气韵、气度、涵养、神韵、气质为参照，按高低、有无、深浅来评价的。清代王国维在《人间词话》中主张"可见境界"对于艺术创作的重要。

　　在当前创作实践中"只见物，不见人"、"以形论形"、"形胜神衰"、"有形无境"的作品甚多，也包括本人的实践。所以如此，是观念淡薄，未能以意领形；在构思上由于造诣不深，脑中虽有却能力欠佳，心有余而力不足，只限于停留在表面文章。

　　传统艺术理论，主张"境由心生"，强调欣赏者用心去体验，用自身的价值去观照。但在创造中，更应强调在物境的创造中树立意境的理念，尽可能的走进生活，让作品贴近生活，传递更多的意义、精神和情感的信息，参看相关实例。

### 4）具体地存在于生活之中

　　意境隐含着人类的空间感、时间感以及情感。因此意境具有无限多样的形态，但都可以理解为生活体验的一部分。而这些生活体验就是不同的境遇，给所处之人传达不同的气息与信息。衣食住行、工作休闲都可以滋生意境。当面对具体的环境时，人类的感受是鲜活的、生动的，以觉察不同的种种情境。而设计所要找寻并创造的，正是那些可以与人发生情感交流的环境。20世纪西班牙思想家奥尔特加（Jose Ortegay Gasset）的思考融合了现象学、存在主义、生命哲学的众多命题。他把"我和我的境域"作为其存在主义现象学的核心命题。他认为一切归于生命或生存，生活的目的就是要和世界打交道，关注世界、投身世界和致力于世界，"我们活着"就是发现自己置身于一个被确定的可能性所包围的境域之中。这一境域通常称之为"环境"。其实也就是意境中的环境。而我们存在境域之中，才能体验到最鲜活的意境。而在这鲜活意境中人们所追求而眷恋的就是佳境。

（作者拍摄）

"醉翁亭"　（由作者设计）

# 3.1.3 中国人的文化心态

文化是一个民族的根与魂，是民族赖以生存的精、气、神，是生命价值的坐标定位，是生活意义的导向航标，是智慧的源泉，是形成民族凝聚的粘合剂，也是审美意识的孵化器。

中华民族是一个具有悠久历史和灿烂文化的民族。中华文明的历史积淀博大而精深，在创造丰富的物质文明过程中，也铸就了中国人所具有的精神素质与文化心态。

所谓文化心态，是指在长期文化熏陶下，经潜移默化，耳濡目染，形成的文化认同感和约定俗成的心理共性。

中国人的文化心态，是植根于特殊的文化地理土壤，经许多年农耕文明的熏陶，以无数先哲为前导，经过广大人民群众的不懈努力，在精神领域中培养成型的宇宙观、时空观、价值观、道德观、自然观、人生观、审美观以及民风民俗。这些智慧的结晶，文化源头始自于三皇五帝和先秦社会的百家争鸣、百花齐放时代，由最早的《易经》、《诗经》、《黄帝内经》、《道德经》、《礼记》、《诸子百家》、《四书五经》、《史记》经儒、道、释的融合互补，与唐诗、宋词、元曲、十大名著、琴棋书画、陶艺、雕刻、丝织、蜡染、刺绣、园艺、建筑共同铸就。这种文化心态可以概括为：

## 1）高度的概括力

五千年前，人们对宇宙成因和物质构成的理解，出于朴素的宇宙观，即有"阴阳""五行"的认识。用太极代表阴阳，循环往复，周而复始；将物质世界概括为金、木、水、火、土，以及五种元素的相生相克。中国的方块字，一字一义，一字多义，虽缘于象形，却具有高度的概括能力，并能独立地构成一种艺术。《易经》中的对仗以及四六排连，开启了成语的先河，如"自强不息，厚德载物"，既代表了乾、坤、阴、阳，又包含了极深的人生内涵。中国的成语覆盖了整个生活领域，用短短几个字就可以涵纳多层涵义。除此之外，雕刻作品中简练而生动的线条，诗词、楹联中的合辙押韵、工整的对仗，以及中国人常以宇宙、月令图式组织空间等等，都充分体现出了中国人高度的概括能力。

## 2）高度的抽象能力

早在公元前 5000 年至公元前 3000 年仰韶文化时期的彩陶器上就出现了几何形简笔动物以及人面鱼纹的图像，形象极具抽象。而后的写意山水画中的一勺代水、以虚代实；戏曲舞台的一杆代马，三五人代表千军万马；书法中的计白当黑；建筑中的象征符号；诗词中的比兴；审美中的形神论；意境创造的"气"、"道"、"元"、"境"、"意"等均属一种抽象。

## 3）丰富的想象力与内省力

中国以龙作为民族精神的象征，龙、麒麟、凤、四兽、飞天、盘古开天地、女娲补天、夸父追日、嫦娥奔月都是由古代人民按自己的意志塑造出来，并以此作为精神图腾。除了这种象征，诗词中的喻情寓意，禅宗的心性顿悟，哲学上的天人合一、情景合一、心物不二、知行合一；纳天地之灵气，吸日月之精华。这些都体现了中国人在形、神、意、物、境之间运筹帷幄的想象能力和理解力。中国人可以领略到形之外的涵义，并可由文学引发出对形的欣赏，如滕王阁、黄鹤楼、兰亭……

## 4）尊祖崇祖的根文化

在世界各民族中，中国人对祖先的崇拜最为典型，对亲缘、族缘、姓缘、血缘的情结最重，落叶归根的思想最突出。早在 18 世纪哲学家恩斯特·卡西尔在其《人论》的著作中对中国人尊祖崇祖现象就有详细的描述。古文中的"身在江海上，云连京国深"（唐·王昌龄《别刘胥》）；"身在江海之上，心居乎魏阙之下"（《庄子·让王》）；"形在江海之上，心存魏阙之下"（刘勰《文心雕龙·神思》）；当代歌曲"我的中国心"也表达了寻根觅祖，不忘根本的民族认同。

### 5）和谐统一观念

哲学上的"天人合一"，政治伦理上的"社会和谐"，家庭中的"家和万事兴"，建筑空间布局中的"择地"、"体宜"，建筑群的"整体和谐"，观念上的"万众一统"，都强调一种和谐统一观念。即含有进步、向上的整体观，也包含了世袭守旧的保守观，多少还有一种排外和抗同化的封闭思想，与当前创新、包容、共生有一定的负效应。

### 6）辩证的逻辑思维

中国是一个充满辩证法的国家，《易经》的六十四卦、孙膑的《孙子兵法》、老子的《道德经》以及庄子、荀子、孔子的著作中都包含有许多哲学的思辨。在造型艺术中的有无、虚实、正负、开合、收放、疏密、模形等关系中（参看第一篇·形变部分）。

总之，有什么样的价值观、宇宙观、时空观、人生观，就有什么样的文化心态。而文化心态，影响到目标追求、行为导向、理想追求以及艺术创优与艺术欣赏。

**反映民族文化精神的各种元素与创造潜质**

头戴牡丹富贵

大耳下垂慈祥

长命锁长寿

怀抱青狮避邪

脚穿朝靴登科

无锡惠山泥人，400余年民俗艺术，圆满、丰实、艳丽、吉祥、喜庆

有脚可在陆上奔跑；
有翼可在天空腾飞；
有鳞可在水中畅游；
巨口降怪，利爪降魔；
迎日而生，威震一方

四兽瓦当青龙、东方神

聚天地之灵气，纳宇宙之精华，龙凤呈祥

龙，一波三折，气韵生动，无处不在，无往不胜

单纯、质朴、循环、律动、连续、动感、抽象、涵义热烈的生命活力，线条流畅，结构严谨

马家窑型彩陶

原始彩陶纹饰

汉字、印章

仪态万千　变化无常

《跃马》

精义入神
以静写动

分层减地法雕出肌块

保持石材原有肌理，体态浑厚

刚要跳跃的瞬间

线刻

霍去病墓石雕，使外国人叹服之石雕艺术，形简神足，整体上浑厚雄圆，马前身将欲跳跃，蓄势待发动感突出

固 本 求 源

中国汉字作为第一文化符号，五千年历史演化。不仅导演出书法艺术、活字印刷，还赋予以智慧

**具有高度抽象性、概括性、写意性的中国文化元素举例**（本页线稿由笔者绘制）

### 3.1.4　中国人的审美心理特性

　　讨论一个民族的审美心理特性时，首先要着眼于民族的文化、地理、社会大背景下孕育成长的文化心态和人生价值。文化是民族的灵魂、智慧的结晶，是历史经验的积淀、支配公众行为的动因，也是表现精神、气质、风度的内在底蕴。同时，也是决定审美倾向的根源。

　　中国的幅员宽广，地理环境丰富多彩，地理资源丰富。既有北国和江南的大景系，又有广袤的塞外原野和绵延数千里的海岸；喜马拉雅山荣居世界屋脊，三十六座名山各具风采，每一处江河湖泊都承载着美丽传说，喀斯特独特的地质结构造就了人间仙境；就连土地还有黑、红、黄之分，各有不同地貌和生态价值。万里长城雄关虎踞，长江黄河南北纵贯，寒暑有别，四季分明。丰富的地理资源为中华民族开阔了视野，提供了创造中华文明的温床和土壤。

　　从历史文化发展来看，五千年的中华文明博大精深，是名副其实的物质与非物质文化的富集地。在中国人的内心中已经滋生了一种重情感、重诗情画意、求完美、善于概括和抽象、讲究象征、崇尚文思，具有明显的内省力和辩证思维能力，可以对内涵产生领悟等特质。

　　从民族构成角度看，五十六个民族，像五十六朵鲜花一样盛开在中国的大地上。习俗各异，节日祭祀各有特征，服饰有别，连语言和文字都有差异；相互影响，相互借鉴，为审美也添加了许多素材和活力。

　　总之，在地域、民族、社会文化综合影响下，使中国人形成了独有的审美特性，概括地说有以下几个方面：

**1）在流动中，身与物接，继时性地序列展开**

　　古语有"身所盘桓，目所绸缪。"[①] 受中国的文学、诗词、绘画、园艺的影响，人们在艺术欣赏与体验中，喜欢以慢节奏进行细细品味，并按线性展开。讲究移步换景、步移景异、心潮跌宕起伏、空间开阖启闭、起承转合、抑扬顿挫、有藏有露、有断有续；还讲究"不尽之尽"，历时性地用身心去体验而不求一时之快感，最忌讳一览无余。正如中国之绘画一样，以线性来展示空间之深远，采用散点透视法，而非聚焦于一点。并以动态的构图展现空间的流动性和连续性。而西方是以一点透视原理，聚焦一个中心，注重瞬时效应。故有人称西方注重空间的体块，追求形体的构成。

**2）重视由表及里的透视和全方位的总览**

　　在审美中，可以从有中看到其无，从无中看到其有，爱屋及乌。例如江南三大名楼（岳阳楼、黄鹤楼、鹳雀楼）及滕王阁、兰亭、陶然亭、大观园、寒山寺等，皆因名著名诗而闻名。而人们在观赏时，实际是观物以赏文。而有些遗址，则是以历史典故去追寻记忆。

　　中国人可以把"有"看成"无"，把"无"看成"有"；把虚看成实，把实看成虚；把动看成静，把静看成动，如：

　　"江流天地外，山色有无中"（王维）—— 一半观察，一半联想与想象。

　　"计白当黑"，"无画处当有画"——如京戏之三五步跋涉千里，几个人雄兵百万；又如山水画的留白。

　　"疏影横斜水清浅，暗香浮动月黄昏"——树静而影动，香飘而月静。

　　"不著一字，尽得风流。"——无字碑，却有千万评说。

　　……

　　中国人可以从含蓄、模糊、朦胧中感受美的真谛，感受弦外音、镜中像、画外画、象外境、相外色、色即空、空即色……

**3）重视情景合一和生命价值的观照**

　　中国人在审美过程中，常以自身的生命意义赋予外物，使景物具有人格化的魅力。所谓"酒不醉人人自醉"、

---

① 南朝·宋宗炳《画山水序》。

"色不迷人人自迷"。重视诗情画意、以情观景，并与故事情节相联系。其中，很多是与心中的诗词、绘画、书法相观照，与自然界的风花雪月、沉鱼落雁、飘叶落红、松涛烟雨、枯藤老树、繁花翠柳、天光地影等发生情景交融，感物抒怀。所谓"境由心生"、"心由境生"，"登山则情满于山，观海则意溢于海"。一切外物都被看成是有生命的，并且常与自己的人生意义相联系。然而，在许多西方人眼里，由于他们所处的文化和历史环境，对于理性的和单纯的几何形体都可以产生审美的观照，从简洁中可以看到纯净和改造自然的力量。因此，当摩尔的几何性雕塑在北京北海展出时，虽然机遇难得，但难觅知音。

值得一提的是，当前的景观设计中，一些纯几何形和偏于装饰性的景观及小品被引入，而且日渐增多。但是在注入时代精神之余，不能不使人担心，一旦使用颠倒时，民族的文化和审美价值是否会被淹没。一个失去民族文化自主的民族，是否是可悲的！

### 4）融入许多世俗的理念

中国人追求吉祥、美满、好运、祈福祈寿、如意、幸福、雁过留声、人过留名等自我价值。因而在景区中为迎合观众需要，会直接出现诸如钱币、元宝、福禄寿、同心结等谐音拟形之小品。所以，如何正确引导，既要满足观众的需要，又不流于低俗，并以艺术的形式再现是值得研究的。

中国人审美心理的物化形式（摄影：罗梦潇）

## 3.1.5  传统文化中的儒、道、释及其美学观

在传统文化中，儒、道、禅是构建中华文明的三大支柱。儒家从政治、伦理角度促进社会和谐；道家从本体论和生命哲学的角度促进人与自然和谐；禅宗从明心养性、崇尚轮回的角度，求得从善避恶。所以，在"理"、"情"、"心"三个方面形成互补，呈现出"入世"、"遁世"、"出世"的三种人生哲学。不论"比德"、"同德"，还是"通德"，在人与自然方面，都趋向于"天人合一"，只有唯物与唯心之差异。值得一提的是，"天下名山庙观多"，几乎所有的名山，都是儒、道、禅三家同时存在，并在文化上互有借鉴。

（作者创意拼贴）

### 1  儒家的美学观

儒家的"比德"观——政治、伦理、美学。

**1）承认艺术美具有教化陶冶人的情操**，促进人与人、人与社会和谐的社会效应。子曰："诗可以兴，可以观，可以群，可以怨"。即指可以发人思想，感染情操；可以作为一面镜子，从中观察"风俗之兴衰"；可以促进人际团结，倾诉对时政流弊之怨愤，有利于维护社会秩序。但是，他却主张诗之抒情应受社会规范的约束（即"以道制欲"），如果越轨而随意地宣泄个人的情感，则会"以欲忘道，则惑而不乐"。可以说，比德观强调"情"与"理"要相统一，强调"美"的形式与"善"的内容要相统一。这里的"理"，主要指人伦之理。

**2）承认不同的人对美有不同的爱好和追求，**而且外物（自然）与人的内在气质、品格有相应的感悟，即"智

者乐水,仁者乐山。知者动,仁者静。智者乐,仁者寿。"(《论语·雍也》)也就是说,人对自然景物会各有所好,而且从各人对环境、景物的爱好中,可以直观人的品德,即比德也。物与我之间存在同格同构关系。"比德"说见于《荀子·法性》,其中记有这样的一段话:

"子贡问于孔子曰:'君子所以贵玉而贱珉者,何也?为夫玉之少而珉之多邪?'孔子曰:'恶!是何言也!夫君之岂多而贱之,少而贵之哉!夫玉者,君子比德焉。温润而泽,仁也;栗而理,知也坚刚而不屈,义也;廉而不刿,行也;折而不挠,勇也;瑕适并见,情也;扣之,其声清扬而远闻,其止辍然,辞也。故虽有珉之雕也,不若玉之章也。'"

诗曰:"言念君子,温其如玉。此之谓也。"即是说仁、知、义、行、勇、情、辞等伦理品格相类似的形式结构的缘故。

由此,在环境构景与室内装饰方面,常将外物视为人格化的自然,对位配置,如松、竹、梅、兰、菊、牡丹、莲、柳等各具品味。

也就是说,承认艺术具有"致用"、"功利"一面。但直接与政治伦理、宗法王权、等级社会的人文要素相联想,强调角色对应,并不能全面理解艺术的真谛,而偏重于社会效应,正所谓"人造环境,环境造人"。环境所具有的品格、品味,对人也有暗示和感化作用。

儒家美学观,出自孔子、孟子、荀子。

## 2　道家的美学观

道家的"同德"观——自然、哲学、美学。

道家学派渊源,是起于老庄的哲学。庄子:在"道"——宇宙论、本体论基础上,强调以老子和庄子为代表的道家,将"道"与"气",直接看成宇宙运行和人的"生命存在"的本原。其"宇宙论"、"本体论"直接与人的现实生存和获取精神绝对自由境界的"生命存在论"相关联。道学开创了传统哲学的历史先河,也是惟一的土生土长的社会与艺术哲学。其中的辩证思维对指导现实也有重要意义,而且受到世界的重视。道学与道教并非等同,不能混作一谈。

道家的代表作:《老子》、《道德经》、《庄子》、《管子》、《吕览》、《淮南子》,帛书之《倒去》、《道原》、《十大经》等。

道家之"道",其核心是人生哲学,是研究宇宙之起因、万物与生命本源存在的普通法则的,并非直接研究美学和艺术的。然而,其哲学与美学相通,哲学是美学的"母"、"根"、"基础"、"前提",而且在《道德经》、《淮南子》、《庄子》中,有许多相关美与艺术的论述。

从认识论的角度看,"道"为"天地母"、"万物宗"、是万物的"本原",先于天地而生。它是客观存在的。但人们又是无法认识,说不清,道不明,即是说人对自然的认识永无止境。其次,"道"是运动的,"独立而不改,周行而不殆",按圆形轨迹,周而复始,永远处于"回归本原"的运动之中,符合物的发展规律。

在艺术与美学范畴,由于"道",崇尚人生哲学中的"自由精神境界",提出"无为论"。

"无为"是针对"有为"的。"有为"指的"王权统治"、"伦理规范束缚"、"功利标准限定"、"人为地造作、虚假修饰、刀斧雕琢的痕迹";是要人们脱离功、名、利、禄、伦理的约束,脱俗净化,体悟自由的生命存在价值。

"无为",非字面意思的无所作为。"无实"则是"元"、"始"、"初"、"母"、"道"、"一",先于实有之万物、天地、宇宙而存在的"根本"(无名、无形、无义)。"为"则是人为,附加其上的。然而,最根本的"元"、"母"、"根"、"崇"、"一",却可以演变成万物,而"无所不为"。从这意义上讲,如能遵循万物发展的本来规律,"本体"上生发出来的,自由生长出来的,才是最具生命力的,是最大的自由,自然混成的。老子说"道常无为而不为。"认为万事万物皆生之于有,而有(有形、有名、有物)生之于无。无化为天地万物之生命,无是自然物之本体"宗"、"根"、"原"。

道转化为气，道即气，气分阴阳，万物负阴而抱阳，阴阳相生为和气。

在人与自然关系方面，是指艺术、精神层面上的宇宙、天地精神（道）与个体人及自然物内在生命力之间的"同德"关系。道家追求的自然美为大美，自然是按"道"的规律运行的，而人的内在生命力也须与之相适应才有健康的、绝对的精神自由的审美境界。即道与为道的统一，主体与客体的统一，人与自然的真正和谐。

事实上，人是自然之子，是自然的组成部分。人生活在自然中，其生命活动也是在大的宇宙空间场、电场、磁力场、生物场、气流场中进行新陈代谢和物质交换，是生态圈中的一员，受宇宙法则——"道"所支配。那么，如何顺应自然？与自然之道和谐？即"同德"。

**1）道法自然**

老子说"人法地，地法天，天法道，道法自然。"即道以"自然"为法则，"自然"则是整个宇宙（包括人类社会和人自身）的普遍规律。在艺术创作中，要尊重自然规律，不必人为地修饰。

自然，是宇宙的普遍规律，是人的真情流露，主张"天然"、"自然"、"真淳"、"质朴"、"清淡"、"淡泊"、"恬静"、"出神入化"、"没有弄虚作假，人为的矫揉造作"，完全属于"原生态"的原汁原味，表露人和自然地真性情，超越现实的自然之美，乃为大美。然而，老庄哲学乃属人本主义的，系人生哲学，完全属于"道"、"气"、"一"的自然之美，只是虚幻的，大部分生活中所表现的是艺术美，是再现的。所以，道家的美学观具体体现，乃属第二自然，艺术中的自然。故强调，"虽出人工，宛若天成"。

**2）效法自然，虽为人造，宛若天成，"师造化"**

老子认为"大巧若拙"（老子《道德经》四十五章），意指不是主观刻意去表现而"大巧"成；不特意去显示技能反而使天地之"大美"成。即不是着意于人为地去表现，而是体现"无为而无不为"的自然混成，看上去最灵巧的东西，好像很古拙质朴。天地之美乃是大美、天然之美、天工之巧。

所谓巧夺天工，即在艺术创作中，不以"功利"、"杂念"、"主观地表现自我"、"心境空明（心斋）"，将人的自然情性与外物的自然情性相互融合进入"同德"、"天人合一"的境界。不卖巧，不哗众取宠，不造作，不机械复制，讲究"化"（自然融合），而扬弃"画"（复制、模仿、原样照搬、照抄、描摹）。

提倡"无巧之巧"、"无法之法"。后人之"画则无痕"、"天然去雕饰"，"不存在炉火之造，斧凿之痕"，"不刻意求工"，完全是受老庄自然（"真"）的艺术哲学所影响。

"体宜"、"得景随形"、"有与无"、"有限与无限"等艺术构成手法，无不源于老庄之学。

"师古人，不如师造化"；"外师造化，中得心源"，讲出了艺术创作中的"为道"之法。

## 返璞归真
### ——在古拙、苍劲、荒野中寻觅历史足迹和曾经的智慧，直观人类自身

在现代生活中，人们受高度发达的物质文明和精神文明，满目都是精美的、豪华的、高科技、流线形的现代造型。但是，人生是多彩的，只有一种情调的视觉感受，看多了，看久了，也有产生审美疲劳和情感钝化。要想了解历史，只能走进博物馆去参观。如果在现代生活中再现一些原生态的景物，往现代生活中加一点调味剂，则会感到一些新鲜。所以，一些海滨酒楼和度假村，不乏简陋的茅草棚。设想一下，如果在城市的角落中也能有着类似的点缀，是否也可以满足现代人所要寻觅的那种" 思古人之悠情 "？所以有些社区也曾有过这方面的尝试。

岩画壁龛

返璞归真

古韵灯影

原木结绳

鸟居野林·三亚

水上茶饮

（本页图片由罗梦潇提供，线稿由笔者自绘自设）

老子说"朴散则为器"。由朴拙的原木，经简单的加工组构，形成质朴的野趣。

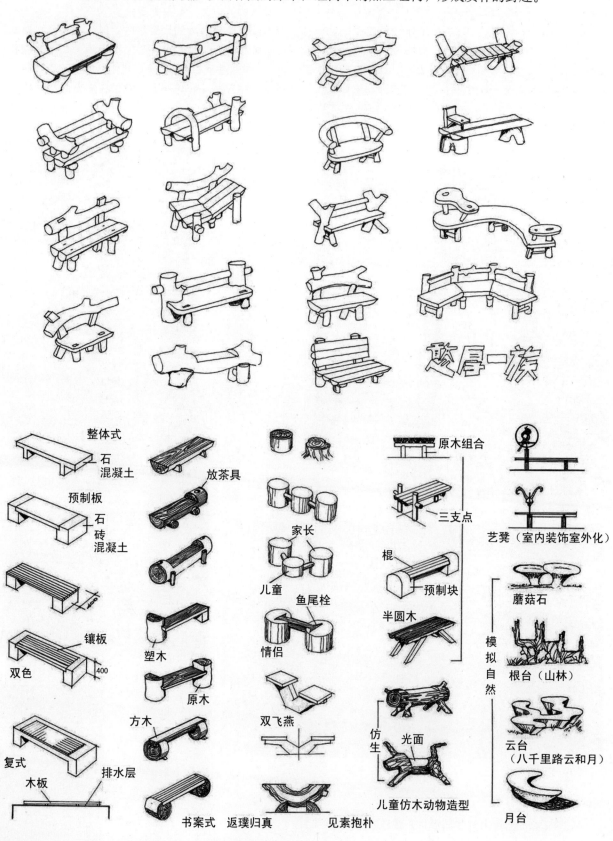

生态座椅（作者自设自绘）

### 3　禅宗的美学观

禅宗的"通德"观——心理美学。

**1）禅宗的哲学，属宗教哲学**，并不直接研究艺术与美学。但其哲学（世界观、价值观、存在与意识、主体与客体、心与物）具有相通相似之处，却与人的审美心理直接相关。

所谓"通德"，是指个性本体与宇宙本体，心性与物性相通相融。"佛即心"，"心即佛"（即融感知、理解、情感、联想、臆想于一体）的直觉感悟。主张"法（万物之表象、现象）由心生，境由心造"，如果心无感悟，外界等于无。最典型实例是：

公元 676 年，慧能法师来广州法性寺，时值法堂上两位僧人在争论大雄宝殿外的幡旗为何迎风招展。一僧说是"风动"，一僧说是"幡动"，并相互辩解说："如果不是动因起自于风，幡何以能动？""如果因幡可以动，为什么风不能把更重的物体吹动？"究竟动因来自风还是幡呢，各执己见。慧能于是说："既非风动，也非幡动，而是二僧心在动。因为，宇宙万物是因我人自（身）心而显现，若不能听，不能看，无知无觉，能感知外物之存在吗？此心，乃人之觉心、佛性，能生万物，能造万物！外物之存在，皆因"觉心"、"佛性"之显现。故，并非风动、幡动，而是觉心、佛性在动。"

现代心理学所谈之视觉、听觉，即指外物刺激只是外因、诱因，而头脑中的神经机制，感知觉的形成，其动因全是人的心理反馈。与禅中的唯心理论学，在反映论上有相似之处。

**2）禅宗美学，系心理美学**，强调直觉的心灵感悟——"顿悟"。在对客观的认识上，强调只有心灵感悟到的才是真实的，而物象则是虚幻的。其中包括两层意思：

其一，人的六根（眼、耳、鼻、舌、身、心）与六识（视、听、嗅、味、触、意），是人感知外物之本，如果没有人的感知，外物是自在的、虚幻的。所谓，"眼不见，心不烦"，视而不见，听而不闻……

正如嘉莹《迦陵论词丛移》中所说："境界之产生，全赖吾人感受所及。因此，外在世界在未经吾人感受之功能予以再现时，并不得称之为境界。"

其二，有如"影"和"响"等都是无实在物件，但人能感受到它的存在；画在纸上的图案，也都是虚幻的，并非真实物体，人在观赏时能理解到原形，更为抽象的"大片留白"，以及"雄、奇、险、秀、幽、旷与奥、有、无，虚实之境"，更依赖于心灵上的领悟。所以才有"境生象外"、"弦外因"、"画外音"、"水中月"、"镜中像"……之说。更深层次的韵、神、味等更需依靠人用心性去感悟。

即是说，一切物象均具有两重性，一是其自然属性，二是其社会属性。而自然属性是有形有色的，社会属性则是需要人赋的，和人来感受的。对于反映、感悟来说，外界既是实在的又是虚幻的。

正如格式塔心理学，认为形是由人头脑中建构的。

受泛神论影响，禅宗学派也认为"神"无所不在。"一草一木栖神明"，并追求精神的最高自由之境——涅槃。认为"一切众生皆有佛性"，相信"轮回"、"超度"、"直指人心，见性成佛"；一旦于自心"顿悟"佛性，即进入涅槃境界，而精神则可以解脱，"立地成佛"。人死了，"精神不灭"。

**3）禅宗美学，注重灵感。**禅宗美学对"意境"、"意与象"、"境界"、"心与物"等哲学观念影响很大，诸如：

在艺术创作中的两种表现方法：

写实：工笔画，汉大赋；言尽其意，言所表达的终止之意，使人一看即懂，"言尽意"。

写意：言与象为中介，"言不尽意"、"得意妄言"、"得意忘象"、"得意忘形"，"言有尽而意无穷，意不尽"，使人有想象的空间。

道家与禅宗都崇尚第二种，即"得意忘象（言）、（行）"。禅宗的典型例子就是"指月"论。

"如愚见指月，观指不观月。"（《楞伽经卷》）意为有人用手指着月亮给人看，愚者只看手指不看月亮。而手指只是指引一个目标（中介）而已。谕指文字、经文，而"月"才是经文要说的真谛。

言、象、形——有限、相对、有形、确定、有始有终。 ⎫ 辩证统一，言简意赅，
意、义、神——无限、绝对、无形、不定、不尽、外延广。 ⎭ 以有限创无限。

**4）在禅学看来，人的本性、心性、佛性**是虚空的，寂静的，不肖于语言、文字的，故称作本寂，提倡"色即空"。

俗称"可意会不可言传"。言总有终止、尽头；而意却是不尽的——"言有尽而意无穷"，"形有断而意相联"。

**5）禅宗美学强调艺术创作的主观能动作用**，注重灵感、悟性，用心去创作与体验。"法由心生，境由心造"，强调"心源"、"灵府"、"心知"；"师于人，不如师于物；师与物，不如师于心"。因此外物所表现的"若有若无"，"虚"、"空"、"远"等都可以由心、用心来感悟。如日本的枯山水，无水却由痕迹去联想，无山用石头来代替，无字用心去想象。

---

### 禅境与禅意空间——主体的自身修养与客体的环境濡染，皆缘于静：虚、空、深、远

禅：强调"自性"；"内心世界的自悟"；"心灵世界的解脱"；"境由心生"；"景由心成"；"一切法皆由心生"；"心是本源"；"色即是空，空即是色"；"万念归一"；"心远地自偏"；"心静自然凉"；"听所不闻，视而不见"；"见色不乱"；"无所往心"；"一尘不染"；"两袖清风"；"心底无私天地宽"；"结庐在人境，而无车马喧"。

禅意空间：是强调在环境构景和场所精神营构中，利用动与静、虚与实、有与无、有限与无限、远与近、清与浊等相互衬托、映射、对比等形象处理；是人产生置身世外、淡泊名利、宁静致远、陶醉于清静无为、"漱涤万物"、明心见性、融入自然；促进顿悟（包括理性之实有和感悟之虚无，运用联想、想象领悟到综合体验）使人进入"犹如水中月"、"亦空亦不空"；"若似无声却有声"；"有而不见其形"；"听而不闻其响"；"空山不见人，但闻人语响。"等用自然景物加以烘托。

居室露台中营造的禅意空间（作者描绘）

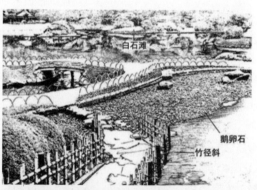

日本造园常以枯山水和模拟自然营造禅境（笔者描绘）

禅茶空间，只需将视觉集注于桌上一角，借助茶几、茶具、茶巾、茶盘、茶食，即可将人带入宁静的禅意氛围之中，使人润心养气

## 禅意空间

禅指静思，主静、虚、空、以心感悟。与茶有关，贵在品茗，深得其味。坐禅、静心、养性，需在喧闹的城市中开辟隐秘的心灵净土、世外桃园，或空旷的气场。

岁月遗痕
禅意空间场所精神营构实例片段

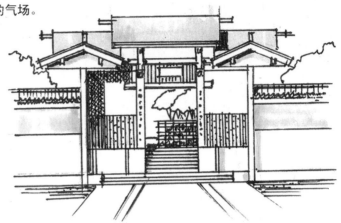

幽深——小门禅院，半露半掩（自绘）

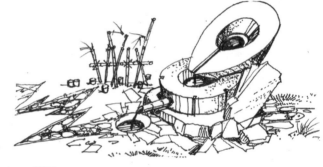

空谷幽兰
（自绘）

柴门、竹园、小楼、曲径、石笋
（自绘）

云南大理、丽江、香格里拉三大汤
（以上两图皆为笔者描绘）

空灵虚透——杭州法云安缦茶楼
大隐于市，小隐于静

枯山水，一石代山
砂砾成海，梳纹似波

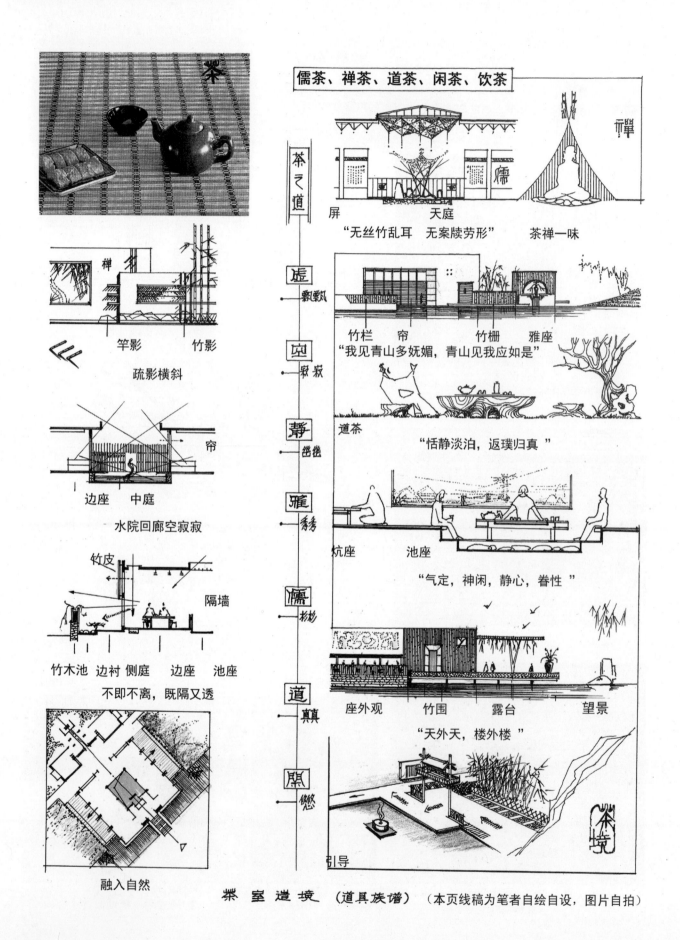

竿影　竹影

疏影横斜

边座　中庭

水院回廊空寂寂

竹皮

隔墙

竹木池　边衬　侧庭　边座　池座

不即不离，既隔又透

融入自然

儒茶、禅茶、道茶、闲茶、饮茶

茶之道

屏　　天庭

"无丝竹乱耳　无案牍劳形"　　茶禅一味

虚

竹栏　帘　　竹栅　雅座

"我见青山多妩媚，青山见我应如是"

空

道茶

"恬静淡泊，返璞归真"

静

炕座　池座

"气定，神闲，静心，眷性"

雅

儒

座外观　竹围　露台　望景

"天外天，楼外楼"

道

引导

熙

茶室遣境 （道具族谱）　（本页线稿为笔者自绘自设，图片自拍）

274

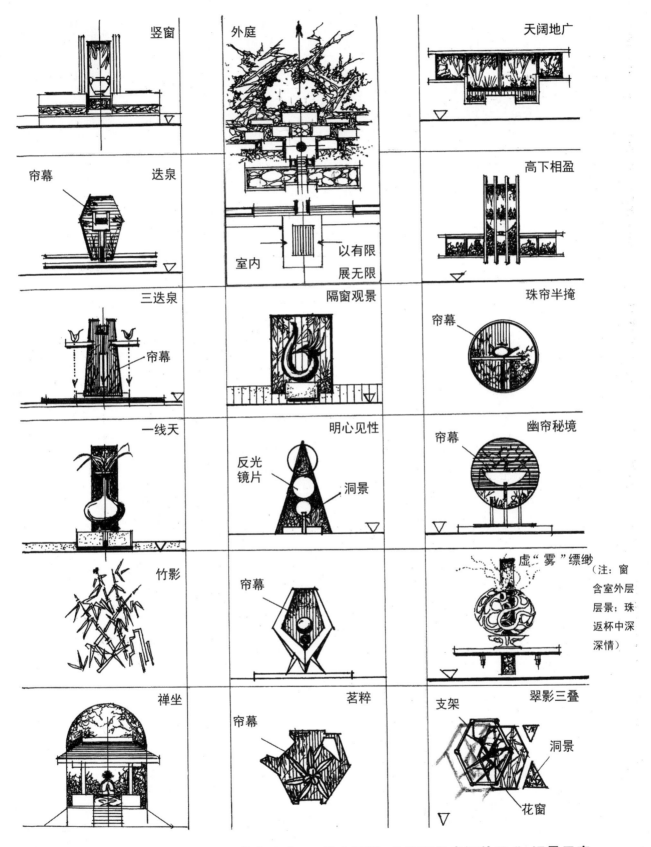

竖窗

外庭

天阔地广

帘幕　迭泉

室内　以有限
　　　展无限

高下相盈

三迭泉　帘幕

隔窗观景

珠帘半掩　帘幕

一线天

明心见性　反光镜片　洞景

帘幕　幽帘秘境

竹影

帘幕

虚"雾"缥缈

（注：窗含室外层层景；珠返杯中深深情）

禅坐

帘幕　茗粹

支架　翠影三叠　洞景　花窗

**一壶载宇宙，杯中有洞天——茶室虽小，妙在因借"无限风光洞外天"组景示意**

（本页线稿为笔者自绘自设）

275

## 校园茶室习作
为启发思路所做的茶室方案

情景合一．自然之境，仿板桥诗意（一方天井，十笏茅斋）

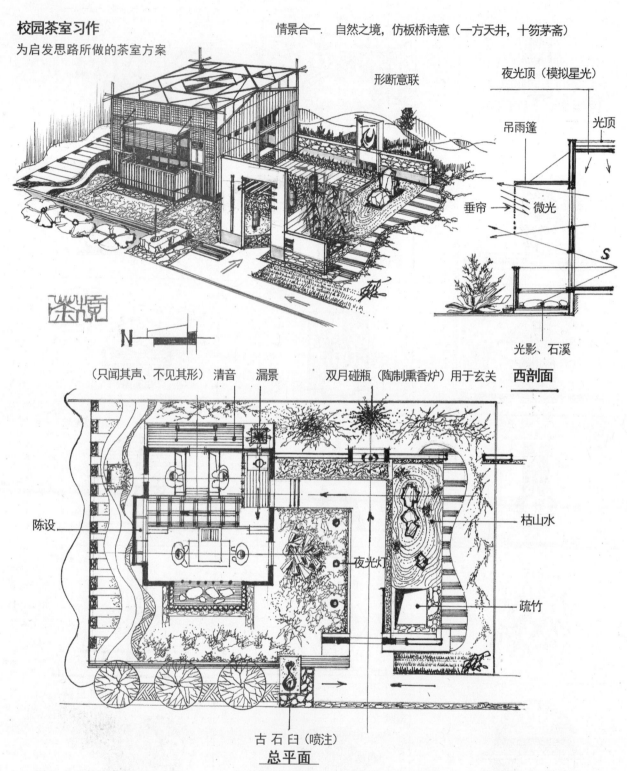

形断意联

夜光顶（模拟星光）

吊雨篷

光顶

垂帘 → 微光

S

光影、石溪

西剖面

（只闻其声、不见其形）　清音　漏景　　双月碰瓶（陶制熏香炉）用于玄关

陈设

枯山水

夜光灯

疏竹

N

茶境

古石臼（喷注）

**总平面**

插入式小茶室建筑：4m×4m×2.8m，场地：10m×13m，按禅茶构思，可容4人，分两组品茶

理念：虚、空、静、逸、飘，气定、神闲、静心、养性、"漱涤万物、牢笼百态"，出旷、入奥，建筑融入自然，自然拥抱建筑，人在天地间，心入神往

（注1：外墙表面仿木饰面，半圆木。）

（注2：40m³ 为生理空间。）

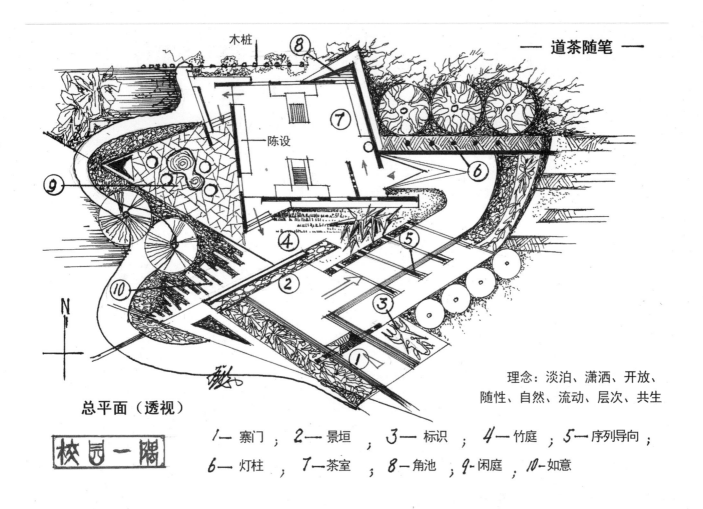

—— 道茶随笔 ——

理念：淡泊、潇洒、开放、随性、自然、流动、层次、共生

总平面（透视）

校园一阁

1—寨门 ；2—景垣 ；3—标识 ；4—竹庭 ；5—序列导向 ；
6—灯柱 ；7—茶室 ；8—角池 ；9-闲庭 ；10-如意

　　茶、禅、道，同体同功，内外环境氛围、气场，异质同构，天、地、人和谐统一。"物色之动，心亦摇焉"，纳天地之灵气，吸四时之精华

## 茶境环境氛围营构示例

明心见性，茶禅一味；
茶如其人，品味人生

云雾山莊——集贤聚道，返璞归真

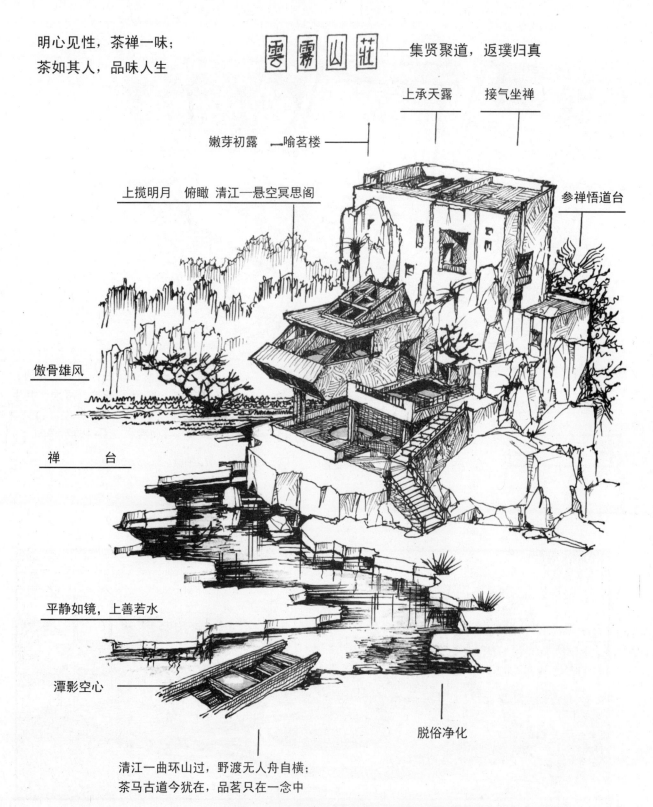

上承天露　接气坐禅

嫩芽初露　喻茗楼

上揽明月　俯瞰　清江—悬空冥思阁

参禅悟道台

傲骨雄风

禅　　台

平静如镜，上善若水

潭影空心

脱俗净化

清江一曲环山过，野渡无人舟自横；
茶马古道今犹在，品茗只在一念中

（注：中国茶道，正、清、和、雅　　正八道：正见、正思维、正语、正业、正命、正念、正定、正精进
　　　　六和敬：身如同住，口和无诤，意和同悦，戚和同修，见和同解，利合同均）

**茶镜创造与场所精神营构臆想图**

——五庭轩构想——

2014.6

（作者绘制）

## 3.1.6　意境的造景方法

现代环境艺术设计中如何体现意境？

了解理论是为了更好地指导创作实践。如何造境？笔者认为可以借鉴下述方法：

### 1　着眼于境，始自于形

意境的产生，首先是亲临其境，与外物外象直接接触，才能触发而生。正如明代四大才子之一的祝允明所说："身与事接而境生，境与身接而情生"。即有接触才能产生体验，形成情感反应。其次，一切的"有感而发"，都是基于外部形象所具有的色彩、线条、肌理、质地、比例、尺度、空间、形体，以及相互组合关系所产生的综合形象才能促成。

能诗善画的清代方士庶在《天慵庵随笔》中说："山川草木，造化自然，此实境也。因心造境，以手运心，此虚境也。虚而为实，是在笔墨有无间——故古人笔墨具此山苍树秀，水活石润，于天地之外，别构一种灵奇。或率意挥洒，亦皆炼金成液，弃滓存精，曲尽蹈虚揖影之妙。"这里虽然说的是画理，实际对造园组景也是同样的道理——正所谓"一草一木栖神明"。瑞士思想家阿米尔（Amiel）也曾说过："一片自然风景是一个心灵的境界。"可见，造景必须从一草一树、一丘一壑、一点一线、一景一园开始，精心运作，将灵气聚集于笔端，用心营构。一切景观皆是由基本元素组合而成，每一元素都是整体的有机组成部分，缺一不可。

### 2　多元共生，雅俗共赏

社会是由各种阶层、各种文化层次、各种兴趣爱好、各种艺术欣赏能力的人群组成。作为城市公共空间中的景观，要使之成为共享的文化艺术载体，必须面向社会公众。既然意境因人而异，各取所需，各有所好，那就必须以健康的大众行为作为创优的底线，间或向高雅深邃的意蕴提升。

在常人眼中，欣赏外部形象时常都以自己的生活和生命意义作为参照，以朴素的宇宙观、人生观为基础，将"人性"附着于万物，追求艺术的"真实摹写"，注重生活逻辑和社会逻辑的常理和秩序，关爱生命，亲近自然，珍惜记忆，并相互以比较的心态观察事物的发展变化，求新求变，趋吉避凶，祈福延寿，追求圆满。

而在艺术家（经过专业培训和热爱艺术的人士）的眼里，则更多了创造的意味。现代的中国专业艺术家，不仅从西方文化中吸取了许多有益的艺术哲学和美学思想，同时又扎根于民族文化的基土上，受传统的诗歌、绘画、雕刻、园艺、建筑理论的熏陶，从而不同程度地养成了一套追求气韵生动的创作风格：或苍莽雄浑，或飘逸潇洒，或凛风傲骨、摹天法地，或情感移入、避实就虚，或追求象征隐喻；注重灵、妙、神、韵，抑或参禅悟道；崇尚高、阔、深、秘。总之，极近抒情写意之能事，其境界和方法，与南朝齐谢赫《古画品录》中所概括的绘画六法——"气韵生动、骨法用笔、应物象形、随类附彩、经营位置、传移模写"相比，更有过之而无不及。此外，随着高科技影像、数字、3D 动漫技术的应用，艺术家们的创造更加得心应手。在现代科技手段的声、光、电等视觉效果辅助下，甚至可以创造出各种超出常态的意境，赋予环境以新的内涵。

### 3 景观与场所，重在组织与营造

一切单质的形象，如果不与当时的时空、环境背景和生命价值相联系，只能是一种美与丑的视觉反应，很难进入意境的体验中。只有附以相应的条件，以特定的环境作背景，并与人生价值和生命意义相关联，才可能展现出"形"的光辉，正如元代马致远的《天净沙·小令》：

> "枯藤老树昏鸦，
>
> 小桥流水人家，
>
> 古道西风瘦马，
>
> 夕阳西下，
>
> 断肠人在天涯！"

其中，藤、树、鸦、小桥、流水、人家、瘦马、夕阳、游子等，都是单质的形象；各自独立使用时，只是单一的孤立形态，没有意义上的关联，也不可能形成情感上的共鸣。而一旦被组织在一起，则形成一幅统一的画面，所有的孤单、萧落、凄凉氛围得以彼此加强、放大，产生强烈的感染力。可谓其景可凄，其情可惨。而如与自己不佳的处境相联系，则会更显人生凄凉。这就是由环境中各元素组织营构出来的氛围和意境。

清代画家晖南田在评论一幅画作时曾说："谛视斯境，一草、一树、一丘，一壑，皆（洁庵）灵想所独辟，总非人间所有。其意象在六合之表，荣落在四时之外。"[①] 其中之草、树、丘、壑，皆依附于整幅画的灵动之境。由于画中之草木丘壑，导致心潮之跌宕起伏。

如果能将一景一物置于大的宇宙、生命、天地、人生、人性、社会、时代的大背景下，在总体氛围烘托下，单形也可以进入象征意义，呈现一定的意境。

英国诗人勃莱克诗中曾有：

> "一花一世界，
>
> 一沙一天国，
>
> 君掌盛无边，
>
> 刹那含永劫。"

诗中的花、沙，由最普通的日常实物作为一种生灭的象征，将人带入了无尽无限的精神世界之中。

---

① 引自徐悲鸿《中国画改良论》。

从诗词、绘画、书法中体悟到的意境，也都与环境氛围有直接的关联。所以，要想使一幅画卷、一片风景、一处空间、一个场所能够承载意境，诱发欣赏者的诗情画意，产生移步换景、以景动情的效果，则必须要以一定的形式进行组构营建，或成组、成团、成片，或序列展开，使各元素协调配置，比例尺度适宜，相互依存，相互衬托，整体地产生复合刺激，方能有效地发挥其情感效应。故造景时，重在组织、经营、配置、协调、编织、烘托，力求把孤形、点景构成一个具有内涵神韵的整体结构，始能形成意义丰满的"小宇宙"，与人的内心天地相共鸣。

### 4　情景合一，寓情于景，以景动情

如前所述，景，是外物所具有的审美价值，或成之天然，或来自于人造，皆因形象存在着具有感人的审美特征为诱因，所以才能引发人们的关注；不论信息涵纳多少，都是客观存在。情，是表现人的内心世界，由需求引发的体验，不论反应的强弱，均属于内因。所以情与景之间是一种互动的、双向反应的关系，而且是在直接接触中相互结合的。"境界之产生，全赖吾人感受之作用，境界之存在，全在吾人感受之所及，因此外在世界在未经过吾人感受之功能而予以再现时，并不得称之为境界。"[1]而王夫之更是把情景视为密不可分的联体，他说："情景名为二，而实不可离……巧者则有情中景，景中情"[2]；"景中生情，情中生景，故曰景者情之景，情者景之情"；"情景合一，自得妙语"等等。因此说，情与景的关系，无法人为地剥离，而是很自然地联系在一起。下面的示意图，说明了形、景、境、情四者的关联。

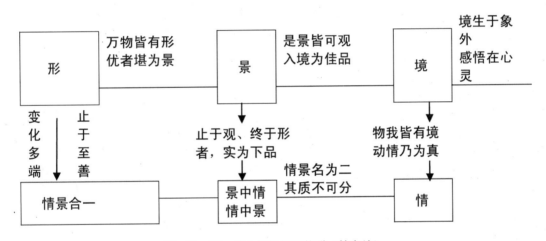

形、景、境、情之间的相互关联（笔者绘）

对于艺术创造来说，除了要在理论上了解情景的关系之外，更重要的是要知道如何进行情景合一的设计。因为情是不能用文字和语言附着在形象上，不能像贴标签似的去硬性地附加，而是往往需要借助于象征、隐喻、比兴、模拟、类比等手法以及时空、距离等中介要素来加以创造。正如刘熙载所说："山之精神写不出，以烟霞写之；春之精神写不出，以草树写之。故诗无气象，则精神亦无所寓矣。"[3]笔者认为，无论景、境、情哪一种属性，都源自于形，关键是在造型伊始，就要在造型上下功夫，要透过形态构成，赋形授义，把自己的理想、意志、情感注入艺术作品中去，实现"情动于中，而形于言。"[4]也就是说，艺术是一种创造，需要精心、尽心、细心、用心去创造。其中首先要关心人，尊重人，懂得人的需要，了解人的情感所求。这样才能创作出传递情感的作品，所谓知民心者得珍品。

① 叶嘉莹：《迦陵论词丛稿》（《迦陵文集》之四）。石家庄：河北教育出版社，1997 年 7 月出版。P284.
② 王夫之：《四溟诗话·姜斋诗话》。北京：人民文学出版社，1961 年 6 月。P150.
③ 语出刘熙载《艺概·诗概》。
④ 语出《毛诗·大序》。

日本著名建筑师安藤忠雄在谈他的创作体会时，就道出了创造的真谛。他说：

"我对于无视地方传统及风土，一味追求经济性和机能性的建筑表现，有强烈的反感。只有这里才可建造的建筑，借助建筑为地域的记忆作传承，一直是我工作中相当普遍的一个主题。但是，像后现代主义那样，把传统及地域性的重视，完全依赖于沿袭既有的'外形'，则当然无法引起我的共鸣。但只是聚集了传统形态要素的建筑物，不可能表现出与过去的连接，以及对未来展望。

......

所谓传统，不是看得见的形体，而是支撑形体的精神。我认为，汲取这种精神并在现代活用，才是继承传统的真意。我以这个理念进行自己的建筑设计。"①

郑板桥在描写自己钟爱的小院和竹子的品格时，曾写道：

"十笏茅斋，一方天井，修竹数竿，石笋数尺，其地无多，其费亦无多。而风中雨中有声，日中月中有影，诗中酒中有情，闲中闷中有伴，非唯我爱竹石，即竹石亦爱我也。彼千金万金造园亭，或游宦四方，终其身不能归享。而吾辈欲游名山大川，又一时不得即往，何如一室小景，有情有味，历久弥新乎？对此画，构此境，何难敛之则退藏于密，亦复放之可弥六合也。"②

可见小院所给予郑板桥的感受和对竹之热爱，其眼见之竹，胸中之竹和笔中之竹有很大差异，才能将竹绘成富有生命的形象。

总之，我们在造型过程中，不应局限于形的本身，而要处理好各种看似对立实则互相依存的关系，如：外在形象与内在涵义、物化与人化、模仿与创造、有机生长与机械拼贴、静态与动态、虚与实、有与无、写实与写意、硬质与软质、现代与传统、多元与特色、乡土与城市等等。其中的多数问题已在前文有所涉及，此处不再赘述。

动物造型的镂空墙——（牛的正侧面）镂空部分，后衬植物可以构成牛的肌肋，形成虚中有实，实中有虚的效果

前后景虚实相应——墙外有景，墙中有影，洞中漏景；画外有画，景内有景，墙为中介

以分层设置的景片，嵌以绿化，形成有立体形态的山水画面。水可真可假，夜间辅以灯光（LED）形成动感效果

以藤条类残形构件，编织成漏空之网，也可镶嵌成网

**情景合一之（一）**

① 安藤忠雄：《建筑家安藤忠雄》。龙国英译，北京：中信出版社，2011年3月出版。P349～354。
② 出自郑板桥《板桥题画竹石》。宗白华《艺境》P348。

以山形构架和片石构成的山峦——构件采用明度较高的涂料，配以灯光，后衬取常青突显层次性绿化，深浅相映，别有风趣

环带式仿叶片造型，犹如彩蝶飞舞，中间配以挺拔的松杉，更显生机盎然

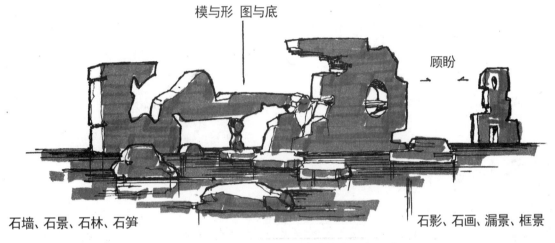

**园区的垂直景观、景屏的各种形式**

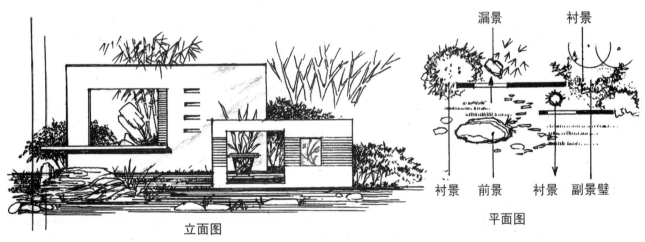

景墙：由固定景屏和可变漏景两部分组合而成。固定景屏由实景和虚景构成，漏景可以随时更替，保持景墙的常变常新

景墙的层次处理采用复层结构，加强景深

**情景合一之（二）**

283

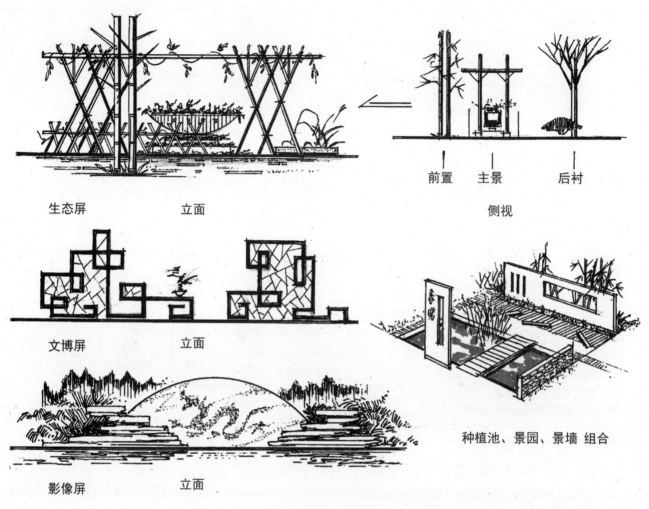

生态屏　　　　立面

前置　主景　后衬

侧视

文博屏　　　　立面

种植池、景园、景墙 组合

影像屏　　　　立面

（注：为避免一览无余，利用景隔分隔空间，既隔又透，隔而不死）

**以景墙作为隔景，增加景深的几种途径** （自创自绘）

# 第二章　建筑与环境的意境

　　"人、建筑、环境"被视为有机结合的大系统。人依托环境而生存，目观、身受、心驻、神往，受环境的潜移默化；建筑与环境因承载人的生活行为而富有生命。人每天都接受环境诸要素的刺激，一切心绪、情感皆发生和变化在环境之中。刺激与反应同在，外因与内因并存。

　　单体建筑，因受适用、坚固、经济、营造技术、采光、通风、保温、隔热等多项要素的制约，其立面处理和形体造型，虽有一定的表情性和表意性，却十分含蓄模糊，只能借助色彩、线条、体块、窗墙比例、材料质地、组配的肌理和立面轮廓进行间接表达；最多也只能依靠含蓄的象征和隐喻与人们产生对话。不像绘画与雕塑可以直接切入主题；也不像相声、音乐、舞蹈艺术那样可以通过文字和语言描述、音调的旋律和肢体语言，直接制造某种情结与人们进行情感与意义的交流。然而，建筑往往是以群体空间存在的，是一种植入环境之中，建筑与环境共生的，"人—建筑—环境"相统一的综合环境艺术。所以，可以通过空间与环境和人产生对话。同时，也可以借助依附于建筑的廊、桥、路、架，以及附着于建筑的雕塑、绘画、楹联等对建筑与空间进行意义和品格的诠释。使环境氛围和精神境界能有明晰的显现。

进入 20 世纪之后，人们已开始认识到建筑与其他有机物一样，都是具有生命意义的。台湾建筑师汉宝德著书论述"建筑的精神向度"，外国建筑师舒尔茨在《建筑现象学》一书中强调"场所精神"，凯温林奇强调识别与认同，都与传统审美理论强调意境有异曲同工之处。

实际上，所有的物境都涵纳于建筑环境之中。环境对人的潜移默化，人对环境的耳濡目染，也都发生在环境体验之中。建筑的空间既承载一定的功能，也体现一定的文化精神。只是建筑的情结是虚幻的，弱化的，不经特殊处理。它含蓄而宽泛，然而和其他物性一样，同样是有生命的。因为它是创造者理想意志的外化，一切思想内涵都是创作主体赋予的。当一件建筑作品问世时，都与人的生命意义和生活情境相关联，展开人与环境的对话。建筑与空间具有一定的精神向度，或庄重大方，或轻盈虚透，或横向舒展，或冲入天穹，或圆润流畅，或挺拔秀丽，或刚劲有力，或飘逸潇洒，或高低错落，或波浪起伏。乾隆皇帝曾将室之高下与水之波澜和山之起伏相比，认为建筑的高低错落，可以产生情感的变化。在传统的构图原理中强调变化与统一、比例、尺度、和谐、韵律，并把建筑之美与人之美相提并论。"增之一分则太长，减之一分则太短；著粉则太白，施朱则太赤。"（战国楚·宋玉《登徒子好色赋》）虽然有些夸张，然而人对美的欣赏，无不借助于自然与人性，用物象的比例、尺度、韵味、姿色来反观自身。

中国以大木作为骨架修建的宫、寺、楼、台建筑，多以屋顶、出檐来表征建筑之美。"如跂斯翼，如矢斯棘，如鸟斯革，如翚斯飞。"（《诗经·小雅·斯干》）将建筑之美比作安上翅膀会飞的山鸡，搭在弓里的会射的梭箭。现代建筑由于新结构、新材料、新技术的应用，其可塑性极大，可以模拟现实生活和生物中许多有意味的形态，如船、帆、树木、伞、蘑……所以建筑自身的表象更加灵活多样，以形表意的自由度越来越大。然而，在具体应用时，要含蓄隐秘。如果过于直白反而弄巧成拙，有如东施效颦，不美反丑。例如仿"鼓"建筑，完全模拟"森林"的建筑，以及拟人化的"三星"建筑等。

场所精神的营构，是由形的表征、边境效应、空间的序列、时间顺次和景观中介来共同完成的。例如历代皇帝在举行祭祀时，总是选择一定的季节时间，借助形的象征、光的强弱、钟鼓齐鸣、帆旗招展的氛围以彰其神。古希腊的神庙，以及各种宗教仪式，诵经殿堂，无不借助于环境的氛围，产生情景交融。现代化的城市公共空间，除了铺天盖地的商业广告宣传，更加利用一切虚幻的影像来突显和制造某种氛围，借以增强行为与精神的诱导。

场所精神，并不是依靠大体量、大容量、大面积和豪华程度来营构的，而是依靠人和物，情与景直接对话来体现的。例如旅美华侨林璎设计的越战纪念碑，印度民族英雄甘地纪念碑和尼赫鲁纪念碑都采用尺度较小的碑体与民亲近。尼赫鲁生前爱护儿童，其碑体可以让儿童攀爬。所以，作为一种场所，应密切结合人的行为和心理需求，而不要流于形式，失去真正的社会效益。

### 利用象征、隐喻、解构、光演绎的激情建筑——柏林犹太博物馆Judisches Museum.Berlin

（设计:丹尼尔·李伯斯金（Daniel libeskimd））

该馆建馆目的是记录与展示犹太人在德国两千年生活历程和兴亡的历史,既包括对德国艺术、政治、科学和商业作出的贡献,也包括遭受纳粹迫害屠杀的悲惨记忆。该建筑以超乎寻常的创作手法,将一些情感符号直接表现在形体与空间之中。以强烈的视觉张力、破碎的音符、曲折多变的形体、无法弥补的空白、尖锐的光峰、扭曲的时空,进行直观的表示。以及面对"死难"、"逃亡"、"艰难共存"三种选择的时空通道,将人带入极度复杂的情景之中。这种无言的诉说,胜过了展品的感染。正如馆长布鲁门塔尔所说:" 这个建筑本身对一个新博物馆来说,就是一个巨大的财富。许多博物馆要费很多功夫发展参观者,我们却立马有很多。因为这座建筑是那样不同寻常,没有一天人们不是急着要进来看一眼。"

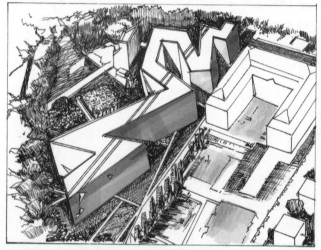

"逃亡者之园"变形的49根混凝土柱阵,上植绿化,行走其中感受到步履艰难。曾经的苦难和未来的希望共存。

鸟瞰图 锯齿状多折带无数刀痕的形体，无法弥补的空白，永不继续的乐章清晰可见

堆满面具的廊道　　　　一丝尖锐的光束

刻满刀痕的墙

不规则方向选择　　　　　　　　　　　（本页图片由李昊提供）

## 镶嵌在绿丘、碧水、廊、桥、园之间的几何晶体
### ——德国沃尔夫斯堡大众汽车城的建筑与环境

建筑分散布局，融入自然；自然包围建筑。方、圆两种几何形体，经拓朴变形，类同而形异，有利识别与统一。路、桥皆为直线，简洁直接，形成穿插纽带。整个地貌，犹如山水环抱；建筑互有高下，空透散落，视野开阔，避开遮挡，又相互借对，散而不单。日式花园使环境格外清新淡雅。树虽不多，但配置得当，在每一取景框内均有乔木相衬。建筑风格既是现代的，又不乏古典的。整个环境清新自然，并具象征意味。

大众展厅

客户中心

（本页图片均由李昊提供）

## 城市中节点空间的衔接与过渡，界面的层次与转换

在城市空间中，有一种点状的空间，例如街口、路边、拐角及建筑的前庭、建筑群的开口空间、路边的半公共空间、道路交岔口、交通站口等。他们分散在城市各个角落，也是常被人们遗忘的地方和创作盲点。实际上，这种空间常是人们经常接触和必须经过的地方，并要求具有识别、导向、停驻、社会交往的功能。所以，也是艺术创作的用武之地。这类空间常伴有不同的地势和多种行为导向，面积不大，起伏较多，所以更适合灵活变化。

与平直的造型相比，曲直婉转的造型更显层次丰富，可以形成多向对位、前后对比、延长景线、增加景深的视觉效果。使原本的方寸之地，产生多枝多蔓、错落有致、收放自如的视觉感受，也增添了不少情。同时也便于安插绿地与小品，丰富景观层次。这种构景手法，在中国传统造园理论中称之为"小中见大"、"咫尺天涯"。在现代城市景观设计中也可以作为一种有效的技法。

曲折、融合、渗透

层次递变，交汇融合

曲直、刚柔、色晕、层叠

高低错落，相互咬合

界面呈规则与灵活的统一，动静结合

围透相间，错落有致

梯廊交错，高下相盈

花池、坐椅、阶栏、层林、光影

阶、台、廊、拱门，交织错落有致

镶有垂直小品的界面变化（一）

座椅、栅栏、疏林、灯柱

凹廊、凸台、斜阶、墙垛

低垣、宽蓠、台基、密林，先抑后扬

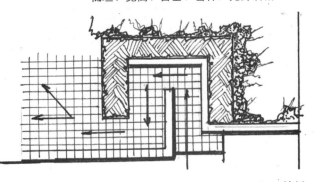

迂回转折

采用迭水、瀑布、绿墙，构成富有生机盎然、自然和谐的垂直
景观

采用涌泉、树丛、空廊、绿树构景，静中有动，动中有
静，动静结合

草丘、花圃、构架、树围深浅搭配，疏密相间

草皮、斜路、宽篱、高乔形成复层景观。光影相映，远近相
衬，极富层次感

镶有垂直小品的界面变化（二）　　　　　　　　　　（本页图由曹志伟提供）

## 休息点的棚架与凉亭

棚架

路亭

方亭（摄影　曹志伟）

观景（摄影　罗梦潇）

高低

（摄影　曹志伟）

候场（摄影　李昊）

荫棚

华盖

亭者停也，四方开敞，近可赏花，远可观景。谈心聚会，饮茶打牌，闲聊交友，无所不能。占地不多，择地灵活，也是多式多变的景观小品，情趣斐然

（注：现代化公共空间中，常以活动式伞棚和轻型吊挂式棚盖取代固定式亭子。）

红花还需绿叶配　穿西服戴礼帽

半山亭　平板

门亭　屏式

骨架

观景

依靠　偏拱

方与圆

中空，种植

悬铃

文化墙　景壁

种植

光

光栅

晴雨亭

雨篷　格栅

高低亭

透视孔

光、观景窗

栅

景墙

外衬　座椅　衬景（缓冲）

文化亭构想　壁式　文化墙

旋转　板式　**休息亭的造型简化**　（作者自设自绘）

不同的环境配置，形成不同的气场和视场，导致心理场与心理流的变化。情以物迁，境由心生。

本页以绿化配置为例。

直线引申的壮美之境

平展开敞的阔景　（昊）

高低错落的壮美之境　（昊）

枯山水之禅境

密林环抱的秘境

景物深藏的奥境　（曹）

绿水相拥的古朴之境　（苏）

鳌头绽放的秀境　（张）

花团簇拥的艳境　（昊）

（曹）　繁花似锦的秀境　（潇）　　渊远流长的深远之境　（惠）　曲折婉转的幽境　（潇）

## 3.2.1　理念导航，直达彼岸

理念是一种境界，是一种对规律性的把握，是谓"得道"—— 一种明心见性的禅悟。从哲学和美学意义上讲，理念、境界、道、禅都是为谋求对事物内在规律的把握和对本原的认知。它们之间有共通之处。

对于建筑创作来说，它是航行之舵，攀高之梯，渡河之船，是通向理想彼岸的桥梁。

在艺术构思中，常常会涉及意念、观念、概念、理念这些与思维有关的名词：

**观念：** 是基于对原有的实践经验进行总结，得出的一种共识。如价值观、整体观、时空观、场所观、团队精神等。观念、是在人们头脑中形成的一种稳定的看法、意识。如人生观、世界观的形成是以社会实践为基础，在长期的环境濡染下形成的。

**概念：** 是一种模糊而抽象，不能用具象进行量化和形象表达的，总体印象；是比较虚拟和笼统的心理意向，但却真实地存在于人的心里。

在艺术创作中所指的"概念性设计"，其概念生成是以所掌握的基本理论和规范作为认识基础，舍弃一些表面现象，经过认真观察，并从不同侧面的矛盾分析形成总体印象，在头脑中产生一种概括性、条理性的认识。这是对事物内在属性的一种抽象，偏重于定性、定向、立意方面的综合。即是说，概念是由一个个分离的元素和物体整合而形成的。表现的是一种非现象罗列、非教学相加的整体性思维秩序。作为元素，如点、线、面、体、空间，这些均属于概念性的元素。其只表示性质，不反应量的大小和具体的形状与色彩；只在空间组合时起到相互结合的关系，构成一种有机的结构。扩展到整个建筑方案，则要明确建筑的性质、职能、服务目标与方向；理顺建筑与城市、环境、自然、传统、文化、科技、现代和未来等因素的关系及存在的问题和解决的途径等，形成主要的指导思想和建设宗旨。

**理念：** 是以概念为基础，经纬编织整合，进行理性的升华，形成一种纲领性的认识，并明确地认清主要切入点和主攻方向。所谓提纲挈领，纲举目张，"抓纲铸魂"都是指向作品中注入灵魂，赋予作品以生命和明显的个性特征。所以说，有什么样理念就有什么样的作品。"心之官则思"，一切意念、概念、观念、理念都是经过大脑思考产生的。所谓构思，就是要将各种元素经过大脑的梳理、整合而后形成的一种意向。应当强调的是，这些意向都是源于实际条件和实践基础上的，即使有所谓的"先念为善"，也是已有经验在头脑中的贮存。

对于建筑构思，有两种情况：一种是被动的，既不以个人意志为转移，必须依照对象的实际情况（区位、环境、气候、地形、地貌、水文地质、建设用途、投资、技术和控制性规划要求）来进行。所有人都不能逾越这条红线，大家都站在同一起跑线上。另一种即是由创作者运用自己的智慧、胆识、知识储备、团队合作、正确判断、清晰的思路、正确的理念，进行创造性地发挥。

总之，建筑与环境艺术设计，都要建立在"知、才、胆、识、力"基础上。清代诗歌理论家叶燮曾说："大凡无才，则心思不出；无胆，则笔墨畏缩；无识，则不能取舍；无力，则不能自成一家。"既不想，又不敢想，没有主见，又不会判断，则功力必然浅薄，一定不会做出好设计。如果善于构思，必能产生较好的立意，形成完整的构思框架，以及清楚的概念生成，准确地掌握规律，形成明确的理念。既可以真正体现"道生一，一生二，二生三，三生万物"，也可以达到"道生之，德畜之，物形之，势成之"（老子《道德经》第四十二章和第五十一章）。其中的"德"是指心血的灌注，立德于作品之内核，则有较大的效益。

在建筑领域，许多伟大的建筑师，根据对建筑本质的深刻理解，以及对未来发展的企盼，有胆识，价值观明确，理念清晰，大力创新，成为推动社会与建筑发展的先锋和主力。这是基于他们的境界高尚，驾驭知识和领悟能力超群，恰当地运用建筑创造之"道"，敢于破釜沉舟，为实现理想而拼搏的"胆、识、力"俱全的素质所致。

创新，要靠正确的理想为支撑，也是有风险的。曾几何时法国蓬皮杜文艺中心，瑞典旋转大厦，以及埃菲尔铁塔，贝聿铭的卢浮宫改建等，最初都收到世人的诟病。然而，在社会实践的检验下，由于社会效益明显，最终都得到公众的认同，成为不朽的名作。

## 承载厚重的历史文化，抒发民族的伟大情怀，展示浓重的地域风情，激荡创新的建筑畅想
### ——兰州"黄河楼"方案设计构思及造型立意

设计理念——孕育：黄河，是中华民族的母亲河，文化的摇篮，孕育成长了五千年伟大精神的中华文明。
造型创意——以高大厚重的历史文化积淀为体，层层叠叠，拔地而起，直通苍穹。
　　　　　　以就去奔流，滋润中华大地，一泻千里为流，培育出朵朵奇葩，构筑成自然的历史博物馆。

（作品来源：西安建筑科技大学北斗城市工作室）

主体造型：取"玄牝"为象征，喻示母体为生长天地万物之根；洞窟指由母体培育生长的文化，以莫高窟、麦积山等文化奇葩为代表

"玄牝"引子道德经《六章》：谷神不死，是谓玄牝。玄牝之门，是谓天根。古时把天地侍卫阴阳、乾坤，牝为母性生殖

## 古丝绸之路的原点、现欧亚经济带的枢纽——西安大唐西市博物馆

采用象征、隐喻、同构等手法将传统与现代建筑语汇相融合，在精心保护、合理利用、科学开发原则的指导下，从观念上打破容器式、封闭型展储的旧模式；以开放、包容、共享、厅廊串组、街巷纵横、立体构成空间布局与建筑形态；融存储、展示、演出、娱乐、休闲、商购于一体，成为缅怀历史记忆、开创现代文明、憧憬未来梦想的文化传媒

（设计：陕西省古迹遗址保护工程技术研究中心　刘克成）

利用同构方法，将传统与现代相结合，构成建筑的肌理和文化内涵

丰富的建筑造型，神采奕奕，赏心悦目

遗址的保存：虚存与实存相结合

## 3.2.2　以家为模，宾至如归

世界上亲和力最强、吸引力最大的行为场所，非家莫属。

家，是安宁健康的庇护所；是生命的原点，也是终点；是整个人生的活动舞台，也是心灵和情感的港湾；是无拘无束可以自由松弛的场所，也是保持私密的屏障；是可以倾诉衷肠和随性而为的地方，也是滋生真情实感的温床。其情缘、血缘、姻缘、业缘集聚一堂，到处散发着温馨、自由、挚爱的芳香。闭目可以浮现无穷记忆的表象，睁眼即可看到人生历程的一切沧桑。每一处都打上生活的烙印，无论走得多远，离开多久，家永远是值得牵挂的地方。安神定性，心驻为家。不分贫富，不计大小，有家就有温暖。

俗话说："金窝、银窝，不如自己的土窝"。其幸福指数不以物质的拥有论高低，亲情重于泰山。刘禹锡在陋室铭中道出了许多对家的诠释："斯是陋室，惟吾德馨"，隔帘可望青苔绿草，闭门可以会客交友，不受尘世干扰，可以随性而为地弹琴、读书，草庐茅舍何陋之有？说明家已由物质性概念，转化为一种精神和情感的代名词。

以家为核心，可以辐射到"家庭"、"家园"、"家乡"、"国家"。从一个封闭的内部空间逐层地向外部扩展，是可以说明"家"对于促进邻里和睦、社会和谐有多么重要。

近年来，随着社会的发展，以及历史的对比与见证，有关家的概念，又有了进一步的引伸，如："物质家园"、"精神家园"、"生态家园"、"诗意地栖居地"；并把"宜居"、"宜乐"、"宜于健康"作为衡量人居环境的重要指标。

事实上，就物质层面而言，随着城市现代化进程，人们在享受着信息化、自动化、电气化带给我们的便捷、富有、享乐之外，在精神上却留下许多遗憾，安全感、危机感、紧张感、冷漠感、失落感不减反增。在"家"的观念上，虽然已经离去的农耕文明，那种炊烟袅袅，绿茵环绕，杨柳青青，鸡鸣犬吠，马嘶牛叫，池塘蛙声，彩蝶纷飞，蜻蜓点水，溪流潺潺，麦浪翻滚，到处可以闻到草木之芳香，可以听到深树的鸟鸣，昔日的田园风光还不时的萦绕在脑际。空闲之余，还不时地去光顾已经失去原味的那种单一的、变相了的"农家乐"，重温旧情。几处全国知名的水乡、古镇，虽然已经异化为旅游的对象，早已进入人类历史博物馆。但仍然吸引八方来客，不远千里前来寻梦。这一切都说明，人们对家园的向往是多么深切。倘如我们所居住的现代城市、我们的工作场所、读书的学校、漫步的街巷、外出旅游的交通驿站，都具有"田园诗"般的品格，都多少含有家的温馨，多几分自然，多几分人情，多几分人际交往，多几分浪漫，人们又何必刻意地追求"西方古典的浪漫"，"地中海风情的潇洒"？只可惜，时至今日，许多从事城市建筑与环境艺术设计的工作者，头脑中仍在盘算着创造什么样的建筑风格？只在躯壳上下功夫：如何突显权力建筑的威严，如何彰显豪华的个性，表现标新立异，唯我独尊；如何去仿古摹洋，拆旧建新，把精力和创作的焦点集注在几何体的组拼上，追求样式的翻新。这些虽然对城市面貌也有较大的影响，也应精心营构。然而，与人民生活品质的提升相比，并非惟一。人民更需要的是精神文化的滋养，更需要实实在在的水清、天蓝、空气清新，到处有绿阴覆盖，处处有人性的关怀，能够安稳的睡觉，能放心地餐饮，能保证行路的安全，活得更有尊严，真正有宾至如归、四海为家的感觉。特别是在物质极大丰富，科技迅猛发展的盛世，人们更有理由期待我们生存的家园一天比一天更加美好！这并非妄想，只在为与不为之间。许多优秀实例可以充分说明，一切都是可能的。特别是在轻理重情的中国，一向是重视亲情、乡情、国情、民情、友情，崇尚环境和空间的艺术。但在急速发展的经济社会到来之际，却一头扎向追求利润最大化，一切向钱看，攀富比阔，求大求洋，在片面追求高密度的漩涡，不能自拔。相比之下，西方的那些小城、小镇，却在自觉地维护着昔日的温馨和浪漫，静静地讲述着曾经发生的历史故事，成为人们追寻历史足迹的人间天堂。我们真应该塑本求源，想一想建筑创作的原点究竟位于何方？切莫把以人为本作为口头禅，向人类的精神家园回归吧！

## 中国传统观念中关于"家"的概念　文图配

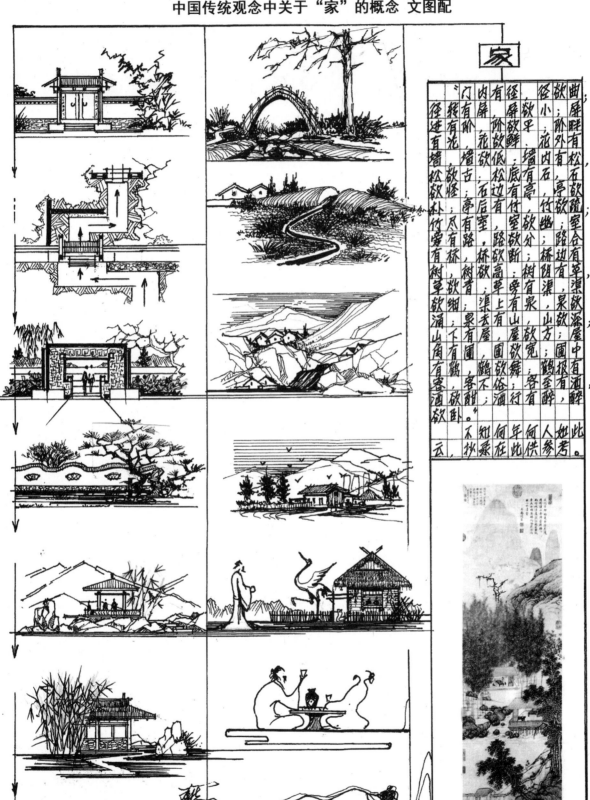

**家**

门内有径，径欲曲；径转有屏，屏欲小；屏进有阶，阶欲平；阶畔有花，花欲鲜；花外有墙，墙欲低；墙内有松，松欲古；松底有石，石欲怪；石面有亭，亭欲朴；亭后有竹，竹欲疏；竹尽有室，室欲幽；室旁有路，路欲分；路合有桥，桥欲危；桥边有树，树欲古；树底有屋，屋欲方；屋角有圃，圃欲宽；圃中有鹤，鹤欲舞；鹤报有客，客欲不俗；客至有酒，酒欲不却；酒行有醉，醉欲不归。

此供参考。
不知何年何人抄录在此。云。

明　沈贞　《竹炉山房图》

（本页线稿由笔者自绘自设）

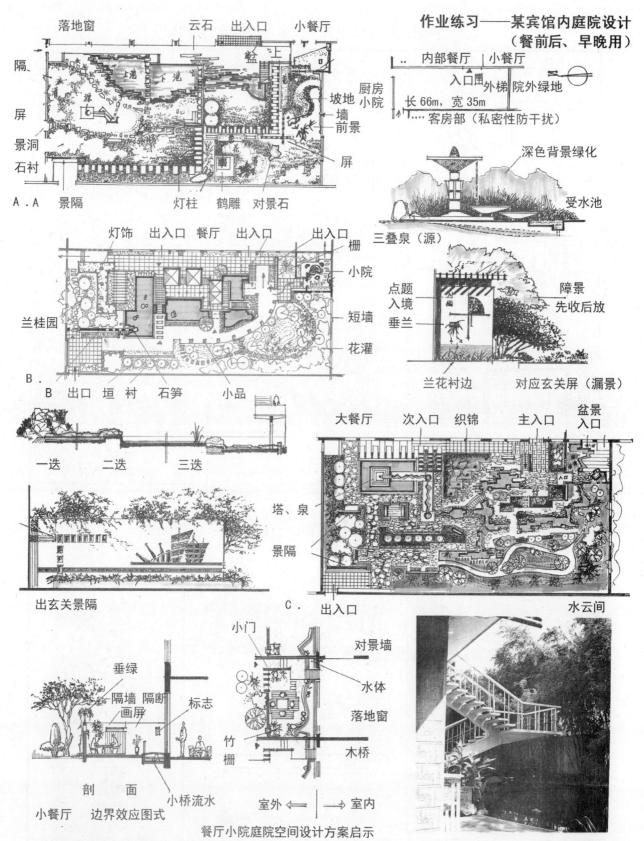

作业练习——某宾馆内庭院设计
（餐前后、早晚用）

长66m，宽35m

A.A 景隔　灯柱　鹤雕　对景石

B.出口　垣　衬　石笋　小品

三叠泉（源）

对应玄关屏（漏景）

C. 出入口　　　水云间

出玄关景隔

小餐厅　边界效应图式

小桥流水

餐厅小院庭院空间设计方案启示

　　总体设计理念：按"宾至如归"可散步、观赏、交谈、会友、休憩多功能、组织绿化庭院。严防对客房的视线和噪声干扰，按不同的风格组织，只供内部使用

（本页线稿由笔者自绘自设）

## 民族性、地域性在空间形态上的映射

有机生长的建筑，总是植根于地理、气候、民俗、文化的土壤上，生根延续。"世界性是各民族的多元共生，民族性是世界性的有机组成。越是民族的，就越是世界性的。原真性、惟一性、差异性决定了个性化"

春雨杏花江南，小桥流水人家，船摇江心，码头依岸，粉墙黛瓦，户牖垂帘

佤族村寨——依山傍水，院落稀疏。屋舍虽简，生活清幽

侗族风雨桥及鼓楼——连接的纽带、社交的媒介、防护的哨所

侗族水井与休息亭

别具一格的轻顶重檐，造型丰满，虚灵空透

苗族 吊脚楼——高低错落，虚实结合，有景有情

四川吊脚楼——适应坡地和民俗的建筑形式

含有地域和宗教意义的藏族碉楼

轻盈开放的傣族民居

一方水土养一方人，一种民族有一种文化认同，产生民族的凝聚和社会和谐 （本页图为笔者自绘）

## 小院回廊春寂静　草舍青青人随性
### ——家的感觉

低垣、丛绿、粉墙、空栏、孤树

悬棚、栅栏、板墙洞窗、翠柏（屈）

小门、低阶、围栏、层绿、曲院

露台、垂绿、连理枝、绿衬（屈）

空架、低屏、景隔、绿丛

庭院深深深几许，斑驳遗痕百姓家（林）

## 3.2.3　理性与浪漫的交织

进入 21 世纪以后，随着社会的经济、文化、科技的发展以及信息化的普及，人们的价值观、世界观、时空观、人生观都发生了改变。一方面知识的价值在提升，一方面逸乐取向在泛化。全球的旅游热在不断升温，休闲游、求知游、养生游、生态游、观光游、忆旧游、蜜月游、度假游、怀古游……已经成为发达国家和经济上升的发展国家民众的一种时尚。迎来的是一方面开发陆地的景观，一方面是水上的游轮。根据不同的阶层意识，有的偏理，捕捉文化知识，丰富阅历，开发智力；有的则是释放情感，满足兴趣，追求抒情与浪漫。所以，各种各样的度假村、生态观光园、农家乐、垂钓场、高尔夫球场、峡谷高原、雪地草原、古刹名山都成为旅游目的地。在山林、城市、历史古迹和街区、广场、主题公园、城市综合体、特色商圈、游乐场所、各种公共空间中都在进行环境和景观的创造与更新。其趋势一种是向高刺激、高娱乐、高参与性发展，带动一些凌空、俯降、旋转、极限运动设施的发展；另一种则朝向浪漫、抒情的方向发展，带动一些桑拿、水疗、药疗、足疗、瑜伽、情侣度假、诗意栖居的场所开发。对于中国人来说，有两大趋势向世界分流，一是处于文化的好奇，去欧美观光；一是情侣们趋骛于巴厘岛、马尔代夫、不丹、爪哇、巴登等可供双人世界抒情的胜地。

面对上述情况，在国内造景、造境、寓情方面，也应因势利导，顺风顺水，进行场所、空间、景观的营构。笔者认为，一是为儿童提供增长知识、开发智力、引导兴趣，满足童真、童趣的需求，开辟一些儿童乐园、主题公园、专属场地，寓教于乐。借鉴国外经验，有的为增长交通知识设儿童交通公园，为获取自然、生态知识，设生态公园、生物进化公园、海洋世界……另一途径，是为情侣们提供婚纱拍照、情感告白、欢度蜜月的场所、建筑和道具设施。爱情是人生的永恒主题，不论是年轻人，抑或是古稀老人，爱情是人生中关注幸福的核心价值。社会的和谐要从夫妻、家庭开始。有一个稳定的相知相爱的婚姻，是人生的头等大事。从古到今，多少喜剧、文学故事、影视作品、诗歌、舞蹈……都将爱情作为主题，不论悲情和喜悦，都是以浓重的笔墨加以描述。

从图例可以看出，筑巢才能引凤，搭桥方可牵线。以健康的内容和形式，满足情侣们谈情说爱、倾诉衷肠、怀旧温新，应是艺术创作的一大母题，既可以寄情于山水之间，又避免"放浪于形骸之外"。

就建筑创作而言，从古到今也一直在情与理的双轨中进行，可以说是一种理性与浪漫的交织。所谓乾坤、阴阳、刚柔、天地……都是代表着男女两性之相互依存。而在思维秩序上，一方面强调推理判断，分析综合，按客观法则进行概念生成、理念和意象的定向与定位；一方面则强调形象思维之重要，善于发挥联想、想象，进行意念开发，利用原型启迪，创造出意料之外情理之中的佳作。为达此目的，建筑师和艺术家既要有深厚的文化底蕴和哲学家般的智慧，审时度势，顺理成章，又要有艺术家的不拘一格、努力创新的激情和信手拈来的艺术造诣，二者缺一不可。一幢好的建筑，必定映射出情与理、形象思维与逻辑思维的交织与共融。

## 物色之动　心亦摇焉
### ——有感加拿大文明博物馆建筑造型设计

在多元共生的建筑世界中，该建筑以独树一帜的造型风采，演绎了理性与浪漫交织，空间与时间协奏，内涵与形式同样丰富的戏剧性的人生舞台。在内涵上，承载着加拿大完整的历史文化，架起一座连接过去、现在与未来的桥梁；在造型上，一面坚强挺拔，三面形似流云，刚柔相济，内外协调，风流倜傥，酣畅淋漓，变幻奇妙，耐人寻味。既无矫揉造作，又无过分张扬。使人视无聚焦，无一处不在流动之中，行无阻碍，处处都是轻柔的曲线；人们可以尽情尽兴，沉浸在愉悦畅神的氛围之中。

入口发端　　　　　　　　风流倜傥　　　　　　　　首尾相顾

相互衬托　　　　　　　卫星、宇宙、回旋　　　　　　外环境小品群

婉约而上　　　　　　　　曼舞的英姿　　　　　　　　相互衬托

高山流水　　　　　　　　轻歌曼舞　　　　　　　　　波浪起伏
　　　　　　　　　　　　　　　　　　　　　　　（本页图片由曹志伟提供）

# 3.2.4 融入生活的诗画情

在人们的概念中，认为诗只有由诗人撰写的古体词和白话诗，是写在纸面上，颂吟在口中的那种表意传情的文字对偶。实际上，一切诗词皆源于自然和人事。自然是诗的源泉与宝库，取之不尽，用之不竭。人生是诗的摹描对象，"诗言志"、"诗缘情"，诗是人生意义和情感的表达。

自然是由天地，以鬼斧神工造化而成的诗画长卷。山水园、山水诗、山水画皆源之于自然。"法天地，师造化"，"道法自然"。一切艺术创造都以自然作为原型，经过艺术加工再现为诗、景、画。所以，诗情画意都是人以自然作为参照进行自我观照。有的比较隐晦，有的比较含蓄，有的直接与自然相比拟，有的直指人事之沧桑，有的将人与自然直接对接。认为天地宇宙间生生不息之"元气"，与人的生命和艺术创作的心气和笔力是相关的。如陆机在《文赋》中说："笼天地于形内，挫万物于笔端。"石涛《画语录》中说："山川脱胎于予也，予脱胎于山川也。搜尽奇峰打草稿也。山川与予神遇而迹化也。"说明艺术创作就是将自然山川之精、气、神，纳入自己的心灵世界，再灌注于艺术作品之中，并以艺术作品诱发欣赏者的情感投入。

诗词讲究用"比兴"的方法，寄物咏志，借景抒情。"比"是指与自然和万物相比较；"兴"是借助万物来表达自己的感触。如言有尽而意无穷是"兴"；"志比天高，命比纸薄"是"比"。同时认为"诗者，志之所之也。在心为志，发言为诗，情动于中而形与言"（《毛诗序》），说明诗是诗人内在心志与情感的"外化"为言和形。

如上所述，一切自然和人造的风景园林都有表意抒情的作用，如能精心打造，都蕴涵着诗情画意。人在环境体验中，如能将自己的生命意义与客观景物相对照，都可获得诗情画意。

"离离原上草，一岁一枯荣。野火烧不尽，春风吹又生"（唐·白居易·《赋得古原草送别》），喻物也喻人；"春蚕到死丝方尽，蜡炬成灰泪始干"（唐·李商隐·《相见时难别亦难》）说物也励志；"碧玉妆成一树高，万条垂下绿丝绦。不知细叶谁裁出，二月春风似剪刀"（唐·贺知章·《咏柳》），不仅将杨柳的袅娜多姿描写得淋漓尽致，也把春生、春情、随性充分表达了。凡此种种，诗人在写景、喻事、寓情方面都把天、地、人三者相互关联。所以，诗之情，都是自然之情、生活之情、人性之情，一切景都多少涵有诗意的景。

古代造园，很多不是按设计蓝图施工的，而是先有诗文，以义赋形。如王国维的辋川别邺就是用21首诗意转化为庭园造景。相反，有些景观，如江南一些名楼，是先有建筑，而后由名人名著而提升，取得文与形等价齐名。所以，"赋形授义"和"以义赋形"是一种顺理成章的事。观二者的共同点都在"义"字上，诗言志、抒情，故可以作为意境和情感的媒介。

当前，许多景区为了突出"诗意地栖居"主题，常设以诗墙、诗碑、诗林、诗刻。说明大家对文化的关注，对诗词传情的重视。但大多数都是形式大于效应，多以硬质构件为载体，只用文字表达。对大多数人来说，只见其形，不见其文，实际是一种装饰。笔者认为，如果能将诗与画、场与形相匹配，会有不同效应。日本东京世田谷地区，根据儿童心理特点，将卡通与文字组配，形意兼顾是很好的途径。若能通过场景合一来表达，使人与景充分展开直接对话，应当更好体现诗情画意。

当然，不是所有形都能入诗入画，必须是那些与人的生活夙愿、理想追求、生命意义、生活情趣、生活需求相关联的形象。"感人心者，莫先乎情"[1]，并不是以硕大、艳丽、娇媚、繁杂、规整取悦于人。应以情来造型，用心经营，深入生活实际，让景观真正融入生活，就会进入诗情画意。

---

[1] 《引自美学史资料选编297页》。

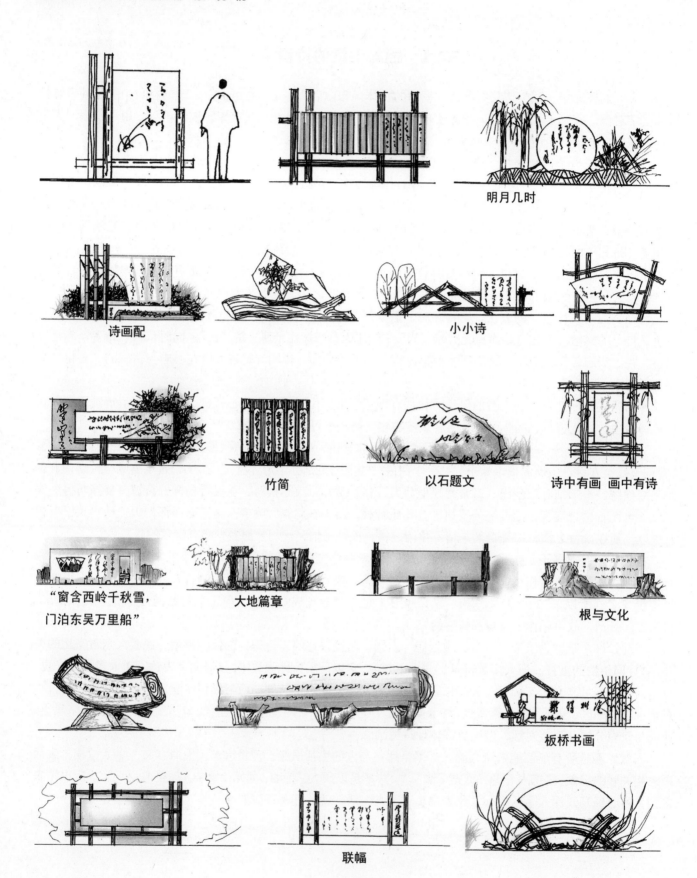

明月几时

诗画配　　小小诗

竹简　　以石题文　　诗中有画　画中有诗

"窗含西岭千秋雪，
门泊东吴万里船"　　大地篇章　　根与文化

板桥书画

联幅

诗画配　　　　　（笔者自设自绘）

造景目的: 赋形授意, 寓教于乐, 以形表意, 诗内充满情和意

春
二月春风似剪刀

模拟　干枝　白砂
明月枝间照, 清泉石上流。

奉献
春蚕到死丝方尽, 蜡炬成灰泪始干。

秋
霜叶红于二月花

彩虹总在风雨后
太阳已升起
落红
卧石(拟人化)

隐喻:
彩虹暗示几经风雨
人体、地势同构
空洞——太阳

"孝" 母爱
慈母手中线, 游子身上衣

夏
小荷方露尖尖角,
早有蜻蜓立上头

春眠不觉晓, 处处闻啼鸟。
夜来风雨声, 花落知多少

问渠那得清如许, 唯有源头活水来

节俭
锄禾日当午, 汗滴禾下土

留影
版画式
清浅白石滩, 绿蒲向堪把。
家住水东西, 浣纱在月下

版画　留影
独怜幽草涧边生, 上有黄鹂深树鸣。
春潮带雨晚来急, 野渡无人舟自横

举头邀明月, 对影成三人　剪影诗

前影　留洞　漏空
墙画　实景　后影 饮酒状　窗框
十笏茅斋, 一方天井, 几尺石笋, 几株修竹。
日中月中有影, 风中雨中有声, 诗中酒中有情, 闲中闷中有伴

场景艺术
历史的记忆 诗画配

305

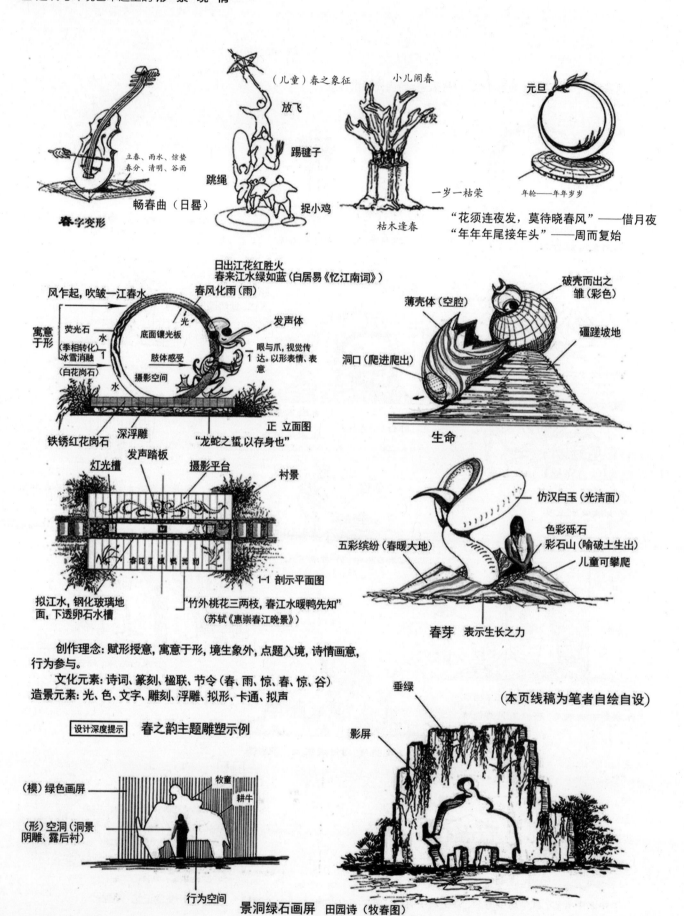

（儿童）春之象征
放飞
踢毽子
跳绳
捉小鸡

小儿闹春
怒发

元旦
年轮——年年岁岁

立春、雨水、惊蛰
春分、清明、谷雨

畅春曲（日晷）

**春**字变形

一岁一枯荣
枯木逢春

"花须连夜发，莫待晓春风"——借月夜
"年年年尾接年头"——周而复始

日出江花红胜火
春来江水绿如蓝（白居易《忆江南词》）

风乍起，吹皱一江春水

春风化雨（雨）

寓意
于形

荧光石
（季相转化
冰雪消融
（白花岗石）

水

光

底面镶光板

发声体

眼与爪，视觉传
达。以形表情、表
意

肢体感受

摄影空间

水

铁锈红花岗石

深浮雕

正立面图

"龙蛇之蜇，以存身也"

破壳而出之
雏（彩色）

薄壳体（空腔）

洞口（爬进爬出）

礓磋坡地

生命

灯光槽
发声踏板
摄影平台
衬景

1-1 剖示平面图

拟江水，钢化玻璃地
面，下透卵石水槽

"竹外桃花三两枝，春江水暖鸭先知"
（苏轼《惠崇春江晚景》）

仿汉白玉（光洁面）

五彩缤纷（春暖大地）

色彩砾石
彩石山（喻破土生出）

儿童可攀爬

春芽　表示生长之力

创作理念：赋形授意，寓意于形，境生象外，点题入境，诗情画意，
行为参与。
文化元素：诗词、篆刻、楹联、节令（春、雨、惊、春、惊、谷）
造景元素：光、色、文字、雕刻、浮雕、拟形、卡通、拟声

设计深度提示　春之韵主题雕塑示例

（本页线稿为笔者自绘自设）

垂绿
影屏

（模）绿色画屏
牧童
耕牛

（形）空洞（洞景
阴雕、露后衬）

行为空间
景洞绿石画屏　田园诗（牧春图）

## 3.2.5　利用象征表达建筑涵义

**什么是象征?**

美国人类学家怀特（Leslie White 1900～1975年）经过深入研究认为："象征可以定义为一件其价值和意义由使用它的人加诸其上的东西。我之所以说'东西'，因为一个象征可能具有任何的物理形式。它可能具有一种物体的形式，一种颜色，一种声音，一种气味，物体的一种运动，一种滋味。"[①] 清楚地说明了人们是利用某一种物理形式来表达和传递这种物理形式本体之外的意义和价值。这种物理形式是被人所利用，是由人们附着其上"由于人的横加影响而获得意义"（约翰·洛克语）。

**象征的意义与价值:**

怀特等人类学家，认为利用象征传递意义，是人类区别其他动物的重要标志，"人类行为是象征行为；象征行为是人类行为。象征是人类的宇宙"。[②] 人是生活在由象征编织的意义网络之中，渗透在全部生活领域。即人们自己的生命意义附着在物理形式之中，并在这些物理形式所代表的精神内涵中获得生命的意义。

**象征的特点:**

1. "所有象征者都得有一个物理形式。否则，它们不可能进入我们的经验。"

2. 象征不是用感觉去体验的，因为它是物理形式之外的内涵，只能意会。即"人们无法用任何数量的物理或化学检验来发现一种崇拜，物品中的精神。一个象征的意义只能通过非感觉的、象征的手法来加以领会。"

3. "象征"明显地表现一种民族性、地域性、时境性和事境性。即作为一种约定俗成的形象语言，是与民族、宗教信仰、生活习俗与时间地点息息相关，不可能全球通用，时时处处等同。如玫瑰长在树上，插在花瓶中就只是花卉，但送给情人就变成为爱情。中国的"天圆地方"在国外就是一般几何图形，但在中国的传统语境中就代表了"天和地"。诸如颜色，各民族也有不同的认知。

4. 既然象征是用来传递意义与价值的，它就必须是绝大多数人都能领会和理解的，否则它就失去了象征的意义。

**象征在建筑中的应用:**

世界建筑的发展历程中，建筑也常被看作是一种象征的艺术。最突出的例子就是神权与王权的建筑。建筑的造型、尺度、表意性，都力求上与天接，和上天发生意义的关联。西方哥特式的尖塔、尖拱，以及圆顶和葱头顶，普遍被看作神圣的象征；东方佛教中采用的风、火、水、土、日、月、幡、轮也是与天地有关。而王权为了显示权势的至高无上，至尊至贵，也在建筑尺度和色彩上另有专属。如中国的王权建筑，多以高台、重顶、面南为尊，取天数（奇数）七、九开间，以九作为天数之极，所谓九五之尊；在形式上中轴对称，神道冗长，假以天威，森严壁垒，以壮其势，颜色专用紫与黄（清代）色。

至于民间建筑，也常在屋脊、檐饰、墙壁、门窗、照壁等建筑构件上，按民族的礼仪、风俗，结合理想、夙愿、吉祥如意、幸福安康的企盼，采用形声与形意两种象征形式，贴满了象征的标签，长期地与人的生命意义相融相通。

**形声**，是指用谐音同声来进行心理暗示，如枣（早）、蝠（福）、鹿（禄）、寿桃（寿）、鹊（囍）、八（发）、猴（封侯）、瓶（平安）、鱼（富裕、余）、九（久）、四（死）等。

**形意**，是指利用物理形式，与人具有同格同构关系，进行人格化的比拟，即比德观，如以刚、柔，山、水，和阴、阳比做男女；将牡丹视为富贵，荷花——高洁、竹——挺拔、松——坚毅、杨柳——随和、兰——清秀；红色——火与血、白——纯洁及天使、黑——哀沉、朝阳——青春、夕阳——年迈、虹——希望、圆——象天、

---

① 摘自《多维视野中的文化理论》第239页至244页。
② 摘自《多维视野中的文化理论》第239页至244页。

方——法地、水——财源；另外，对于尖锐、杂乱、超强刺激的光与声则视为恐怖、危险的象征。

此外，在数字上将1、3、5、7、9（奇数）视为阳数、天数；将2、4、6、8、10（偶数）视为阴数、地数；在方向上以左为大，以右为小，男左女右，左祖右社，居中面南为尊。

随着时代的发展和社会的进步，偏于唯心的和神化的一些象征逐渐被淡化。但是，人类毕竟是追求理想的动物，总是企盼吉祥、幸福、安康。为了求得和谐幸福，原来出于神话和迷信的意义表达，已转化为个人对生命意义和个人前途的一种精神寄托和心理暗示。所以，旧形式新内容的象征意义不减反增，有的竟然变成正式的非言语直白的表征。

## 秦二世陵遗址公园规划设计

秦二世遗址建筑的保护、改造、更新项目，以面对历史，将当代恰当的设计概念和材料等融于遗址中，修旧如旧，使其和谐统一。并在特定的场所唤起人们尘封的记忆，使人们的思绪穿越时空，有所感悟和畅想为理念和指导。

（本页资料由宋照青提供）

### 3.2.6 意境与缘

**缘，是一种际遇，也是一种媒介，一种邂逅，也是意境创造的秘笈。**

意境，本属心境，境由心生。但人心不一，各如其面。所谓"众口难调"，不能以一种固定模式，满足各种需求，只能随性、随缘。缘，是一种亲和力、凝聚力、粘合力。意境创造也讲"缘"分，是指趣缘、志缘、情缘、业缘、心气，投其所好，雅俗共赏，因人而异。对于普通人而言，皆以自身生命意义和生活情境相对照；对于阅历较浅的人来说，就是"刘姥姥进大观园，满眼都是新鲜事"，只要是新、奇、异就好；对于文人雅士而言，则要品出其中的滋味。所以，意境创造既复杂又简单，只要因地、因时、因人制宜，按大多数人需求，即可取得"投缘"的效果。所以，下面介绍的实例以及书中其他的实例，只能作为参考。正如外地人都说："桂林山水甲天下"，可是当地人除认为其旅游开发价值外，却认为"水清不养鱼，山青不育林"。可见对于同一事物评价角度不同，则结论各异。前文中提到的儒、道、禅，雄、奇、险、秀、幽、旷、奥，以及现代人所需的谐（诙谐）、趣（趣味）、参（参与）、新（创意）、驰（松弛）等境界，范域是相当宽的，只要本着："心境还需心来造"，总会达到一定的功效。

趣缘：情景互动，随性而发

好奇趋力：人皆有之。随机参与；即兴所为（机缘）

好奇驱力发动

街景即兴——（随缘）

美国芝加哥千禧公园门前魅力十足——（奇缘）

# 第三章　形式心理感应与意境创造

## 3.3.1　形式的心理反应

形式，是造型艺术的语汇，是与人产生直接对话的审美客体，也是人们认知外部世界的门户，感觉与知觉的信息来源。人对空间的认知有 80% 以上的信息是由眼睛接受并由大脑解读的。对于眼部器官，正常情况下取决于视野（可视范围）、视力（远近清浊的分辨力）、光觉、色觉四种要素。对于视觉，则是受整体性、恒常性、选择性、理解性和联觉性的制约，对外部世界形成综合评价。

所谓"心之官则思"，是指人对外部世界的认知是通过选择、过滤、筛选、定向、确认而后获得的。所以，不限于当下的直觉反应，还掺杂了许多主观因素。所以才能够形成像刘勰在《文心雕龙·神思》中所说的"思接千载，视通万里"，以及传统审美理论所说的"气韵生动"、"虚实相生"、"目之所瞩"、"心亦摇焉"、"神之所游"。可见，视觉对形式所形成的心理反应是复杂的，诸如：

**物理反应：**表现为冷、暖、大、小、远、近；

**社会反应：**表现为崇高、卑微、平和、上天、入地、轻蔑感；

**空间认知方面：**距离感知，扩大与缩小空间感，实感、畏感、轻感，视错觉，封闭与开放，环境对比度；

**情感体验方面：**有瞬时（共时）、继时（历时）之差异；

**文化方面：**有认同性、抗衡性、排异性；

**生态效应方面：**有机性、永续性、再生性、循环性；

**生理方面：**紧张感、压迫感、闭塞感、拥堵感、惊恐感、舒适感、健康感；

**色彩诱发的心理效应：**热烈、沉闷、清爽、静逸；

**形式引发的感觉刺激：**雄、奇、险、秀、幽、旷、奥、神秘等。

心理反应的强度、维系的时间与形所具有的色彩和体态特征直接关联。根据观察和测试，人们在观察一个陌生环境时，初始效应首先应当属于色彩。红、橙、黄彩度较大的颜色首先会从背景中跳跃出来成为焦点；其次是在一群图形中动态的图像最有瞬间吸引力。以下则按力度感、对比度、微差依次展开。然而，容易引起情绪激活的，却首先平复，也按上述顺序依次递减，激动的越快，平复的也越快。

形式，是形象的表面属性，是引起视觉直接反应的信息体。对于第一印象景观，停留和观赏时间较短的空间与环境，起到"瞬时"效应十分显著。可以广泛用于标志、标志性建筑、城市的节点、旅游景区、观展类建筑、纪念性建筑、风景点。其视觉获取的心理效果十分明显。对于常驻性，或比较熟悉的环境，因为在反复刺激下，已经形成视觉惯性，第一印象的新鲜感已经被历时性生活体验所取代，则是以整体性、长效性、持续性的总体印象为主。

第一印象具有特殊的重要作用，详细情况参见序列空间一节。

形式对于人的心理反应，有四个层次。一是诱目（视觉先行）；二是表趣（情绪激活）；三是动心（拨动心弦）；四是入情（一窜激起千层浪，投石惊破水中天，引起情感的波澜）。

中国自古就强调"应目会心"，从形象传达到心灵感应，构成艺术造型的因与果。

以下仅就形式所引起的直觉体验，按反应性质分别阐述。

## 3.3.2　雄浑之境

雄浑之境,顾名思义,一定是以雄伟、浑厚、气势磅礴、伟大壮观之态,以威严庄重之表情,屹立于环境之中,给人以"一夫当关,万夫莫开"、"力拔山兮气盖世"之不容侵犯的印象。利用触发词法,与"雄"相关的词汇有:雄壮、雄浑、浑厚、威严、豪迈、高大、威猛等。在中国传统建筑中,堆高台、筑重顶、修万里长城和烽火台、设城楼等,一是为了防卫,二是显示国威和皇威。在自然景观中钱塘潮涌、壶口瀑布、泰山登顶、尼亚加拉大瀑布、贵州黄果树瀑布、长江三峡、美国大峡谷等都是巍峨壮观、气势雄伟,使人产生崇敬的心理反应。

相对历朝的陵墓建筑,为了表示灵魂不死,继续维系王权统治,多以山形地势为基,名之曰"托体同山",追求体量之硕大、气势之威严。按形式心理感应,以高为崇、以大为美的思想古已有之。《易经·系辞下传》关于阳刚壮美有"上古穴居而野处,后之圣人易之以宫室,上栋下宇,以待风雨,盖取诸大壮。"的描述。大壮卦中下指"乾",上指"震",皆为天、雷、龙等阳刚之物,说明大和壮为阳刚之美。

受传统影响,直至今日,一些权力机关的办公建筑和银行建筑也沿袭了求大、求实、求庄重的陋习。以对称、严谨的手法进行造型处理,面孔阴冷、严峻,大有"不可一世"之雄壮。当然,这种造型雄浑的习俗,在日常的公共空间和庭院空间组景中已不常见。与中国相反,强调民主自由的国家,市政建筑更强调市民的参与,政府机关保持与市民的对话,一般不设戒备,常将建筑设计成开放型。在中国也有特例,深圳市规划局办公建筑,为了方便市民和相关人员的造访,也不设围墙,来访者可以直接步入厅堂。两种建筑风格代表两种设计理念,也多少反映了政治体制、维护权利与接近民众。

在自然景观中,雄境当属泰山,人们称泰山为五岳之首。它是以体积**厚重**——"重如泰山"、"稳如泰山";**陡峭**——南天门,一曲盘道,直插云霄及由华北平原和齐鲁丘陵突起的高山所形成的强**对比**,而显示的雄伟之境。故素有"泰山石敢当"、"泰山压顶"、"稳如泰山"之谚俗。故在人造景观中,也可借助厚重、陡峭、对比来造型。

## 3.3.3　奇秀之境

奇与巧、妙、特、异、新相关联,秀与清、雅、丽、美、毓相关联,二者可以同属一族。

奇秀之境与雄浑不同,俗话说"粗生犷,纤生秀"。刚与柔、阴与阳、曲与直、坚挺与圆润正是一对矛盾,用于造型,也有明显的差异。

从美与审美的角度看,美与民族和地域息息相关。北国冰雪严寒,风沙较大,建筑与自然风景都有一种厚重、坚实之表征。草原与沙漠则实景豪迈、辽阔、平远而空旷,显示一种平远辽阔之境。而江南水乡,气候湿润,风景秀丽,加上吴、越、闽、粤的人文背景,更是突显一种婉约、淡雅、清纯之境。所谓"春雨、杏花、江南"、"小桥、流水、人家"、"春风又吹江南绿",正是这种自然与人文的写照。在文学、造园、戏曲、绘画艺术中,海派、粤派也是自成一格。就建筑而言,南方的粉墙、黛瓦、封火山墙、翘脊飞檐,也与北方不同,显得更加轻巧妩媚。

具有五千年文明历史的中华民族,在心态上尚文、内省;在情感上重亲情,讲和谐;在哲学上讲究"天人合一",重视辩证法和中和中庸;在艺术上追求写意摹情,道法自然;在审美上喜爱婉约、飘逸,气韵生动,淡泊清纯。以上这些都表明清、秀、妙、逸、奇的意境正符合民族普遍的艺术追求。在中华诗词宝库中,描写奇、秀、静、雅之境的内容,几乎构成一种主旋律。江南的园林风景、丝绸、彩绣已成为中华之国粹。因此,在造园的构景中,应以传统审美理论、方法、技巧为借鉴,也可用相关的诗词作参考,进行奇秀之造境。

在自然景观中,中华大地遍布奇峰名山,但唯有黄山最秀。所谓"黄山天下奇",奇石劲松,浩瀚云海,群峰叠嶂,极目天舒;故有"到过黄山不看山"之说。江南水乡,河道纵横,前街后河,虹桥横跨,船摇江心,细柳低垂，疏影横斜，美女浣纱，渔舟晚归；"江南佳丽地，金陵帝王州"（南朝齐、谢朓《隋王鼓吹曲·入朝曲》）。

"奇秀"意境的造型、造景，应以"曲"——曲径通幽，蜿蜒曲折；"雅"——不求奢华浓艳，只求文质彬彬，舒适得体；"素"——恬淡、清纯、简约、大方；"静"——平静如水，潭影空心（注："山光悦鸟性，潭影空人心。"唐·常建《题破山寺后禅院》）、回廊静寂（注："小院回廊春寂寂"唐·杜甫《涪城县香积寺官阁》）的词义作为参照。即是说物我同格，人景同一。眉目要清晰，线条要流畅，谈吐要大方，举止要文明，姿态要端正，气质要儒雅，穿着要得体。与之相反的直、艳、繁、闹，所表现的繁缛、拥堵、喧闹、僵直、娇艳的图像、造型、色彩应尽量不用和少用（只做点缀）。俗话说"室雅何须大，花香不在多"，"赏花只在三两只"。故不易求多，求大，求繁，求艳。

在自然景观中，除黄山之外，四川峨眉也有"峨眉天下秀"之称。顾名思义，"峨者高也，眉者秀也，峨眉者高而秀也。"说明线条柔美，曲折如眉，云鬟凝翠，高挑挺拔，亭亭玉立，云飘雾罩，都是秀美的线描，造景时可以作为参考。

**日本山梨医科大学校园广场**

（风景设计：户田芳树　岛川清史　吉村由美）

**奇异之境** 意料之外，情理之中，摩天大楼之乡，美国芝加哥高层建筑之新宠——水波纹大厦

（设计：珍妮·甘）

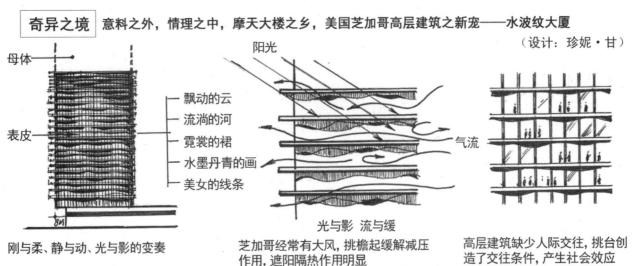

母体

表皮

飘动的云
流淌的河
霓裳的裙
水墨丹青的画
美女的线条

阳光

气流

光与影　流与缓

刚与柔、静与动、光与影的变奏

芝加哥经常有大风，挑檐起缓解减压作用，遮阳隔热作用明显

高层建筑缺少人际交往，挑台创造了交往条件，产生社会效应

局部特写

芝加哥乃摩天大楼发源地，高楼大厦栉比林立，建筑的可识别性几乎丧失。为树立地标性建筑，大多在造型奇特上下功夫。而不规则建筑却往往造成功能减弱，结构复杂，造价增加。水波纹大厦竟反其道而行之，以规则的母体，只用悬挑的阳光板，解决光照、遮阳、防风、促进社会交往，形成如诗如画的建筑意境

313

## 异·怪·奇·妙·神

超常为异，特异为怪，意料之外为奇，用心奇巧为妙，变幻莫测为神。当具有这些特征的景观出现时，人们一定会有眼前一亮，大脑的兴奋中心立刻被激活，脑电波、心电波会立即产生反应，脉搏也会随之跳动，目光也会进入聚焦状态，甚至会口出感叹和手舞足蹈。这就是奇异景观的魅力和艺术感染力。

花山奇峰

人在地下空间行走，犹如进入古老的洞穴，神奇之感油然而生。某些地铁站也常取此种情境。

（昊）　　　　　　　　　　　　（曹）

## 清秀淡雅之境

景不在多，色不宜杂，自然得体，含而不露，纹理清晰，轻装淡抹，疏影横斜，暗香浮动。如能照此拟形，秀境自然生成。

平静如镜，倒影低垂，浓林碧水（静雅）

层林叠翠，坡缓水静，文质彬彬（儒雅）

水波荡漾，鹅鸭浮水，花团簇拥（优雅）

左图：

对景围栏，疏而空透，垂绿如丝。两侧隔离栅栏，夹道迎客，使人步入清秀之境（屈）

白浪滚滚，芦花飘荡（幽雅）　（杨）

宁静致远（秀雅）　（昊）

315

### 3.3.4　险峻之境

现代人为了猎奇和挑战极限，常追求凌空俯瞰、高空蹦极、滑翔飞越、旋转攀爬之乐趣，以体验惊险刺激。"如鸟掠林"、"腾云驾雾"、"一泻千里"、"翻江倒海"、"天马行空"、"时空超越"、"乾坤倒转"、"失重失衡"……由于这些，林林总总的体验需求，催生了过山车、旋转轮、冲浪、漂流、蹦极、滑翔、气球升空、攀岩、气流旋舱、陡崖滑梯、滑索、峡谷浮桥、透明悬台、"空中花园"、高山滑雪、跑酷、街舞、蹦蹦床等游戏设施，并有花样翻新和升级的趋势。

实际上，需求是动力，科技是手段，满足是目的。从需要来讲，人是追求理想的动物，心中有梦想与期待，从古至今一直在随着社会的物质文明与精神文明的进步而增强。中国古代就有"夸父追日"、"女娲补天"、"哪吒闹海"、"孙悟空翻筋斗云"、"天女飞天"、"飞檐走壁"、"穿墙遁地"之想象和传说。现代人在现代社会和现代生活中，许多梦想都可以在科技的支撑下，如愿以偿。另外，现代人所存在的高负荷、高压力、高情感也正需要以高刺激和高娱乐性来补偿。

在科技方面，高强钢材、高强玻璃、轻质型材和锚固技术为上述极限运动提供了可能性。在 20 世纪，当风景区内设置索道、过山车时，人们都有惊奇之感。日本大阪采用框架、斜梯、悬台修建了空中花园，也是一种创新。但进入 21 世纪后，那些小尺度、小范围、小容量的旅游设施，已经成为一种常态；那些架设在高山峡谷、悬崖陡壁、摩天楼顶、潜藏海底的景观和探险设施，却像雨后春笋般地在世界涌现，成为景观与观景的一大奇观，也为惊险体验提供了方便。

在中国的名山中，华山是公认的险峰，那又高、又陡、又窄的山脊，挺拔于群峰之上，登峰造极。可以早观日出，晚看夕霞。而且行路艰辛，"自古华山一条路"。登华山是一项既艰苦又刺激的挑战极限运动。与由下而上相反，目前，有的景区依靠山势修建了千米滑梯，让人们体验急速下降的重力加速度运动。

追求惊险刺激，是一种精神境界，也是体验人生价值的一个侧面。挑战极限是一种勇敢者的气概和精神境界，是战胜自我，显示力量的表现。但为了适应广大公众能够就近、就便，广泛的参与，需要在城市公共空间和生态休闲场所提供相应的险境体验。笔者认为，可以利用建筑的飘窗、露台、屋顶、水体、过街栈桥为依托，或采用相应的构架，使身体和感官刺激，呈现一种悬浮感、漂浮感、凌空感、超越感，有惊而无险，进行常态之外的体验。或利用建筑墙体作为攀爬，或利用斜面和 U 形池提供滑板运动等。

敷设景观台的支撑结构——高强钢材、透明玻璃、挂锚结构、现代技术、共同营造具有惊险刺激观景架构。

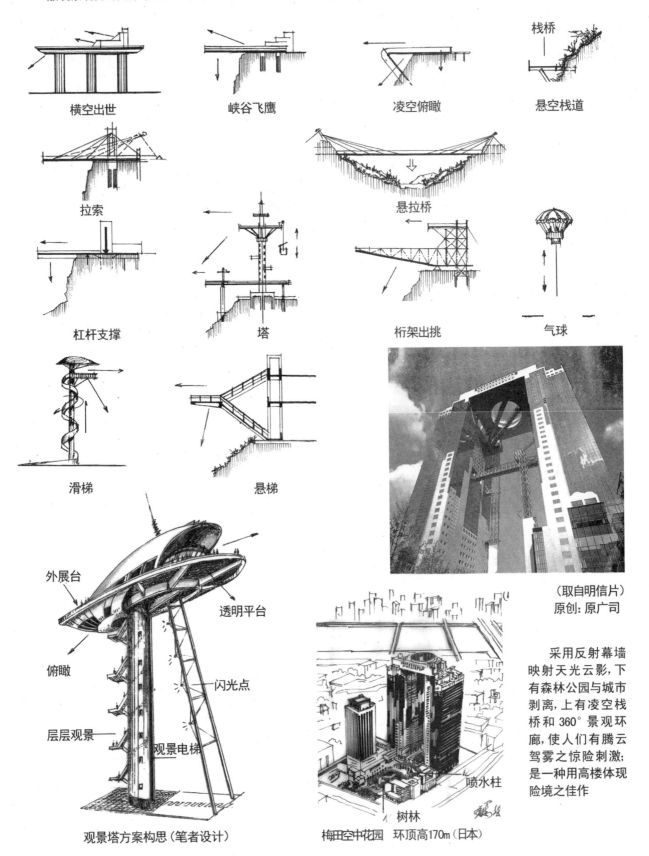

横空出世　　　　峡谷飞鹰　　　　凌空俯瞰　　　　悬空栈道

栈桥

拉索　　　　　　　　　　　　　悬拉桥

杠杆支撑　　　　塔　　　　桁架出挑　　　气球

滑梯　　　　　　悬梯

观景塔方案构思（笔者设计）

外展台
透明平台
俯瞰
闪光点
层层观景
观景电梯

（取自明信片）
原创：原广司

采用反射幕墙映射天光云影，下有森林公园与城市剥离，上有凌空栈桥和360°景观环廊，使人们有腾云驾雾之惊险刺激；是一种用高楼体现险境之佳作

喷水柱
树林

梅田空中花园　环顶高170m（日本）

美国著名的科罗拉多大峡谷将
建成一座高1200米的观景平台
（笔者自摄）

河北苍岩山悬空寺
拱桥揽胜（笔者自绘）

蒂罗尔观景台休息人群
（笔者自绘）

美国威斯康星州"岩上
之屋"，巨型延伸框架
（笔者自绘）

挪威峡湾
（笔者自绘）

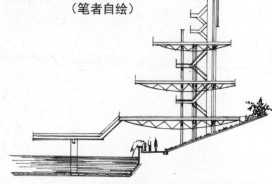

水边观景（笔者自设自绘）

箱式结构观景台（笔者自绘）

**险境**

　　不登绝顶，难知天高
地广和境界有三远（高、
深、平）；

　　不临悬崖，难以体验
万丈深渊之惊险和鹰击长
空之豪迈

新加坡滨海金沙大酒店顶楼豪华游泳池
（笔者自绘）

奥地利"蒂罗尔之巅"观
景台 观赏雪山冰川（笔者自绘）

## 奇境、险境、妙境　三合一

恒山悬空寺始建于北魏太和十五年（公元491年），
经金、明、清重修，现为明清建筑风格

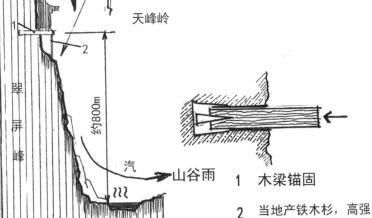

日光

雨

天峰岭

翠屏峰

约800m

汽　山谷雨

地形、地貌、气候环境示意图

1　木梁锚固

2　当地产铁木杉，高强
耐磨坚硬不折，实际
上并不承力，只是视
觉上增加险境

**奇！** 绝壁悬崖，借势造型，上有华盖雨淋不着；天峰
遮阳烈日晒不着（最多可以照晒四个小时）；谷底
水汽被疾风带走湿不着；木构榫卯以柔克刚震
不倒；儒、道、释兼有，否定不了

（摄影：赵强）

**险！** 凌空80m，下不着地，上不着天，碗口粗的立柱，犹
如"马尾空中吊"。李白有诗云："危楼高百尺，手可
摘星辰，不敢高声语，恐惊天上人。"人居其中大有
凌空远眺之势，俯瞰山谷，陡峭悬崖，面临深渊

**妙！** 构思奇异，做工奇巧，移情奇妙，千年不朽，雄姿永存，
因势构景，怡情成境。得天独厚，木构建筑常常处于风干
状态，不受紫外线照射不老化；浸与桐油，不腐朽；大梁
用鱼尾楔锚固山体三分之二，坚固耐久，有惊无险

（摄影：赵强）

恒山悬空寺为恒山第一景，也是中国的奇观，集生态、
艺术、技术、精神境界与一身的千古佳作

### 3.3.5　幽深之境

空间意境，无非指高、深、阔三种。其中之高是以竖向坐标显示的。如雄险、壮观之美（已在前文讲述）；其中之阔，是以水平尺度展开的，详见下文。至于深境，则是以纵向坐标，在按远近层次、曲折、清浊来表现的时空序列、前后对比、层次递变、开合启闭、收放有致、衔接过渡和重重叠叠中来体验的。

宋代画家郭熙在《林泉高致，山川训》中说：

"山有三远：自山下而仰山巅，谓之高远。自山前窥山后，谓之深远。自近山而望远山，谓之平远。高远之色清明，深远之色重晦，平远之色有明有晦。高远之势突兀，深远之意重叠，平远之意冲融而缥缥缈缈。其人物之在三远也，高远者明了．深远者细碎，平远者冲澹。明了者不短，细碎者不长，冲澹者不大。此三远者。"

可见深远是以重晦（昏暗）、重叠（层次）、细碎（人物形状细小而隐秘）所形成的造型特征。绘画是以二维空间展现三维的视觉感受，物理的空间是以长、宽、高三维展示的，但在体验时人的时空运动是多维的（另加时空与想象跨度）。二者虽有区别，但都是由心理感应生成的，物象之外还包括表象的参与、当下的心态、生活的参照、纵横对比与联想等复杂的心理活动，所以具有相同的共性。

"深"与幽、邃、沉、思、静、远相关，在造景造境中可以相互参照。如：

**远：**由于人的视觉透视和距离感知衰退，以及空气尘埃对透视度影响，远景比较浑浊、模糊。故有远山无脚、远树无根、远船无身、远人无形的特点。如果想要增加深远感，可以采用模糊手法和增加透视率来加强。"暗淡遮山远，空濛著柳多"（唐·杜牧《江山两寄雀碣》），说明近明远浊，越远越虚。

**深：**可以采用多级多进、重重叠叠、前后对比、增加律动来体现。欧阳修《蝶恋花》词："庭院深深深几许？杨柳堆烟，帘幕无重数。"描写了由于成行的杨柳低垂，随风飘摆犹如蒙上一层烟雾；一间间成排的房间悬挂着竹帘，像一层层幕布一样，使庭院显得十分深远。因此，凡是采用层层叠嶂，界面多级递变，空间的分隔构件逐渐收分，对于加大景深都可以收到良好的效果。

**藏：**传统造景方法中常用藏景的手法。所谓"景愈藏而境愈深"，藏不全藏，半藏半露，半隐半现，忽隐忽现，使人产生视觉的与意义的追踪，将心里在时空的追寻中流动。

**曲：**曲折幽深感，是由于多向借对，蜿蜒缠绵。多个拐点可以造成一种律动感、层次感，视觉沿曲折韵律线性展开，并增加距离感。所谓"境贵乎深，不曲不深"；"曲径通幽处，禅房花木深"（唐·常建《题破山寺后禅院》）正是说明曲折可以导致深远之感。

**静：**铭文中有"淡泊明志，宁静致远"的祖训。"静"可以预示着"深"、"雅"、"幽"、"肃"、"恬"、"懿"、"安"、"穆"、"文"等一系列的具有气韵禅念、性情、雅致涵义的心理暗示，对创造幽深的意境是必不可少的文化元素。静与闹是一对矛盾。要"静"就需要大隐隐于市，从喧闹的环境中剥离，进入"小院无人雨长苔，满庭修竹间疏槐"（杜牧《即事》）；"清江一曲抱村流，长夏江村事事幽"（杜甫《江村》）那种诗境。

静是以动作反衬的，静与动不是绝对的分隔与独立。"蝉噪林愈静，鸟鸣山更幽"（南朝梁·王籍《入若耶溪》）与"风定花犹落，鸟鸣山更幽"（宋·王安石《沈括存中述笔谈》），都是讲动与静相互衬托。动者益动，静者益静。在当前的繁华都市中能以某种围合、隔离的手段，划分出一处休闲之地，成为一片远离喧闹的净土，使人气定神闲，享受幽深之趣，虽有难度也是可能的。在造景中完全可以通过围合、隔离、时空剥离、重层结构、下沉和设置地下空间的限定方法，由无限的、开敞的、繁杂的、喧闹的城市空间分离，进入"小宇宙"、"小洞天"、"闹中求静"的空间体验。

## 3.3.6 旷境与奥境

"漱涤万物,牢笼百态"(《柳宗元晨溪诗序》),"游之适,大率有二:旷如也,奥如也,如斯而已"(柳宗元《永川龙兴寺东丘记》)。

旷境与奥境,是两种截然不同的境界,同时又是以相互对比,所形成的互补性审美意境。中唐时期伟大文学家柳宗元在被贬永州之后,游历了永州与柳州两地的自然山水。虽然他以"愚者"自命,在政治失意之后,有寄情于山水之一面;但是他在游历了永州与柳州的自然山水之后,却深受自然山水之启迪,身感神受,将自己的情愫完全融入自然山水之中。其山水游记作品开创了历史的先河,真正成为"游记之祖",享受"古代记山水手"之美誉。概括地提出了"矿如"、"奥如"乃山水游赏两大最高境界,获得了山如其人,人如其山,物我交融,出旷入幽的情感体验。在高低起伏,云横岭漫,奇峰怪石;碧波平布,飞流直下;重峦叠翠,陡崖峭壁中获得心旷神怡、舒展大方之旷境。又从山重水复,曲径通幽,丛林密布,石潭洞天,幽谷深洞中获得了奥、妙、幽、秘之境。这一开一阖、一收一放,都笼罩在这千奇百态的山水之中。使心潮跌宕,情感交织,心物互动,情景交融。

旷境泛指高远、平远、深远之境,是由远山近水,平视俯瞰中获得的;奥境泛指由幽深、密集、暗藏、隐秀中获得的。而不是单纯的体现在平芜辽阔、场面浩大、一览无余、空旷无物、一望无际的开阔视野中;也不是单指拥塞狭窄、捉襟见肘、封闭围合、阴暗幽深的方寸之地。正如宋·李格非在评介洛阳湖园所说:"园圃之胜,不能相兼者六。务宏大者,少幽邃;人力胜者,少苍古;多泉水者,艰眺望。"无场之大,只是不当;无景之野,只是荒芜。无趣之景,只是苍白。因此,不能单以物理尺度来区分旷、奥,特别是在城市空间和人居环境中,或者在临山临水的城市边界中组织环境。其旷、奥之境可以通过同时对比和前后对比,在掌握开阔、收放、围合与开敞,重层与平直之间做文章,让人们有豁然开朗和深入秘境,从有限到无限的境界转换。目前不少建筑师在尝试着"奥空间"、"重层空间"、"层结构"、"空间的襞"、"园中园"、"院中院"、"室外空间室内化"、"内伸外延"、"既隔又透"、"化整为零"、"积零为整"、"先抑后扬"等手法,使空间的视觉感受,在大与小、旷与奥中产生变化。例如巴厘岛上的海岸边,视野宽广,人们可以在岸边体验大海之辽阔。如果人们身居一个消极围合的厅室中,或静坐,或茶饮,一面享受双人世界之亲情和温暖,又能直视大海之辽阔;既有密境之幽,又有通视之广,相信会有另外一番意境(如图)。同样在一个空旷的原野中,搭建一座木屋,室内与室外也有天壤之别。由旷入奥,由奥出旷,两重视野,两重天地。同样的,在繁华的都市中,如能辟出一处幽巷雅居,也会有相似的体验。

建筑大师贝聿铭为日本设计的美秀博物馆,即是对旷、奥之境最好的阐释。

美秀博物馆在信乐山脉的山脊上,四周山峦环绕,风景如画,属于自然保护区。按当地自然公园法,保护区内建筑最高点必须低于 13m,外露的屋顶面积在 200m$^2$ 以下,故将五分之四的建筑面积隐于地下。为了方便交通,有利于观光体验,巧妙地运用原有停车场空地,设置接待处作为序列空间的发端,以樱花小道为引导发展。在临近的山坡上开凿了一个幽邃深奥的弧形隧道,形成一种秘境。并在两座山坡间修建一座 120m 长的隐形悬拉桥,使游人只浏览两侧的风光,不受桥体结构的视线干扰,真正地做到了收心定情,纵意观赏自然美景,形成舒朗开阔的旷境。隧道内流曲婉转,意蕴深长;隧道口光照亮敞,豁然开朗。对景有樱花密林相映照。建筑融于自然山体,整个空间序列有收有放,旷奥相间。一切美景尽收眼底,无一处不美,无一处虚视。建筑艺术与结构艺术完美结合。全景区的环境优美淡雅;景观构成巧于因借,精在体宜。在意境创造上,将自然之道,禅宗之意,淋漓尽致地融入环境艺术之中。为游客打造一处现代化的"世外桃源"、"人间仙境",致使游客如织,往返如梭。

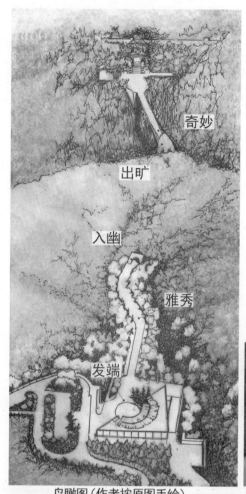

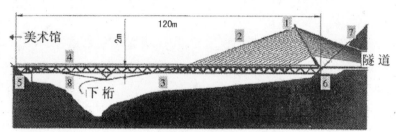

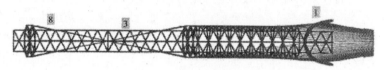

1、拱塔；　2、斜拉索；　3、桁架；　4、桥面系；　5、桥台；
6、桥台；　7、锚锭；　8、体外索（赵强自绘）

（注：本页彩图均为曹志伟摄制与提供。）

鸟瞰图（作者按原图手绘）

欲放先收，步入奥境

隧道出口光亮开朗

拱圈与拉索形成装置
艺术，轻巧自如

隧道出口，层次递变

悬桥结构内藏外露

接待处空透轻巧

拾阶而上，序厅体态轻盈

入口装饰

厅内构架，轻巧空透

## 旷 如 奥 如

"内在宇宙体验"——洞天秘境
用景门与绿化围合的"奥境空间"（笔者描绘）

巴厘岛 Alila Villas Uluwatu 酒店围合（笔者描绘）

竹笼景观构想——天、地、人浑然一体

漏窗式

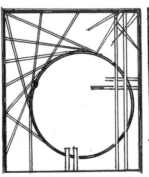

竹月式

帘幕式

（以上线稿为笔者自设自绘）

### 3.3.7　含蓄之境

含蓄与显露、内蕴与外表、韵味与直白、意与言是事物的两面。从艺术创造与艺术欣赏角度,含蓄是指"深藏不露"、"意蕴丰富"、"模糊不定"、"耐人寻味"、"余音绕梁、三日不下房"、"言有尽而意无穷","韵外之致、味外之旨"。佛家所谓"不即不离,是相非相",有如"水中之月,镜中之像"那样可望而不可即,虽了然于目中,却触摸之不及。那种意象,可以调动人们视觉、心理、想象、情感和意义的参与;可以使审美主体发挥主观能动作用。为欣赏者提供体会、观察、琢磨、揣测、反复玩味,生发深部探寻之冲动,追求意义的求解和形态端详的再创造空间。不仅形象可以悦目,其意蕴也很深长。相反,那些全无遮掩、一览无余、平铺直叙、捉襟见肘、简单直白的景象,则是索然无味,寡淡如水,一目而了然,不屑再顾。

为创造含蓄的意境,在构形、组景、造境、寓情方面常采用以下的途径和方法。

**模糊不定**

所谓模糊,是指形象处在一种边界不清,轮廓不明,融合渗透,若有若无,或由"是"到"非",由"黑"到"白"的游离过渡中,表现一种趋向性运动。有人称作"弥彩"、"缘"、"灰"性质的空间。即亦内亦外、亦上亦下、亦围亦透、既封又敞的形状,或是处于动作的乍始乍终临界状态。如箭在弦上,引而不发;前脚刚落,后脚即抬;鸟之欲飞,羽肢后收等,都表现出一种过程的起始和终结刹那间。确定与不确定,其界域由 0 至 1,处于中间级别,则表现一种游移状态,有向两极进行趋向性运动的量变过程。如由白到黑,中间皆为不同的灰,趋白者为灰白和白灰;趋黑者为黑灰和灰黑。前文已经谈到,不确定性含量的多少是获取信息量多少的内因。要想增加信息含量,就要适当地增加不确定性和模糊性。

模糊不定,包括性质、涵义、形态等不同性质。它们都只能用比较级语言和趋向性语汇作为评价标准,而不能用准确的量化标准加以界定。即比较、类似、接近、模棱两可、似是而非……可以得出多个解,多种感受。

**中介传媒**

在景观中介一章中已有叙述。建筑、树木、山、石、水体、家具、小品皆为有形的实体物象,主客体在发生刺激与反应时是一种直观性、机械性的直接互动关系。清者自清,浊者自浊,泾渭分明,毫不含糊。但是,如果利用中介作为媒体,则可形成一种缓冲、遮掩、屏蔽、消解、虚化、融合、强化与弱化的关系,其境界会有很大的变化。

苏东坡的诗句"水光潋滟晴方好,山色空濛雨亦奇"说明西湖景观晴湖、夜湖、雨湖、雾湖的景色各不相同,呈现的境界也大有区别。"烟笼寒水月笼沙,夜泊秦淮近酒家"(唐·杜牧《泊秦淮》);"雾失楼台,月迷津渡"(宋·秦观《踏莎行·郴州旅舍》);"姑苏城外寒山寺,夜半钟声到客船"(张继《枫桥夜泊》);古代的"晨钟暮鼓"等都说明烟、雾、月色、钟声对环境氛围的影响,虚无缥缈,婉约沉沦。

在现代科技条件下,有些景点利用雾化和水幕的技术,在实景前蒙上一层虚雾,或加设网罩的形式,造成虚化、柔化、淡化。

**半掩半开**

传统造景常用半藏半露、虚实相生、有无相成、若隐若现的手法。既有一定的提示,又有一定的保留。"千呼万唤始出来,犹抱琵琶半遮面"(唐·白居易《琵琶行》),几分娇媚,几分羞涩。在空间分割上,常采用珠帘低垂、栅栏断隔、屏幕遮挡、景隔屏障、绿树缭绕进行空间的暗示和心理诱导。所谓半山亭、半亩塘、月半露、云半遮、门半开、房半盖、身半露、花半开、簾半遮……这些做法都是为了给欣赏者留有联想和想象的余地。"含苞待放"、"小荷才露尖尖角"、"鸡雏破壳而生",都预示着生命的活力,不似残花败柳那样凄凉。

含蓄之美是韵味之美,含蓄之美是深邃之境,是无限之境,是流变之境,是弥漫之境。

**含蓄、模糊、不定，留有更多想象空间，更有较多内涵和信息含量**

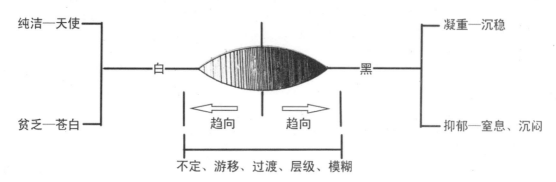

灰单用显苍白，只有与白黑混合显丰富
一般采用雾化、加纱、网罩、边界弥散、帘幕、水幕、凿毛、掩蔽、退晕、打毛等

山色空蒙雨亦奇　　　　　（周）

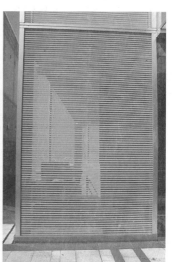

苏州博物馆纱窗窥景　（林）　　　　　　　（曹）

瀑布气雾　虚朦浩渺　（曹）

不注一字，尽显风流　（林）

**模糊空间（一）**　　　　　　　　虚朦　　　　　　（曹）

## 传统造境方法举例

含蓄、包容、隐秘、模糊、朦胧、虚渺、是造境之一绝。境贵乎深与远，路不曲不深，景愈藏而境愈深，欲盖而弥彰也

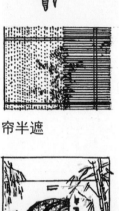
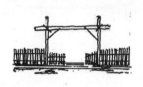
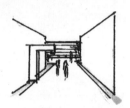

帘半遮　　　　柴门半关半开　　　街半露——小巷幽深　　景半隔——半隐半现

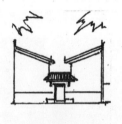

门半开　　　　人半藏　　　　　　半边盖　　　　　　　檐半挑

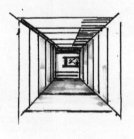

深山藏古寺

半山亭　　　　亭半露　　　　画半露——方向诱导　　水半泄——藏头露尾

云半掩　　　　曲折幽深　　　　半亩园　　　　犹抱琵琶
半遮面，
千呼万唤
始出来

江流天地外，
山色有无中

日半落

山重水复疑无路，柳暗花明又一村

黯淡遮山远，空濛著柳多

**以"半"掩半露手法的传统式造境举例**　　　　（作者绘制）

利用纵、横设置的删、帘虚化

（曹）

传统造景生境——利用"境中影、水中月"形成虚幻模糊，若即若离的审美效应　　　　网格干扰（含确定边界与不定边界）（曹）

帘幕造
成景象
之模糊
（潇）

利用网线
使远处空
间弥远，
形成虚濛
模糊之境
（潇）

模糊空间（二）

327

**消解**　笼、栅、帘、网、纱、线——改变实体的厚重、坚实、虚朦而通透。太厚则封闭拥塞，太硬则冷漠无情，太方则机械呆板，太柔则软弱纤细，太空则苍白无力，太实则一览无余。如以帘栅相隔，则虚实相应，远近相生，既围又透，于有限展无限，分出层次加大景深。

隔纱观景　（曹）　　　　　　　　　（曹）　　　　　　　　　（曹）

窗雕　（昊）　　虚朦　（斯）

花窗　（昊）　　　　（昊）

（斯）

日本建筑师隈研吾用竹子造成间隙纳光、通风、观景，既围又透，过滤、交融、清新自然。将声、光、影、风、情融为佳境

（昊）

（斯）

# 第四章　现代人的时尚之境

## 3.4.1　现代人逸乐取向的多元性和多样性

现代社会经济飞速发展，科技手段日新月异，人们的生活也处于高效率、快节奏的旋律之中。随着经济上的逐渐富裕以及闲暇时间的增多，为缓解工作环境中的高强度、高竞争压力，人们更加向往健康、向上、愉快的精神生活，渴望拥有更富有个性化、人情味的环境空间。这标志着现代人已经由过去的以谋生为主要目标的社会行为，转变到追求乐生为目的的新境界，并在环境欣赏、环境体验活动中呈现出追求个性化、多元化的逸乐取向（趣味性、娱乐性、参与性、刺激性）。

现代人逸乐取向的多元性表现在：

**1）愉悦身心，崇尚休闲。**拥挤不堪的城市交通、淡漠生疏的人际关系，甚至连家庭结构关系也变得越来越松散……现代人在享受社会经济发展带来的成果的同时，也不得不品尝随之而来的苦果。为此，人们开始寻找放松身心的活动和环境，尤其是居住在大城市的人们，更加崇尚休闲的生活方式，开始满世界地寻找适合自己的"后花园"，以求暂时远离各种烦恼和问题，缓解压力，愉悦身心。因而，提供有品质的休闲生活环境就显得尤为重要。事实上，除了像丽江、阳朔等这些具有良好环境品质的旅游地能为人们提供休闲活动环境外，城市周围，甚至在城市内部也可以创造出具有高品质休闲氛围的景观环境。有时候，即使是质朴的建筑形式，只要依托于和谐、温馨的整体环境，也可以产生令人身心愉悦的感受，创造良好的社会效益，甚至在修建、管理等方面也方便易行。

**2）体验新奇，追求刺激。**曾几何时，当景区内出现小火车钻山洞、蹦蹦床时，多少家长带儿童前来尝新、体验；当过山车开始在游乐园里呼啸而过时，多少年轻人又跃跃欲试前来寻找刺激的体验；海洋公园里，人们徜徉在美妙的海底世界，身临其境地体验海底的奇妙意境；那些极限运动——蹦极、漂流、冲浪……像有魔力一样吸引着人们前来冒险体验；甚至连最温馨浪漫的婚庆典礼，也开始不满足于常规的礼仪活动，而是上天、入水地各有奇想……

**3）返璞归真，寄情自然。**现代生活中，人们享受高度发达的物质文明和精神文明，满目都是精美的、豪华的、高科技的、流线形的现代造型。但是，人生是多彩的，只有一种情调的视觉感受，看多了，看久了，也会产生审美疲劳和情感钝化。而要想了解历史，只能走进博物馆去参观。如果在现代生活中再现一些原生态的景物，往现代生活中加一点调味剂，则会带来一些新鲜感，重新激发审美兴趣。有的海滨度假村或餐饮空间，就以简陋的茅草篷造型来营造质朴、自然的环境，带给人们以亲切感。设想一下，如果在城市的角落中也能有些类似的点缀，是否也可满足现代人所要寻觅的那种"思古之幽情"呢？事实上，有些社区已经在这方面进行了尝试。

## 3.4.2　松弛之境——快节奏、慢生活、软设计

当今的社会，正处于高速度、快增长，科技更新周期不断缩短、创新竞争日益加剧的时代。人们每天都要处于高负荷、高竞争、高压力、高强度、高效率、快节奏的工作与生活之中。快餐式的饮食、作战式的职场、超负荷的脑力运作、复杂的社会交际应酬，致使许多人的心脏跳动加速，情绪焦躁，体力透支，心律调节失常，精神疲惫，身心都处于亚健康状态。如何能在高科技、高感情之间取得平衡呢？这是不少人关注的社会问题。

为了缓解紧张情绪，有一部分人则追求高刺激、高娱乐性活动；有些则沉醉于饮酒泡吧。但是借酒消愁愁更愁，酒大伤身，酒醉乱性，并非首选之举。然而，却有许多智者，则以饮茶、欣赏音乐、打太极、练瑜伽、走向大自然、开房车驾车游、郊游漫步、打高尔夫球、下棋、打麻将、钓鱼、游泳、放风筝、抖空竹等活动，来缓解情绪，消除疲劳，调节心情，养精蓄锐。积极地进行自我身心调节，向自然回归，向原生态回归，向人性复归，让心灵产生张弛有序的节奏，将环境作为缓冲器和减压阀。或逃离喧闹、嘈杂、拥挤、塞车，到处都有商业广告的包围，寻找"无丝竹之乱耳，无案牍之劳形"的一方净土，重回田园生活。

1986 年意大利人卡洛·佩特里尼推动了"慢食运动"(Slow Food Movement)。并由此引发了"慢生活"(Slow Life)、"慢城市"、"慢休闲"、"慢运动"、"慢设计"等，以"慢"为主题的新潮。引起不少建筑师、园艺师、景观师、艺术家、社会学家的关注。

所谓"慢"，不是指物理意义上的速度减缓，而是指精神上、心灵上、情绪上的调节。进行缓冲、释放、互补、松弛、稀释、转换等。过去曾有人利用发泄的办法，如摔盘子、砸碗、打沙袋、大声喊话等偏于被动，但求一时的痛快来消解。现在看来，应提倡用另一种办法，即从生活节奏和环境氛围上进行调整。从心态调整上，提倡知足常乐，降低期望指数，学会包容，淡泊名利，减除急躁等办法来解决。既然问题出在情绪和精神层面上，那么只有"心病还当心来医"。

在环境设计中，应强调用绿色健康的设计理念，力求以活泼、自由、温馨、自然的格调，促成人与自然的和谐共生，为人们提供视觉上、感受上的平和、静谧、清新、有趣、诙谐、开放、旷达、幽静、安适的环境体验。古语说"宁静以致远，淡泊以明志。"柳子厚的"旷如、奥如"；苏轼的"江山风月，本无常主，闲者便是主人"以及"宁可食无肉，不可居无竹。"白居易的"久居樊篱下，复得返自然"；陶渊明的"采菊东篱下，悠然见南山"等诗句，均说明自然山水对调整心态皆有密切关系。现今之人，久居水泥丛林之中，也很想寻找一片能够自由地呼吸清新空气，晒一晒太阳，远望旷野，近触绿草芳香，眼界开阔，涤荡心灵重回阔别已久的田园风光和自由乐土，享受"农耕文明"的自然情趣。或漫步，或静观，或小酌，或野餐，或携带妻儿老小，悠闲自在地享受着微风扑面，凉风送爽，彩蝶纷飞，蜻蜓点水，野鸳戏水，芦花飘舞；聆听天籁之音，仰望白云悠悠，俯视溪流潺潺，"独怜幽草涧边生，上有黄鹂深树鸣"（韦应物诗句），抒发几分诗情，品尝宁静的禅意。如能像王右军那样与友人相聚，"曲觞流饮"，不是更加惬意吗？

所谓慢生活，不是消极地应对，是指以平静的心态，博大的胸怀，处事不惊，淡定包容，善用"文武之道，一张一弛"，既会积蓄能量，也会释放能量。俗话说"磨刀不误砍柴工"，"以退求进"，"以守为攻"，不失为良好的对策。

所以，环境组景应以"静"、"虚"、"幽"、"深"、"旷"、"柔"、"崇尚自然"、"回归本原"等手法，避实就虚，挖掘形的深层内涵，以发挥调节心态的场所效应。所谓"软设计"是相对于重人工、机械、几何、生冷、豪华、气派、硬质景观构成而言。

事实证明，一些小城、小景、小园、小溪、小院、田野、村庄之中，含纳着更多的生活故事，承载着更深的生命意义，更能体现纯真、素朴和原生态之美，与现代的人造环境形成悬殊的反差。人们在这些环境中，可以找回历史的遗失，得到情感的补偿和寄托。

慢生活的悠闲意境

### 3.4.3 诙谐与幽默

#### 现代生活不可或缺的情景

它是一种不用直白、含蓄的、智慧的意义表达的生活艺术，也是一种大众艺术和环境艺术。俗话说："一个小丑进城，胜似一打医生。"它是城市的"哈哈镜"，紧张气氛的减压阀，生活的开心果，人生的警示录，人际关系的润滑剂，避免尴尬与冲突的缓冲剂，打开情结的金钥匙。它是一门学问，也是一种智慧；是夏日的清风，是冬日的暖阳；平庸中的高雅，烦闷中的笑料。没有它，是艺术与情感的缺失。城市中富有的是喧闹的噪声和商业叫卖声，缺少的是欢笑，"笑一笑，十年少"。

汉代的陶俑 击鼓说唱颇有耐人寻味的喜剧色彩

百年老字号前店招戏剧化

三个和尚没水吃（广州兰圃石雕）

杂耍（前苏联）

夸张（桥、汤勺、樱桃）

**情景的拓展**
人不仅需要衣食无忧，也要轻松快乐

以眼球为背景的舞台，制造"戏中有戏"的幽默

（本页线稿为笔者自绘）
（图片由笔者拍摄）

在公路旁利用幽默的雕塑警示交通安全

## 趣味性雕塑（一）

（潇）　　　　　　　　　　　　　（昊）

（昊）　　　　　　　　　　　　　（曹）

（昊）　　　　　　　　　　　　　（曹）

情境的拓展

（杨）

## 趣味性雕塑（二）

（昊）

（曹）

（昊）

（郑）

## 生活性、趣味性、表意性、可参与性的环境雕塑小品（一）

　　小型化、人性化、趣味化的雕塑小品，有的憨态可掬，有的幽默诙谐，有的童真童趣，有的抽象夸张。体量不大，造价不高，与生活贴切，与环境和谐，取材多样，布置灵活，兼有美化、抒情、表意等多项功效。分散在城市各个角落，也是显示城市精、气、神的展示窗口。

（本页图片由曹志伟提供）

## 生活性、趣味性、表意性、可参与性的环境雕塑小品（二）

（昊）　　　　　　　　　　　　　　　　　　　（周）

（昊）　　　　　　　（昊）　　　　　　　（昊）

（昊）　　　　　（蔺）　　　　　　（昊）

（昊）　　　　（昊）　　　　　（昊）

北戴河奥林匹克公园雕塑

新西兰海边的"镜框"　　　新西兰路边咖啡馆标志（李丽）　　露　自然地记忆

森林之王　　留影空间

圆雕　　线雕　　根雕

松塔（延年益寿）　　玉米（丰衣足食）　　家屋（忠犬护主）

北戴河街头雕塑　　　　　（李丽）

树洞画

## 3.4.4　向自然与历史复归

### 1）复归自然

现代化的进程使人类改造自然取得了辉煌壮观的文明进步，但同时也在人类和自然之间自掘了一条鸿沟——人类远离了自然，失去了自然，失去了人与自然的日常直接交往和体验。在不可逆转的城市化潮流中，越来越多的人在远离自然换取物质文明进步的同时，更强烈地热爱和渴望接近大自然，渴望领略"久在樊笼中，复得返自然"的精神快乐。

所谓物以稀为贵，景以少为奇。已经失去的，才觉得可贵。乡下人进城淘金，城里人到乡下去追梦。几千年的农耕文明，除了诗人的"桃花源，有几人怜惜乡情野趣？"而如今，想看看蓝天白云，听听鸟鸣蛙声，呼吸新鲜空气，赏一赏彩蝶纷飞，吃一点无公害的野菜，要不惜驱车百里，去一趟郊外农庄。新乡村已非昔日的脏乱差，经营者投客所好，已经改容换貌，只为城里人小驻，尝尝新鲜。这种乡非乡、住非驻的生活态度，暂命名为新乡村主义。其实质就是从城市出逃，解决一时之需而已。正是这种追求慢生活的态度，成就了风景又一村——郊野农家乐、生态园、度假村、森林公园等。

### 2）复归历史

"观今宜鉴古，无古不成今。"从历史文化中直观自身，是人类素有的天性，而中国人更是尊宗尚祖，注重文化上的传承与延续。追根溯源、落叶归根是中华民族长久以来的民族习惯。那种寻求归属感的心理，不仅体现在海外游子的思乡之情、万里寻根之旅上，也反映在日常生活中人们对景观环境中复归历史的强烈诉求。而随着现代科技的发展和社会进步，人们珍惜历史文化、渴望体验曾经的历史环境的心理更加强烈。

历史文化是每一个民族的精神支柱，反映了人类的道德秩序、理想意志和价值存在等。在世代传承中，各民族的历史文化不断地发展、完善，成为现实社会文化牢固的根基。无论是曾经辉煌的盛世，还是一度暗淡的时期，都是与现实社会文化截然不同的历史文化片段，都是历史发展的记载，是民族传承的印记。对于生活在当下的人们来说，具有极大的吸引力。

当下，人们生活在物质丰裕、发展迅速的社会环境中，面临高科技带来的城市拥堵、人情冷漠的窘境，不免怀念过往那些充满人情味的旧时光。寻古、怀旧，成为人们逆反心理的一个出口；追求古董，探访古迹，正是对人们这种寻古、怀旧诉求的心理补偿。当然，某种程度上，也成为一些人自我炫耀的资本。

向历史复归有三种情况，一是以古鉴今，从历史中直观人类自身的生命价值与意义，以及发展足迹，进行文化的激励与反思。二是适应旅游业发展的需要，修建帝王将相、名人、名家故里，彰显地域文化，作为提升地域文化的名片和品牌。所以，古镇、古玩、古迹备受吹捧；什么秦、楚、汉、唐、明、清等都以地划界，力求再现。三是一种非文化性的商业炒作，只是为了增值获利。

从大的趋势看，人类越是走向文明，越是珍惜历史的过去，留下文明的足迹，直观自身的生命价值和人生意义。所以，博物馆、遗址保护、物质与非物质文化遗产作为全人类的不可再生的文化资源，日益受到世界的关注，这也是社会发展的一种必然。

**历史的记忆**

历史：承载着文化；
　　　留下了足迹；
　　　形成了记忆；
　　　赋予以意义。
　　　悲欢离合；
　　　酸甜苦辣；
　　　五味陈杂。
　　　观照过去；
　　　激励未来

忘记过去，就等于背叛！

农耕文明的疑痕

云峰山景区现状

飞帆
借力

黄帝造舟车，独轮车历史几千年　　北京七五一工业遗产与文化、艺术园区

农耕——耕织·印染·陶艺·编织……

一九〇〇年的北京　　处于马车时代的前门大街　　往日纤夫之痛　　"今日纤夫之爱"

## 3.4.5　小城故事多，乡土人情重

**郊野有情趣，乡土故人多；得闲寻去处，不妨阡陌行。**

有两首歌曲，虽然已是跨世纪的老歌，但却一直回响在人们的耳边，那就是歌曲《送别》和《小城故事》。因为它很生活，往往勾起生活的往事，在回忆中记起童年的喜和乐。

"长亭外，古道边，芳草碧连天。晚风拂柳笛声残，夕阳山外山。天之涯，地之角，知交半零落；一瓢浊酒尽余欢，今宵别梦寒。长亭外，古道边，芳草碧连天。晚风拂柳笛声残，夕阳山外山……"（《送别》）

"小城故事多，充满喜和乐，若是你到小城来，收获特别多。看似一幅画，听像一首歌，唱一唱说一说，小城故事真不错，请你的朋友一起来小城来作客。人生境界真善美这里已包括，唱一唱说一说，小城故事真不错，请你的朋友一起来小城来作客……"（《小城故事》）

人禀七情，喜、怒、哀、乐、爱、恶、惧，酸、甜、苦、辣、咸五味杂陈。谁没有值得留恋的往事？谁没有童年的快乐？那种炊烟袅袅，草地芳香，使人陶醉在自然之中的乡野，应是一种桃源胜景。

小路弯弯　　（杨）　　　　　古道沧桑　　（杨）　　　　　水井　　　（潇）

（潇）　　　　　洗手池　（潇）　　　　　灞上人家　　（成）

野渡舟横　　（杨）　　　　　湿地成片　　（杨）　　　　　池塘垂影　　（屈）

幽巷藏悠情——中世纪欧洲小镇印象

古朴·淡雅·宁静·曲折·幽深，恬淡静谧

领略异国风情　篷架·垂绿·家具·亲友

乡野故人行——山村小巷

快节奏，慢生活"长夏乡村事事愁"

（本页图李昊提供）

## 乡土人情重，小城故事多

温馨自然，曲折幽深

马拉加市中心的一家阿拉伯
茶室提供一百多种花茶

（酒香不怕巷子深）

雅室何须大，花香不在多

波多菲诺还有着如此幽静的小巷　　务宏大者幽邃，人力胜者少，苍古　　一片石驳墙，传递一片情

**寓情于景实例**　　（本页图片由笔者拍摄）

341

恋乡情结，怀旧情怀，返璞归真，复归自然，温故知新，疗伤释怀

树架屋

古有"南阳诸葛庐，西蜀子云亭"，
"斯是陋室，惟吾德馨"之铭志；
今日陋室，实是外素内秀，胜于豪宅别
墅，回归；
生态，进入返璞归真，脱俗净化，人间
仙境

（以上线稿由笔者自创自绘）

小港幽深

宾水而居 　　　　　（屈）

宅院清居 　　　　　（惠）

水上人家 　　　　摄影（屈）

溪流潺潺　肇庆某小镇掠影 　　　（惠）

沧桑记忆 　　　　　（林）

### 弘扬物质文化，展现关中农村风情
—— 陕西富平陶艺村景观艺术

演绎着小镇的历史故事，展现现代农村的风貌，诉说对未来的梦想。"如果有闲去做客，肯定收获特别多。"

本页图片由罗梦潇拍摄

内部通廊

空间层次

现代造型

展厅

动景

入口装饰

远望展馆

彩陶铺路

陶器组合

埏埴

标识

磨盘边衬

古道沧桑

# 第五章　情感与形式

清风明月本无价，万水千山皆有情；
人居闹市无人问，静心明志天地宽。

（摄影：罗梦潇）

## 3.5.1 艺术乃情感的符号

### 1　情为何物

在中国的《礼记》[1]中，"情"被定义为"弗学而能"的人禀七情，即"喜、怒、哀、惧、爱、恶、欲。"[2]三国时期的思想家、音乐家嵇康在《声无哀乐论》中则把"情"概括为八种："喜、怒、哀、乐、爱、憎、惭、惧，凡此八者，生民所以接物传情，区别有属，而不可溢者也。"[3]

---

① 《礼记》：战国至秦汉年间儒家学者解释解释说明经书《仪礼》的文章选集，其阐述的思想，包括社会、政治、伦理、哲学、宗教等诸方面，其中包括《大学》、《中庸》、《礼运》等篇。是中国古代重要的典章制度书籍，由西汉礼学家戴德及其侄子戴圣编写。

② 出自《礼记·礼运》。

③ 出自《声无哀乐论》。

1962 年，美国心理学家汤姆金斯（Silvan Tomkins）提出，人类有八种基本的情感状态，分别为害怕、生气、痛苦、高兴、厌恶、惊讶、关心和羞愧。随后，心理学家又在此八种情感状态的基础上，增加了厌恶、内疚。以研究人的脸部表情辨识和情绪而著称的保罗·艾克曼（Paul Ekman, 1934-），则提出人的最基本情感是：快乐、惊奇、厌恶、愤怒、惧怕、悲伤六种。

无论是中国的古人，还是现代的西方学者，对人类情感的论述虽有差异，但却有着高度的一致性。他们普遍认为，情感是人在接受外部事物和形象刺激时，由于当时的体验所产生的心理反应过程。其不同反应来自于外界的刺激与内在需求所产生的距离与差异，均体现一种需求的满足程度。

与情有关的内容，包括诸多方面，其中有情绪、情感、情境、心境、情景、激情等，分述如下：

**情绪：** 是指当时所产生的即兴反应，是一种暂时性的神经联系，是对外部事物和形象是否满足个体需要所产生的瞬间效应。可以说，是属于"保健性"的、"外附的"。一旦情形有所改变，情绪即可发生改变，或恢复常态。情绪不影响对事物本质的看法及态度。

**情感：** 是指人对社会、环境、客观现实、实践对象以及人生价值等所产生的体验和所持的态度，是一种相对稳定、比较持久的心理状态，也是基于自身的需要对外界产生的反应形式，如愉快、忧愁、郁闷、欢乐、兴奋、愤怒、热爱、恐惧、赞美、失望等。试验表明，不同的情感可以引起不同的生理反应，如：当有焦虑和逃避心态时，胃酸、胃蠕动和血流量减少；当愤怒和怨恨时，胃机能会增进，脑力场会紧缩，脉搏跳动会加剧，血压也会升高；而其他如激素、脑电波、脉搏、心跳、泪腺、呼吸、血管扩张，腺体分泌、身体姿态、肌肉紧张与松弛、瞳孔放大等，也都与环境刺激所引起的情感反应有关。所以，情感、情绪与人的生理健康有密切关系。

对于现代人，在残酷的竞争环境中，常常感到压抑、紧张、忧虑；同时又希望放松、解脱、发泄。这是新形势下出现的新的情感需求。当前，社会处于亚健康状态的人数剧增，也正是与当代人的情感状态有着直接的关系。

情感，一般只有时间的维度，随时间而展开、推移、发生和消亡。但也有瞬时形成的情感，表现为心理场与空间场的变化。例如，当面临惊吓、震撼或眼前一亮等场景时，脑力场就会发生骤变；在没有先兆、也未经酝酿与准备的情况下突发情感变化，如突发心跳过速、昏厥以致猝死等。情感的时间维是指前后发生的延时性心理反应，人们也可以同时体验到几种情感的联合反应，如似悲似喜、悲喜交加、似惊似惧、哭笑不得等等。

情感是在体验中产生的。所谓世间"没有无缘无故的爱，也没有无缘无故的恨"，说的就是爱与恨的情感都是在因果体验过程中而产生的道理。事实上，一切情感都是人在现实生活中的心感身受，并且常常不是凭借理性的推动，而是单凭直觉做出反应的。

**激情：** 它是一种迅猛爆发的短暂情感，反应强烈，大脑皮层内部发生巨大变化。激情有正、反两方面作用，可以产生暴怒、狂喜、恐惧、悲痛、绝望；亦可产生精神亢奋，调动创作潜能，产生艺术创作的冲动，最大限度地发挥聪明智慧，收获意外的惊喜。

**心境：** 与激情相反，它是一种微弱的情感状态。影响一段时间内的心气、言行和情绪，附加在体验性的感受中，从而滋生别样的色彩。其表现形式可以是安静的、愉快的、朝气蓬勃的，也可以是忧郁的、骚动的、闷闷不乐的，呈现出多种不同的反应。影响心境的因素，有外在环境是否顺心，也有自身所处时空处境的状态。心境具有弥散性的特点，虽然比较持久，但也可以加以调节。

**情境：** 已在前面讲过，它是由于审美主体自身的艺术修养、审美能力、情感体验等方面所表现的一种主观意识和境界。这是在特定环境中生发的一种审美情感，既缘于客体，也取决于主体的自身修养。

## 2 艺术与情感

正如苏珊·朗格在《艺术问题》所说："艺术品就是'情感生活'在空间、时间或诗中的投影。因此，艺术品也就是情感的形式或是能够将内在情感系统地呈现出来,以供我们认识的形式。"① 亦即艺术是"情感的'图式符号'。"②

艺术创作与艺术欣赏,都需要有情感的投入。可以说,情感既是附于艺术品中的灵魂,也是创作的原动力和所追逐的目标;既是艺术品表现的精神内核,也是艺术家的法术与魔杖。它是创立优势的航标,是欣赏者的风帆,是开启人们心灵的钥匙,也是拨动心扉的琴弦。

对于艺术创造者来说,没有对作品的情感投入和对创作对象的真实感受,就很难注情于景,也就不能以景感人。刘熙载在论诗的义理、情感与静物的关系时曾指出:"余谓诗寓义于情而义愈至,或寓情于景而情愈深。"③ 和其他艺术创作一样,如果景观艺术创作者不能深入生活,对于所创作的对象没有真知灼见,那么其创作的作品,就必然像把白开水当成琼浆佳酿,把白话当成诗歌,把日常的举手投足当成风姿翩翩的舞蹈一样,苍白而空洞,机械而呆板。大画家石涛也曾说过:"山川使予代山川而言也……山川与予神遇而迹化也"④,说明艺术家是以心灵映射于万象,代山川而言,是用心来创作,用心造境,以情造景的。我们从日常所看到的影视作品中不难感悟到,没有角色投入的演员,只能矫揉造作地自我表现;而一切优秀的演员,必定与所表现的人物心灵相通,才得以将角色表现得淋漓尽致。可以说,没有心灵的投射,也就无美可言。

对于艺术欣赏者来说,情感投入也至关重要。刘勰在《文心雕龙》中说:"观山则情满于山,观海则意溢于海"。尽管此处所形容的是文章的构思,但也说明了观赏者应有的心态。画家郭熙在论山水画时说:"真山水之烟岚四时不同,春山淡冶而如笑,夏山苍翠而欲滴,秋山明净而如妆,冬山惨淡而如睡。"⑤ 其中的笑、滴、妆、睡,皆是出自于人的情感体验。

在常人眼里,"清风明月本无价",而在艺术家眼里,却往往是"万水千山总是情",一切的形式语言,皆可成为情语。外物自身并无有意识的表情,其情皆是由人感悟出来的,是以自身生命意义为观照。所谓"物色之动,心亦摇焉"⑥,"目之所瞩,意之所游"。⑦ 正如同飘叶落英,本属自然现象,但可以使人产生悲秋、怜香惜玉和飘忽自然、如踏绒毡的感应。能够引发人们情感的常见自然现象大致如下:

**月:** 因其形圆,常是团圆美满的象征。因其明亮,又有"明月几时有"、"床前明月光"、"月是故乡明"、"明月松间照"等古往今来的感慨。因其光影流动、明暗流转,还有"举杯邀明月,对影成三人"的千古佳句。因其形色变换、盈朔升落,则使人有"弯月如钩"、"月上柳梢头"、"梨花伴月"、"三潭印月"、"荷塘月色"、"平湖秋月"、"二泉映月"、"象山水月"、"嫦娥奔月"、"花前月下"等词句。

**山:** 因其"横看成岭侧成峰,远近高低各不同",因而常可以引发联想,比如峰回路转、山重水复、层峦叠翠等。因其四季枯荣不同而生发出人生感悟,如"春山烟云连绵人欣欣,夏山嘉木繁阴人坦坦,秋山明净摇落人肃肃,冬山昏霾翳塞人寂寂。"⑧ 而因其高耸以喻凌云壮志,因其绵延起伏以喻龙腾虎跃生机盎然,而对三山五岳、雄奇险秀之感慨更是屡见不鲜。

**水:** 因其汹涌波涛,而藏纳脑中澎湃之志;因其潺潺溪流,而悦其声,赏其秀,感之动;因其清澈而明其心境,喻其品质,至善若水,清纯洁净;因其平静,而以明镜相比拟。

**日:** 常借助于驻处当空而比作"如日中天";因其朝阳似火,常喻为青春朝气;因其夕阳余晖,又成为人近暮年的写照。

---

① 苏珊·朗格《艺术问题》,北京:中国社会科学出版社,1983年,P24。
② 同上,P105。
③ 语出刘熙载《诗概》。
④ 语出《石涛画语录》。李白华《艺境》151页。
⑤ 郭熙
⑥ 引自刘勰《文心雕龙》。
⑦ 出自蒲震元《中国艺术意境论》。
⑧ 出自郭熙《村泉高致集·山水训》,转引自《中国美学史资料选编》下册,中华书局1985年,P14。

　　除上述自然现象，其他如春山、雨过、残阳、疏林、平川、远山、残雪、晚照等等，也常常成为艺术家们捕捉的审美对象；而其他如绿茵、石景、空气、风霜、雨雪等，也都是意境抒情的绝好题材。可见，中国人的诗情画意，全赖于吾人心灵所至，是将人的生命价值与自然景物紧密相连。

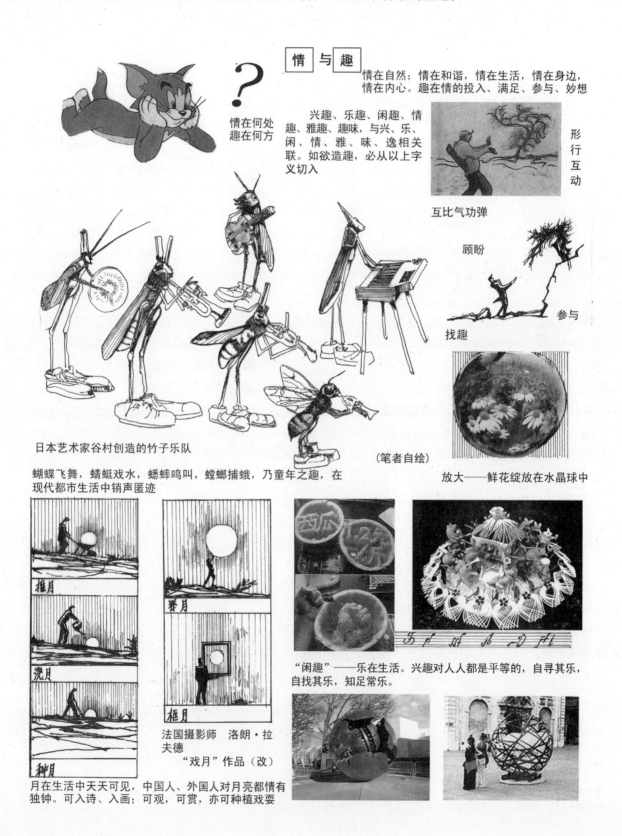

？ 情在何处 趣在何方

情 与 趣

情在自然；情在和谐，情在生活，情在身边，情在内心。趣在情的投入、满足、参与、妙想

兴趣、乐趣、闲趣、情趣、雅趣、趣味，与兴、乐、闲、情、雅、味、逸相关联。如欲造趣，必从以上字义切入

形行互动

互比气功弹

顾盼

参与

找趣

日本艺术家谷村创造的竹子乐队

蝴蝶飞舞，蜻蜓戏水，蟋蟀鸣叫，螳螂捕蛾，乃童年之趣，在现代都市生活中销声匿迹

（笔者自绘）

放大——鲜花绽放在水晶球中

推月
赏月
玩月
枢月
种月

法国摄影师 洛朗·拉夫德
"戏月"作品（改）

月在生活中天天可见，中国人、外国人对月亮都情有独钟。可入诗、入画；可观，可赏，亦可种植戏耍

"闲趣"——乐在生活。兴趣对人人都是平等的，自寻其乐，自找其乐，知足常乐。

## 清新、古朴、纤细、淡雅的竹木或仿木结构的建筑艺术

　　竹、木皆天然材质，具有古朴自然的材性，与钢和混凝土相比具有轻柔、松软、温馨、自然、朴拙的特性。其结构造型可以采用外露、附加、悬挑、支架、编织、贴挂、吊挂等多种组合方法。加上其自然纹理清晰舒展，并有自然的组合缝隙，对建筑体量有消解软化作用，更具自然、古朴、稀疏、柔和的魅力。

木屋栅顶（仰视）（潇）

不同的材质、结构肌理、质地均有传递情感的作用

## 3.5.2 艺术创作与艺术欣赏都需情感投入

中国传统审美理论,强调"意象积累",即生活体验,表象积存,头脑要有文化的积淀和经验存贮,才能"下笔如有神","意到笔随"。

哲学家黑格尔(1770~1831年)提出美是"理念的感性显现"[1]。理念是来自于概念的升华,美是由精神生发的,并以感性的形式反映出来。也就是说,一切造型、色彩、线条、肌理、质地这些形式要素,来自意蕴、精神、理念。他赞成歌德所说的古代艺术是"古人的最高原则是意蕴,而成功的艺术处理的最高成就是美。""或者说得更清楚一点,就像寓言那样,其中所含的教训就是意蕴"[2];"意蕴总是比直接显现的形象更为深远的一种东西"[3]。这里所说的意蕴是指内涵,是指艺术家的造诣和赋予形式中的内蕴。黑格尔曾经用小孩打水漂作比喻:"一个小男孩把石头抛在河水里,以惊奇神色去看水中所显的圆圈,觉得这是一个作品。在这作品中看出他自己活动的结果"[4]。说明水圈则是小孩精神活动的外化,是他的一项作品。从中直观自己的价值。

古人说,"以情写景意境生,无情写景意境亡"。意境是审美主体的内心情感体验,是源自于创作主体所赋予外物的内涵,若是景物空洞无情,观赏者也不能自作多情。

刘熙载在论诗与义理时说:"余谓诗或寓义于情而义愈至,或寓情于景而情愈深。"能把"情"和"义"体现在景象中才能收到预期的回报。艺术的实际效应,是以思想和情感作为主客体相互交流的手段。否则,自说自话,自言自语,没有任何实际效益。

艺术的生命在于创造。要创造,首先就要有激情,要对所要创作的对象了如指掌,满怀豪情地投入创作,没有激情就不可能展开广泛的遐想(即思维的发散),也不可能在分析基础上将创作重点投入到所要表达的主题。一般认为,创作必须具备"创作冲动"、"思维发散"、"收敛聚合"这三个条件。人们常说:"兴趣是最好的老师"。兴趣不是凭空产生的,是因为对某一事物在自己的实践中,体现了自身的价值,有某种成功地享受,所以产生了某种偏爱。故它是以感情投入做基础的,如果对所从事的专业没有热爱,就不可能有兴趣。兴趣不是与生俱来的,大多数人都是后天习得的,是可以培养的。在艺术创作中,这种来自于对专业的热爱是至关重要的。所谓敬业精神,就是要有感情的投入,投入就有回报。清代画家郑板桥在谈到画竹的体会时说:"不独我爱竹,竹也爱我也"。有人把自己的作品称作"孩子",把自己所爱的万物称作"爱人",产生主客体的相互转换,相互依存和相互促进。"干一行,爱一行",是职业精神的灵魂,艺术创作更是如此。

从欣赏主体来说,要想获得"畅神,愉悦"的情感体验,也要有情感的投入。劳动者对劳动所创造的对象来说,对象是主体,劳动者是客体,农民热爱禾苗的成长,关心生长过程各种变化,渔夫热爱鱼儿的肥美,庖丁解牛先要了解牛的肌体和骨骼。

固然,欣赏水平受文化、经验、艺术修养水平所限,好景,特别是比较抽象,涵义较深的作品,难以取得"知音",不一定完全产生共鸣。但是,没有好奇驱力做支撑,对一般的景象也是无动于衷。过去常把"对牛弹琴"作为贬义词形容欣赏者没有品味,现在看来,一些草木和动物在悠扬的乐曲中也能促进发育生长。而且,广大公众随着媒体的宣传,影像导向,旅游业发展,审美境界逐渐提升,对美的需要日益高涨,对形象的鉴赏水平也与日俱增,对"千城一面"、"到处雷同"已经产生了厌恶。

刘勰在《文心雕龙·物色》中说"登山则情满于山,观海则意溢于海"。登山者,能以自己的感情去关照山之雄奇秀美;观湖者能以大海之汹涌澎湃抒发自己的情怀。有人不远千里,跋山涉水,只求一览华山之险、泰山日出、黄山云海、北国雪山冰雕……肯定都是一种情感期待。这些都与人的生命价值和生活意义、生活

① 黑格尔《美学》第一卷 第142页。
② 黑格尔《美学》第一卷 第24页。
③ 黑格尔《美学》第一卷 第24~25页。
④ 黑格尔《美学》第一卷 第39~40页。

情感相关联。

总之，艺术创造应了解艺术欣赏者的需求爱好，并从欣赏者体验的角度进行角色投入，急欣赏者之所急，爱欣赏者之所爱，才能有的放矢，明确创作目标与方向。创作情感的投入，不以个人好恶为前提，应把重点投入到对公众的需求上来，力求使自己进入角色，切勿机械地描摹。还应看到艺术家的感情投入和作品质量提升，也是对欣赏着审美品位提高的一种催化剂，是美育的良好经验。

## 3.5.3　变激动为感动

建筑是社会文化的产品，是时代的物质、技术、社会生活、文化思潮的投射。高科技的迅速发展，打开了自由创作的阀门，对建筑造型的助推，好像"井喷"一样，磅礴欲出；又像脱缰之马，嘶吼狂奔；又好像中国书法中的狂草，天马行空，独来独往，浪迹天涯，一泻千里，而且大有在中国蔓延之势。

溯本求源，蕴涵在建筑师头脑的创作欲望，早已潜在，只是生不逢时，受经济、技术和观念的限制，一直处于抑制状态。然而当下形势，本已高速发展的科技如今受到数字技术的助推，加上追求业绩的边鼓，致使一大批标新立异，独树一帜，张扬个性的建筑应运而生。有的是把建筑与雕塑等同，夸张变形，追求一种爆发力、视觉张力，以便吸引人的眼球；有的借用仿生学，模拟雄鹰展翅，孔雀开屏，蘑菇出苔；有的是出于建筑的创新，打破僵硬的横平竖直。所以新、奇、异、怪，鱼龙混杂。但是，从第一印象的反应来看，确实可以收到"一鸣惊人"，"怦然心动"的激动效果。如已建的国家大剧院、鸟巢、迪拜建筑、高迪建筑以及西班牙的旋风式建筑等，都有轰动的效应，都有过目不忘的表象积累。但是，从另一方面来看，它们都是以建筑的表面魅力在起作用，虽然可以引起人们的震撼，但只是一种暂时的激动而已。如果不与建筑内在功能和空间氛围相交流，那种情绪性反应，只是一种暂时性神经联系，可以维系的时间是短暂的，人们头脑中的表象残留只是一种模糊的躯壳。激动越快，平复也越快，忘却也越快。因为主体与客体的心理距离较大，没有生活与意义的关联，目虽所瞩，心也不摇，神也不往，情也不入。此类景观，对活跃环境气氛，增加城市亮点虽有某些作用，但在情感上却是"鞭长莫及"，"无动于衷"，对于一部分人来说或只是一种空洞的自豪。

因此，在建筑与环境的景观营造上，要把激动转化为感动，才有真正的社会效益。一切艺术，都是为人服务的，都是生活的艺术。当艺术作品与人的生活相距甚远，心理距离的反差较大，只能是与人无关的它在之物。

要从情感上切入，除表面现象外，还要在意象、意义、意境层面上赋予一定的内涵，形象才能在人们的心田开花结果，产生血肉关联。感动，是一种稳态的情感反应，是发自于内心的热爱，是置于生命意义中的烙印。中国每年都有"感动中国"的人物评选，从中可以体会到，那些当选人物中都是以平凡人的身份承载着常人达不到的心灵境界，完成着不平凡的事业。建筑与人情理相通，真正具有永恒魅力的实例，才是永恒的。历史上巴黎圣母院、卢浮宫，中国的天坛、故宫、布达拉宫都是这类典范。

飞扬跋扈，奇形怪状，只是形态上的猎奇，有的则是矫揉造作，"金玉其外，败絮其中"，绝大部分都是一种快餐式的时髦之作。在中国也发生许多短命的实例，如 ×× 金蛋，×× 长龙，××……

因为要想达到感动，必须经过缜密的构思，精心策划，因地、因时、因条件制宜，在正确的理念指导下，进行准确的价值定位，有效地发挥材料和结构性能，在良好的生态性能和舒适的物理环境条件下孕育生成的新颖造型，才是建筑中的精品，也会使人心入神往，看之悦目，用之怡人。树有本，水有源，"问渠哪得清如许，为有源头活水来"（宋·朱熹《观书有感》）。所以只有来自合目的性，合规律性的源头，才能落地生根，开花结果，经受住历史的考验，而不是昙花一现。

### 3.5.4 从生活中来，到生活中去——艺术走进生活

前文已经提到，一切艺术创造皆以社会生活作为源泉，源于生活，高于生活。如果不能走进和贴近生活，就等于一个演员不能进入角色。他的表演、台词、道具都是虚假的，装腔作势，苍白无力，甚至会引起尴尬和厌恶。所以，只有融入生活才能产生血肉之关系，方能引起欣赏者的情感共鸣。

当前，在建筑与环境艺术创作中，不乏大而空，光讲排场不讲效益，生搬硬套，翻版复制，到处雷同的作品。不论体量大小，题材宽窄，如果缺少生活就是形同虚设，甚至变成视觉垃圾。

建筑的内容和形式必须是大众所企盼的、需要的、有活力的，与利益密切相关的、催人奋进的、有欣赏价值的、能够引起情感波澜的。按流行的说法，就是能让人们感到"给力"、"正能量"、"大气场"、"开心果"……事实证明，景物不在大小，内容不在多少，哪怕是一件生活用品，经过艺术上的夸张变形，都能引起情感上的共鸣。因为这些物件可以引起往事的回忆，可以成为生命的礼赞，讴歌曾经有过的辉煌岁月，可以缅怀生活意义的遗痕，可以激励奋发向上的勇气，可以看到未来的希望，可以感到劳动的价值和生活的尊严，企盼和平，反对战争，渴望幸福，恐惧灾难。这些主题都是需要与生活零距离的主动参与。从作品中感到与内心世界和生活意义的某种关联，而不是格格不入。在诗人的眼里，一草一木都栖有神明；在禅念之中一石一砂，如同高山大海；在平凡人的眼中，也会产生"一粥一饭当思来之不易，半丝半缕恒念物力维艰"的感情联想。

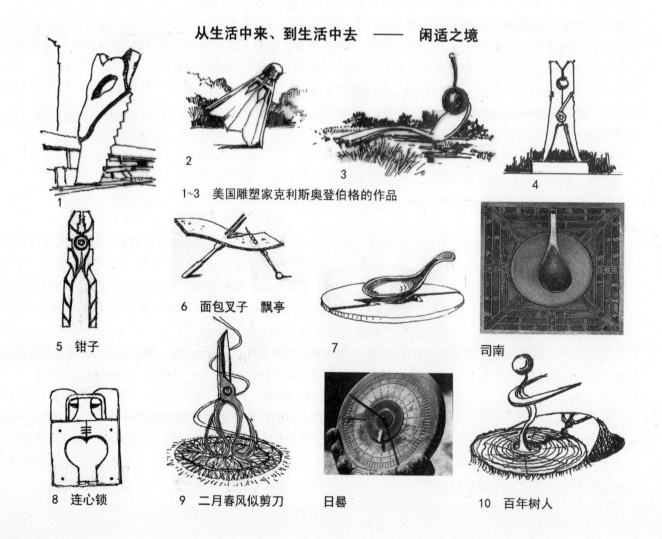

**从生活中来、到生活中去 —— 闲适之境**

1~3 美国雕塑家克利斯奥登伯格的作品

5 钳子

6 面包叉子 飘亭

7

司南

8 连心锁

9 二月春风似剪刀

日晷

10 百年树人

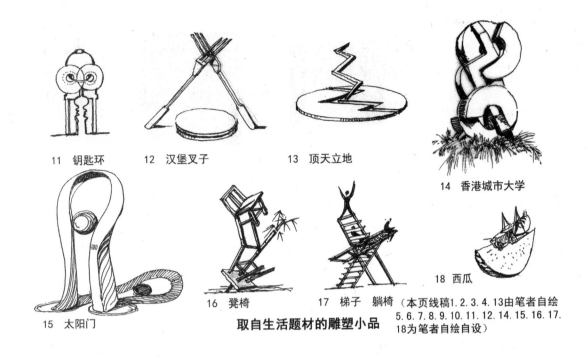

11　钥匙环　　　12　汉堡叉子　　　13　顶天立地

14　香港城市大学

16　凳椅　　　　17　梯子　躺椅

18　西瓜

15　太阳门

**取自生活题材的雕塑小品**

（本页线稿1.2.3.4.13由笔者自绘
5.6.7.8.9.10.11.12.14.15.16.17.
18为笔者自绘自设）

## 3.5.5　人性为本，物性为用的设计理念与创作实践

一切造型艺术，创作者都以自己的文化和艺术素养、理想、意志、情感以及对创作对象的深刻理解，通过一定的创作技法，物化为一种可视的形象。所以说，艺术创作偏重于认知，而辅之以灵感，艺术欣赏则偏向于直觉，却源于认知。

艺术创作的认知，是以原有的意向积累为基础，以正确的创作理念为指导，以体现价值为目标，以明确的设计立意为定位，以关键性环节为突破点（或称切入点），从而有目的性、有规律性、有意识地进行创作。

当前，以人为主体的价值观念，已成为大家的共识。以人为本，就是要把人的需求、行为规律、审美情趣、思想感情、人性关怀、理想意志、创造潜能开发、自我实现等内容贯穿于设计对象中去。在进行物化过程中，要把人放在首位，使物性与人性完全融合，并以人性为本，物性为用，本、用相结合。

什么是人性？马克思认为："自由自觉的活动恰恰就是人类的特性。"[1]"人的本质……是一切社会关系的总和……"[2]人可以"在他们所创造的世界中直观自身"[3]，并把人看成是一种社会性的动物。西方一些哲学家则从文化学角度把人定义为"唯一能够运用'象征'、'符号'传递意义的文化人（例如恩斯特·卡西尔和哲学家怀特）"；而人本主义心理学家则用有无理想追求来区分人与动物（如马斯洛）。将以上三种观点综合起来，人性就是指人要在社会交往和社会实践中体现人生的意义与价值，在受到社会尊重中发挥自由创造的潜能，不断地向理想目标奋斗。而艺术创造要为这些条件创造可能，最大限度地关心人，爱护人，附人性于万物万象之中，使之为人服务。

针对建筑与环境艺术创作而言，其物化的形象，无非是由点、线、面、色彩、材料质地、肌理组织所构成的形体或空间，诸如各种行为场所、生活环境中的绿化、庭园、雕塑小品、广场铺地、家具照明、座椅、标识之类的可视形态。而其形式所具有的物理属性和社会属性，都是按物性和人性进行有意识创造的。从而

[1]　《1844年经济学——哲学手稿》第50页。
[2]　《马克思　恩格斯选集》第一卷，18页。
[3]　《1844年经济学——哲学手稿》第51页。

使"形"具有多种层次的内涵。如：

**在物理层面上**，表现为冷暖、坚实、大小容量、精粗、区位、方位、朝向等特性。

**在功能层面上**，又可分为致用功能及精神功能两个方面。在致用功能方面，表现为合用性、器用性、驾驭性、可居性、便捷性、私密性、安全性、抗灾性等等。在精神功能方面，表现为畅神、愉悦、亲和力、自由、温馨、随性、舒适、安逸等等；

**在美的层面上**，表现为构图、比例、组配关系的悦目性和协调性，以及相应的观赏价值等。

**在经济层面上**，表现为成本消费、运营管理、能量节约、耐久性等。

**在文化层面上**，表现为时代性、地域性、民族性、乡土意识等的文化内涵和认同。

**在社会层面上**，表现为公众参与、促进交往、包容共享、尊重人格、平等博爱、凝聚力等。

**在生态层面上**，表现为亲近自然、融入自然、可再生性、循环发展性、可持续性等方面。

以上七种层面，综合体现了形式的场所效应、文化效应、生态效应、社会效应。其中物性多与实用价值有关，人性则体现于各个层面。《易经》说："形而上者谓之道，形而下者谓之器"。这里的"器"，即指物性之用，"道"即指人性之本。所谓人性，笼统地说，就是指尊重于人，方便于人，一切为了人。

然而，在实际创作中，我们却常把求大、求洋、求仿古、求豪华、求奇特、求气派、求繁复、求利润、求绩效等观念放在首位，造成了冷漠、生硬、大而不当、设而无用、到处雷同、机械呆板的现状。实际上，形不在大小，有容为大；式不在华贵，得体为佳。相反的，在一些小街、小巷、小园、小景、小城、小镇中却涵纳着更多的生命意义，讲述着人生的故事，更富有人性的内涵。笔者 2011 年重访厦门鼓浪屿时，所获印象最深的，不是那些琳琅满目的店内商品，反而是那些探出墙头、房头的花草和街头小饰，极富趣味性、自然性、人情味和观赏性。

随着创作理念、价值理念的不断提升，人们把人性的关怀纳入了创作目标之一，是值得欣慰的。这是一种从以物至上、以技术至上向以人为本的设计价值理念的回归，很值得发扬光大。而在有些国家，已把突显人性渗透到人的衣、食、住、行、医的各个领域，深值国人的效仿。

寓情于景
以景感人

亲水平台——多层面、谐趣

悬台、座椅、花池

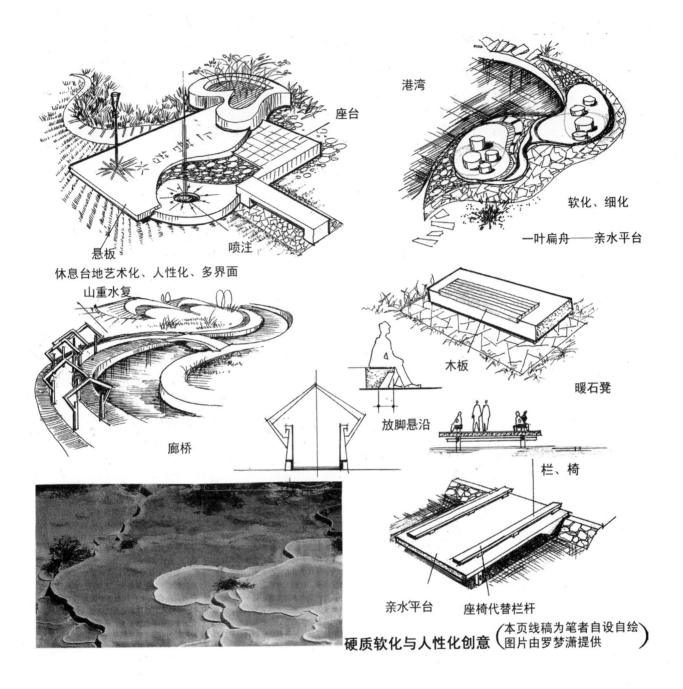

座台

港湾

软化、细化

一叶扁舟——亲水平台

悬板

喷注

休息台地艺术化、人性化、多界面

山重水复

木板

暖石凳

放脚悬沿

廊桥

栏、椅

亲水平台　座椅代替栏杆

硬质软化与人性化创意（本页线稿为笔者自设自绘）
（图片由罗梦潇提供）

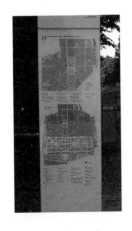

（昊）

（昊）　　　　　　　　（曹）

**国外利用小品、图案所做的标识
图例，极富人情味和艺术性。**

（曹）

### 3.5.6　人性的沦丧与复归

　　在漫长的农耕文明时期，广大的农民习惯于子承父业，以家为核心，一家头顶一片天，见闻不出乡里，交往止于四邻。"鸡犬之声相闻，老死不相往来"，过着自给自足，宗系为亲，祖宗为大，满足于"一亩地，两头牛，老婆孩子热炕头"的自由民的生活。进入工业社会，农民进城变身为工人，在由机械化到电器化和自动化的过程。机械化代替手工业，人的价值观被机器所取代，逐渐变成机器人，栓绑在机器上，成为机器的奴隶。技术至上，人的地位下降。而后随着社会的发展又转变为福利人、社会人。至20世纪才向社会人转变。后工业社会，以信息为中心的知识经济，把人们又推向了知识和技术高度竞争的大潮。其节奏加快，自律性丧失，手和人脑的功能被电脑所取代；加上高楼林立，污染加剧，人与车的矛盾剧增，安全感消失，人与自然疏远。高物质、高技术与高感情之间的矛盾激烈。"金钱"、"最大利润化"、"商业炒作"、欺诈造假、尔虞我诈现象显露，价值观、道德伦理观受到冲击。从而在一部分人之间发生了人性的扭曲，代之以"权势"、"金钱买卖"、"色情"、"只见物不见人"、"追求产量、不顾质量"、"只求业绩、不讲功德"、"只求开发，不讲保护"等负面效应，干扰了社会的健康发展。所以，向人性复归的期盼日益加强，所谓"人性化"已经成为一种时代的呼声，是许多设计者的一种努力方向。

人性，是与物性相对应的。人类一切生产活动都是为了创造物质财富。同时，也要把精神附着于物质之中，使之更好地为人服务，把"为人"放在首要目标。人的需求、行为、感情、生活态度、心理活动，是设计者需要关心的创作目标。多为人着想，谋求安全、方便、舒适、温馨、健康、快乐、关爱，不仅在城市中可以宜居，而且是乐居和诗意地栖居，以及是可以实现梦想的地方。人的本质是自由创造，只有在宽松、自由、充满爱意的氛围中才能发挥自己的潜能。"人性"没有绝对的标准，它是一种社会规范，随时代发展与时俱进。因为人是一种社会性、文化性、有理想追求的动物。既然社会、文化、理想都是一种变化的因素，人性也是变化的。工业时代，以城市里有无数拔地而起的烟囱感到骄傲，现在却成了污染的符号。当年，西方兴起摩天大楼，东方人羡慕为"经济繁荣"；现在中国大小城市高楼林立，压抑的人们有如失去呼吸自由的感觉，汽车塞满道路，硬质铺地覆盖了城市地面。人们随时都想从城市逃离，到乡下去，到绿意浓浓、清风徐徐、白云悠悠的"世外桃源"，来缓解心中的郁闷。

"人性化"就是要从细微处见精神。让人们的眼睛看到的、手脚触摸到的、心灵感受到的、生活接触到的一切物质环境和器具都感到亲切、自然、温馨；可以抒发自己的情感，感到物中有我，物为我用，惬意舒服。笔者认为，只要头脑中装满"为人"这一理念，意在笔端，以意领形，先从观念上摆正位置，从大处着眼，小处入手，就会有相应的体现。至于现实生活中的人性体现则要依靠整个社会的努力。

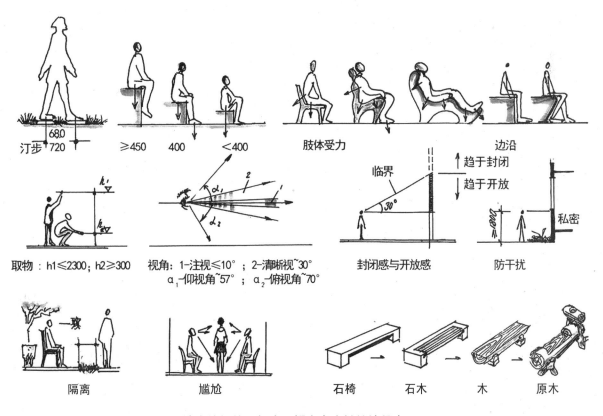

按人体机能和行为习惯考虑人性的片段启示

# 3.5.7 建筑空间的情感序列

## 1 序列构成

当人们进入某一旅游景区，游览一处园林，参观一座美术馆、博物馆或纪念园，第一次造访某一机关单位，参加某一祭祀活动时，在行进过程中，总是以空间的相互邻接，时间的前后相随而展开有次序的时空体验。作为设计者，为了更好地进行空间的引导，并把参观者逐渐地带入佳境，使景物与人产生充分的互动，往往需要有意识地按发端（启景）—发展—铺垫、高潮、后衬—结尾（余韵），或是按发端—发展—高潮—再发展—再高潮—结尾等这样的情感体验序列，来反复地呈现一张一弛、有节奏的情感起伏运动。通过空间的起、承、转、合，开、阖、启、闭，收、放、缓、急，以及化分和化合、多级多进而逐渐展开，并采用藏、露、彰、隐，或者繁复重叠、曲折幽深等空间组景手法，来诱发参观者产生跌宕起伏的情境变化，是一种有效的途径和造景方法。实践证明，这种序列构成，确实有利于维持瞬时性的情感体验。不仅可以起到移步换景、步移景异的作用，而且可以收到延迟疲劳、张弛有序、分节递进、美不胜收的审美效果。故在传统的园林和纪念性建筑空间中常被应用。

**发端：** 也称作启景、起景，是第一印象景观。即是拉开序幕，标志着已经进入胜地，是划分内外领域的一个界标。用它来提醒人们的注意，凝神聚气，没有旁骛他涉，可以收心定情地专注下列的种种目标，体现出已经达到了第一个精神驿站。

发端的方法，根据选用的造景元素、形态和数量的多少而有虚发和实发，动态发动与静态发动，强势发动与弱势发动之分。虚发多指以文字（楹联、匾额）类虚拟性符号、开敞式的牌坊等，显示一种领域和名称。实发是指用广场、封闭的山门、照壁等围合程度比较强的形象，采用先放后收，或先收后放的组景手法。动态发动多指采用刺激强度较高、景物的醒目性和诱目性较强、色彩浓艳、视觉张力明显、冲击力较强的景物配置，使人的审美情绪，瞬时得到激活，一下进入亢奋状态。如常用统摄群集的聚合效应，犹如开场的锣鼓，声情并茂，鼓号齐鸣，多景呼应。静态发动，常指以绿化作掩映，以静态的入口建筑进行空间的导入，使人的心态，自然平和地进入一个有待观赏的胜地，渐入佳境。强发动和弱发动，与动态发动和静态发动有相似之处。即在引起有意注意和无意注意之间有所差别，表现在量感效应和刺激强度上有所差异。其中实发、动发、强发都是基于瞬时效应，使人一下被吸引；而虚发、静发、弱发都是一种提示性的，把亢奋和高潮留在后续空间，逐渐地进入高潮。

发端是属于第一印象景观。第一印象给人留下深刻的印记，可以起到初始效应，也叫铭刻（刻板）效应。通常是以表面魅力起作用，所谓一见钟情。第一印象之重要是因为它可以用"一俊遮百丑"的功能引起晕轮效应。即初始印象好，对后续景观有先念为主的正叠加和缺点易被掩饰的作用；反之则有负叠加和被夸大的作用。所以，门面、出入口，犹如人的一张脸，受到普遍的重视。

**发展：** 是指空间的引导、衔接、过渡、转换、分导、期待；体现在时空流动中，行进在路径中。景物起到指向性、诱导性、点缀性、散点式、模数化、有间隔地呈现的空间意象。但是，它并非是一种平铺直叙式的直白，而是一种蓄势待发，引人入胜，展开情节，犹如箭在弦上引而不发。使人产生脱俗净化，细品品味，历时性地体验。景物多以框、隔、障、断、夹、藏、露、曲、折、幽、深，若即若离，断断续续，可望而不可及等形式出现，是故事的叙述与铺陈。好像河水之涌动，波浪起伏，静物在微风中飘动，细雨润物，是一种渐进的递变，形成长序的节奏性运动。在发展段，为了引人入胜，渐入佳境，起到脱俗净化，收心定情，集注未来的目标，将心理指向投射到未来的期待，一般利用收敛型、导向性强、节奏性明显的景物，聚拢视线，层层递进，形成审美心理的泛化和心潮起伏。

**高潮：** 是指在经过酝酿、铺垫、陈述之后出现的心潮澎湃，心花怒放，眼前一亮，振奋不已，激情满怀那种心态。在高潮到来之前，往往有提示，铺垫，预启；而在高潮之后，为了烘托高潮的氛围，常有旁衬及后缀，以突显高潮的震慑效应。高潮不仅依靠形式的出众，而多以内容进行展示，以满足各种期待和需要为目标。此外，高潮景点还需要有一定的空间容量，可以接待更多的游客流连忘返。不仅需要有足够开敞的主空间，亦可附设可以延伸的线状次空间，既有厅又有廊，既有中心又有边界，以便分散人流，提供主、客体互动的衔接界面。高潮是一种情绪的释放，感情的抒发，是空间与时间的聚合体。其场效应最为明显，审美能量的集聚与释放均在此空间内，应以最大的满足度进行场所精神的营构。

**结尾与余韵：** 经过高潮之后，人们的兴奋不已，"余音绕梁，三日不下房"，意犹未尽，"形有尽而意无穷"，人们还有较大的联想和想象空间，继续在品味，或者寄托于来日再访，或者成为日后的追思和冥想。所以有人在景后区设置有"冥想室"之类的空间，供人们继续品尝已经消逝的余味，或发出感叹性的议论，以释紧绷的情怀。

情感序列构成，是中国特有的造景手法，是使形与景、境、情彻底产生互动和共鸣的一种组景方式，特别是在纪念性建筑、博展类建筑以及山林建筑空间，更有重要的意义。事实上，国外有些建筑也曾在前序空间中安排情感与情绪的转换。例如柏林犹太人文化纪念馆，就以入口处49根扭曲的柱子作为发端，使人很快进入情境。还有许多类似的实例，都说明建筑与人，是在互动中产生情感交流的，而且是借助于序列构成的。

作为序列，它存在于一切生产与生活之中，为达到一定的目的，人们必须遵循事物发展的规律。就其在艺术领域、文学、戏剧、歌舞、影视等都要进行故事情节的编排，才能收到预期的效果。因此，建筑的空间也必须按功能和空间的顺次进行排列组合，特别是审美情境的诱发、引导、情绪泛化、心潮起伏、愉悦满足等更需有意地创造。有关情感序列的构成，在传统建筑实例中，苏州园林、北京故宫都是很好地例证。

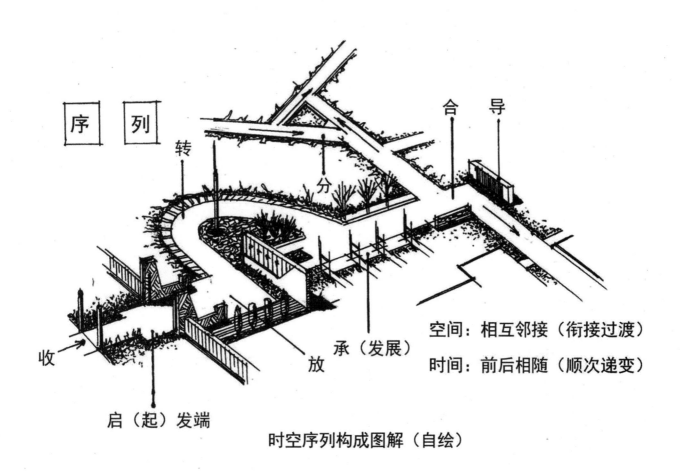

时空序列构成图解（自绘）

## 展览、美术、博物——展示型空间序列构成图式（示意图）

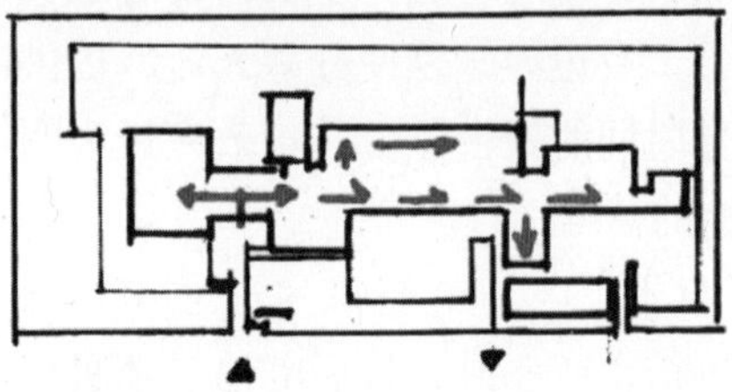

短序

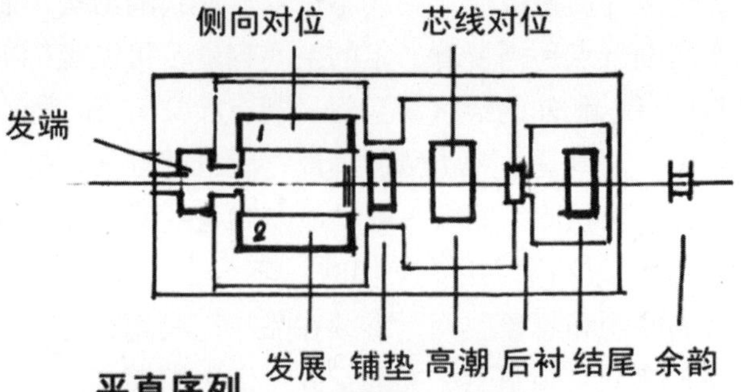
侧向对位
芯线对位
发端
1
2
发展
铺垫
高潮
后衬
结尾
余韵

平直序列

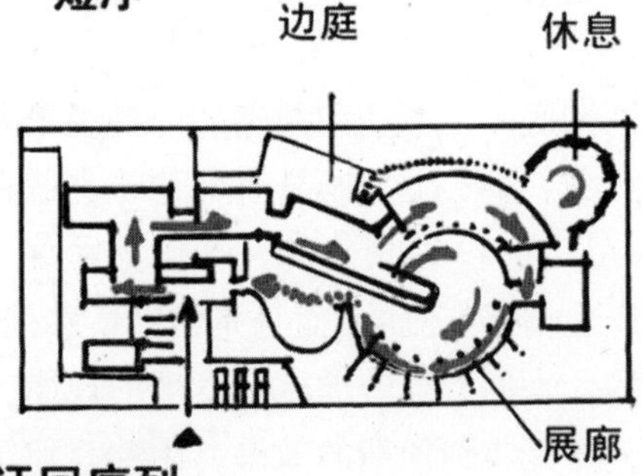
边庭
休息
展廊

迂回序列

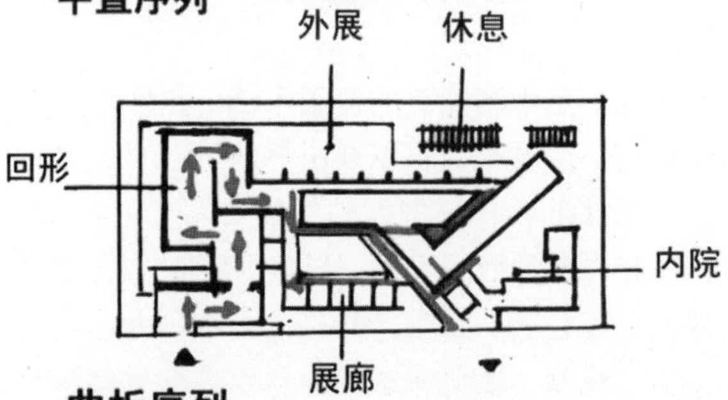
外展
休息
回形
内院
展廊

曲折序列

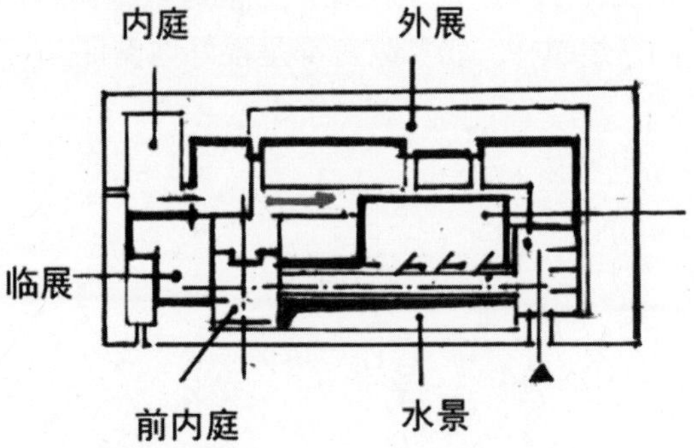
内庭
外展
临展
前内庭
水景

曲折长序

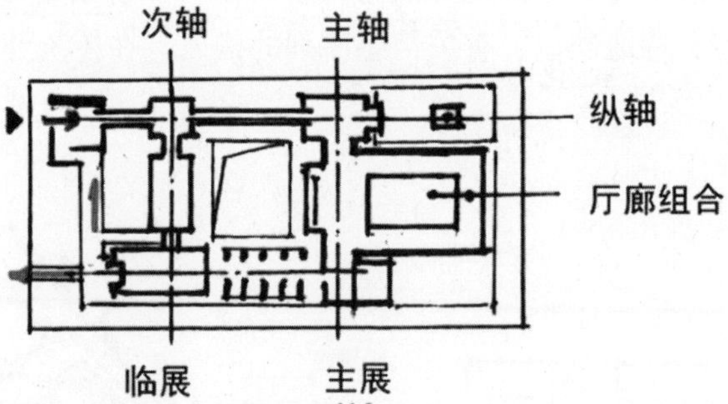
次轴
主轴
纵轴
厅廊组合
临展
主展

复杂序列

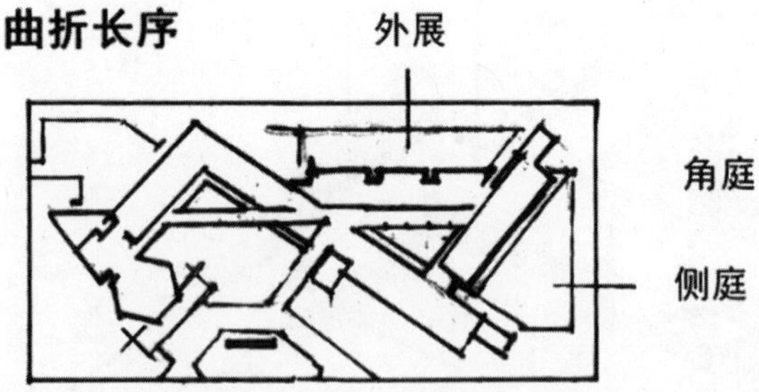
外展
侧庭

双分式序列

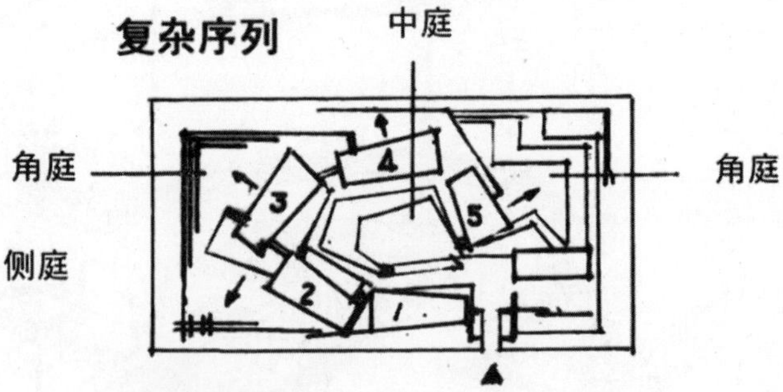
中庭
角庭
角庭
1
2
3
4
5

旋转序列

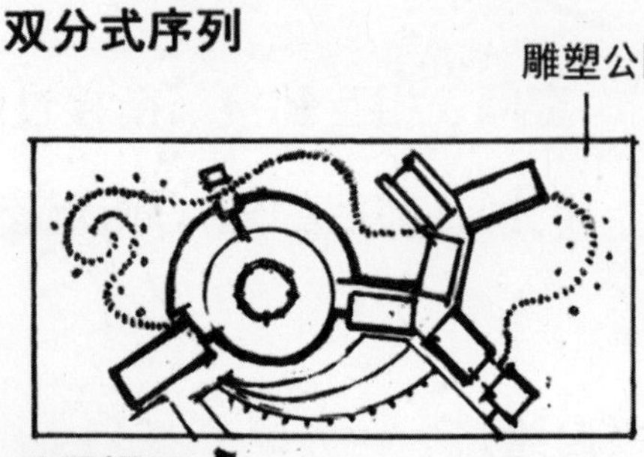
雕塑公园

重层迂回

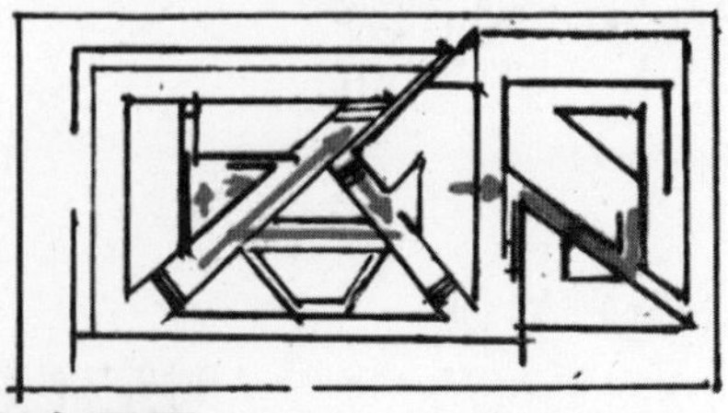

复杂母题

由平、短、直序列改为曲折、迂回、长序、复杂序列之图解

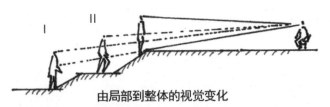

由局部到整体的视觉变化

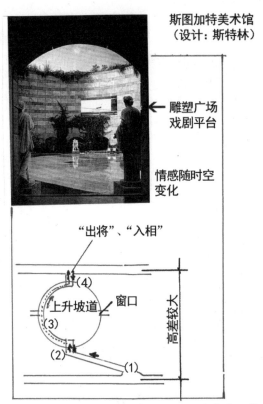

斯图加特美术馆
（设计：斯特林）

←雕塑广场
戏剧平台

情感随时空
变化

滨河空间中的组合元素：水体、岸线、建筑、桥涵、船舶、绿化、家具、小品、人，沿线性展开，呈现出人与空间画面进行视觉的、审美的、意义的、情感的交流，犹如一曲抒情的长诗，美妙的画卷，构成风景的蒙太奇

斯图加特美术馆利用图形广场为中介，将高差较大的两条街序列相连

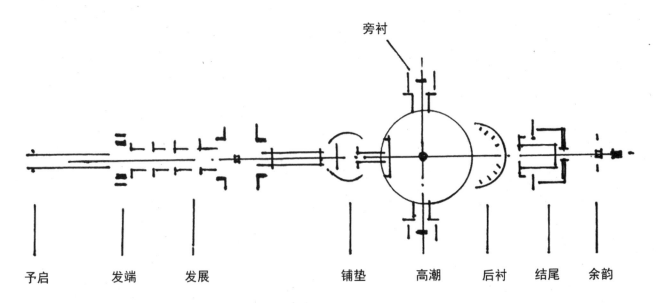

空间序列示意

序列空间构成　（本页线稿为作者自绘，图片由作者拍摄）

361

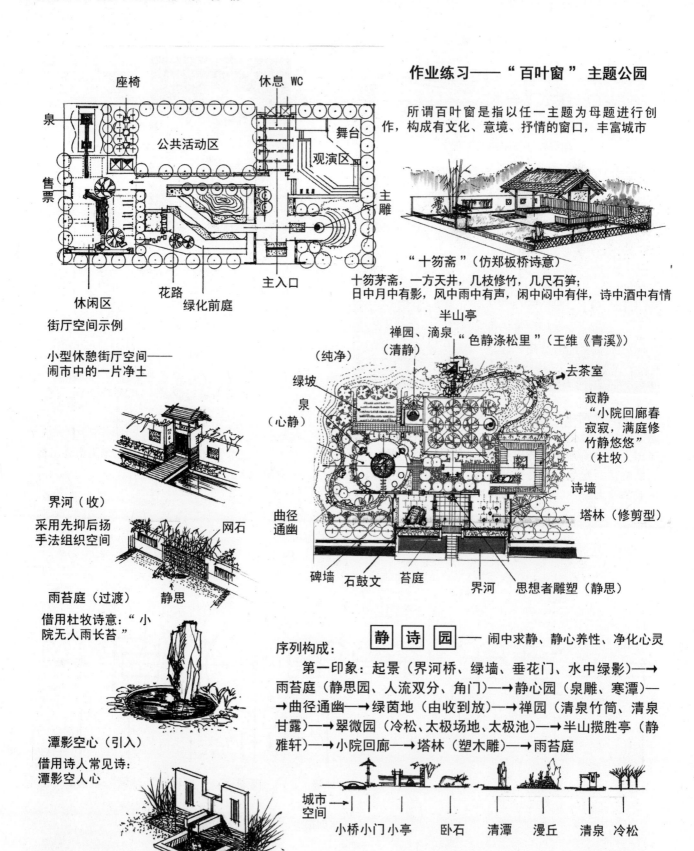

座椅　　休息 WC

泉

公共活动区

售票

舞台

观演区

主雕

主入口

休闲区　　花路　　绿化前庭

街厅空间示例

小型休憩街厅空间——
闹市中的一片净土

界河（收）
采用先抑后扬
手法组织空间

网石

雨苔庭（过渡）　　静思
借用杜牧诗意："小
院无人雨长苔"

潭影空心（引入）
借用诗人常见诗：
潭影空人心

滴泉（初境）
利用禅境造情　　构思简图

**作业练习——"百叶窗"主题公园**

所谓百叶窗是指以任一主题为母题进行创
作，构成有文化、意境、抒情的窗口，丰富城市

"十笋斋"（仿郑板桥诗意）

十笋茅斋，一方天井，几枝修竹，几尺石笋；
日中月中有影，风中雨中有声，闲中闷中有伴，诗中酒中有情

半山亭
禅园、滴泉　　"色静涤松里"（王维《青溪》）
（清静）
（纯净）　　　　　　　　　　去茶室
绿坡
寂静
泉　　　　　　　　　　"小院回廊春
（心静）　　　　　　　寂寂，满庭修
　　　　　　　　　　　竹静悠悠"
　　　　　　　　　　　（杜牧）
曲径　　　　　　　　　诗墙
通幽
　　　　　　　　　　　塔林（修剪型）

碑墙　石鼓文　苔庭　　界河　思想者雕塑（静思）

序列构成：
静 诗 园 —— 闹中求静、静心养性、净化心灵

第一印象：起景（界河桥、绿墙、垂花门、水中绿影）→
雨苔庭（静思园、人流双分、角门）→静心园（泉雕、寒潭）—
→曲径通幽→绿茵地（由收到放）→禅园（清泉竹筒、清泉
甘露）→翠微园（冷松、太极场地、太极池）→半山揽胜亭（静
雅轩）→小院回廊→塔林（塑木雕）→雨苔庭

城市→
空间
小桥小门小亭　卧石　清潭　漫丘　清泉 冷松

注：序列空间构成设计要点，参看相关章节内容。
（本页线稿为笔者自设自绘）

## 第一印象景观——门的艺术造型

门与墙的融合、互补

墙：界定领域，分隔内外；

门：连通内外，流动贯穿；

门墙：既隔又连，墙可彰显文化，门可聚焦提神

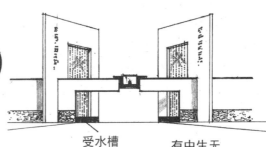
中式的院门，颇有江南婉约之美

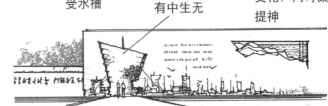
受水槽　　　有中生无

《窗含西岭千秋雪，门泊东吴万里船》诗意创作（笔者自创自绘）

悬挂"百福具臻"的庄门，古朴大方

门承载着历史的沧桑以及对未来的希望，也是环境艺术的展示窗口和镶嵌在城市项链中的一颗颗明珠。以下选例只是千万中的个例

巴厘岛上的墙门
艺术精粹、地域风情、善恶的表征

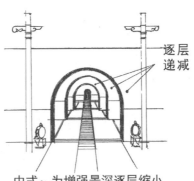
逐层递减

对照分析
（自设自绘）

中式：为增强景深逐层缩小

西式：层层减小

英国伦敦米兰某酒店入口（左）和公爵酒店（右）入口。门与小庭组合十分温馨别致，颇有宾至如归之感

门的艺术造型及其表情授意

艾未未作品

旧门板组拼

## 具有多重涵义的造型艺术

中国最早发明
的文字之一

门，早已超出自身的功能价值，承载着更多的
社会的、文化的、地域的、民族的、时代的多元属
性。已经进入标志、象征、符号、概念的抽象意义；
同时也有较高的艺术价值。不论中外，它都备受人
们的关注，作用都相似或相同，如中国的天安门

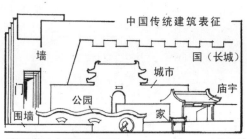

（明尼苏达大学师生共识） （作者绘）

门和墙的组合，已经成为一种"中国印象"留在外国人
的记忆之中。如美国明尼苏达大学的学生在中国实习后形成
的总体印象，认为"中国建筑传统"就是由墙和门组成的

作为标志：它不仅代表巴黎乃
至代表整个法国

具有社会效应：
    中国的忠孝牌坊——状元及
第，特别在安徽一带常构成序列

肯尼亚蒙巴萨作为领域的"象牙门"。

民族的一种符号  白族民居（杨焕英摄制）

**门的各种社会效应**

作为一种虚拟的概念之门

艺术装置的石门

    传统大门，是一个
平面展开，是由多种构
建组合的复合型建筑装
饰，包括门狮、抱鼓、
门楼、门扇、铺首、门
槛、台阶、前后照壁、
门雕、门联、门神等

地位等级财富的象征

场所领地的标识

具有纪念和警示意义的：战争痕迹

## 建筑出入口的建造艺术（一）

在中国传统的语汇中，门经常被冠以各种涵义的名词，如：门庭、门第、门户、门脸、门面、气口（风水用语）、户枢、门口、门槛、门联、门楼……说明门具有身份、文化、地位、划分界限、标志、交通的咽喉要塞，人、车流疏导和第一印象景观作用。对建筑艺术来说，它是画龙点睛之笔，应具有醒目性、标识性、惟一性、导向性等形态特征，常被看作是建筑艺术处理的重中之重。选取一些强化入口视觉效果的实例以供参考。

采用光影对比和聚焦强化入口

设置前景，形成序列，增强景深，产生期待

以奇制胜

利用变形，增强艺术感染

增加缀饰扩大门的视域，以大观小

层次重叠，多级多进，逐层收分，增强透视深远感，进行视觉与行为诱导

（本页图李昊摄）

365

## 建筑出入口的建造艺术（二）

层次递进的序列诱导

采用各种形式的雨篷，强化入口形象

利用体造型，增强入口的识别与导向

透光格栅形成光影效果

趣味性

戏剧性

（本页图片由曹志伟提供）

## 城市步行环境中的廊空间——交通的纽带、艺术的长廊（一）

　　由晴雨篷构成的廊空间，既是交通的要道，连接两侧街区，形成空间的跨越，又是可游、可赏、可休闲与交往的艺术画廊。两侧风光尽收眼底，两端对景时隐时现。为了营造特殊的光影效果，经常采用绿化或装置艺术形成构架，空透开敞，艺术造型别具一格。人们走行其中，倍感亲切和惬意。

（曹）

（以上图片由李昊提供）

（周）

367

## 城市步行环境中的廊空间——交通的纽带、艺术的长廊（二）

（本页图片由曹志伟提供）

## 路径空间的序列导向（一）

　　人在通向场所的运行中，是以空间与时间双维展开的线性运动。空间的相互邻接和时间的前后相随，要求空间具有明确的指向性、导向性、节律性。两侧景物按分节秩序和连续或断续式展开，或平直、或弯曲、或高低起伏、或宽窄错落，以便实现空间流与人的心理流相一致，如图所示。

（曹）　　　　　　　（苏）　　　　　　　（斯）

（以上图片由李昊提供）

## 路径空间的序列导向（二）

（昊）　（昊）　（昊）

（昊）　（昊）

（昊）　（昊）　（曹）

（曹）　（曹）　（苏）

## 流动的音符、情感的纽带、时空的隧道——艺术走廊

　　人们在时空运动中，由于形影长生节律性的变化，以及空间的导向性和目标的期待感，造成空间场与心理流的互动，有如音乐的节拍和旋律，步移景异，心潮澎湃，使人入诗入画。

　　　　"脚不能到达的地方，眼睛可以到达。眼睛不能达到的地方，精神可以达到"。

——雨果

森林公园入口序列空间，厅廊组合　　　（笔者设计）

边廊——厅廊组合
（创作：罗梦潇）

格构厅廊透视，用于学生作品展示及社团活动——将同向路径与场所有机结合

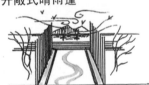

开敞式晴雨篷

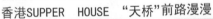

香港SUPPER　HOUSE　"天桥"前路漫漫　　　（陈鸥摄）光与影的导演

师生情

绿色长廊

门架式（本页未标注图片由曹志伟拍摄）

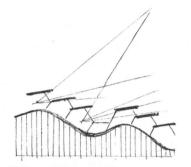

错落、断续、起伏

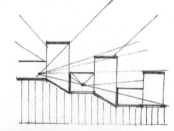

层层跌落

乌拉圭埃斯特角海滨度假村——断续式拱券聚景,亦明亦暗,层次错落,人头时隐时现,很有戏剧性

梯廊纵横,以高层为对景,以绿地为旁衬的城市景观(自绘)

甘地发展研究所拱廊

淮安周恩来纪念馆入口(自绘)

(昊)

高架步道廊廊内景观(三村翰弘摄供)

(昊)

### 2 欣赏动力发动——促进审美情绪的泛化

在第一篇中介绍过"形"何以引人入胜，本节重点介绍对"形"的欣赏动力是如何"发动"起来的。

所谓欣赏动力发动，是指当人们处于景观之中时，其欣赏心理经历了一个由最初的欣赏开始，到形成欣赏注意的过程。在这个过程中，无关的心理活动逐渐或立刻停止，人们的思想完全专注于当下的欣赏活动，并随着欣赏活动的深入而展开更加丰富、更为深长的心理活动。

欣赏动力发动是一个调动主体和客体积极互动的过程。所谓的欣赏注意，是指欣赏时心理活动对欣赏对象的指向和集中。也就是说，在欣赏注意形成时，欣赏者的心理活动有选择地朝向一定的客体，使所关注的客观事物达到一定清晰和完善的程度，此时的注意力不再为其他事物务分散。在景观设计时，要想达到能引起人们的欣赏注意、充分实现欣赏动力的目的，就需要针对主体的审美需求来进行景观客体设计，使景观达到引人入胜的效果，从而有效地实现主客体之间的积极互动。

#### 审美需求的不同表现

| | 审美需求 | | | | |
|---|---|---|---|---|---|
| | 心（生）理性 | 社会性 | 文化性 | 精神生活 | 自我实现 |
| 情 | 视觉感官<br>好奇驱力<br>意义追踪<br>异性吸引<br>激情 | 趋吉避凶<br>参与性<br>大众流行<br>贴近生活<br>调节、缓压 | 意义获取<br>认同性<br>象征性<br>雅俗共赏 | 境界需求<br>审美情趣<br>意境<br>情景交融<br>畅神愉悦 | 理想期待<br>憧憬<br>成就、体现价值 |
| 景 | 高刺激性<br>高娱乐性<br>奇异、新颖<br>趣味吸引<br>感触深刻<br>释放、消闲 | 高参与性<br>场所性<br>业缘、机缘、<br>地缘<br>各种吧兴起 | 符号<br>造型语汇<br>场所精神<br>多层次性、多样性 | 同格同构<br>抽象、写意<br>神之所游<br>气韵生动 | 自助<br>自娱<br>自乐 |

所谓欣赏动力发动，通俗地说，就是为了保持长时间的审美兴趣而为大脑进行加油、打气，相当于发动机的引擎和泵体的作用。按照一般的生理规律，如果不是出自特别兴趣和紧急任务的需要，在正常的生理节律下，大脑的优势兴奋中心对于儿童来说只有半小时左右，即使对于成年人来说，也只有一到两个小时。因此，在博展类空间、大型商场、山林或园林景观以及连续的绿化步道设计时，需要按照一张一弛、有节律地进行景物配置。事实上，中国传统的空间序列中就有非常值得借鉴之处，如在造园组景中，强调"步移景异"、"移步换景"；在纪念性建筑的前序空间中常设置司马道，间隔地布置形态各异的石像生，都是这个道理。

就艺术欣赏而言，人们对事物的观赏，总是由漫不经心到收心定情，再到心理指向集注，而后由表及里、由全景到特写、由总览到细审地逐步渐入佳境，同时心潮跌宕起伏，在审美情绪不断泛化中实现继时性的审美体验。究竟如何保持这种旺盛的情绪呢？各门艺术都有自己的高招：章回小说讲究的是"话到嘴边留半句，且听下回分解"；相声艺术采用的是"抖包袱"；京剧采用的是"叫板"和"亮嗓"的招式；而展览性空间则是在两馆之间留有间歇空间，实现欣赏感受的一张一弛；园林组景则是采用各种形式的造景手段，如"半藏半露"、"欲盖弥彰"、"曲径通幽"、"断断续续"、"可望而不可即"、"山重水复疑无路、柳暗花明又一村"、"形断意连"、"咫尺天涯"等等；至于建筑空间，又常常"起承转合"、"先抑后扬"、"有收有放"、"悬想期待"、"发端—发展—高潮—结尾"等等序列性的空间营造手段。所有这些，都是各门类艺术在各自的艺术范畴内，以彰显形式的变化来实现观赏兴趣的诱导。

在造型方面，概括地说，可以采用以下方法：

**同向集聚：**即采用重复的韵律，突出主旋律，并间以群化之形进行强化，使之产生"统摄群集"的视觉张力，成为韵律中的强音符。

**异向强化：**即以奇特、变异、逆反、残缺、裂变、片断之形等加以突显。

**悬想期待：**有意识地制造一些情结，如采用"望梅止渴"、"目标提示"、"模糊不定"等手段，在景物设置上，或半藏半露，或半隐半现，抑或既藏又露、藏头露尾、符号诱导（如牧童遥指杏花村）等等，从而创造出一系列的悬念感和期待感，吸引人们产生进一步欣赏的心理需求。

**蓄势待发：**即创造一种"箭在弦上，引而不发"的势态，使能量的集聚形成一种"势"的蕴涵和动向，从而产生强烈的吸引力。

**兴趣诱导：**即采用迷宫式、谜语式、诙谐幽默、"虚幻"、"奇妙"、留有参与余地等手段，使观赏者产生兴趣，形成视觉上和意义上的追踪与参与的渴望。

**利用景观中介：**中介手段往往能使景观形成跳跃、离奇、集注、强化、弱化、虚化、戏剧化等效果，从而使人们的欣赏更加富有不同寻常的体验感。

**需求耦合：**即按照不同兴趣群体的特殊偏好，多样化、多层次性、多选择性地应对各种欣赏群体的不同需求。

**行为诱导：**按照观赏者的参与需求，设置相应的参与设施及参与空间，增强人们的自助性、自娱性、自主性的行为参与体验。

总之，景观设计务必要在主体与客体之间，采用形态构成的方法，有节奏、有间断地增加序列中的兴趣点，以求保持审美体验的延时性。这是长序性景观构成中一种不可忽视的造景途径。

### 3 继时性全方位的感官体验

关于瞬时与继时，在前文已有涉及，本文只从情感角度加以复述。

**瞬时，**顾名思义，它是指在较短时间内，主体与客体产生即时性的刺激与反应。继时，是指在连续的时空运动中，主体与客体发生延时性的刺激与反应。二者之间的差异表现在人与环境交往深度不同，在心理感应方面，一是情绪性的，一是情感性的。

**瞬时性，**常用于序列空间的发端；祭祀性和纪念性空间的场所精神营构、标志性建筑、广告、标识等需要进行"强化"、"动态显示"、"提振精神"、"危险警示"、"集注视线"的造景对象。景象构成，要有明显的图、底分离，形象比较突出，一目了然。或以单一景物，或以多种景物相互衬托，并同时显现，形成共时效应。瞬时效应，可以在没有预启和先兆情况下，瞬间发动，人们无须做任何思想准备，一经接触，情绪立刻被激活，即时被景物所撼动。所以要求形态要简练，轮廓要清晰，涵义要明确。对于意境生成而言，当采用群化之形时，应有明确的构图中心和主题，"众星捧月"，"百鸟朝凤"，将人们的视线与情感投注到预设的目标，以免形成力的纷争与抗衡。

**继时性，**正如饮酒品茶一样，可以慢慢地品尝内中滋味，可以按序列，有张有弛，有节奏地展开。犹如文学、音乐那样有层次、有旋律的高潮迭起，抑扬顿挫；或用断断续续，山重水复，曲折幽深的手法，持续性的展开。人与环境的交往深度，是需要亲密接触，往而复还，首尾相顾，反复缠绵，不断加深的。这已是中国人审美兴趣一大特点，思而得之，品而知味。

当前，城市中的主要商业网点、城市综合体以及一站式旅游中心，都十分重视以多样化的活动内容和服务设施把顾客和游客留在服务区间，创造多选择和尽兴体验的条件，以便形成共享和延时离场的流连忘返。例如，日本六本木综合体即采用把基地作为旅游目的地理念，为游客提供可以逗留一天的游乐项目（含餐饮、娱乐、看演出、观景、休闲、购物等全方位）。

作为继时性体验对象的景区，应以高、中、低档兼顾，按其所需，力求体现生态、形象、文化、服务内容的多样性和多选择性。如果活动内容与服务过于单一，则无法留住客人，也无再访的几率。

### 1）用感官来体验

一切形象都有现象与本质，表与里两个层面。而人的认识也有感觉与知觉两个层次，有时前后相随，有时即时跟进。现象只是入门的向导，通俗地说就是门童，只起迎接、导入、安置的作用。感觉则是认知的门户，是敞开的大门。所以只有由表及里，由现象到本质，才能获得概念性的理性认识——知觉。

人对空间环境的体验，也要由现象到本质，由表面到内涵的深层接触才能获得真情实感。当然，这种深层次感受也必须先从现象开始。

获得外部信息最多的是视觉，而且是远距离的；其次是听觉，属于中距离的；再次是嗅觉，近距离的；最后是味觉和触觉是零距离的。所以，体验要由远到近，由全景到特写，由形到质，由崭短到延时。没有感官的接触，等于什么都不存在，只有瞬时的接触，也只能是隔靴搔痒，未触其痛；走马观花，一带而过，不会有明显的体验，印象会很快消逝。体验，是用身体去体验，体之不及，何来之验？没有体验也不会有情感生成。

为了满足人们的感官体验，不仅要提供视觉的观赏，还要为听、嗅、味、触提供可以驻足、聆听、品尝、触摸创造链接的机遇和设施条件。犹如演戏一样，要有演出的舞台，又要有相应的道具和布景，更要有故事的情节，才能帮助演员进入角色。舞台就是空间与场所；道具和布景就是景观配置和依靠的设施；故事情节就是活动的内容；演员就是欣赏和体验者。

从视觉方面说，光感是首要条件，有光才能识别外物和形成光影效果，产生环境氛围。其次是要有宽阔的视野，纵观其势，细察其质，进行由表及里的观赏。色彩可以将人带入某种情境，或静懿，或兴奋，或深沉，或恬淡。如能登高望远，朝看日出，晚看夕照；群峰叠嶂，"横看成岭侧成峰，远近高低各不同"（宋·苏东坡·《题西林壁》），满目深浅色，十里嫣花红。平视时，眼前的麦浪翻滚，芦花飘荡，彩蝶纷飞，"风吹草低见牛羊"，心旷神怡之境，油然而生。

从听觉方面说，太吵则闹，太粗则俗，太细则微，太杂则聋，太静则瘆。所以，悦耳之鸣，沁人肺腑，鸟声、虫声、蛙声、风声、水声、乐声、磬声、远处钟声、诵经声、风铃声，声声入耳。特别是身在山谷密林之中，能够听到阵阵的涛声，潺潺水声，翠鸟的嬉戏声，定会进入"蝉噪林愈静，鸟鸣山更幽"（南朝梁·王籍·《入若耶溪》），"谷静秋泉响，岩深青霭残"（唐·王维·《东溪玩月》）的幽境。

从嗅觉方面说，久居城市的居民，烟味、汽油味、垃圾味、烹调味、家具散发的油漆味、灼热的沥青味……五味杂陈。一旦走入自然，那种空气的清新、草木的芳香、花卉的幽香，足可洗涤尘肺之污浊，将人带入另一种沁人心脾之境。

味觉与触觉，是要靠食物、景物的直接接触与品尝获得的。当前城里人喜欢到乡下吃野菜、尝药膳、踏青、采果实、骑马、划船、住木屋、栖草地、登高、滑坡、玩蹦极、滑沙滑雪、打高尔夫、游泳、戏水、洗桑拿、乘雪橇、钻溶洞、潜海、冲浪，近距离触摸大自然，已成为一种身入神往的精神享受。

人们在体验中，调节情趣，释放紧张，减轻压力，补充能量，强体健身，一举多效；不仅是众心所归的一种必然趋势，也是陶冶情操的良好途径。

强调感官体验，除注意六根、六识的直接感受外，还要考虑场所的容量，赋予场所以一定的主题。如向历史复归的真实性，向自然复归的生态性，向人性复归的亲和性。提倡自助、自娱、自乐和群体娱乐兼顾，动静结合。既要创造气定、神闲、舒心、理气的静态体验；也要满足激情澎湃，兴致盎然，释怀畅游的动态情感需求。

在场所营构中，当前有两种趋势，一是走入自然生态园林，沿线性展开，连续性散点式的漫游；一是一站式，集群性的多选择性空间组合，或度假山庄和城市的综合体。

## 美妙、新奇，感受生命意义的人间胜地
### ——法国莱蒙湖畔的小镇伊瓦尔（Yvoire）花园村的五感花园

在中国，以春、夏、秋、冬为主题的风景园林颇多，但以感官体验为主题的小型园林却不多见。法国的五感庭园（Jardin des Cinq Sens）却在中世纪留下的城堡茶园场地上，修建一座充满诗意和梦境的中世纪庭园，按视、听、触、味、嗅的感官体验，建成迷宫般的五个极具个性的主题花园。其用绿色廊道相隔离，不仅构思奇特，园艺栽培也十分考究，给人以荡气回肠，经久难忘的情感体验，堪称人间的仙境。本页图例只是片断性示意。

| 各色俱全，彩色缤纷 | 视 | 鸟禽区 | 听觉 | 嗅 | 所有植物都散发香气 |
|---|---|---|---|---|---|
| 绿化通道 | | | | | 绿化廊 |
| 水果、蔬菜可品尝植物 | 味 | | | 触 | 不同的枝叶、轻柔、光洁、革质、荆棘……粗糙 |

绿化通道

绿化

入口方田区

回廊

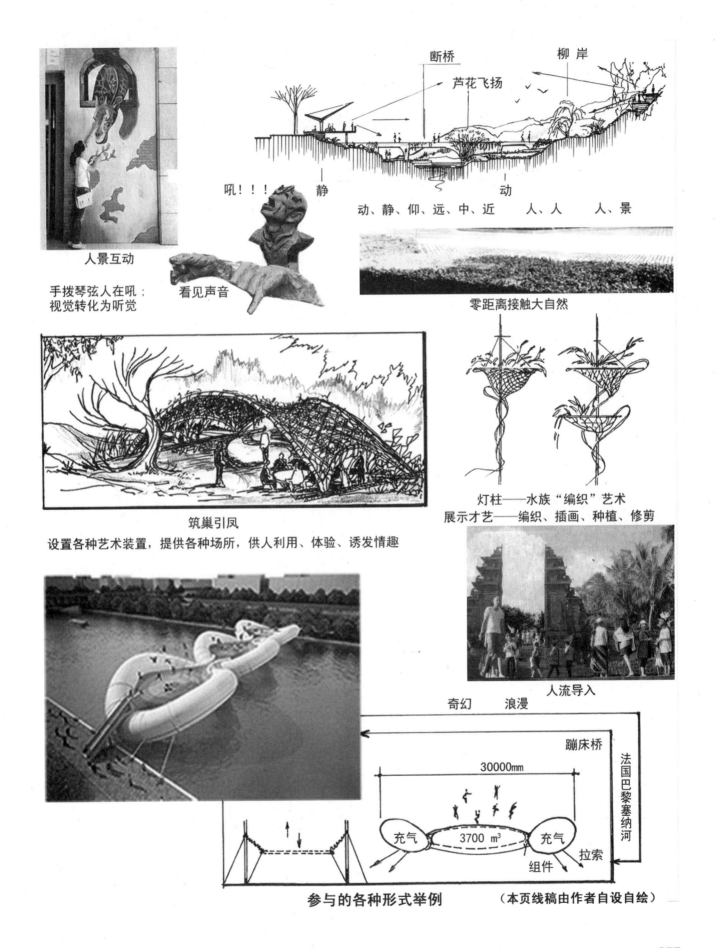

断桥　　柳岸

芦花飞扬

吼！！！　静　　　　　　　　　　　动

动、静、仰、远、中、近　　人、人　　人、景

人景互动

手拨琴弦人在吼：
视觉转化为听觉

看见声音

零距离接触大自然

筑巢引凤

设置各种艺术装置，提供各种场所，供人利用、体验、诱发情趣

灯柱——水族"编织"艺术

展示才艺——编织、插画、种植、修剪

人流导入

奇幻　　浪漫

蹦床桥

30000mm

法国巴黎塞纳河

充气　　3700 m³　　充气

拉索

组件

参与的各种形式举例　　　　（本页线稿由作者自设自绘）

377

## 景观设施，重在参与

人往有活动的地方集结，活动调动人们的参与，参与增添人气，活跃环境氛围，调动人们的情趣，尽情尽兴才是真正的社会效益。

人与行为艺术同台展示　　　　脚下地图　　　　　查找在杭州的位置　（潇）

（潇）　　　　　　　促进交往　　　　　　　　　　　（昊）

合影　　　（昊）　用相机记录下世界奇观——比萨斜塔（昊）　　　　（屈）

（杨）　　　陀螺渡
　　　　　　自助性参与　　　　　　　　　　　　　　（笔者自己设计绘制）

## 2）多方位的身心体验

视觉、听觉、嗅觉、触觉，

情感来自全身心的体验。

前文已经讲过，情感缘自需求的满足。需求是一种向往，理想的期待，是导致行为发生的目标追求。人的一生就是在期待—满足—再期待—再满足的循环上升中度过的。能否满足？满足的程度如何？这些都是用生活体验来衡量的，一切情感也是在不间断地、由与时俱进的时间长轴和当时环境条件的横轴相互编织、交叉中形成的。既体现于继时性，又体现于瞬时性。具体到审美体验来说，人的眼、耳、鼻、舌、身、心等生理器官，就是从外部世界中接受信息的刺激，并将接收到的信息传递给大脑，再由大脑形成一定的情感反馈。或喜或悲，或乐或哀，或爱或恨，或欣慰或惊恐，全都来自于外界的刺激。有时怦然心动，有的不屑一顾，有的新奇，有的平庸……然而，这种审美体验，多属于感觉系统，均来自于直觉，无须通过缜密的理性判断，虽离不开理性的记忆贮存（表象参与），却是瞬间形成的直观反映。

**直觉，**是审美体验的主要特征。但是，它也有自己的规律：

一是必须亲临其境，强调身与物的直接接触才有境界生成，并须用心体察才产生情感，所谓"见景生情"、"触景生情"。

二是直觉也来源于先前的经验，也有原有表象的参与。如"意料之外，情理之中"、"踏破铁鞋无觅处，得来全不费工夫"等，都是以原有经验和预期作为参照的。

三直觉是可以意会，不可言传的。所谓意会，是指人与自然、主体与客体、创作者与欣赏者之间存在着心灵的沟通。不论"顿悟"、"领悟"，还是"类比"、"约定俗成"、"心有灵犀一点通"，都说明主体与客体之间存在着异质同构的关系，始能发生相互感应，产生共鸣。犹如明·袁宏道在《文漪堂记》中所说："天下至奇至变者，水也。"他认为，水之变犹如文思之变，"故文心与水机，一种而异形也"。对水的性质，袁宏道谈了三种感受，一是生于水乡，常好玩水，只见其水；二是看到大江大河中水的多变，联想到文章中的抑扬顿挫，而把水比作文；三是读了司马迁、班固、杜甫、李白、欧阳修、苏洵、苏轼的文章后，又认为文与水同理，又把文比作水，故说明水与文，异性而同构也。人在观察体验外界景物时所以产生共鸣，也是因为二者之间存在同构关系，方能意会心得。

四是直觉，对于创作者与欣赏者都不排除联想与想象。

想象是一座通向精神世界彼岸的桥梁；"想象是人们追忆形象的机能"（狄罗德《论戏剧诗》）；"想象能使难以言状的理性观念或心理感受获得圆满完善的形象。想象力（作为生产的认识能力）是强有力地从真的自然提供给它的素材里创造一个象似另一自然"（康德《判断力批判》）。想象"为理性观念的塑造发明了形象"（歌德）。

五是直觉可分为类比直觉、顿悟直觉、互补直觉、同构直觉、耦合直觉。

值得指出的是，当前有些艺术创作者，不把人作为体验的主体，而只注意其形、其象、其物，或者只追求视觉上的冲击，偏重于可视形象，忽略了其他感官的体验；或是忽略了直接接触，只能远距离观望。为了引起大家的重视，笔者特绘制了下面的表格，以作提示。

人对建筑与环境的体验，是一种继时性的。也就是说带有重复、不断、反复的识别和认同过程。因而，它和人际交往一样，具有广度和深度，而且是不断加强的。所以，不应满足与表面形象的瞬间展现，只注意形式和视觉效应；应强调场所与环境的整体效应、文化内涵、生活情趣、生态机能和精神氛围；而且具有可变、可再生、可循环、可持续维持的动态平衡发展。

参照人际之间的交往深度，人对环境的体验也可分为：

**一度：**由第一印象、表面魅力形成的初始效应，偏重于视觉。

## 人对环境的不同感官体验

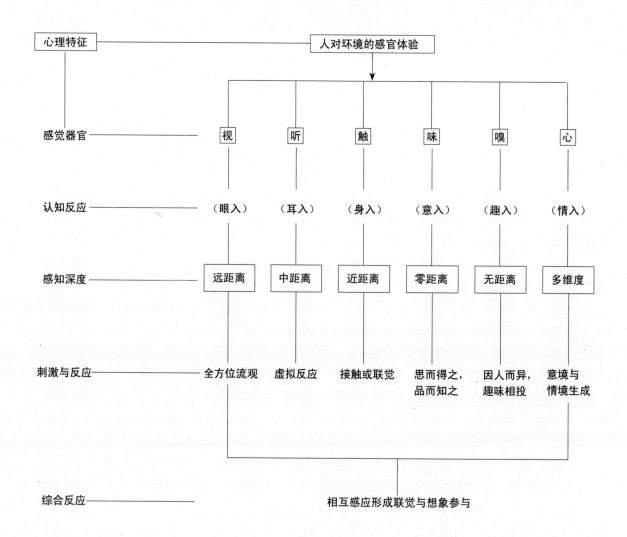

**二度：** 人与景物、场所、空间产生一定的内容和功能关联，由表及里地可望、可行、可游、可驻、可居，所产生暂驻性的生理体验。

**三度：** 在不断重复体验中，随时间的推移，所得到全方位的需求满足程度，形成友善型的情感。

**四度：** 深层次的，发生血肉关联的、宜居的、乐居的、健康的、心驻为家的感觉。热爱并表现出"爱屋及乌"的情感。

关于层次，不论观景或者常驻，都是由初始向深度逐层展开的。正如画家李日华在《紫桃轩杂缀》中所说："凡画有三次，一曰身之所容，凡置身处非邃密，即旷朗水边林下、多景所凑处是也（按此为身边近景）。二曰目之所瞩，或奇胜，或渺迷，泉落云生，帆移鸟去是也（按此为眺瞩之景）。三曰意之所游，目力虽穷而情脉不断处是也（按此为无尽空间之远景）。然又有意有所忽处，如写一树一石，必有草草点染取态处（按此为有限中见取无限，传神写生之境）。写长景必有意到笔不到，为神气所吞处，是非有心于忽，盖不得不忽也（按此为借有限以表现无限，造化与心源合一，一切形象都形成了象征境界）。其于佛法相宗所云极迥色极略色之谓也。"

关于意境生成，蔡小石在《拜石山房词》序里，也有精辟的论述："夫意以曲而善托，调以杳而弥深。始读之则万葶春深，百色妖露，积雪缟地，余霞绮天，一境也（这是直观感相的渲染）。再读之则烟涛浈洞，霜飙飞摇，骏马下坡，泳鳞出水，又一境也（这是活跃生命的传达）。卒读之而皎皎明月，仙仙白云，鸿雁高翔，坠叶如雨，不知其何以冲然而澹，倏然而远也（这是最高灵境的启示）"。江顺贻评之曰："始境，情胜也。又境，气胜也。终境，格胜也。"

总之，环境艺术作为一种场所艺术、大众艺术、行为艺术、生活艺术，更要强调其长效性。

## 3.5.8 生态休闲

休闲是一种心无牵挂，脱离日常生活工作与家务，处于精神放松状态的闲暇之境。按市井习俗，有的探亲访友，有的打球对弈，有的喝茶饮酒，有的看电影听音乐，有的则卧床休息和享受天伦之乐……但本文所说的"生态休闲"是专指在自然环境中，游山玩水，散步垂钓，养生理气，种植花草，采摘瓜果，吸收新鲜空气，沐浴阳光雨露，滑雪登山之类的户外活动。是一种远离城市污染，融入大自然的那种休闲体验，不仅是身体上的减压卸荷，也是一种全身心的放松。使自己身入神往，真正融入自然之中，享受天、地、人完全和谐的自然之境。

生态休闲是一种自主性、自娱性、自助性以及在他人的诱导下参与的社会性活动，是一种感官的体验。审美主体是以随机选择性和随性、随缘、随意的心态进行自发性活动，没有一定的目标与时间的限定。

自然之境，是一种气定、神闲、静心、养性、心怡、自得的冥冥之境。在境界创造中，应把重点放在休闲先心闲，亲近自然，融入自然，零距离接触自然，不仅身入，而是一种全身心投入的场所营构。不应是概念的炒作，为生态休闲提供的环境，应当是平和的、宽松的、自由的、开放的。

人是自然之子，天地是大宇宙，人生是小宇宙，自然界一切景物都是天地之造化，艺术则是自然的再现。人在自然环境中体验自然，乃是向本原的回归。

在风景园林中，构成自然的要素，无非是指阳光、空气、山、石、水、花鸟鱼虫、鸟声蝉鸣、风花雪月之类的自然元素，传递色、香、味、形、光、影、声等信息，使人沉浸其中，产生意义与情感的共鸣。故在造景中要尽可能地创造亲密接触，提供依靠设施，按点、线、面构成系列化、连续式、集中与分散相结合的景观带，以便适应大量人流的多选择性。

从心理健康角度，森林植被是天然大氧吧，负氧离子富集，绿视率较高，可以调节情趣，减少疲劳。如果恰当地利用树木进行绿化围合，可辟出具有一定容量的天井式空间，为游客提供景中、景外的穿越。并以树木为支撑设吊床，吊椅和树屋；用蒲苇等水生植物作为衬托，修建驿站、栈道、平台；以及利用水面养殖禽类，种植具有观赏与经济价值的花木，既是一种长效可循环再生的生态景观，对造境生情也是必备的条件。

风景园林景观接待的是各种需求的人群，在自然景观营造上要体现多样性，多层次性，徒步旅行的"驴友"，倾向于自我发现，钟爱原生态，走常人不能攀爬的路，风餐露宿，蜗居在布帐之中；摄影爱好者则喜欢从不同角度，利用光影写照人生；参禅悟道，理气养生的人们，则要在空旷的气场和大树旁"五心向天"地静坐独修；儿童们喜爱的是捕蝉，捉蟋蟀，玩水堆沙，捉迷藏，钻洞窟；情侣们则选择具有浪漫抒情，盟誓同心，双栖双飞，披星戴月的环境背景；一些文人雅士，则喜欢寄物咏志，寓意深邃，赋有诗情画意的场景。

总之，生态休闲，是要使人们能够处在"上承天露，下接地气"仰观蓝天白云，俯视绿水碧洲，耳听翠鸟长鸣，鼻嗅幽草芳香，"清风徐来，水波不兴"（苏轼《前赤壁赋》），"杨柳低垂丝丝顺，藤椅摇曳闲且吟"那种优哉游哉的宽松、平和的意境之中。

蘑菇台

荷包

螺旋　附木

养怀呗舍

六人居

外露台

拉升

支挂式

支挂式

挑台

通风

梯

支撑

界墙　竹帘

装饰　压帘

**筑巢引"凤"**

草制

草制家具

三栖驿站——（坑居、台居、地居）休息地

放大尺度、构形意象　树之恋——超级体验、乐游神

**生态木屋**　　　　（本页图为笔者自创自绘）

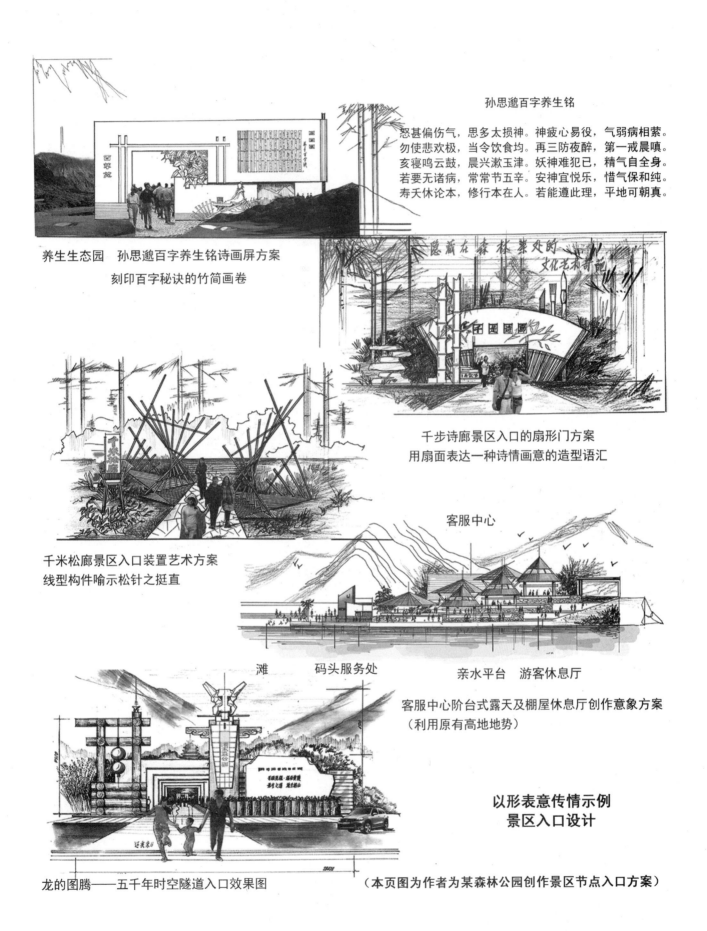

孙思邈百字养生铭

怒甚偏伤气，思多太损神。神疲心易役，气弱病相萦。
勿使悲欢极，当令饮食均。再三防夜醉，第一戒晨嗔。
亥寝鸣云鼓，晨兴漱玉津。妖神难犯已，精气自全身。
若要无诸病，常常节五辛。安神宜悦乐，惜气保和纯。
寿夭休论本，修行本在人。若能遵此理，平地可朝真。

养生生态园　孙思邈百字养生铭诗画屏方案
刻印百字秘诀的竹简画卷

千步诗廊景区入口的扇形门方案
用扇面表达一种诗情画意的造型语汇

千米松廊景区入口装置艺术方案
线型构件喻示松针之挺直

客服中心

滩　　码头服务处　　亲水平台　游客休息厅

客服中心阶台式露天及棚屋休息厅创作意象方案
（利用原有高地地势）

**以形表意传情示例
景区入口设计**

龙的图腾——五千年时空隧道入口效果图

（本页图为作者为某森林公园创作景区节点入口方案）

383

## 都市中的生态文化休闲公园——西安唐苑的园林艺术（一）

这是一座具有相当规模和环境容量的城市艺苑，承载着历史记忆、生态文明、文化意境、景观艺术于一体。它虽无浩大的水面和森林，却是一处恬淡自然、古韵沧桑、有林有水，可观、可游、可玩、可驻、可餐、可聚、可散的幽静、典雅的休闲胜地。

到处都可看到农耕文明的遗存——石碾、石碌、饮马槽

古老储水器

碧流轻浅见琼沙　　　　　休息园厅

婉转的水流绕树而转　　　清浅白石滩　　　　禅意十足

（本页图片由罗梦潇拍摄）

## 都市中的生态文化休闲公园
### ——西安唐苑的园林艺术（二）

可欣赏的奇石景观

大片森林旷野，
远看视野极其开阔

由日本引进的黑松盆景

古朴的园门

石路弯弯，情深境远

美丽的山水画卷

塞外古柳，苍翠豪放
（本页图片由罗梦潇拍摄）

曲江生态海鲜城——室内环境室外化

在采光顶的覆盖下，在室内营构酷似露天环境的厅舍，拉近了人与自然的距离。室内环境室外化，室外环境室内化，已成为一种风尚与流行。

牌坊划分界域

照壁的室内再现

草庐人家

酒肆茶庄

花廊似锦

雅座包间

## 3.5.9  主题性抒情场所的营构

人的各种行为都发生在相应的场所之中。人是有感情的动物，一切情感皆以行为的场所为载体。普通心理学把人的心理过程概括为"知、情、意"三个字。"知"，概指识别和认知；"情"，则专指情绪与情感；"意"，泛指理想、意志和行为。其中，"情"涵纳亲情、友情、爱情、民族情、乡情、血缘和业缘关系中的各种情谊。它是支撑社会生活的纽带，也是保持社会稳定的基础。所以，维系和发展这种情感是促进社会文明的必要条件。因此，场所和场所精神的营构则是必须的研究课题和创作实践的重要目标。

"夏日悠长"    （作者创绘）

### 1  爱情是人生的永恒主题

从根本上说，爱情是人类生命得以延续的基本保证。因为繁衍后代是动物的本能，只有传宗接代才能生生不息。爱情作为婚姻的前奏，是维系家庭和睦幸福的核心价值，也是维系社会稳定的重要条件。所以，有人将爱情看作第二生命，是人类获得幸福的源泉。但是在实际生活中，由于掺杂了柴、米、油、盐、酱、醋、茶，儿女的教育抚养、双方家庭的亲情关系和个人事业与健康等多种要素的干扰，爱情有时又是十分脆弱的。所以，爱情需要长期的经营和保鲜，除自身理性地处理外，社会的促进也是必要的。

从当前的旅游环境来看，情侣们的蜜月之旅、纪念之旅，其目的地又多选择在巴厘岛、马尔代夫、泰国和浪漫之都法国巴黎以及国内的三亚等地。因为这些地方有容纳二人世界的宽松而私密的环境，有生活的道具，有抒情的场景，有温馨的服务，有舒心畅怀的情调。

在现实生活中，爱情不仅关系每一个家庭的幸福，也牵涉社会的文明与和谐，几乎成为生活中必不可少的主旋律。耳边响起的都是对爱情讴歌；眼睛里看到的都是有关家庭和爱情的影视；文学中，从最早的诗经到清代的《红楼梦》，以及现代的诗坛画境，也都离不开对爱情的赞美；并有梁祝化蝶、刘海砍樵、七夕鹊桥等喜忧参半凄惨悲切的爱情故事，千年传颂。但是，在现代都市生活中，到处都是商业的喧嚣、快节奏的生活旋律、紧张的工作环境、家务的羁绊、案牍之劳神、人际之应酬、社交的礼仪、硬质水泥的围困等都在消磨着爱情的棱角，逐渐地被钝化，使情感限于疲惫之中。所以需要为生活环境添加一些爱情的催化剂，制造一些浪漫的气氛，为情侣们提供一些抒情的场所，设置一些趣味性的道具。为此提供摄影留念、缅怀回忆、憧憬未来、寄情于花前月下、烛光催情、海誓山盟、喜结连理、永结同心、生日派对、桦林漫步、记忆唤醒、故地重游式的场所与道具。中国幅员辽阔，有无数的名山，有绵延数千里的海岸，也有数不尽的内陆江湖和森林原野。如果能够精心打造，将神话传说、寓言故事、诗词歌赋、琴棋书画与现代浪漫相结合，利用光影派对，幽帘纱幔、围隔封透，以有限展无限，私密与开放相结合等空间限定与场所精神营构，也完全可以创造出可供二人世界开怀抒情的浪漫天地。事实上，从私宅的露台、庭院到社区的园厅，到城市的边角地带以及郊野苑囿、水边岸线，都可以成为承载爱情的拓荒之地，关键只在为与不为而已。

## 爱情是人生情感中永恒的主题

维克多·雨果曾说："人出生两次吗？是的。第一次是人开始生活的那一天，第二次则是萌发爱情的那一天。"

当前，许多情侣都把结婚看做是人生不可越过的大事。婚前拍照留念，婚庆花样翻新。有的搭乘邮轮遍游世界；有的去水上天堂；有的重温历史坐上花轿；有的扬鞭马背，领略天地之宽广……所以，每一处旅游胜地都会为情侣们提供一片承载爱情的天地，选择相应的道具，供情侣们享受浪漫，度过一生中最美好的时光。笔者为此也做过一些尝试。

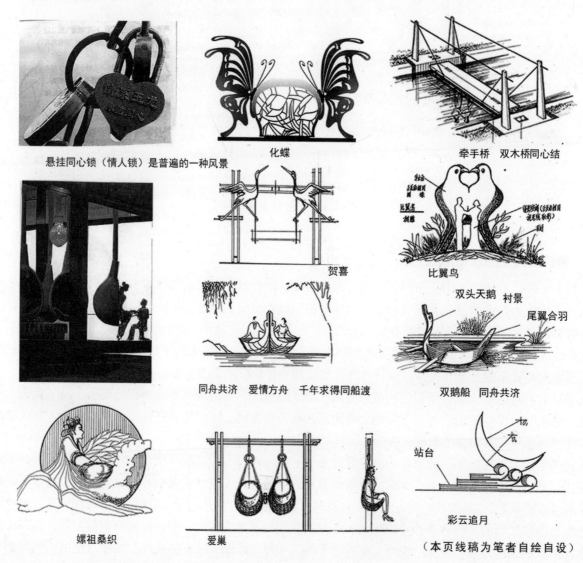

悬挂同心锁（情人锁）是普遍的一种风景　　化蝶　　牵手桥　双木桥同心结

贺喜　　比翼鸟　　双头天鹅　衬景　尾翼合羽

同舟共济　爱情方舟　千年求得同船渡　　双鹅船　同舟共济

站台　彩云追月

嫘祖桑织　　爱巢　　（本页线稿为笔者自绘自设）

花仙子：线雕、影雕、透雕

线——板剪影

竹、藤、不锈钢

地上、水上、草上

蝶恋花

谁说蝴蝶只现春、夏里，
满目绿叶都是玉蝴蝶

留影空间

蝴蝶仙子

触摸春天
（线雕）

两只黄鹂鸣翠柳，
似花似鸟似蝶
似芽似蕾

以蝴蝶为主题组景　　（由笔者设计绘图）

日照五莲山九仙
山情侣峰，海拔
700m高崖
（潇）

（昊）　　　　　（昊）　　　　　　　　　　　　　　　（昊）

（昊）　　　　　　　　（葡）　　　　　　　（昊）

街头即景——彰显爱情主题的小品

389

母子情深，
血浓于水

尊老爱幼，
中华美德

（葡）

（昊）

（昊）

（葡）

**间接表达母与子的雕像**

（葡）

（昊）

（昊）

### 2 儿童的乐园

儿童具有旺盛的好奇驱动力和十分丰富的想象空间，也是智力开发的旺盛期。从心理学角度看，四岁儿童的大脑发育已经达到成年人的 80% 左右。如何让天真活泼的天性自由地发挥，启蒙教育至关重要。事实上，现代文明已从胎教开始。但是，当下的社会，尤其是中国人望子成龙、成凤的思想严重，总是过早地强行灌注，而且只限于智力开发。所以，除了托幼和学校教育之外，社会教育手段极其有限。然而一些优生优育的教育除家庭和学校之外，儿童可以通过接触自然，亲自亲为，活动参与，动手动脑，领悟自主创新的乐趣，使自己的性格和意志培养更加自主开放。所以，有的国家专门为儿童设置植物园、生态博物馆、交通公园、海鲜生物馆等，让儿童自幼就能建立生态保护、生物进化、遵守交通规范、动手动脑及养成自主、自立、自信、自强的意识与习惯。

人的本质旨在自由创造潜能的开发与发展，单一的强化性的"智力"开发，并非是一条捷径。因为在外力的强制下，儿童的先天本能会受到人为的遏制，其创造潜能得不到自由地发挥。从中国古代的历史来看，孔融四岁让梨，甘罗七岁当宰相，曹植七步成诗，周瑜十九岁当统领三军的大都督等的成长，正是验证了那句"自古英雄出少年"的老话。所以说："少年强，祖国强"。儿童是祖国未来的花朵，伟大的民族复兴之路，完全是依靠青少年的茁壮成长，长江后浪推前浪，一代更比一代强。儿童的天性，是自由活泼，童真童趣，天真无邪，极富想象，善于抓住事物的本质和概念。从儿童的绘画就可以了解到，他们对事物的性质能准确地定位，能舍弃一切表面现象，直指事物的内核。在三、五岁时，就有较强的模仿能力，就能时不时地发出大人意料之外的惊人之语。

与有些国家相比，我们往往忽略社会环境对儿童创造才能的启迪，兴趣诱导，智力开发，性格培养。教育体制和教育方式形式单一，机械呆板，不善于因势利导，在经济贫困地区又放任自流。可以设想，如果能把祖国大地都能变成露天博物馆，儿童成长的乐园，在接触自然中，动手动脑，挖掘潜质，那将会有多大的功效！通过绘画、编织、种植、塑造、音乐、寓言故事、少儿文学、玩具、游戏器械等多种形式为儿童提供动手动脑、快乐参与和兴趣诱导，将是一件功在当代，利在千秋的伟业，而艺术创作也是责无旁贷。爬高、登山、钻圈、穿越洞穴、喜爱动物和花草，捉迷藏，骑木马，跳方格，打秋千，玩水仗，丢手帕，拆卸玩具，玩翘板，蹦蹦床……都是儿童之所爱。说明儿童有好奇、向上、探险、挑战未知的天性，也是艺术创作的着陆点。

经验表明，那里有儿童玩耍，就有亲人的陪伴和看护。所以，营构儿童乐园也是制造多次再访的机缘，儿童会重复造访他们喜爱的场所，也为旅游景点带来了人气和商机。

巨大的蜘蛛（作者简绘）　　　　扭曲的房子（作者改绘）　　　　舱体（作者描绘）

丹麦设计：梦幻般的游乐场
（设计者：Oleb Nielsen和Christian Jensen Monstrum公司）

## 都市中的儿童乐园

　　儿童是祖国的未来与花朵。在喧闹的城市中，能为儿童开创一片小小乐园，也是表现城市活力所必须的举措。但是，在诺大的中国，能在托幼和住宅区以外看到可供儿童游乐的场地确实不多。虽然由于投资与管理等原因，困难极大，然而缺少此项内容，也是一种文化的欠缺。

　　儿童的好奇驱力极强，素有意义追踪无穷尽的特点，喜好动力、动脑、爬高、攀枝、钻洞、滑梯、堆砂、骑马、打秋千……

荡桥　　　　　溜滑

走网栏

荡秋千
（本页图片由李昊提供）

儿童乐园（一）

翘翘板　　　　（昊）　　　　　　　　（昊）

飘叶——一叶知秋　　　（昊）

穿洞　　　（曹）

嬉戏　　　（郑）

捉小鸡　　　（葡）　　　　　　　（曹）　　　　　观摩　　　（昊）

风雨同舟　　　（昊）　　　　　　　（昊）　以上作品只是管中窥豹，只见一斑

儿童乐园（二）

新兴体验式景观

## 儿童乐园

以十二生肖为星座的绿色迷宫，儿童可以在其中寻觅自己的属相

笔者自绘自设

穿越、戏耍、照相，回归童真的天性

岸边海螺可以穿越

英国奥尔顿塔（alton towers）主题公园及游乐场的小火车

笔者自设

英国奥尔顿塔（alton towers）主题公园及游乐场的过山车

按自由、活泼的天性修建的儿童游戏场

在各种公共绿地和城市公共活动空间中，如能为儿童开辟出独立的游戏空间，不仅有益于儿童的智力和兴趣开发，也是家长们所期待和展现亲情的一种慰藉。

黑林公园　（设计：杰克·布克天尼卡协会）

3~6岁儿童立体化复层式儿童游戏场——艾加皇后游乐中心
（美·密苏里州路易斯郡）

石头山与天桥

高台

儿童游戏场　（软梯与秋千）

为适应儿童喜爱攀爬和玩水的特点，该公园选择了构架和溪流

齐瓦尼斯公园——亚利桑那州天普镇/海顿斯磨石场

（作者描绘）

### 3  老年和弱势群体的场所营构

十三亿多人口的中国，已经走入了老年社会的行列。如何体现老有所养，老有所为，老有所敬，老有所用，已经成为社会关注的焦点。

在城市的每个角落，从居住社区到城市的广场、绿地，都可以看到老年人散步、对弈、晨练、抖空竹、放风筝、水边垂钓、静坐晒太阳、群体舞蹈、扭秧歌、拉家常、晒幸福的身影。

老年拥有的是无穷的回忆和生活的体验以及空巢、孤寡所带来的寂寞与苍凉，并时常伴有身体不适和病痛，甚至是痴呆与无助。

关心老年人，首先是心态调节。让他们感到老有所依，老有所为，"夕阳无限好"，"最美夕阳红"。让他们以心平气和的心态和自然规律看待人生，自我找乐，知足常乐，气定神闲，养生益寿。而后，需要整个社会伸出关爱之手，发扬中华民族素有的尊老爱幼之美德，不仅限于家庭内部，而是受到整个社会大家庭的关照。也是对老年人的一种精神安慰。

在场所营构上，如果能在现代都市生活中，为老人专辟诸如森林氧吧、太极道场、水边晨练、冬季阳光浴场、养病疗伤交流中心、食疗保健培训地等，为老年群体建立社会联谊的聚集场所，应是不难实现的。据报道，北京地区就有癌症病友自发组织的交流活动中心，互相鼓励，共同抵抗病痛和相互慰藉。日本一家老人疗养院，根据痴呆老人在失去时间和空间记忆后仍然习惯于到处遛弯、散步的特点，在室外为痴呆病人特别修建了环形的长距离散步用的景观通道，沿途都有观视点和安全措施，避免意外跌倒，任老人自由闲逛，定时领回。这是一种人性的关怀，采用疏导的办法而不是禁闭于室内，应当予以称赞。

在都市中，如果都能像上述的实例，为老年人和残疾人提供专项活动的基地，让一些有活动需要和爱好的老年群体获有相应的公共活动场所，按照动、静结合，成群结伴，社会联谊，网络交流的城市节点，并用安全而连续的步道长廊，串联各个主题园厅和活动场地，也是一件社会公益和功德无量的好事。要比花巨资建造空洞无用的大水面、大广场要有更高的社会效益。

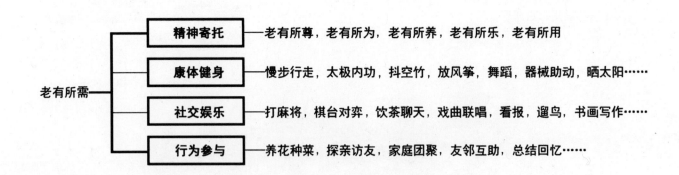

老年人一般都有孤独感、失落感、期盼家庭和社会的关怀和温暖感。对于有行走能力的痴呆老人，虽然空间和时间的定位本能已经丧失，但仍然喜欢到处游走。所以外环境设计应提供乘凉、晒太阳、观景、聊天、散步、听音乐、练舞蹈、下棋、养花、种植、采摘等活动场所和设施，使之愉快生活每一天，从环境中体验到生命的价值和晚年的幸福。让环境充满生命活力，营构温馨的氛围。以下两例即突出"养身先养心，人老心不老"的理念，按老人行为规律进行场所的营构。

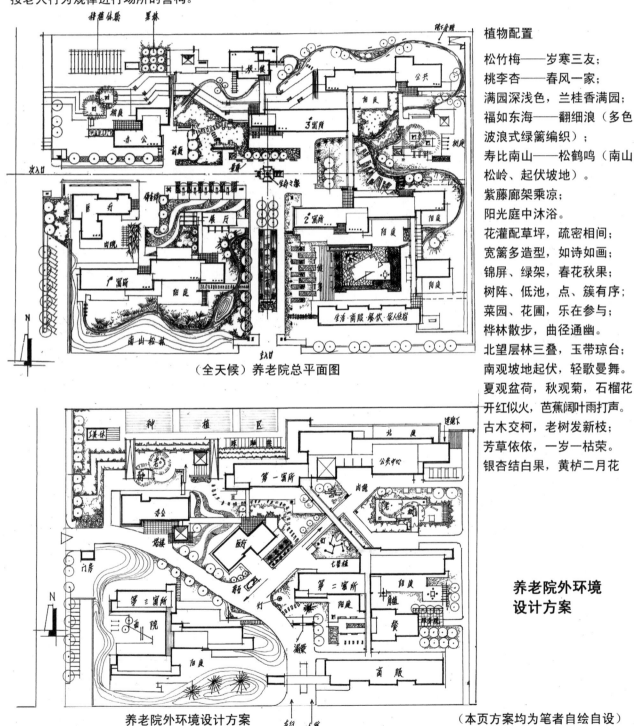

（全天候）养老院总平面图

**养老院外环境设计方案**

养老院外环境设计方案

植物配置

松竹梅——岁寒三友；

桃李杏——春风一家；

满园深浅色，兰桂香满园；

福如东海——翻细浪（多色波浪式绿篱编织）；

寿比南山——松鹤鸣（南山松岭、起伏坡地）。

紫藤廊架乘凉；

阳光庭中沐浴。

花灌配草坪，疏密相间；

宽篱多造型，如诗如画；

锦屏、绿架，春花秋果；

树阵、低池，点、簇有序；

菜园、花圃，乐在参与；

桦林散步，曲径通幽。

北望层林三叠，玉带琼台；

南观坡地起伏，轻歌曼舞。

夏观盆荷，秋观菊，石榴花开红似火，芭蕉阔叶雨打声。

古木交柯，老树发新枝；

芳草依依，一岁一枯荣。

银杏结白果，黄栌二月花

（本页方案均为笔者自绘自设）

397

## 4 城市中的特色街区

当前，每一座城市都以高速度进行城市现代化的建设，原有的空间结构布局、天际轮廓线、城市节点、街道面貌都被改变，几乎大多数人都无法识别整个城市，甚至都有陌生之感。而且是千城一面，在识别与认同上，已经失去了可参照的坐标。如果想在头脑中找回往昔的记忆，只有去那几处名刹古寺和尚未坍塌的老城墙了。

每座城市都需要有自己的特色、名片、可以展示的文化窗口、标志，让市民引以为自豪和乐于光顾的特殊街区。事实上，从社会学角度看，小城镇因为城小，人少，街道少，建筑少，一旦发生变化，尽人皆知。人员面孔熟悉，走在街上可以遇到几位熟人相互寒暄打招呼，所以，对城市有一种自然的亲和力；小城所发生的故事，人人都可以耳熟能详，城市承载着市民的苦和乐，形成牢固的凝聚力。然而在一座大城市，除了汽车、楼房、商业广告、满街的陌生面孔外，可感受的都是与己无关的，很难形成真正的地域文化认同。

从发展旅游的角度看，国内绝大部分城市，除了几个著名景点外，很难让城市把人留住。相比之下，台湾面积虽小，除山水秀丽外，尚有许多特色街区对外乡游客很有吸引力。在国内，厦门的中山街虽然繁华，但真正有吸引力的仍是音乐之城——鼓浪屿。对北京城，在一般人的概念中也只是老前门大街、琉璃厂、大栅栏、王府井、西单的印象；新发展的 798，只有在文艺界知名。最近，成都的宽窄巷经整修后已经成为慢生活的一个缩影，为城市增添了新的活力和知名度，这一经验值得效仿。

城市需要特色，要想整个城市都有聚合的魅力是困难的。但是集中地打造几处特色的街区则是容易的。20 世纪 80 年代天津市就有建设"文化街"、"食品街"，而后又有"古文化街"的尝试。事实上，中国的幅员辽阔，南北气候差异悬殊，加上众多的民族和民风，百里不同音，十里不同俗，各地在商品、饮食、习俗上大不相同。如能在原有的老字号、老传统、老风俗、特色商品上经过整合、梳理、再建，真正成为"惟一性"、"特殊性"、"集群性"；从建筑风格、色彩、文化和商业品牌、经营理念、服务质量等方面精心打造，并且是有意识地按旅游目的地的目标进行运营管理，完全是可以做到的。他山之石，可以攻玉，从国内外已有的实例和经验来看，拥有几千年历史文明的中国，其国粹精华，历史积淀，完全有条件浓缩再现。


赋予历史街区以现代活力的典范—成都宽窄巷改建

井巷子、宽巷子、窄巷子是清代八旗的旧所，2003 年政府对其进行改建。总体上，对原有的街区格局，含有南方风韵的北方四合院及老成都的"幽静安逸"和"顺其自然"的生活态度，作为历史的记忆，均予保留和再现。但在形式上则采取遗貌取神、重组再现、更新置换、异形同构等手法，将文化与生态的多样性、兴趣与情感的浓郁性注入其中。现代的成都将特色街区自然地植入现代都市之中，成为别有洞天的旅游休闲胜地，作为成都第一会客厅，迎来八方来宾，倍受域内外游客的好评。

## 慢生活、高品质、个性足、趣味多、宜人怡情、充满活力
### ——成都宽窄巷的魅力与风采

成都宽窄巷经改建后，两条深巷已成为闹中求静、快中有慢、留住记忆、展示历史的一张名片"成都第一会客厅"

　　形式传递出历史街区的古韵风姿。漫步街头，使人沉浸在历史的记忆之中，从现代都市步入到"世外桃源"

成都宽窄巷子的魅力与风采（一）　　　　　　　　　　（摄影：苏超辉）

3D效果的马装饰画作为供人拍照使用的道具

趣味性装饰

绿意浓浓
生机盎然

宽、窄为两条平行之街道，各具特色

成都宽窄巷子的魅力与风采（二）　（摄影：苏超辉）

鼓浪屿街景　（摄影：罗梦潇）

### 3.5.10 洋为中用，包容共生——借鉴地中海风情

清纯、奔放、自由、浪漫之境——地中海风情。

提到风情一词，人们自然会与乡土民情相联系。它是指流行于人民大众，出现在平民生活中约定俗成的一种文化现象。地中海风情也是专指世居地中海沿岸的居民，由于自然地理和社会文化的熏陶自然形成的乡土民情。其核心是以清纯、奔放、自由、浪漫为主流。

地中海（Mediterranean）一词源自拉丁文，原意为地球的中心。它的海域宽广，海岸线绵延2000英里[①]，纵贯欧、亚、非三大洲。沿岸分布有19个国家，其中尤以西班牙、法国、意大利、希腊、土耳其、埃及等国家为代表。自古以来，地中海就是欧洲重要与繁盛的海上贸易中心。它曾对古埃及文明、古巴比伦文明、古希腊文明的兴起与更替起过重要的作用，更是孕育过古埃及文明、古希腊文明、罗马帝国、波斯古文明、基督教文明等的摇篮。

其中最具代表性的古希腊文明是人类文明和西方建筑史的发源地。中世纪时，意大利等欧洲国家曾为摆脱王权和宗教统治，而提出了重向人性复归，向古希腊博爱、自由、人性、民主等文明复归的文艺复兴运动。

地中海风情，体现在建筑、庭园、家居等方面。它有着与众不同的特殊风貌。

总体上看，由于地中海所处的特殊地理环境，使居民们养成了无拘无束、自由奔放、浪漫简朴的天性。为更好地适应夏季干热少雨、冬季温暖湿润的气候和面临蓝天碧海的时空环境，喜欢以蓝、白的冷色系作为基调，有的乡镇建筑物甚至全部采用白色。提到白色，必然会联想到那手举橄榄枝，身着白色纱裙，点燃奥林匹克圣火的希腊圣女，纯洁、爱情、透明、完美等象征意味油然而生。白色也与大自然的色彩有明显的对比，光影柔和，与森林、山地、海滨、溪流等环境景观要素搭配贴切。除了这些代表地中海风情的基调色彩，还有代表意大利南部的金黄色、法国南部薰衣草的蓝紫色、北非沙漠及岩石的红褐、土黄色等绚烂的大自然色彩。

在庭园设计上，有意地将室内（起居室）与室外（庭园、院）的界线进行模糊处理。地中海人民喜爱在阳光和海风中用餐和休闲，而攀爬着葡萄藤与常青藤的花架、阳伞，精致的餐桌椅，种植着粉红色九重葛和深红色天竺葵的陶罐陶盆，不修边幅的院墙、栅栏等等要素共同构成了这一大大的露天餐厅。一些建筑前采用连续长廊形成灰空间，使之也融入庭园当中，这些都充分反映出当地人悠闲、纯朴、追求田园风光的生活方式。

在家居设计中，亦充分将海洋元素应用其中，广泛运用拱门与半拱门以及马蹄状的门窗，给人延伸般的透视感。家具则通过擦漆做旧的处理方式，采用低彩度、线条简单且修边浑圆的木质家具或铁艺家具，搭配贝壳、鹅卵石等，表现出自然清新、浪漫、自然的生活氛围。色彩上仍以蓝色、白色、黄色等饱和度高的色彩作为主色调，看起来明亮悦目。在室内各处配以精致小巧的居家植物和绿色盆栽进行装点，更加增添生活情趣。

当前，在城市化和现代化发展过程中，许多城市高楼林立，建筑密度加大，人与自然疏远，加上商业化氛围日渐浓重，人们越来越感到精神紧张，人情淡漠，环境生冷。因而更期盼在自己的起居环境中获得自由宽松、舒适浪漫的氛围，从而不免对地中海风情有所青睐。在现代家居设计及一些小区环境设计中适当地吸取地中海风情的精髓，也不失为一种富有特色的途径。

---

① 1英里=1.6093公里，2000英里约为3200公里。——编者注

庭园设计（摄影：李昊）

地中海风情家居设计

（摄影：郑启浩）

# 结束语

## 法无定法

按作者本意，是想借用已有的经验，以及自己试创的一些图例，向读者推介有关建筑与环境艺术造型的一些方法，为读者提供创作的借鉴。但是，书中所有的方法都是人们已经用过的，如果是以批判的态度来吸取，只把它作为入门的向导和创作的起点，那就是有益的；如果把它作为成法去照搬照套，只限于模仿，那就是有害的。

艺术设计重在创造。固然通过自己的实践进行意象积累很重要；学习旁人的经验也很重要。因为人类文明就是依靠历史的传承一代代发展起来的，没有对已有的继承就不可能发展，"青出于蓝而胜于蓝"。但是，人们认识世界的目的旨在于改造世界，认识也是无限的。知识无穷，学海无涯，推陈才能出新。"全信书不如无书"，"师古人不如师造化"，要创新则必须沿一定规律和法则去大胆创造，才能推动事物的发展。

古人早有名训：法无定法，定法非法。无法之法乃为至法；非法法也。黑格尔的辩证法也告诉人们，要按照正、反、合，否定之否定来进行美的创造。究竟如何理解这些名言呢？其大意无非是说方法是客观存在的，是前人的经验总结和意义升华，很值得我们去学习，而且要不断地进行更新，反复实践认识。但方法是由人创造的，是受时代和个人智慧的局限，是在认知世界长河中涌现的一块块礁石。邓小平同志讲"要摸着石头过河"，要达到理想的彼岸，必须自己去探索，用新法取代旧法，才不会永远吃别人嚼过的馍。

古代诗作给我们的启示是：一部分诗人专以"拟古"不化，按旧法去模仿，结果是墨守成规毫无新意；另一派则全靠自己"摸索独创"，"求生避熟"，完全排除继承，也是有损成就。所以既要学习，又要创新。学习时要掌握精神要领，把目光从作品转向所以能产生作品的理念、思想、诀窍上面；不要模拟成果，要寻求形成作品的轨迹。正如古人所说："规矩备具，而能出于规矩之外；变化不测，而亦不背于规矩也"（吕本中《夏均文集序》），意料之外，情理之中。

近年来审阅了一批博士论文，发现在信息时代的确使人们的眼界大开，信息渠道通畅，在一台电脑上可以截载大量的国内外资料、图例。但是有些论文由于人脑的潜力未能充分发挥，既不动手也不动脑，只是抄录网络上的定义、名词、实例加以组装拼凑，表面看去好似很有学问，大块文章，厚厚的一本，引经据典，好不"深奥"。但纯属于自己潜心钻研的成果却寥寥无几。所以我用寄居蟹来加以形容这类论文，虽然有些刻薄，但很符合实际。

我们生活的时代，是人脑与电脑并用的时代。我们要养成用人脑去控制、操纵、驾驭电脑，使之为我所用，取我所需。常动手动脑，在运筹过程中做到"意在笔先"、"意在笔端"、"以意领形"、"意到笔随"，可以激发创作的灵感，品尝创新所带来的快感，是一种人生的一大愉悦。要创造就要有思维的发散与定向的聚合。当前的社会，人才如云，竞争激烈，面向大规模建设，已有实践的例证，俯拾皆是，不乏借鉴，但属于原真的惟一的、与众不同的创新只有用自己的智慧去打拼。

本着上述精神，作者以身示范，绘制了许多想象之草图，虽然拙笨粗浅，但愿能达到抛砖引玉的作用。

# 主要参考书目

老子著 . 道德经 . 合肥：安徽人民出版社，1990

王朝闻著 . 审美谈 . 北京：人民出版社，1984

宗白华著 . 艺境 . 北京：北京大学出版社，1987

韩林德著 . 境生象外 . 北京 . 生活·读书：新知三联书店，1992

庄锡昌等编 . 多维视野中的文化理论 . 杭州：浙江人民出版社，1987

周锡山编校 . 王国维文学美学论著集 . 北岳文艺出版社，1987

{美}鲁道夫·阿恩海姆著 . 艺术与视知觉 . 北京：中国社会科学出版社，1987

{美}鲁道夫·阿恩海姆著 . 视觉思维 . 北京：光明日报出版社，1987

西蒙德著 . 景园建筑学 . 台隆书店出版

周振甫著 . 文心雕龙今译 . 北京：中华书局出版，1986

孙振声编著 . 白话易经 . 星光出版社，1981

刘叔成等编 . 美学基本原理 . 上海：上海人民出版社，1984

刘健行等编译 . 建筑师与结构 . 北京：中国建筑工业出版社，1983

庄锡昌等编 . 文化人类学的理论构架 . 杭州：浙江人民出版社，1988

{美}苏珊·朗格著 . 情感与形式 . 北京：中国社会科学出版社，1986

{德}恩斯特·卡西尔著 . 人论 . 上海：上海译文出版社，1985

杨辛，甘霖 . 美学原理 . 北京：北京大学出版社，1983

滕守尧著 . 审美心理描述 . 北京：中国社会科学出版社，1985

刘永德著 . 建筑外环境设计 . 北京：中国建筑工业出版社，1996

刘永德著 . 建筑空间形态·结构·涵义·组合 . 天津：天津科技出版社，1998